“十三五”国家重点出版物出版规划项目
高等教育网络空间安全规划教材

网络信息系统安全管理

李建华　陈秀真　主编
林　祥　陈璐艺　参编

机械工业出版社

本书遵循“三分技术、七分管理”的实践原则，详细介绍了网络信息系统安全管理的理论及应用，包括安全风险评估服务和安全管理系统两大分支。全书系统地介绍了网络空间安全现状、信息系统安全管理的相关标准及法规、信息安全管理体系规范、风险评估与管理及信息安全综合管理系统的相关知识，详细介绍了安全管理系统的数据采集、事件标准化方案、关联融合分析理论技术、安全态势评估和安全态势感知的基础知识，最后对安全管理系统的需求、功能及特色进行了分析，并介绍了安全管理系统的典型应用案例、市场前景和发展趋势。

每章均配有习题，以指导读者进行深入学习。

本书既可作为高等院校网络空间安全、信息安全专业本科生和研究生有关课程的教材，也可作为信息系统管理人员的技术参考书。

本书配套授课电子课件，需要的教师可登录 www.cmpedu.com 免费注册，审核通过后下载，或联系编辑索取（微信：15910938545，电话：010-88379739）。

图书在版编目（CIP）数据

网络信息系统安全管理 / 李建华，陈秀真主编. —北京：机械工业出版社，2021.6
“十三五”国家重点出版物出版规划项目　高等教育网络空间安全规划教材
ISBN 978-7-111-68384-1

Ⅰ. ①网…　Ⅱ. ①李…　②陈…　Ⅲ. ①计算机网络-信息系统-系统安全性-高等学校-教材　Ⅳ. ①TP393.08

中国版本图书馆 CIP 数据核字（2021）第 106910 号

机械工业出版社（北京市百万庄大街 22 号　邮政编码 100037）
策划编辑：郝建伟　　责任编辑：郝建伟　胡　静
责任校对：张艳霞　　责任印制：张　博
涿州市般润文化传播有限公司印刷
2021 年 6 月第 1 版 • 第 1 次印刷
184mm×260mm • 18.5 印张 • 457 千字
0001－1500 册
标准书号：ISBN 978-7-111-68384-1
定价：75.00 元

电话服务
客服电话：010-88361066
010-88379833
010-68326294

网络服务
机　工　官　网：www.cmpbook.com
机　工　官　博：weibo.com/cmp1952
金　书　网：www.golden-book.com
机工教育服务网：www.cmpedu.com

高等教育网络空间安全规划教材

编委会成员名单

前　言

网络空间成为继陆地、海洋、天空、外空之外的第五空间。虚拟空间和现实世界深度融合，网络的开放性与连通性使得全世界不得不面对不断涌现的各种已知和未知的网络安全威胁。政府、企业、军队、家庭、个人等社会和经济生活的各个角落，都与计算机网络有着千丝万缕的联系。然而，计算机网络是一把双刃剑，在给人们的生活和工作带来便利、自由、开放的同时，也带来不可忽视的安全威胁，其安全问题成为人们日益关注的焦点。

网络安全防护体系是一个复杂的系统工程，涉及人、技术、操作等要素，单靠技术或单靠管理都不可能实现，需要将网络安全技术与管理相结合，在安全策略的指导下合理部署，形成一个有机的整体，而不仅仅是简单地堆砌。安全不是简单的技术问题，不落实到管理，再好的技术、设备也是徒劳的，缺少其中任何一种要素都会有信息安全风险。正确的做法是在安全技术的基础之上，实施综合的安全管理，贯彻整个安全防护体系，实现一个以安全策略为核心，以安全技术为支撑，以安全管理为落实的有效的安全防范体系。

对于网络空间安全专业的学生来说，除了掌握目前网络安全的现状、主流网络安全技术及产品之外，更有必要系统地掌握信息系统的安全管理理论及应用情况。本书充分体现了“三分技术、七分管理”的实践原则和经验，以信息系统的安全管理为中心，全面系统地讲述了信息系统安全管理的两大分支——安全服务和安全管理系统。本书是一本系统化、全面化介绍网络信息系统安全管理的书籍，可以让网络空间安全专业的学生了解信息系统安全管理的必要性及意义，掌握信息系统安全管理技术和服务的基本知识，指导信息安全专业相关人员实现更好的安全保障。

本书第 1 章首先为网络信息系统概述，接下来介绍了导致网络不安全的因素，全球网络安全威胁、影响及发展趋势，结合网络安全防护体系现状，给出信息系统安全管理的必要性。第 2 章介绍了网络信息系统安全管理的基本概念、发展现状、重要性及安全管理的两大分支：安全服务和安全管理系统。第 3 章介绍了信息安全管理的相关标准及法规。第 4 章介绍了信息安全管理体系规范，包括安全管理体系的定义、核心过程模型、运行实施流程及规范要求等。第 5 章介绍了信息系统的安全风险评估与管理技术。第 6～9 章介绍了安全综合管理系统的体系结构以及分析功能，包括数据采集、事件标准化、报警关联分析和态势评估。第 10 章介绍了网络空间安全态势感知与监测预警，包括网络威胁情报应用与共享、网络异常流量分析检测、网络高级持续性威胁关联分析、关键信息基础设施网络安全态势感知等方面的内容。最后，第 11 章介绍了安全管理系统的应用前景及发展趋势。

本书系统全面地介绍了信息系统安全管理的主要内容，将信息系统的安全管理分为两大分支，系统地阐述了安全服务和安全管理系统。

本书可作为高等院校网络空间安全、信息安全专业的本科生和研究生教材，也可作为信息系统管理人员的技术参考书。

本书主编上海交通大学的李建华教授与陈秀真副教授主持制定了本书的编写大纲，并对全书进行统稿和修改。林祥老师、陈璐艺老师参与了部分章节的编写工作。林祥老师、陈璐艺老师、叶天鹏博士和冯心政博士查阅资料并整理了相关部分的内容，对本书的撰写给予了很大帮助。

由于时间仓促以及知识水平所限，书中难免存在不妥和错误之处，真诚希望读者不吝指教，以期再版时改正。

编　者

目　录

前言
第 1 章　引言……1
1.1　网络信息系统概述……1
1.1.1　网络信息系统定义……1
1.1.2　网络信息系统发展现状……1
1.1.3　网络信息系统的安全定义……3
1.2　全球网络安全威胁及影响……3
1.2.1　网络安全威胁……3
1.2.2　安全威胁影响……5
1.3　网络不安全因素……7
1.3.1　主动因素……7
1.3.2　被动因素……8
1.4　网络安全防护体系现状……8
1.5　网络安全威胁发展趋势……9
1.5.1　人工智能应用安全……9
1.5.2　物联网设备劫持……10
1.5.3　区块链技术的不成熟应用……10
1.5.4　高级持续性威胁……12
1.6　本章小结……12
1.7　习题……12
第 2 章　网络信息系统安全管理概述……13
2.1　基本概念……13
2.1.1　信息……13
2.1.2　信息安全……14
2.1.3　信息系统安全管理……16
2.2　信息系统安全管理现状……17
2.2.1　信息系统安全管理分支……17
2.2.2　信息系统安全管理进展……20
2.2.3　信息系统安全管理存在的问题……22
2.3　信息系统安全管理的重要性……23
2.4　本章小结……25
2.5　习题……25

第 3 章　信息安全管理相关标准及法规 ······ 26
3.1　信息安全管理标准 ······ 26
3.1.1　世界范围的标准化组织及其管理标准 ······ 26
3.1.2　主要标准制定机构及其信息安全管理标准 ······ 27
3.1.3　ISO/IEC 27000 系列标准 ······ 27
3.1.4　ISO/IEC 13335 标准 ······ 29
3.2　信息安全法律法规 ······ 31
3.2.1　国外信息安全法律法规 ······ 31
3.2.2　国内信息安全法律法规 ······ 32
3.3　《网络安全法》 ······ 34
3.3.1　六大看点 ······ 34
3.3.2　对我国信息安全建设的重大影响与意义 ······ 36
3.3.3　《网络安全法》与等级保护制度的关系 ······ 38
3.4　安全管理标准与法律法规存在的问题及改进建议 ······ 40
3.4.1　信息安全管理标准存在的问题 ······ 40
3.4.2　信息安全法律法规存在的问题 ······ 40
3.4.3　改进建议 ······ 41
3.5　本章小结 ······ 41
3.6　习题 ······ 42
第 4 章　信息安全管理体系规范 ······ 43
4.1　信息安全管理体系定义 ······ 43
4.2　ISMS 的重要性 ······ 44
4.3　信息安全管理过程模型 ······ 45
4.4　信息安全管理体系运行实施流程 ······ 46
4.5　信息安全管理体系规范要求及实践 ······ 49
4.5.1　控制要求 ······ 49
4.5.2　控制目标 ······ 50
4.5.3　认证认可 ······ 52
4.5.4　控制措施 ······ 53
4.5.5　安全管理实践 ······ 57
4.6　本章小结 ······ 58
4.7　习题 ······ 58
第 5 章　信息系统的安全风险管理 ······ 59
5.1　基本概念 ······ 59
5.2　风险评估四大要素及其关系分析 ······ 60
5.3　现有风险评估标准及分析 ······ 62
5.4　风险评估方法和技术 ······ 65
5.4.1　基本思路 ······ 66

5.4.2 风险评估类型……66
5.4.3 常用操作方法……68
5.4.4 风险评估手段……70
5.5 风险评估与管理过程……72
5.5.1 确定评估范围……73
5.5.2 资产识别与重要性评估……73
5.5.3 威胁识别与发生可能性评估……75
5.5.4 脆弱性检测与被利用可能性评估……75
5.5.5 控制措施的识别与效力评估……76
5.5.6 风险评价……77
5.5.7 风险管理方案的选择与优化……78
5.5.8 风险控制……79
5.6 风险评估与管理的重要性……79
5.7 本章小结……80
5.8 习题……80
第 6 章 信息安全综合管理系统……81
6.1 网络管理的基础知识……81
6.1.1 网络管理功能……81
6.1.2 网络管理系统的组成及应用……82
6.1.3 网络管理技术的发展趋势……83
6.2 网络安全管理的基础知识……83
6.2.1 安全管理必要性……83
6.2.2 安全管理发展史……84
6.2.3 安全管理技术……84
6.2.4 安全管理主要功能……85
6.3 安全综合管理系统……85
6.3.1 安全综合管理系统的基本概念……86
6.3.2 安全综合管理系统的发展历史……87
6.3.3 安全综合管理系统的体系结构……88
6.3.4 基于管理监控服务的 SOC……93
6.3.5 SOC 与 SIM……96
6.3.6 面向运维的安全综合管理系统发展趋势……96
6.4 安全信息管理的基础知识……97
6.4.1 SIM 的基本概念……97
6.4.2 SIM 的历史与现状……98
6.4.3 SIM 的功能与价值……99
6.5 本章小结……104
6.6 习题……105

第7章 数据采集及事件统一化表示……106
7.1 典型安全管理系统结构……106
7.2 数据采集方案……107
7.2.1 SNMP Trap……108
7.2.2 Syslog……110
7.3 事件标准化表示……111
7.3.1 相关标准……111
7.3.2 入侵事件标准数据模型……112
7.3.3 基于 XML 的入侵事件格式……118
7.4 安全通信……118
7.5 本章小结……121
7.6 习题……121
第8章 多源安全事件的关联融合分析方法……122
8.1 事件关联简介……122
8.1.1 事件关联的必要性……122
8.1.2 关联模型……123
8.1.3 关联目的……124
8.2 基本概念……125
8.3 报警关联操作的层次划分……126
8.4 报警关联方法……127
8.5 基于相似度的报警关联分析……130
8.5.1 基于模糊综合评判的入侵检测报警关联……130
8.5.2 基于层次聚类的报警关联……133
8.5.3 基于概率相似度的报警关联……138
8.5.4 基于专家相似度的报警关联……145
8.5.5 基于人工免疫算法的报警关联……149
8.6 基于数据挖掘技术的事件关联分析……154
8.6.1 基于概念聚类的报警挖掘算法……154
8.6.2 基于频繁模式挖掘的报警关联与分析算法……162
8.6.3 其他方法……165
8.7 基于事件因果关系的入侵场景构建……166
8.7.1 基本思想……166
8.7.2 表示方法……166
8.7.3 术语定义……167
8.7.4 关联器结构框架……168
8.7.5 算法测试……170
8.7.6 算法评价……173
8.8 基于规则的报警关联方法……173

8.9 典型的商用关联系统及体系结构……176
8.9.1 典型的商用关联系统……176
8.9.2 关联系统的体系结构……176
8.10 报警关联系统的关键技术点……177
8.11 本章小结……179
8.12 习题……180
第9章 网络安全态势评估理论……181
9.1 概念起源……181
9.2 基本概念……182
9.3 网络安全态势评估体系……187
9.4 网络安全态势评估分类……188
9.5 态势评估要点……191
9.5.1 评估指标处理……191
9.5.2 综合评估方法……192
9.6 安全隐患态势评估方法……192
9.6.1 系统漏洞建模……193
9.6.2 漏洞利用难易度的确定……193
9.6.3 攻击者行为假设……194
9.6.4 评估算法……194
9.7 安全服务风险评估模型……196
9.8 当前安全威胁评估方法……197
9.8.1 基于网络流量的实时定量评估方法……197
9.8.2 攻击足迹定性评估法……200
9.8.3 其他方法……202
9.9 历史安全威胁演化态势分析方法……204
9.9.1 层次化评估模型……205
9.9.2 态势指数计算……205
9.9.3 评估模型参数的确定……208
9.9.4 实验测试分析……211
9.10 安全态势预警理论与方法……215
9.10.1 基于统计的入侵行为预警……215
9.10.2 基于规划识别的入侵目的预测……216
9.10.3 基于目标树的入侵意图预测……223
9.10.4 基于自适应灰色 Verhulst 模型的网络安全态势预测……226
9.10.5 其他预警方法……238
9.11 本章小结……239
9.12 习题……240
第10章 网络空间安全态势感知与监测预警……241

10.1　网络空间安全态势感知基础理论……241
10.1.1　网络空间安全态势感知技术专有名词定义……242
10.1.2　网络安全事件的分级与分类……243
10.1.3　网络空间安全态势感知基础模型……244
10.2　面向已知威胁的网络威胁情报应用与共享……245
10.2.1　面向网络流量的已知威胁特征静态检测……245
10.2.2　面向联网系统的已知隐患漏洞远程监测……246
10.2.3　网络威胁情报基础数据库建设……248
10.3　面向未知威胁的网络流量数据分析检测……249
10.3.1　针对网络异常流量的动态检测……249
10.3.2　网络空间安全主动防御技术验证环境构建……251
10.4　基于大数据的网络高级持续性威胁关联分析……252
10.4.1　网络威胁日志大数据关联分析……252
10.4.2　网络流量日志大数据关联分析……254
10.5　关键信息基础设施网络安全态势感知……255
10.5.1　单点及全网高级持续性威胁可计算性评价方法……255
10.5.2　单点及全网网络空间安全态势综合研判……256
10.6　本章小结……258
10.7　习题……259
第 11 章　安全管理系统的应用及发展趋势……260
11.1　系统需求分析……260
11.1.1　万物互联时代的安全需求……260
11.1.2　网络安全防护体系现状……261
11.1.3　网络安全等级保护 2.0 的时代要求……263
11.2　系统功能及特色……264
11.2.1　系统功能……264
11.2.2　系统特色……267
11.3　系统应用及市场前景……267
11.3.1　企业级网络安全管理系统应用……268
11.3.2　安全综合管理系统在安全运维中的应用……269
11.3.3　市场前景……270
11.4　系统发展趋势……271
11.5　本章小结……272
11.6　习题……273
附录　常用缩略语……274
参考文献……281

第1章 引　　言

随着信息技术的快速发展，网络信息系统广泛普及，网络化、信息化已经成为现代社会的一个重要特征，对当前的政治、经济、社会产生了巨大的影响。网络空间成为继海、陆、空、天之后的第五大空间，没有网络安全就没有国家安全，保障网络的安全稳定与发展是我们的重要历史使命。为此，国家需要构建纵深的网络安全防护体系，加以有效的网络安全管理，保障网络空间安全。

本章首先阐述网络信息系统的概念、发展现状及安全需求，在此基础上介绍网络信息系统面临的安全威胁，进一步分析影响系统安全的因素及安全防护体系现状，最后针对目前信息技术的发展潮流、前沿技术所带来的网络安全演化趋势进行分析与展望。通过本章的学习，读者可以深入理解我国以及全球网络安全的概念、内涵、现状和发展。

1.1 网络信息系统概述

本节主要介绍网络信息系统的概念，包括定义、对当今社会所产生的巨大作用及其信息安全问题概念，从而使读者了解网络安全研究全景概念。

1.1.1 网络信息系统定义

传统意义上，信息系统指由计算机硬件、网络和通信设备、计算机软件、信息资源、信息用户和规章制度组成的、以处理信息流为目的的人机一体化系统。该定义中已经包含了网络信息系统的主体，在其基础上强调了网络在信息系统中的作用。随着网络和通信技术的快速发展，网络信息系统能够跨越地理空间的阻碍，在大范围的地理空间上利用逻辑层面实现不同实体的组合应用。依靠海量的硬件、软件、数据，用户能够在各种协议与规章制度下实现信息流处理。网络信息系统不仅停留在网络层面，同时通过终端控制、人机交互等模式，对现实世界产生了更深远的影响。

1.1.2 网络信息系统发展现状

从 1969 年美国国防部高级研究计划署（Advanced Research Project Agency，ARPA）资助建立了世界上第一个分组交换试验网高级研究计划署网络（Advanced Research Project Agency Network，ARPANET）开始，到 1994 年我国互联网的起步，互联网经过了高速的发展，如今已经渗透到社会和生活的方方面面，全世界都搭上了互联网的快车。结合互联网、计算机系统、商业模式等多个维度的发展，网络信息系统已经对当今社会产生了深远的影响。

根据玛丽·米克尔所发布的 2019 年度互联网趋势报告，2018 年，全球互联网用户增长为 6%，全球用户总量已经达到了 38 亿人，渗透率已经超过了 50%。该报告公布了互联网的区域人口渗透率：亚太地区为 48%，欧洲地区为 78%，非洲和中东地区为 32%，拉美和加勒比海地区为 62%，北美地区为 89%，这意味着非洲和中东地区的互联网覆盖还有很大的提升空间。据中国互联网络信息中心（CNNIC）的统计数据显示，截至 2019 年 6 月，我国网民规模已达 8.54 亿人，互联网普及率达 61.2%。中国信息通信研究院发布的《中国数字经济发展与就业白皮书（2019 年）》指出，经测算，2018 年我国数字经济规模达 31.3 万亿元，占 GDP 的比重达 34.8%。

随着网络信息系统的快速发展和广泛应用，我国已经从以传统固定网络和少量门户网站为中心的互联网 1.0 时代，进入了以移动互联网和海量网络应用构建的互联网生态主体的互联网 2.0 时代，电商、社交娱乐、云计算等服务领域成为产业发展的重点。

1）电商领域。根据国家统计局数据显示，我国 2019 年的社会消费品零售总额为 41.16 万亿元，其中网上零售额为 10.63 万亿元，大约已经占到全部零售额的 25%，并且依旧保持高速增长。在电子商务领域，海量的金融数据、用户信息、商品信息、物流信息通过网络信息系统进行处理、传输、存储和发布。

2）社交娱乐领域。截至 2019 年 7 月，Facebook 作为全球最大的社交网络平台，具有超过 23 亿的每月活跃用户，占到了全球人口的 30.6%。而微信、微博、抖音、快手等传统以及新型社交网络应用已经成为很多网络用户每日使用时间最长的应用，大量网民更倾向通过社交平台渠道获得新闻资讯、商品信息、娱乐活动等。在社交娱乐领域，人们可以通过网络信息系统实现信息的即时交互，社交网络成为舆论的发源地，商业流量也由此产生。

3）云计算领域。针对企业层面的服务，通过按量付费的模式，向用户提供计算机硬件、存储、网络、应用等服务，使用户能够快速根据当前的业务需求灵活地配置系统资源。据统计，2018 年全球的云计算市场规模达到了 2720 亿美元。而与美国等发达国家相比，我国云计算的发展仍有较大空间。由于我国云计算行业起步较晚，总体上企业机构对于云计算的投资占比不高。2017 年我国企业云计算相关支出占 IT 总支出的 14.4%，而该指标在美国则高达 29.1%。与前两个重点在信息层面产业价值的领域不同，云计算为海量企业级用户提供了硬件资源层面的支撑共享，是今后网络信息系统发展的重要保障和发展方向。

上述三个方面是目前网络信息系统在互联网 2.0 时代的发展现状。随着 5G 技术的发展，以物联网为核心概念的互联网 3.0 时代对网络信息系统提出了新的需求和挑战。2019 年作为 5G 技术元年，以我国为代表的许多国家和地区开始建设 5G 网络基础设施，大量基于 5G 技术的终端也逐渐上市。5G 技术所强化的三大技术应用场景：增强型移动宽带（Enhanced Mobile Broadband，eMBB）、高可靠和低时延通信（Ultra-

Reliable and Low Latency Communication，uRLLC）、大规模机器通信（Massive Machine Type Communication，mMTC）分别为当前大流量多媒体服务、无人驾驶汽车及工业物联网系统、万物互联提供了技术基础。因此，在未来的5～10年，基于物联网场景的应用将爆发式增长，本次变革与前两次的网络信息系统发展有所不同，将更多地集中在生产端，而非消费端。大量的企业将通过信息化和智能化改造，提升自身的生产效率，利用网络信息系统，进一步形成高效、灵活、可靠的生产和商业模型。根据 2019 年世界物联网大会中所给出的预测数据，到 2025 年，全球的物联网产业市场体量将有望达到30万亿美元，目前我国已经占全球物联网产值的1/4。

1.1.3　网络信息系统的安全定义

网络信息系统已经深入地参与到人类的生产生活中，线上与线下的联动使网络空间对物理空间造成更大的影响，已经成为人们日常生产生活中必不可少的一个重要组成部分。然而，网络就像一把双刃剑，在带给人们发展、便利、自由、开放等众多利益的同时，也带来不可忽视的安全风险。为此，其安全问题成为所有政策制定者、技术研究者、业务应用者的关注重点。国际标准化组织 ISO 对信息安全的定义是："为数据处理系统建立和采取的技术和管理的安全保护。保护计算机硬件、软件和数据不因偶然的或恶意的原因而受到破坏、更改、泄露"。从定义可以看出，对于网络信息系统的安全而言，其保护方法分为技术手段和管理手段两大类，保护的客体目标是计算机硬件、软件和数据，而安全威胁类型有破坏、更改以及泄露，此外，信息安全的影响因素同时包含偶然和恶意的破坏。

在接下来的内容中，将主要介绍网络信息系统面临的安全威胁类型及其影响、网络安全的影响因素以及主要的防护手段。同时，为了描述方便，在下文中将网络信息系统的安全统一简称为网络安全。

1.2　全球网络安全威胁及影响

互联网的美妙之处在于每个人都能互相连接，同时，互联网的可怕之处也在于每个人都能互相连接。不论是互联网，还是内部的局域网络，每天都面临着黑客、病毒，甚至是恶劣环境的攻击，导致网络安全事件层出不穷。本节将主要介绍当前网络信息系统所面临的安全威胁以及这些安全威胁造成的影响。

1.2.1　网络安全威胁

网络信息系统面临着不同来源、不同种类的安全威胁，其中包括主动攻击以及客观环境所造成的安全威胁。以下主要介绍主动攻击所造成的安全威胁，并对当前互联网中最主要的威胁进行分类汇总，将主动威胁归纳为以下三大类：恶意程序、安全漏洞利用、拒绝服务攻击。在实际的网络安全事件中，这三者可能会发生交集，例如利用系统漏洞实现恶意程序功能、利用协议漏洞实现拒绝服务攻击、利用恶意程序造成系统安全漏洞等。三种主要网络安全威胁的具体描述如下。

（1）恶意程序

恶意程序可以分为很多种，常见的包括程序后门、木马、蠕虫、病毒等。

1）程序后门，一般指程序员在制作合法程序时，为了合法测试或实现非法目的而保留的能够绕过安全监测流程的后门，从而使得程序的安全性被极大削弱。

2）木马，全称为特洛伊木马，其存在形式与程序后门类似，但其一般是专门制作的、包含后门或非用户授权行为的程序，通过利用合法服务作为伪装，骗取用户的信任从而得以运行，实现其非法目的。

3）蠕虫，作为一种独立的恶意程序存在，通过复制自身到网络上的其他计算机从而进行传播，通过操作系统漏洞、电子邮件、网络攻击、移动设备、即时通信等社交网络传播。

4）病毒，通过复制自身进行繁殖和传播，但其本身并非一个完整的程序个体。病毒需要嵌入到其他程序的执行文件中从而被执行和复制以及传播，其传播的对象一般是本地计算机的其他文件。按传染方式划分，计算机病毒可以分为 3 种类型：引导型病毒，感染对象是计算机存储介质的引导扇区；文件型病毒，也称寄生病毒，运行在计算机内存中，通常感染带有.com、.exe、.bin、.sys 扩展名的可执行文件；宏病毒，主要攻击如 C++、Java、JS、PHP 等高级语言编写的源程序。

根据国家计算机网络应急技术处理协调中心（CNCERT）的数据报告显示，2019 年全年共捕获了超过 6200 万个恶意程序样本，日均传播次数为 824 万余次，据测算，2019 年我国境内共有约 581 万台计算机设备受到了恶意程序的感染，除此以外，针对移动互联网设备、智能网联设备的恶意程序数量也在最近几年大幅度增长，其中针对移动互联网设备的恶意程序数量达到了 279 万个，CNCERT 捕获的智能网联设备恶意程序约 324 万个。

（2）安全漏洞利用

漏洞是在硬件、软件、协议的具体实现或系统安全策略上存在的缺陷，从而可以使攻击者能够在未经授权的情况下访问或破坏系统。这类漏洞往往是难以避免的，尤其是在如今程序规模日益庞大、服务能力日趋复杂、代码编写人员水平参差不齐的情况下，程序会产生大量的安全漏洞。许多存在漏洞的程序会被广泛传播和使用，进而导致出现大范围的网络安全事件。为了应对这些安全漏洞，大量测试者会对硬件、软件和协议进行测试，当测试出安全漏洞后会发布相应的补丁，从而阻止不法分子对这些漏洞的利用。但是，一方面，由于安全意识的缺失，许多用户并不能够及时地安装补丁程序。另一方面，攻击者往往能够通过少量的“零日”漏洞，成功攻击大量的计算机设备。“零日”（Zero-day）漏洞，一般指的是在漏洞被发现后很短的事件内黑客就利用该漏洞进行攻击，一般从漏洞发现到补丁发出的时间间隔较短，很多都是只相隔几天，而在这段时间内利用这些漏洞进行的攻击则被称为“零日”攻击。但是，在实际网络的日常使用过程中，“零日”漏洞更多的是很多由黑客组织秘密掌握的、未被业内公开和认知的漏洞，这些漏洞在被安全检测方发现之前就已经被制作为相应的攻击工具进行利用，因为没有公开，因此也就没有相应的补丁，这些漏洞一直处于“零日”状态，攻击能力较普通漏洞更强。

2019 年，国家信息安全漏洞共享平台（CNVD）收录的安全漏洞数量创下历史新高，收录安全漏洞数量同比增长了 14.0%，共计 16193 个，2013 年以来每年平均增长率为 12.7%。其中，高危漏洞收录数量为 4877 个（占 30.1%），同比减少 0.4%，但“零日”漏洞收录数量持续走高，在 2019 年收录的安全漏洞数量中，“零日”漏洞收录数量占比 35.2%，达 5706 个，同比增长 6.0%。根据通用漏洞披露（Common Vulnerabilities and Exposures，CVE）数据库所记录的数据，目前已经共有超过 13.5 万条获得 CVE 编号的漏洞，而除此之外还有大量的尚未被收录的漏洞存在。

（3）拒绝服务攻击

拒绝服务攻击（Denial of Service，DoS）与前两种网络安全威胁有所不同，前两者在很大程度上会对现有的程序和系统造成改变，甚至是破坏，主要集中于对软硬件以及数据的篡改、破坏和泄露，而拒绝服务攻击针对的是网络信息系统所提供的服务。当前，网络信息系统已经超越了只服务于少量本地用户的早期计算机系统，需要面对海量的非本地用户进行多种类、高通量的服务。而在实际的业务应用过程中，受成本等客观因素的影响，提供服务的硬件设备资源、网络带宽、程序的服务能力往往都是有限的，当攻击者通过某种方式长期占用服务提供方的服务资源时，正常用户就无法获得相应的服务，同样也会对服务提供方造成损失，从而实现恶意攻击的目的。而在长期的网络攻防过程中，由于单一攻击源的 DoS 攻击往往能够被较容易地封禁，在此基础上发展出了分布式拒绝服务攻击（Distributed Denial of Service，DDoS），成为目前互联网上最为常见也是最难以防范的安全威胁手段之一。DDoS 攻击往往利用恶意程序，如僵尸网络程序，控制大量的“肉鸡”，即受到感染和控制的计算节点，从不同的源同时向同一目标发起拒绝服务攻击。由于这类服务请求与正常请求具有很大的相似性，将其与普通正常用户的流量区分开需要很多的计算资源，因此 DDoS 攻击被广泛采用。

根据 2019 年的网络流量抽样监测结果显示，2019 年我国境内峰值超过 10Gbit/s 的大流量 DDoS 攻击事件数量平均每日 220 起，同比增加 40%，其中包括发起自境外的攻击 120 起，占比超过 50%。每月用于发起 DDoS 攻击的活跃 C&C 控制服务器数量平均 370 台，活跃的非法受控主机有 33 万台，反射攻击服务器约 203 万台，遭受大流量攻击的目标 IP 地址数量约 6000 个。

1.2.2 安全威胁影响

网络安全威胁已经影响我国的政治、经济等各个方面，下面从经济和社会两个方面阐述网络安全威胁所造成的影响。

（1）经济影响

随着产业发展和互联网应用水平的提升，近年来网络安全事件所造成的经济损失不断增加，同时也形成了通过网络攻击牟利的黑色产业链。根据俄罗斯储蓄银行发布的报告，2018 年因网络犯罪导致世界经济损失 1.5 万亿美元，预计 2019 年损失将达到 2.5 万亿美元，增长 60%。目前常见的网络黑产通过勒索软件、数据窃取贩卖、挖矿木马、拒绝服务等形式获取收益，直接或间接地造成大量的经济损失。下面是一些损失较大的真实案例。

1）2017 年，一种蠕虫式的勒索软件 Wannacry 在互联网上快速传播。通过利用 Windows 系统的“永恒之蓝”漏洞，该软件将计算机系统内的大量重要文件进行加密，只有向黑客组织缴纳一定数量的“比特币”作为赎金才能够获得密钥。据统计，在此次大范围传播过程中，至少 150 个国家、30 万名用户中招，造成损失达 80 亿美元，影响到金融、能源、医疗等众多行业，造成严重的危机管理问题。后续又有大量类似模式的勒索软件不断被制作出来并进行传播，对当前网络信息系统的安全造成了巨大影响。2019 年，CNCERT 捕获了超过 73 万个勒索软件，较 2018 年增长 4 倍。

2）当前，海量的用户数据被保存在计算机平台中，黑客可以通过窃取数据并在“暗网”（匿名网络）进行售卖。根据统计，在 2019 年上半年就有 3800 多起数据泄露事件，曝光了 41 亿余条数据，这些数据包含了大量的个人信息和财务信息。2018 年 8 月，暗网中公开售卖华住集团旗下所有酒店的开房数据信息，其中包含了酒店用户的姓名、手机号、邮箱、身份证号、登录密码、消费金额、房间号等信息，大约 1.23 亿条记录，共计 53GB。所有数据打包售卖 8 个比特币，按照当时比特币的价格，约合 37 万人民币。

3）比特币（Bitcoin)，其本身作为一种加密货币，由中本聪在 2008 年 11 月 1 日提出，并于 2009 年 1 月 3 日正式诞生。这种虚拟货币能够利用区块链技术提供去中心化的交易信用担保且能够保证匿名性，因此被大量用于网上黑市交易而变得具有实际价值。由于其原理上需要大量的计算力来“挖掘”比特币，因此被称为“挖矿”。黑客可以通过大量的木马程序控制计算力节点从而使其进行“挖矿”操作，从而产出比特币，进而获得收益。

4）拒绝服务攻击作为当前较为常见同时也是较难防范的网络攻击手段，经常被用来对网络服务提供者进行要挟，通过收“保护费”的方式来获得收益。当用户不愿意缴纳勒索费用时，黑客就会使用拒绝服务攻击的手段使用户的网络服务瘫痪，进而造成经济损失。根据 360 公司所发布的《DDoS 攻击商业破坏力研究报告》显示，全球 DDoS 攻击每年造成的经济损失高达 200 亿元。

（2）社会影响

网络安全问题不仅会造成经济损失，随着网络信息系统对线下物理空间的控制能力越来越强，其所造成的安全问题对社会也会产生巨大的影响，包括公民隐私数据泄露的问题、工控设备的安全问题等。数据泄露不仅会造成经济损失，一定程度上也会造成社会秩序的混乱。据报道，美国的 Capital One 银行由于“服务器配置错误”，被某个黑客窃取了上亿张信用卡数据以及十多万条社保数据。我国也有大量公民信息被泄露的事件，诈骗分子可以利用公民信息对其进行更有针对性的诈骗行为，给人们带来了巨大的损失。在工控安全方面，最著名的案例是专门针对核设施和电网设备的“震网（Stuxnet）”病毒，其于 2010 年 6 月首次被检测出来，是第一个专门定向攻击真实世界中基础（能源）设施的蠕虫病毒。2012 年 6 月 1 日的美国《纽约时报》报道，揭露“震网”病毒起源于 2006 年前后由美国前总统小布什启动的“奥运会计划”。2013 年 3 月，《解放军报》报道，美国曾利用“震网”蠕虫病毒攻击伊朗的铀浓缩设备，已经造成伊朗核电站推迟发电，目前国内已有近 500 万网民及多个行业的领军企业遭此病毒攻击，这种病毒成为新时期电子战争中的一种武器。另一个著名案例是乌克兰大规模停电事件，2015 年 12 月 23 日下午，乌克兰首都基辅部分地区和乌克兰西部的 140 万名居民突然发现家中停电。黑客通过用欺骗手段让电力公司员工下载了一款恶意软件“BlackEnergy”，从而操作恶意软件将电力公司的主控计算机与变电站断连，随后又在系统中植入病毒，让所有计算机瘫痪。与此同时，黑客还对电力公司的电话通信进行了干扰，导致受到停电影响的居民无法和电力公司进行联系。

1.3 网络不安全因素

计算机网络面临的安全威胁主要是由网络存在的不安全因素导致的。为了减少安全事件，降低网络面临的风险，必须对影响网络安全的因素有清晰的认识。本节主要介绍影响计算机网络安全的主动和被动的影响因素。

1.3.1 主动因素

当存在个体（如黑客等）通过恶意行为（如使用木马、利用漏洞等），对网络信息系统进行恶意的人为攻击，这种攻击被认定为主动因素。由于人为恶意攻击主要是来自有明显企图的攻击者，其危害性相当大，是计算机网络所面临的最大威胁。通常，攻击者的类型包括：心怀叵测的黑客、企业内部心怀恶意的员工、行业间谍、恐怖分子、国家情报部门或人员等。此类攻击分为以下两种。

1）主动攻击：以各种方式有选择地破坏网络和信息的保密性、可用性和完整性等，这样的网络入侵者被称为积极入侵者。积极入侵者截取网上的信息包，并对其进行更改使它失效，或者故意添加一些有利于自己的信息，起到信息误导的作用，或者登录进入系统并占用大量的网络资源，造成资源的消耗。主动攻击所造成的后果包括数据文件的泄露或传播、拒绝服务攻击和更改数据等，其破坏作用是最大的。

2）被动攻击：在不影响网络正常工作的情况下，通过网络截获、流量分析、密码嗅探、破译等方式获取重要的机密信息，这种仅窃取而不破坏网络中传输信息的入侵者被称为消极入侵者。被动攻击主要造成信息或文件的泄露。

上述两种攻击均可对计算机网络造成极大的危害，并导致机密数据的泄露。人是计算机网络中最活跃、最不确定、最根本性的不安全因素，因此应该将教育、培训和管理作为计算机网络安全管理的重中之重。

1.3.2 被动因素

除了人为主动发起的恶意行为之外，网络信息系统自身所存在的先天问题同样也是造成网络安全事件的重要影响因素，即被动因素，其主要包括三种类型：脆弱性因素、管理因素、自然环境因素。

（1）脆弱性因素

网络信息系统的编制基于大量人员的协同工作，越是复杂的系统就越难以进行全面的安全审核，往往存在漏洞和“后门”，即操作系统及网络软件不是百分之百的无缺陷、无漏洞，可以说漏洞几乎存在于任何系统和软件，包括微软操作系统、各种数据库以及应用系统。此外，编程人员为自己方便而在软件中留有“后门”。一旦“漏洞”及“后门”为外人所知，就会成为整个网络系统受攻击的首选目标和薄弱环节。大部分的黑客入侵网络事件都是由系统的“漏洞”和“后门”引起的，而且目前发现漏洞的数量迅速增长，周期不断缩短，从发现安全漏洞到发布相关漏洞攻击代码之间的间隔时间也在不断缩短，因此由安全漏洞因素导致的危害是不可忽视的。

（2）管理因素

这主要是由于用户安全意识匮乏和安全技能低下导致，且通常发生在内部员工中。通常包括用户对设备和系统应用等的安全配置不当或疏忽、用户口令选择不慎、用户将自己的账号随意转借给他人或与他人共享等。

（3）自然环境因素

计算机系统硬件和通信设施极易遭受到自然环境（如温度、湿度、灰尘和电磁场等因素）以及自然灾害（如洪水、地震等）的影响。自然环境因素容易导致计算机网络硬件设施的故障或损坏，以及数据的破坏和丢失，而自然灾害对计算机网络造成的损坏和损失是灾难性的、无法估量的。自然环境因素在一定程度上是不可避免的，是安全管理的一个重要环节。

1.4 网络安全防护体系现状

长期以来，针对计算机网络的各种不安全因素，人们不断地采取各种安全防护措施加以解决，但迄今为止依然存在“重技术、轻管理”的现象。人们对网络安全防护偏重于依靠技术，从早期的加密技术、数据备份、防病毒，到近期网络环境下的防火墙、入侵检测、身份认证等，厂商在安全技术和产品的研发上不遗余力，新的技术和产品不断地涌现；企业也把网络安全防护理解并实施为安全产品的简单堆砌，把大部分的预算投入到安全产品的采购上。普遍存在“重产品、轻服务，重技术、轻管理，重业务、轻安全”的思想，安全就只停留于安装防火墙和杀毒软件的层次，人员的信息安全意识不平衡，导致一些安全制度或安全流程流于形式。

据有关部门统计，在所有的计算机安全事件中，约有 52%是人为因素造成的，25%

由火灾、水灾等自然灾害引起，技术错误占 10%，组织内部人员作案占 10%，仅有 3%左右是由外部不法人员的攻击造成。因此，仅仅依靠技术和产品来保障网络安全的愿望难尽人意，许多复杂、多变的安全威胁和隐患靠产品无法消除。事实上，安全事件有高达 70%以上是属于管理方面的原因，而这些安全问题中的 95%可以通过科学的网络安全管理来避免。目前，业界也已经开始接受“三分技术、七分管理”的实践经验和原则，意识到管理是网络安全防护的重要基础。

网络安全防护体系是一个复杂的系统工程，涉及人、技术、操作等要素，需要“攻、防、测、控、管、评”等技术的有机结合，单靠技术或单靠管理都不可能实现。因此，必须将网络安全技术与管理相结合，包括各种安全技术与运行管理机制、人员思想教育与技术培训、安全规章制度建设等方面的具体结合。

防火墙、安全漏洞扫描、安全评估分析、入侵检测、网络陷阱、入侵取证、备份恢复和病毒防范等常见的安全技术和工具是网络安全体系中直观的部分，缺少任何一种都会有巨大的危险，必须在安全策略的指导下合理部署，互联互动，形成一个有机整体，而不仅仅是简单地堆砌。但正如前面所说，安全不是简单的技术问题，不落实到管理，再好的技术、设备也是徒劳，所以在安全技术的基础之上，还应该将正确的安全管理贯彻整个安全防护体系，实现一个以安全策略为核心，以安全技术为支撑，以安全管理为落实的有效的安全防范体系。

1.5 网络安全威胁发展趋势

随着网络技术的不断发展和广泛应用，网络信息系统的技术内涵以及应用场景都在不断扩展，呈现出大量应用人工智能技术、海量移动物联网设备接入网络、区块链技术大规模使用的技术发展趋势。另外，网络空间主权概念正在不断被推动和广泛接受，大量具备国家对抗性质的网络安全对抗行为正在出现。本节主要介绍当前网络信息系统技术与社会发展趋势下的安全威胁的未来发展趋势。

1.5.1 人工智能应用安全

近年来，人工智能技术在计算机视觉、自然语言处理等领域获得了巨大的发展，开始逐步脱离实验室研究状态，进入真实的应用场景中。由于其能够高效地处理大量原来只能由人工处理甚至是无法处理的问题，被认为具有极大的应用潜力，例如，人工智能技术在无人车辆驾驶、安防监控视频分析等领域已经逐步展现出其应用潜力。但是随着人工智能技术的广泛应用，其带来了两个方面的安全威胁。

第一，由于人工智能技术具有强大的数据特征提取、分析能力，因此存在被黑客恶意应用而作为网络攻击的手段和武器的可能。通过人工智能技术对攻击对象的行为模式、脆弱性等特征进行深入挖掘，恶意攻击者能够以较传统攻击手段更低的成本执行更有效的攻击。2017 DEFCON 会议上，安全公司 Endgame 透露了如何使用 OpenAI 框架生成定制恶意软件，且所创建的恶意软件无法被安全引擎检测发现，其原理是基于人工智能技术对恶意软件进行微小的扰动，从而欺骗安全引擎的检测。

第二，人工智能技术本身尚未完全成熟，存在黑盒化、可解释性差、鲁棒性不足等问题，因此当其被广泛使用时，很可能会出现脆弱性问题，进而成为黑客的攻击对象。目前，针对人工智能模型的攻击手段有对抗样本攻击和“中毒攻击”。两者都是由于目前绝大多数的人工智能模型基于海量数据作为训练样本，数据的质量会直接影响到人工智能模型的质量。当训练数据无法覆盖真实应用环境中的所有情况时，攻击者会利用智能模型对某类特定样本的弱点制作特定的对抗样本，从而欺骗智能模型。例如，通过对一张大熊猫的照片添加特定的噪声，就能使得分类模型将其分类为“金丝猴”，而人的肉眼却完全无法看出修改前后的区别。此外，由于人工智能训练依赖大量的数据，因此攻击者会在人工智能模型训练阶段在训练数据中添加特定的恶意数据，使得数据“中毒”。使用“中毒”的数据训练获得的人工智能模型会存在特定的缺陷，这类似于应用程序中的“后门”。攻击者利用这些“后门”，可以简单有效地欺骗智能模型，达成自身的目的。

1.5.2 物联网设备劫持

随着 5G 网络以及移动终端设备的快速普及，万物互联的时代已经到来。海量的物联网设备已经被广泛使用，例如智能音箱、智能家电、智能监控设备、个人穿戴设备，这些设备的数量将远远超过目前的主要移动终端——智能手机的数量。有研究报告显示，2025 年全球物联网设备（包括蜂窝及非蜂窝）将达到 252 亿个。2018 年我国物联网连接规模为 23 亿，预计 2022 年物联网连接规模将达到 70 亿。

在物联网产业快速扩张的同时，这些联网设备存在着很大的安全隐患。由于物联网设备自身特性的限制，其一般存在设备性能、功耗、能量供给等限制，无法像传统计算机和手机终端一样部署高消耗的安全防护系统。而这些设备往往又会采集人们日常生活中的大量数据，例如监控设备、可穿戴设备等，会造成大量的隐私泄露问题。在工业控制物联网场景下，海量的传感设备和控制设备关系到生产安全和民生安全。海量的被劫持物联网设备本身也会成为恶意攻击者手中的武器，形成僵尸网络。因此，物联网设备安全问题必然是未来网络信息系统安全发展的一个重要方向。

1.5.3 区块链技术的不成熟应用

区块链技术的核心在于利用密码学原理制造一个区块头，该区块头与前一个区块的内容为单向映射关系，只能通过海量的计算力计算获得，因此可以保证记录在区块链中的信息无法被篡改（或篡改代价极其高昂），并且获得区块的过程不需要一个可信任第三方存在，这意味着整个区块链网络是去中心化的，所有节点不需要获得彼此的信任就可以达成共识。目前，区块链技术有两大广泛应用：比特币和智能合约，具体如下。

1）与区块链技术一起被提出的“比特币”应用。随着比特币在去中心化场景下的匿名交易被广泛使用，很多后续类似的以区块链技术为基础的加密货币被创造出来，据统计，2020 年全球加密货币总市值已经达到了 2600 多亿美元，且曾经在 2018 年 1 月 1 日达到过历史峰值 7328 亿美元。区块链基于的密码算法不存在安全问题，但是由于其共识机制、网络同步等限制，区块链技术本身依旧存在较大的安全问题。常见的攻击方法如下。

- 女巫攻击（Sybil Attack）：恶意节点通过伪造身份，将一个节点伪装成为多个合法节点，从而获得在网络中更高的权重。权重越高，对区块链网络的共识结果影响越大，因此，女巫攻击可以扭曲区块链网络共识从而获利。
- 日蚀攻击（Eclipse Attack）：攻击者可以通过确保受害者节点不再从网络的其余部分接收正确的信息，而只接收由攻击者操纵的信息来执行日蚀攻击。
- 51%攻击（又称双花攻击）：当攻击者具备超过整个区块链网络中 51%的算力时，便可以利用区块链技术的共识机制，伪造虚假的区块，由于其具备更大的算力，能够使虚假的区块获得整个网络的承认，而攻击者可以在网络中抹去以前使用加密货币消费的记录，从而再次消费，因此也被称为双花攻击。而且由于共识算法的机制，攻击者并不一定要完全具备超过全网 51%的算力，一方面，可以通过多次尝试的方式降低所需求的算力；另一方面，如果使用拜占庭共识机制，则只需要 33%以上的算力，节点就可以影响共识结果。

此外，由于加密货币具备了以往网络平台中其他数据所不具备的直接经济价值，所以成为黑客们的重点攻击对象，各大加密货币交易所、个人加密货币钱包（用于存储代表加密货币的一长串密钥）都成为攻击对象，而这些平台本身的安全性是无法被保证的。

过去几年，大量的安全事件已经发生。2018 年 2 月，意大利加密货币交易所 BitGrail 宣布其价值 1.7 亿美元的 Nano 币被盗，BitGrail 创始人拒绝赔偿用户的损失。2018 年 1 月，日本最大的比特币交易所之一 Coincheck 遭黑客攻击，5.3 亿美金被盗。2017 年 6 月，韩国最大的虚拟货币交易所 Bithumb 被盗数十亿韩元，3 万用户的信息被泄露。

2）智能合约。通过区块链技术将待执行的程序进行保存，从而实现不可篡改和不可抵赖，当达到某个特定条件时，该程序就会被执行，因此最常用来强制履行合约。其代表平台为以太坊。智能合约是一种利用区块链技术实现的自动化合同执行技术。作为一种特殊协议，智能合约旨在提供、验证及执行合约。它允许在不需要第三方的情况下，执行可追溯、不可逆转且安全的交易。智能合约包含了有关交易的所有信息，只有满足了要求才可以执行操作。由此可见，智能合约与传统的基于区块链技术的应用（如比特币等）相比，有着更高的复杂度，其自身的可执行性导致其更容易存在漏洞。2016 年，黑客通过“去中心化自治组织（Decentralized Autonomous Organization，DAO）”，利用以太坊的智能合约漏洞，盗取了 360 万以太币，对后续的整个智能合约平台发展产生了深远的影响。

1.5.4 高级持续性威胁

高级持续性威胁（Advanced Persistent Threat，APT）与传统的利用计算机程序自我复制并广泛传播的攻击完全不同。该类攻击一般针对特定的组织和对象，有明确的目的性。美国国家标准与技术研究院（NIST）提出的APT攻击定义中给出了APT攻击的4个要素，具体如下。

1）攻击者：拥有高水平专业知识和丰富资源的敌对方。

2）攻击目的：破坏某组织的关键设施，或阻碍某项任务的正常进行。

3）攻击手段：利用多种攻击方式，通过在目标基础设施上建立并扩展立足点来获取信息。

4）攻击过程：在一个很长的时间段内潜伏并反复对目标进行攻击，同时适应安全系统的防御措施，通过保持高水平的交互来达到攻击目的。

APT攻击具有不同于传统网络攻击的5个显著特征：针对性强、组织严密、持续时间长、高隐蔽性和间接攻击。例如，“震网”病毒、“BlackEnergy”都属于APT攻击。

目前，大多数APT攻击都针对政府部门或社会公共事业单位，同时也在向其他领域扩散。根据CNCERT发布的《2019年我国互联网网络安全态势综述》显示：2019年，CNCERT监测到重要党政机关部门遭受钓鱼邮件攻击数量达50多万次，月均4.6万封，其中携带漏洞利用恶意代码的Office文档成为主要载荷，主要利用的漏洞包括CVE-2017-8570和CVE-2017-11882等。例如“海莲花”组织利用境外代理服务器为跳板，持续对我国党政机关和重要行业发起钓鱼邮件攻击，被攻击单位涉及数十个重要行业、近百个单位和数百个目标。

1.6 本章小结

本章主要围绕当前网络信息系统的安全现状进行概述，对当前网络信息系统的发展、面临的主要威胁、影响因素、防护体系现状进行了简要介绍。此外，结合目前网络信息系统发展的趋势，对未来网络安全威胁的发展趋势进行了梳理和展望。希望通过本章的学习，读者能够对网络信息系统安全有一个整体而直观的认识。

1.7 习题

1. 计算机网络的安全现状如何？
2. 计算机网络主要有哪些不安全因素？
3. 计算机网络的安全防护和管理目前主要存在什么问题？

第 2 章 网络信息系统安全管理概述

网络信息系统建立在计算机、通信和网络等信息技术的基础上，其安全目标是确保系统有效运行及存储、传输、处理的信息的安全，这也是信息系统安全管理的目标。在信息系统安全管理方面，我国已经做了很多的相关工作，比如制定《中华人民共和国网络安全法》等相关的法律法规和标准，推行信息安全保障体系和等级保护工作，这些都有力地促进了我国信息系统安全管理的发展，并带动了安全管理服务市场的发展。

本章首先介绍信息、信息安全和信息系统安全管理的基本概念，接着介绍信息系统安全管理的现状，最后介绍信息系统安全管理的重要性。

2.1 基本概念

2.1.1 信息

1. 信息的定义

在信息研究领域，信息还没有一个被大家所公认的确切定义。通过收集和征集各种科技著作以及科学网的定义，发现信息的定义主要分为以下 4 类。

（1）以信息表达的不对称为基础

北京邮电大学钟义信教授把信息划分为可确定信息与不确定信息两部分，从科学角度给出语法信息、语义信息、语用信息、先验信息、实得信息和实在信息的定义。其中，语法信息指主体所感知或所表述的事物运动状态和方式的形式化关系；语义信息指认识主体所感知或所表述的事物运动状态和方式的逻辑含义；语用信息指认识主体所感知或所表述的事物运动状态和方式相对于某种目的的效用；先验信息指观察者在观察之前通过某种途径所感知的该事物运动的状态和方式；实得信息指观察者通过观察所新感知到的该事物运动的状态和方式；实在信息指该事物实际的运动状态和方式。

（2）以物质性、能量性和信息性的不对称为基础

控制论的创始人维纳认为：“信息就是信息，既不是物质也不是能量”，指明了信息与物质和能量具有不同的属性，信息和物质、能量一起构成了人类社会赖以生存和发展的基础。信息是无形的，它独立于物质，是与物质、能量并列的客观世界的三大要素之一，是为管理和决策提供依据的有效数据。

（3）以信源、信道和信宿的不对称为基础

以信源、信道和信宿之间的不对称为基础的信息定义，可以分为以信源为主、以信道为主和以信宿为主。G. Longo定义信息是事物之间的差异，W. R. Ashby认为信息是集合的变异度，这两个定义均以信源为主。而维纳以信道为主，定义信息是通信传输的内容，是人与外界相互作用的过程中所交换的内容的名称。

（4）以信息分布、信息密度分布、信息关联分布的不对称为基础

信息可以是消息、信号、数据、情报和知识，是用语言、文字、数字、符号、图像、声音、情景、表情、状态等方式传递的内容。

2. 信息的属性

信息是通过在数据上施加某些约定而赋予这些数据的特殊含义，接受者（某人或某种媒体）通过一切可能的观察、探测、接收等手段，得到对某种事物的特性、变化情况和运动规律的实际了解。信息并非客观事物的特性、变化情况和运动规律本身，而是对它们的某些可能观察、探测、接收而得到的认识，是可供接受者据以分析、判断该事物的特性、变化情况和运动规律的一些原始材料。信息具有以下重要性质。

1）信息对一个组织而言具有重要价值。信息像其他的业务资产一样，是组织持续地运作和管理所必需的。例如，政策信息、市场信息、科技信息、计划方案、竞争情报、不恰当的宣传报道和谣言等，这些信息可能从多个方面给组织带来不同的影响。

2）信息本身是无形的，可以通过多种媒体传递和存在。信息可以通过符号、语言、文字或图像等方式表示，可以通过电话、网络、信件或传真等多种途径进行传递，可以存储在纸上、磁带、计算机、员工的大脑等。随着技术的不断发展，信息传递和存储的方式越来越多，越来越方便。

3）信息与特定的主题、事物相关联，有着一定的含义。理解信息不能脱离它所依赖的环境和条件，例如“10”是一个具体的数字，它可以被认为是数据，没有实际意义；而把它应用到电信领域时，则表示一条信息：北京的电话区号；把它应用于邮政领域时，它代表着另一条信息：北京的地区号。

2.1.2 信息安全

1. 信息安全的定义

广义的信息安全指防止信息财产被故意地或偶然地非授权泄露、更改、破坏，或防止信息被非法辨识、控制，即确保信息的保密性、完整性、可用性、可控性，包括操作系统安全、数据库安全、网络安全、病毒防护、访问控制、加密与鉴别7个方面。狭义的信息安全指网络环境的信息安全，也称网络安全。

信息安全的实质是采取措施来保护信息资产，使之不因偶然或恶意侵犯而遭受破坏、更改及泄露，保证信息系统能够连续、可靠、正常地运行，使信息安全事件对业务造成的影响减到最小，确保组织业务运行的连续性。

2．信息安全的发展历程

信息安全的概念与技术随着人们的需求以及计算机、通信与网络等信息技术的发展而不断发展，近 70 年来经历了通信保密、计算机安全和信息保障 3 个发展阶段，如图 2-1 所示。

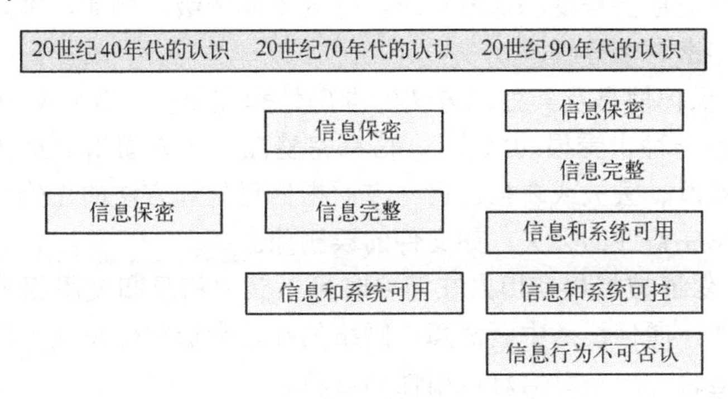

图 2-1　信息安全的发展历程

（1）通信保密阶段（Communication Security，COMSEC）

通信保密阶段开始于 20 世纪 40 年代，其标志是 1949 年香农发表的《保密系统的信息理论》，将密码学的研究纳入科学轨道。这个阶段，技术并不发达，主要的信息交换手段是电话、电报、传真，其核心问题是通信安全，强调的主要是信息的保密性。该阶段的重点是通过密码技术解决通信保密问题，保证信息不被泄露给未经授权的人或设备，确保信道、消息源、发信人的真实性及核对信息获取者的合法性。

（2）计算机安全阶段（Computer Security，COMPUSEC）

计算机安全阶段开始于 20 世纪 70 年代，计算机和网络技术的应用进入实用化和规模化阶段，因而计算机安全被提到议事日程上来。此时，对计算机安全的威胁主要是非法访问、弱口令、恶意代码等，人们对安全的关注扩展为以保密性、完整性和可用性为目标的计算机安全阶段。

（3）信息保障阶段（Information Assurance，IA）

20 世纪 90 年代以来，计算机网络迅速发展，信息安全问题跨越了时间和空间，信息安全的焦点不仅仅是传统的保密性、完整性和可用性 3 个原则，衍生出可控性、抗抵赖性等原则和目标，信息安全也转化为从整体角度考虑其体系建设的信息保障阶段。信息保障的概念与思想于 20 世纪 90 年代由美国国防部部长办公室提出，通过确保信息和信息系统的可用性、完整性、可控性、保密性和不可否认性来保护信息系统的信息作战行动，包括利用保护、探测和反应能力来恢复系统的功能。信息保障概念已经超出了传统的信息安全保密，而是保护、检测、响应和恢复的有机结合。信息保障阶段不仅包含安全防护的概念，更重要的是增加了主动和积极的防御观念。

3．信息安全的属性

信息安全是一个动态的概念，人们在不断实践和探索的过程中总结出信息安全的 5

大属性：保密性、完整性、可用性、不可否认性和可控性。

1）保密性：对信息资源开放范围的控制，指网络中的保密信息只供允许的人员以经过允许的方式使用，保证信息仅被授权的人获取。信息的保密性取决于被访问对象的多少，所有人员都可以访问的信息为公开信息，需要限制访问的信息为秘密信息。其中秘密信息根据信息的重要程度和保密要求，分为不同密级。例如，军队内部文件一般分为秘密、机密和绝密 3 个等级。

2）完整性：保护信息及其处理方法的准确性和完整性，保证计算机系统中的信息处于“保持完整或一种未受损的状态”。信息完整性，一方面指信息在使用、传输、存储等过程中不被篡改、丢失或缺损；另一方面指信息处理方法的正确性，而不正当的操作有可能造成信息完整性的丢失，如文件的误删除。

3）可用性：保证被授权使用人在需要时可以获取信息和使用相关的资产，不会遭受拒绝服务。例如，通信线路中断故障、网络的拥堵会造成信息在一段时间内不可用，影响正常的业务运营，这是对信息可用性的破坏。

4）不可否认性：又称抗抵赖性、不可抵赖性，保证信息行为人不能否认其行为。信息的不可否认性可分为原发不可否认和接收不可否认，前者用于防止发送者否认自己已发送的数据和数据内容，后者用于防止接收者否认已接收过的数据和数据内容。实现不可否认性的技术手段一般有数字证书和数字签名。通常用户关心的是应用程序数据（如电子邮件）的不可否认性。

5）可控性：对信息的传播及内容具有控制能力，保证信息和信息系统的授权认证和监控管理，确保某个实体（人或系统）身份的真实性和执法者对社会的执法管理行为。

2.1.3 信息系统安全管理

1．含义

信息系统安全管理的含义有狭义和广义之分。狭义而言，指利用安全管理系统实现信息系统的安全管理，侧重于技术手段的管理；广义而言，指基于风险的安全管理，通过技术和管理的手段，将系统潜在的风险控制在可接受的范围之内。

广义的信息系统安全管理指通过系统风险分析和评估等手段，确定企业信息系统的安全需求和目标，为实现企业的信息安全目标而采取的一系列方式和手段，包括风险评估、检查、监控、响应和调整的控制过程。信息系统安全管理是一个过程，用于将信息系统的保密性、完整性、可用性维持在一个适当、可接受的水平，即在一个组织或机构中，信息系统的生命周期全过程实施符合安全等级责任要求的科学管理，包括落实安全组织及安全管理人员、明确角色与职责、制订安全规划、开发安全策略、实施风险管理、制订业务持续性和灾难恢复计划、选择与实施安全措施、保证配置及变更的正确与安全、安全审计、监控检查、处理安全事件、安全意识与安全教育、人员安全管理等。

2．管理对象

网络信息系统安全管理对象涉及多个方面，包括组织结构、人员（内部人员、外部人员及第三方访问者）管理、设备（网络设备、安全设备、服务器、终端）管理、安全事件管理、日志管理、系统管理（建设、运行与维护）、策略管理、风险管理等。

3. 经典安全管理标准

信息系统安全管理领域的一个权威经典标准是英国标准 BS7799（British Standard 7799，现已更名为 ISO/IEC 27001：2013），该标准为管理层提供了一整套可“量体裁衣”的信息安全管理要项、一套与技术负责人或在高层会议上进行沟通的共同语言以及保护信息资产的制度框架。BS7799 将信息技术（Information Technology，IT）策略和企业发展方向统一起来，确保 IT 资源用得其所，使与 IT 相关的风险受到适当的控制。该标准通过保证信息的保密性、完整性和可用性来管理和保护组织的所有信息资产，通过方针、惯例、程序、组织结构和软件功能来确定控制方式并实施控制，组织按照这套标准来管理信息安全风险，可以持续提高管理的有效性并不断提高自身的信息安全管理水平，降低信息安全对持续发展造成的风险，最终保证组织的特定安全目标得以实现，进而利用信息技术为组织创造新的战略竞争机遇。该标准具有以下特点。

1）强调风险管理的思想，指导组织建立信息安全管理体系，即系统化、程序化和文件化的管理体系。

2）基于系统、全面、科学的安全风险评估，体现预防控制为主的思想，强调遵守国家有关信息安全的法律法规及其他合同方要求，强调全过程和动态控制，本着控制费用与风险平衡的原则，合理地选择安全控制方式来保护组织所拥有的关键信息资产，使信息风险的发生概率和结果处于可接受水平，确保信息的保密性、完整性和可用性，保持组织业务运作的持续性。

3）突破传统信息安全管理的静态、局部、少数人负责、突击式、事后纠正式的缺陷，从根本上避免、降低各类风险的发生，降低信息安全故障导致的综合损失。

2.2 信息系统安全管理现状

大部分企业都认识到仅仅依靠技术和产品不能保障信息安全，信息安全不仅仅是个技术问题，而是管理、章程、制度和技术手段以及各种系统的结合。实现信息安全不仅需要采用技术措施，还需要借助于技术以外的其他手段，如规范安全标准和进行信息安全管理。管理已成为信息安全保障能力的重要基础，市场上对信息安全管理也越来越重视。

2.2.1 信息系统安全管理分支

目前，信息系统的安全管理有两大分支：安全服务和安全管理系统，其中安全服务包括基于标准的安全测评、等级保护、风险评估、安全加固、管理体系建设；安全管理系统又称安全运维中心（Security Operation Center，SOC），主要包括安全事件管理、补丁管理、漏洞管理、态势评估、设备管理等。信息系统安全管理的分支如图 2-2 所示。

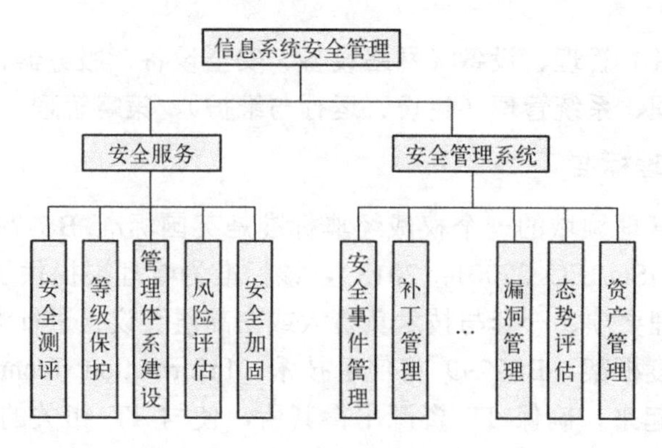

图 2-2　信息系统安全管理的分支

1. 安全服务

（1）基于标准的系统安全测评

由具备检验技术能力和政府授权资格的权威机构，依据国家标准、行业标准、地方标准或相关技术规范，严格按照程序对信息系统的安全保障能力进行科学公正的综合测试评估活动，以帮助系统运行单位分析系统当前的安全运行状况、查找存在的安全问题，并提供安全改进建议，从而最大程度地降低系统的安全风险。安全测评更多地从安全技术、功能和机制的角度来进行安全评估，这类评估规范有美国的可信计算机安全评估准则（Trusted Computer Security Evaluation Criteria，TCSEC）、欧洲的信息技术安全评估准则（Information Technology Security Evaluation Criteria，ITSEC）、加拿大可信计算机产品评估准则（Canadian Trusted Computer Product Evaluation Criteria，CTCPEC）和通用评估准则（Common Criteria，CC）等。

（2）风险评估

参照风险评估标准和管理规范，对信息系统的资产价值、潜在威胁、薄弱环节、已采取的防护措施等进行分析，判断安全事件发生的概率及可能造成的损失，提出风险管理的措施。

风险评估不是一个新的概念，金融、电子商务等许多领域都有风险评估的需求。当风险评估应用于 IT 领域时，就是对信息安全的风险评估。国内这几年对信息安全风险评估的研究进展较快，具体的评估方法也在不断地改进。风险评估也从早期简单的漏洞扫描、人工审计、渗透性测试这种纯技术操作，逐渐过渡到目前以资产为出发点，以威胁为触发，以技术、管理和运行等方面存在的脆弱性为诱因的信息安全风险评估综合方法及操作模型。

（3）等级保护

信息安全等级保护是指对国家秘密信息，法人、其他组织和公民的专有信息，以及公开信息和存储、传输、处理这些信息的信息系统分等级实行安全保护，对信息系统中使用的安全产品实行按等级管理，对信息系统中发生的信息安全事件分等级响应、处置。实行信息安全等级保护制度，重点保护基础信息网络和重要信息系统。等级保护的核心是对信息系统，特别是对业务应用系统安全分等级，按标准进行建设、管理和监督。国家运用法律和技术规范逐级加强对信息安全等级保护工作的监管力度，突出重点，保障重要信息资源和重要信息系统的安全。

（4）管理体系建设

信息安全管理体系（Information Security Management Systems，ISMS）是组织在整体或特定范围内建立信息安全方针和目标，以及完成这些目标所用方法的体系。它是直接管理活动的结果，表示成方针、原则、目标、方法、过程、核查表（Checklists）等要素的集合。

安全体系建设过程是依据风险评估的结果，制定安全技术体系方案和安全管理体系方案，并通过安全工程的实施建立一套完整的安全防护体系的过程。完整的安全体系包括安全技术体系和安全管理体系两个方面，安全体系建设是风险管理阶段所制定的控制措施的实现过程，通过安全体系可以满足风险控制目标的要求。

ISO/IEC 27001：2013 是建立和维持信息安全管理体系的标准，该标准要求组织通过确定信息安全管理体系范围、制定信息安全方针、明确管理职责、以风险评估为基础选择控制目标与控制方式等活动来建立信息安全管理体系。体系一旦建立，组织应按体系规定的要求进行运作，保持体系运作的有效性。信息安全管理体系应形成一定的文件，即组织应建立并保持一个文件化的信息安全管理体系，文件中应阐述被保护的资产、组织风险管理的方法、控制目标及控制方式和需要的保证程度。

建立信息安全管理体系并获得认证，能提高企业自身的安全管理水平，将企业的安全风险控制在可接受的范围内，减少因安全事件带来的破坏和损失，更重要的是可以保证企业业务的可持续性。

（5）安全加固

主机系统安全加固是根据专业安全评估结果，制定相应的系统加固方案，针对不同目标系统，通过打补丁、软件升级、修改安全配置、修复漏洞、增加安全机制、加强防病毒软件部署、及时更新病毒特征码等方法，合理地加强系统的安全性。同时，基于信息系统的潜在网络攻击图，运用安全评估优化技术，寻找网络系统中的关键攻击集，通过利用关键攻击集的脆弱点对系统进行修复，实现对系统性能影响小的、经济的安全加固方案。

2. 安全管理系统

（1）补丁管理

补丁管理主要是制定统一的补丁管理策略，自动从系统厂商下载并安装需要的补丁，自动检查客户端需要安装的补丁、已经安装的补丁和未安装的补丁。无论系统物理访问的现有控制如何，在网络环境中通过定义明确的补丁管理程序来评估和保持系统软件的完整性是保证信息安全的第一步。补丁管理可以克服安全漏洞并保持生产环境的稳定性。

（2）安全事件管理

安全事件管理技术实时地分析来自入侵检测系统（Intrusion Detection System，IDS）、防火墙、漏洞检测等众多异构设备的与安全相关的事件，通过关联来自不同地点、不同层次、不同类型的充斥着大量不可靠信息的海量安全事件，实现统一化、整合化、关联化和可视化，发现真正的安全风险，提高安全报警的准确性，从而准确、实时地评估当前的安全态势和风险，并根据预先制定的策略做出快速的响应。安全事件管理代表了安全系统的动态模型，是系统智能的主要体现。

（3）漏洞管理

漏洞管理指能够有效避免由漏洞攻击导致的安全问题的解决方案，它从漏洞的整个生命周期着手，在不同阶段采取不同的措施，是一个循环、周期执行的工作流程。主要包括：自动发现用户网络中的资产，并按照资产的重要性进行分类；自动周期性地对网络资产的漏洞进行评估，并将结果自动发送和保存；采用业界权威的分析模型对漏洞评估的结果进行定性和定量的风险分析，并根据资产的重要性给出可操作性强的漏洞修复方案；根据漏洞修复方案，对网络资产中存在的漏洞进行合理的修复或者调整网络的整体安全策略；对修复完毕的漏洞进行修复确认。

漏洞管理能够预防已知安全漏洞的攻击，集中、及时地找出漏洞并详细了解漏洞的相关信息，并对问题的重要性和优先级进行分类，方便用户有效地落实漏洞修补和风险规避的工作流程，并为补丁管理产品提供相应的接口。从漏洞的生命周期出发，提供一套有效的漏洞管理工作流程，实现由漏洞扫描到漏洞管理的转变，减去用户需要每天关注不同厂商的漏洞公告的麻烦，避免出现各个厂商的漏洞公告已经发布，而绝大多数用户却不能够及时地获得相关信息的现象。

（4）态势评估

借用多源信息融合技术，融合 IDS 报警、防火墙日志、网络性能指标、漏洞检测数据等多源信息，综合评估网络安全状态及变化趋势，即利用网络安全属性的历史记录，为用户提供一个准确的网络安全状态评判和网络安全发展趋势，从不同角度、不同层次提供直观的安全态势图，以便管理员从宏观上了解安全威胁及演化状况，进而预测未来的安全威胁。

（5）资产管理

自动采集所有计算机的软硬件详细配置信息，建立资产基线。自动采集的硬件配置信息包括：中央处理单元（Central Process Unit，CPU）、主板、内存、硬盘、网卡、光驱、软驱及其他各种外设；自动采集的软件配置信息包括软件名称、版本、厂商、安装日期，操作系统名称、版本、厂商、SP 版本。设置策略来监控计算机的软硬件配置变更，当客户端用户更换了硬件配置或者安装、卸载了某个软件，系统会记录配置变更历史记录，同时产生报警事件并通知管理员。实现灵活的资产分组、分级，按照部门、网段、互联网协议（Internet Protocol，IP）地址范围、介质访问控制（Media Access Control，MAC）地址、用户、设备类型、操作系统、资产软硬件配置（如 CPU 主频、硬盘容量、计算机上安装的软件）、设备的在线状态等对信息资产进行分组或分级。对不同组别的资产，需要采取不同的安全管理策略。

2.2.2 信息系统安全管理进展

为了提高网络信息系统的安全保障能力，我国已经建立了比较完善的信息安全组织保障体系，制定和引进了一批重要的信息安全管理标准及法律法规，开展了信息安全风险评估、等级保护及关键基础设施保护工作。

1．建立比较完善的国家信息安全组织保障体系

（1）网络与信息安全领导小组

国务院信息办组织工信部、公安部、国家保密局等部门成立了中央网络安全和信息化领导小组，各省、市、自治区也设立了相应的管理机构。

（2）应急技术处理协调中心（CERT）

国家计算机网络应急技术处理协调中心（CNCERT/CC）专门负责收集、汇总、核实、发布权威性的应急处理信息，为国家重要部门提供应急处理服务，协调全国的CERT 共同处理大规模的网络安全事件，对全国范围内与计算机应急处理有关的数据进行统计，根据当前情况提出相应的对策，与其他国家和地区的 CERT 进行交流。

（3）信息安全测评中心

中国信息安全测评中心是代表国家开展信息安全测评认证工作的职能机构，依据国家有关产品质量认证和信息安全管理的法律法规，管理和运行国家信息安全测评认证体系。其负责对国内外信息安全产品和信息技术进行测评和认证，对国内信息系统和工程进行安全性评估和认证，对提供信息安全服务的组织和单位、信息安全专业人员的资质进行评估和认证。目前，建有上海、东北、西南、华中、华北五个授权测评认证中心机构和两个系统安全与测评技术实验室。

2．制定和引进一批重要的信息安全管理标准

公安部主持制定、国家质量技术监督局发布了 GB 17859—1999《计算机信息系统安全保护等级划分准则》，并引进了国际上著名的 ISO/IEC 27002：2013《信息安全控制实用规则》、ISO/IEC 27001：2013《信息安全管理体系要求》、GB/T 18336—2015《信息技术 安全技术 信息技术安全评估准则》等信息安全管理标准，以更好地推进我国信息安全管理工作。

3．制定一系列信息安全管理的法律法规

国家、相关部门、行业和地方政府相继制定了《中华人民共和国网络安全法》《中华人民共和国计算机信息网络国际联网管理暂行规定》《商用密码管理条例》《互联网信息服务管理办法》《计算机信息网络国际联网安全保护管理办法》《计算机病毒防治管理办法》《互联网电子公告服务管理规定》《软件产品管理办法》《电信网间互联管理暂行规定》《中华人民共和国电子签名法》等有关信息安全管理的法律法规文件，以满足信息安全管理的需求。

4．信息安全风险评估、等级保护工作及关键基础设施保护工作得到重视和开展

风险评估是信息安全管理的核心工作之一。GB/T 20984—2007《信息安全技术 信息安全风险评估规范》中主要包括：什么是风险评估、为什么要做风险评估和风险评估怎么做三部分内容。GB/Z 24364—2009《信息安全技术 信息安全风险管理指南》规定了信息系统规划、设计、实施、运行维护、废弃阶段的安全风险管理过程与活动。

信息安全等级保护制度是国家信息安全保障工作的基本制度。GB/T 22240—2020《信息安全技术 网络安全等级保护定级指南》明确了定级原理及流程，规定定级保护对象及确定安全等级的方法，定级对象覆盖通用信息系统、云计算平台/系统、物联网、工业控制系统、采用移动互联技术的系统、数据资源、通信网络设施。GB/T 22239—2019《信息安全技术 网络安全等级保护基本要求》规定不同保护等级对象、不同形态的网络系统在 10 个区域的安全要求：安全物理环境、安全区域边界、安全通信网络、安全计算环境、安全管理中心、安全管理制度、安全管理机构、安全管理人员、安全建设管理、安全运维管理，包括通用安全要求和扩展安全要求。

《中华人民共和国网络安全法》第三十一条规定“可能严重危害国家安全、国计民生、公共利益的关键信息基础设施，在网络安全等级保护制度的基础上，实行重点保护。”《关键信息基础设施确定指南》将关键信息基础设施分为网站类、平台类、生产业务类，并给出关键信息基础设施的确定方法及步骤。《关键信息基础设施网络安全保护基本要求》从识别认定、安全防护、检测评估、监测预警、事件处置等环节，提出关键信息基础设施网络安全保护的基本要求，以落实《中华人民共和国网络安全法》关于保护关键信息基础设施运行安全的要求。

2.2.3 信息系统安全管理存在的问题

目前，我国信息系统安全管理存在的主要问题有以下几点。

1．IT 产品类型繁多且安全管理滞后

目前，信息系统部署了众多的 IT 产品，包括操作系统、数据库平台、应用系统，但是不同类型的信息产品之间缺乏协同，特别是不同厂商的产品，不仅产品之间的安全管理数据缺乏共享，而且各种安全机制缺乏协同，各产品缺乏统一的服务接口，从而造成信息安全工程建设困难，系统中安全功能重复开发，安全产品难以管理，也给信息系统管理留下了安全隐患。

2．缺乏一个国家层面上的整体策略

信息系统的实际管理力度不够，政策的执行和监督力度不够。部分规定没有准确地区分技术、管理和法制之间的关系，以管代法，用行政管技术的做法仍然较为普遍，造成制度的可操作性较差。

3．缺乏自制的信息安全管理标准

我国自己制定的信息安全管理标准不多，大多沿用国际标准。在标准的实施过程中，缺乏必要的国家监督管理机制和法律保护，致使有的标准企业或用户可以不执行，且执行过程中出现的问题得不到及时、妥善的解决。

4．安全岗位设置和安全管理策略实施困难

根据安全原则，一个系统应该设置多个人员来共同负责管理，但是受成本、技术等因素的限制，一个管理员经常既要负责系统的配置，又要负责安全管理，安全设置和安全审计“一肩挑”的现象仍然存在。这种情况使得安全权限过于集中，一旦管理员的权限被人掌握，极易导致安全失控。

5. 安全意识有待提高

人们的信息安全意识缺乏，普遍存在重产品、轻服务，重技术、轻管理的思想。专项经费投入不足，管理人才极度缺乏，基础理论研究和关键技术薄弱，严重依赖国外，对引进的信息技术和设备缺乏保护信息安全所必不可少的有效管理和技术改造。技术创新不够，信息安全管理产品的水平和质量不高，尤其是以集中配置、集中管理、状态报告和策略互动为主要任务的安全管理系统的研究与开发还很落后。

2.3 信息系统安全管理的重要性

信息系统安全要以管理为主，“三分技术、七分管理”是信息安全领域的一句名言，意味着信息安全防范中 30%依靠计算机安全方面的设备和技术来保障，而 70%依靠用户安全管理意识的提高以及管理模式的革新和完善。典型的信息安全保障体系如图 2-3 所示，其中的安全组织与管理体系、运行保障体系、安全综合管理平台都属于安全管理的内容，可以看出安全管理在整个信息安全保障体系中占有举足轻重的地位。

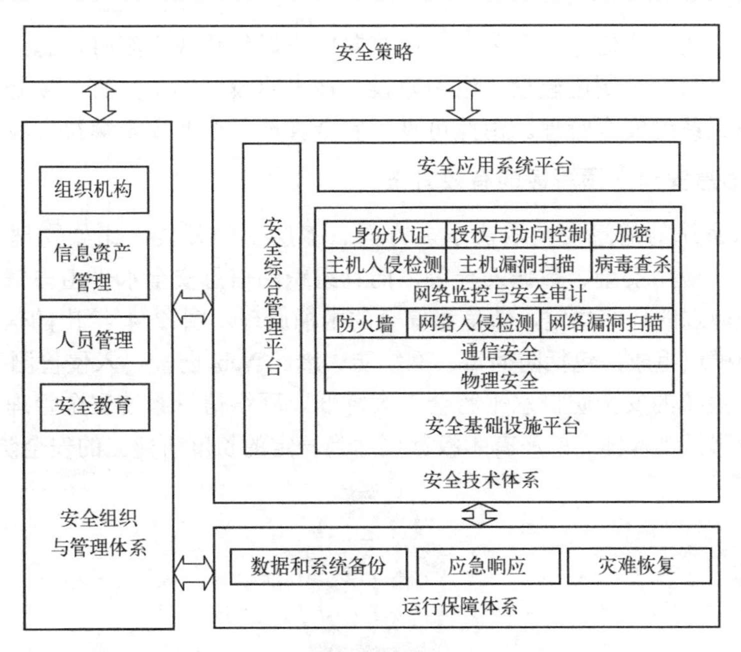

图 2-3 典型的信息安全保障体系

决定信息安全成败的因素除了技术之外，另一个就是管理。安全技术是信息安全控制的重要手段，但光有安全技术还不行，要让安全技术发挥应有的作用，必然要有适当的管理手段的支持。否则，安全技术只能趋于僵化。技术是信息安全的构筑材料，管理是信息安全的黏合剂和催化剂。随着网络规模的增大，管理问题在整个安全保证中会越来越重要，这主要体现在以下 4 点。

1．贯穿于网络信息系统设计和运行的各个阶段

计算机及其网络信息系统的安全管理是计算机安全的重要组成部分，贯穿于网络信息系统设计和运行的各个阶段。在系统设计阶段，在硬件设计和软件设计的同时，规划出系统的安全策略；在工程设计中，按安全策略的要求确定系统的安全机制；在系统运行中，强制执行安全机制所要求的各项安全措施和安全管理原则，对安全设备实施配置与监控，并经风险分析和安全审计来检查、评估，不断地补充、改进，并完善安全措施。

2．帮助管理层人员发现、评估和解决问题

需要定期对信息系统的重要资产进行风险分析，检查信息系统的安全记录、安全策略、安全配置等，发现系统的内在脆弱点和外部威胁，并对其严重性及影响进行定性或定量评估。同时，利用过滤、整合、关联等技术，对海量夹有大量噪音的日志进行融合分析，帮助管理员识别系统面临的真正威胁，并对黑客活动提供易于管理员理解的描述信息。最终，参照风险评估结果，依据安全策略及网络实际的业务状况，进行安全加固方案设计，包括方案设计中的安全产品及安全服务各项安全要素的有效执行。

3．安全解决方案的核心

以技术著称的专业信息安全公司安氏在向用户提供解决方案时，总结出网络安全系统建设包括 3 个方面：制度建设、组织建设、技术建设，其中只有一项是技术，其他两项都属于信息系统的安全管理。由此可见，安全管理是企业安全解决方案的关键。

4．去除信息安全木桶短板的有效方法

网络信息系统的信息安全取决于多方面、多层次的要素，比如物理安全、系统安全、网络安全、应用安全、数据安全等，而且组织的信息安全水平由与信息安全有关的所有环节中最薄弱的环节决定，即信息安全的木桶原理。图 2-4 给出的信息安全木桶由多种安全机制模块组成，包括防病毒、网络防火墙、Web 防护、入侵检测等，如果 Web 防护不到位，系统的安全防御水平将会大大降低。网络信息系统安全管理中的安全管理体系就是为使这只“木桶”的所有木板都要达到一定的长度所建立的安全防范体系。

图 2-4　信息安全木桶

总之，随着对信息安全认识的逐步深入，人们认识到安全和管理是分不开的，即使有再好的安全设备和系统，而没有一套良好的安全管理制度、管理方法并贯彻实施，信息安全问题也是空谈，所以需要从技术和管理上建立一个包含人的因素在内的信息安全管理体系。实施信息系统安全管理应该在充分分析信息系统安全风险的基础上，制定信息系统的安全策略，采取先进、科学、实用的安全技术，对信息系统进行安全防护和监控，使系统具有灵敏、迅速地恢复响应和动态调整的能力。

2.4 本章小结

对一个单位或组织来说，信息和其他商业资产一样具有价值，要加以适当的保护。信息以多种形式存在，可以印或写在纸上，以电子方式进行储存，通过邮寄或电子方式传播，用影片显示或通过口头转述。无论信息以何种方式存在，或以何种形式分享或储存，都要对其进行恰当保护。

信息安全的发展经历了通信保密、计算机安全和信息保障 3 个阶段。

信息安全就是保护信息免受来自各方面的众多威胁，从而使单位能够持续经营，使那些威胁对经营的危害降至最小程度，并将投资和商业机会得以最大化。信息安全的主要特征在于保护其保密性、完整性、可用性、不可否认性和可控性。

信息系统安全管理通过系统风险分析和评估等手段，确定企业的信息系统安全需求和目标，为实现企业的信息安全目标而协调采取的一系列方式和手段。目前，信息系统的安全管理分为两大流派：一个是提供安全服务的风险评估、安全测评、安全加固等；另一个是安全管理系统，支持资产管理、事件管理、态势评估、风险管理、补丁管理、漏洞管理、知识库管理与维护等。

“三分技术、七分管理”是信息安全领域的一句名言，信息安全要以管理为主。

2.5 习题

1. 信息有哪些属性？
2. 信息安全的实质是什么？
3. 信息安全的属性有哪些？各自的具体意义是什么？
4. 什么是信息系统安全管理？
5. 我国信息系统安全管理的现状如何？
6. 信息系统安全管理的重要性体现在哪些方面？
7. 针对网站钓鱼攻击，分析攻击发生的原因，并从安全管理的角度给出相应的防御措施。
8. 结合信息安全木桶原理，如何确保信息系统的安全不出现短板？

第 3 章　信息安全管理相关标准及法规

为了保护本国信息的安全，维护国家的利益，各国政府对信息安全都非常重视，成立并指定有关机构和组织编写相应的法律法规和安全管理相关的标准。目前比较重要、获得普遍认可的国际信息安全管理标准主要是 ISO/IEC 13335 标准以及 ISO/IEC 27000 系列标准，其中前者的一些定义和基本概念是信息安全管理领域的基石。在法律法规方面，我国出台了《中华人民共和国网络安全法》，这是更强制性的规范，具有法律效力，也是信息安全管理必不可少的一项重要支撑。

本章首先介绍信息安全管理标准及发展，重点描述 ISO/IEC 27000 和 ISO/IEC 13335 系列标准。接着介绍现有的信息安全法律法规，给出存在的问题及改进建议。

3.1　信息安全管理标准

近年来，国际标准化组织（International Standard Organization，ISO）、国际电工委员会（International Electrotechnical Commission，IEC）和西方一些国家发布并改版了一系列信息安全管理标准，使得信息安全管理标准从零星的、随意的、指南性标准，逐渐发展成为层次化、体系化、覆盖信息安全管理全生命周期的信息安全管理体系。

本节首先介绍国际标准化组织（ISO）、国际电工委员会（IEC）及其所制定的国际上最具权威的管理标准。其次，介绍西方国家的主要标准制定机构及其信息安全管理标准。

3.1.1　世界范围的标准化组织及其管理标准

ISO 和 IEC 是世界范围的标准化组织，各国的相关标准化组织都是其成员，他们通过各技术委员会参与相关标准的制定。ISO 和 IEC 成立了联合技术委员会，即 ISO/IEC JTC1，负责信息技术领域的标准化工作。其中的子委员会 SC27（ISO/IEC JTC1 SC27）专门负责 IT 安全技术领域的标准化工作，是信息安全领域最权威和国际认可的标准化组织，它为信息安全保障领域发布了一系列的国际标准和技术报告，为信息安全领域的标准化工作做出了巨大贡献。

在 ISO/IEC JTC1 SC27 所发布的标准和技术报告中，最主要的标准是 ISO/IEC 27000 系列标准、ISO/IEC TR 13335 标准等。ISO/IEC 27000 系列标准是有关信息安全管理的标准，其中关键的两个标准分别为 ISO/IEC 27001：2005《信息技术—安全技术—信息安全管理体系要求》、ISO/IEC 27002：2005《信息技术—安全技术—信息安全管理实施细则》。ISO/IEC 将原先所有的信息安全管理标准进行综合，并进行进一步的开发，形成了一整套包括 ISMS 要求、风险管理、度量和测量以及实施指南等在内的信息安全管理体系，制定成 7 个标准，以便于全面规范信息安全管理体系。

ISO/IEC 13335 是国际标准《IT 安全管理指南》，其为 ISO/IEC JTC1 SC27 中关于风险管理、IT 安全管理的一个重要的标准系列。ISO/IEC 13335 和 ISO/IEC 27000 之间没有直接的联系，它们的主题基本不重叠。在企业或机构按照 ISO/IEC 27000 建立信息安全管理体系时，可以参照 ISO/IEC 13335 的风险评估理论方法。

3.1.2 主要标准制定机构及其信息安全管理标准

2002 年，美国通过了一部联邦信息安全管理法案（Federal Information Security Management Act，FISMA），美国国家标准与技术研究院（National Institute of Standard and Technology，NIST）负责为美国政府和商业机构提供信息安全管理相关的标准规范。因此，NIST 的一系列联邦信息处理标准（Federal Information Process Standard，FIPS）和特别出版物（Special Publication 800，SP 800）成为指导美国信息安全管理建设的主要标准和参考资料。在 NIST 的标准系列文件中，虽然 NIST SP 并不作为正式法定标准，但在实际工作中，其已经成为美国和国际安全界得到广泛认可的事实标准和权威指南。

目前，NIST SP 800 系列已经出版了 200 多本与信息安全相关的正式文件，形成了包括计划、风险管理、安全意识培训和教育以及安全控制措施的一整套信息安全管理体系。2005 年，NIST SP 800 系列最主要的发展是配合 FISMA 2002 年的法案，建立了以 800-53 等标准为核心的一系列认证和认可的标准指南。

同美国 NIST 相对应，英国标准协会 BSI（British Standard Institute）是英国负责信息安全管理标准的机构。在信息安全管理和相关领域，BSI 做了大量的工作，其成果已得到国际社会的广泛认可。其 BS 7799 系列标准，已逐渐发展成为 ISO/IEC 27000 系列国际标准。另外，其 BS 15000 系列标准（IT 服务管理标准）也被提交给国际标准化组织（ISO），并经过更新和发展，在 2005 年正式发布为国际标准 ISO 20000 系列标准，也成为指导 IT 基础架构库的公认标准。

相比国外，国内的信息安全领域的标准起步较晚，但随着 2002 年全国信息安全标准化技术委员会（以下简称信息安全标委会）的成立，信息安全相关标准的建设工作开始走向规范。信息安全标委会设置了 8 个工作组，其中信息安全管理工作组负责对信息安全的行政、技术、人员等管理提出规范要求及指导指南，它包括信息安全管理指南、信息安全管理实施规范、人员培训教育及录用要求、信息安全社会化服务管理规范、信息安全保险业务规范框架和安全策略要求与指南，较好地推进了我国的信息安全管理工作。

3.1.3 ISO/IEC 27000 系列标准

信息安全管理体系规范（ISO/IEC 27000）是由 ISO/IEC JTC1 发布的国际信息安全管理系列标准。ISO/IEC 27000 系列标准由 7 个标准组成，如图 3-1 所示。目前，已经发布的 7

个标准如下。

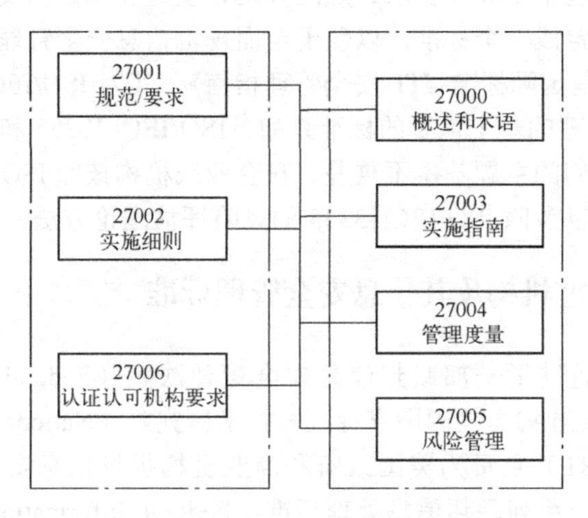

图 3-1 ISO/IEC 27000 系列标准

1）ISO/IEC 27000：2018《信息安全管理体系——概述和术语》（Information Security Management Systems—Overview and Vocabulary），主要描述信息安全管理体系（ISMS）的基本原理及涉及的专业词汇。

2）ISO/IEC 27001：2013《信息安全管理体系——规范/要求》（Information Security Management Systems—Requirements），规定了建立、实施和文件化 ISMS 的要求以及根据独立组织的需要应实施安全控制的要求，即明确提出 ISMS 及其安全控制要求，为 ISO 27002：2013 中安全控制要求的具体实施提供指南，适用于组织按照标准要求建立并实施 ISMS，进行有效的信息安全风险管理，确保业务可持续发展，给出信息安全管理体系第三方认证的标准。

3）ISO/IEC 27002：2013《信息安全管理实施细则》（Code of Practice for Information Security Management），是一套全面综合的最佳实践经验的总结，即对 ISO 27001 中的安全控制要求给出通用的控制措施，它包含 14 个控制域、35 个控制目标、133 项控制措施。

4）ISO/IEC 27003：2017《信息安全管理体系——实施指南》（Information Security Management Systems—Implementation Guidance），阐述国际信息安全管理标准的应用指南，为 ISMS 的构建、应用、维护和升级提供实施建议。

5）ISO/IEC 27004：2016《信息安全管理度量》（Information Security Management Measurements），定义用于测量信息安全管理标准实施效果的过程度量和控制度量。

6）ISO/IEC 27005：2018《信息安全风险管理》（Information Security Risk Management），定义风险评估和风险处置。

7）ISO/IEC 27006：2015《信息安全管理体系认证认可机构要求》（Requirements for Bodies Providing Audit and Certification of Information Security Management Systems），主要对提供 ISMS 认证的机构提出要求。

3.1.4 ISO/IEC 13335 标准

ISO/IEC 13335《信息和通信技术安全管理》（Management of Information and Communications Technology Security，MICTS）是由 ISO/IEC JTC1 制定的一个信息安全管理方面的指导性标准，针对网络和通信的安全管理提供了指南，指导组织从哪些方面来识别和分析计算机网络与通信系统相关的 IT 安全要求，同时概括介绍了可供采用的安全对策，其目的是为有效实施 IT 安全管理提供建议和支持。

1. 标准组成

ISO/IEC 13335 由 5 个标准组成，具体见表 3-1。

表 3-1 ISO/IEC 13335 系列标准组成

代号	名称	内容简介
ISO/IEC 13335-1：2004	Concepts and Models for IT Security IT 安全概念和模型	IT 安全概念与模型，这部分包含了对 IT 安全和安全管理中一些基本概念和模型的解释
ISO/IEC TR 13335-2：1997	Managing and Planning IT Security 管理和规划 IT 安全	IT 安全管理和计划，这部分建议性地介绍了 IT 安全管理和计划的方式与要点
ISO/IEC TR 13335-3：1998	Techniques for the Management of IT Security IT 安全管理技术	IT 安全管理技术，这部分描述了风险管理技术、IT 安全计划的开发、实施和测试，还包括策略审查、事件分析、IT 安全教育等后续内容
ISO/IEC TR 13335-4：2000	Selection of Safeguards 防护措施的选择	防护措施的选择，这部分描述了针对一个组织特定环境和安全需求可以选择的防护措施，而不仅仅是技术性措施
ISO/IEC TR 13335-5：2001	Management Guidance on Network Security 网络安全管理指南	网络安全管理指南，这部分提供了关于网络和通信安全管理的指导性内容。该指南为识别和分析建立网络安全需求时需要考虑的通信相关因素提供支持，也包括对可能的防护措施方面的简要介绍

ISO/IEC 13335 和 ISO/IEC 27002 之间没有直接的联系，它们的主题基本不重叠。组织在按照 ISO 27001 建立信息安全管理体系时，可以参照 ISO/IEC 13335 的部分方法，例如，风险评估可以参照 ISO/IEC TR 13335-3：1998《IT 安全管理技术》。

2. 主要内容

（1）IT 安全含义

ISO/IEC 13335-1 中给出了 IT 安全 6 个方面的含义，具体如下。

1）Confidentiality（保密性）：确保信息不被未授权的个人、实体或者过程获得和访问。

2）Integrity（完整性）：包含数据完整性的内涵，即保证数据不被非法地改动和销毁；同样也包含系统完整性的内涵，即保证系统以无害的方式按照预定的功能运行，不受有意的或者意外的非法操作所破坏。

3）Availability（可用性）：保证授权实体在需要时可以正常地访问和使用系统。

4）Accountability（可追究性）：确保一个实体的访问动作可以被唯一地区别、跟踪和记录。

5）Authenticity（真实性）：确认和识别一个主体或资源就是其所声称的，被认证的主体或资源可以是用户、进程、系统和信息等。

6）Reliability（可靠性）：保证预期的行为和结果的一致性。

ISO/IEC 13335-1 中对 IT 安全 6 个方面的阐述比通常三要素的定义更细致，对实际工作有更大的指导意义。

（2）风险管理模型

ISO/IEC 13335-1 深度分析了安全管理过程中高层次的关键要素，给出了如图 3-2 所示的风险管理关系模型，具体如下。

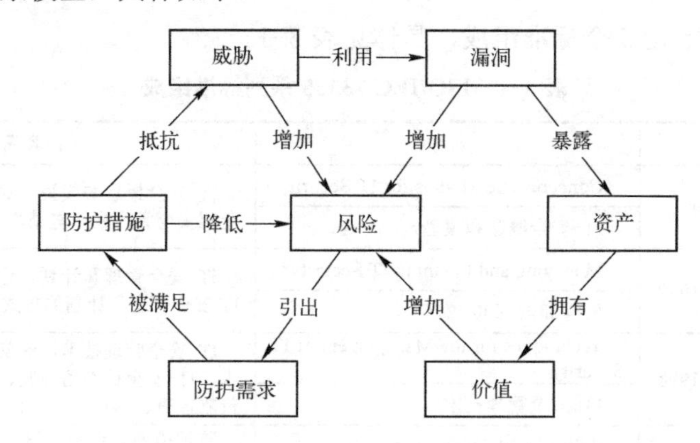

图 3-2　风险管理关系模型

1）Assets（资产）：包括物理资产、软件、数据、服务能力、人、企业形象等。

2）Threats（威胁）：可能对系统、组织和财富引起所不希望的不良影响。这些威胁可能是环境方面、人员方面、系统方面等。

3）Vulnerabilities（漏洞）：存在于系统的各方面的脆弱性。这些漏洞可能存在于组织结构、工作流程、物理环境、人员管理、硬件、软件或者信息本身。

4）Impact（影响）：不希望出现的一些事故，这些事故导致在保密性、完整性、可用性、负责性、确实性、可靠性等方面的损失，并且造成信息资产的损失。

5）Risk（风险）：影响的体现，威胁利用存在的漏洞，引起一些事故，对信息财富造成一些不良影响的可能性。整个安全管理实际上就是在做风险管理。

6）Safeguards（防护措施）：为了降低风险所采用的解决办法。这些措施有些是环境方面，例如，门禁系统、人员安全管理、防火措施、UPS 等。有些措施是技术方面，例如，网络防火墙、网络监控和分析、加密、数字签名、防病毒、备份和恢复、访问控制等。

7）Residual Risk（剩余风险）：风险的一部分，在经过一系列安全控制和安全措施之后，信息安全的风险会降低，但是绝对不会完全消失，仍会有一些剩余风险的存在。对这些风险可能就需要用其他方法转嫁或者承受。

8）Constraints（约束）：防护措施的选择，一些组织实施安全管理时不得不受到环境的影响，不能完全按照理想的方式执行。这些约束可能来自组织结构、财务能力、环境限制、人员素质、时间、法律、技术、文化和社会等。

9）Protection Requirements（防护需求）：防御网络攻击，确保业务目标的实现。

10）Value（价值）：资产的重要性，体现在保密性、完整性和可用性受损带来的影响。

（3）防护措施

在 ISO/IEC TR 13335-4 中就针对 6 个方面的安全需求分别列出了一系列的防护措施，诸如门禁系统、UPS、防火等物理环境安全措施，以及加密、数字签名、备份和恢复、访问控制等技术方面的安全措施。根据功能，这些安全防护措施如下。

1）威慑性：降低蓄意攻击的可能性，实际上针对的是威胁源的动机。

2）预防性：保护弱点，使攻击难以成功，或者降低攻击造成的影响。

3）检测性：检测并及时发现攻击活动，还可以激活纠正性或预防性控制。

4）纠正性：使攻击造成的影响减到最小。

总结起来，ISO/IEC 13335 对安全的概念和模型的描述非常独特，具有很强的借鉴意义。对安全管理过程的描述非常细致，而且完全可操作。ISO/IEC 13335 对安全管理过程中的最关键环节——风险分析、评估和管理有非常细致的描述，包括基线方法、详细分析方法和组合分析方法等风险分析方法学的阐述，对风险分析过程细节的描述很有参考价值。

相对 ISO/IEC 27000 系列而言，ISO/IEC 13335 在信息安全，尤其是 IT 安全的某些具体环节阐述上更具体和深入，对实际的工作具有较好的指导价值，从可实施性上来说也要比前者好些。针对 6 种安全需求的完整防护措施的内容介绍也要比 ISO/IEC 27000 系列更具体。

3.2 信息安全法律法规

信息安全法律法规是命令性、禁止性、强制性的规范，是国家对信息安全领域的监控和管理的依据。

3.2.1 国外信息安全法律法规

国际上，各个国家和地区在信息安全法律法规方面的发展不相一致，而且各有特色，其中，美国是信息安全方面的法案最多而且较为完善的国家。美国的国家信息安全机关除了国家安全局（National Security Agency，NSA）、中央情报局（Central Intelligence Agency，CIA）、联邦调查局（FBI）外，还成立了总统关键基础设施保护委员会，以及国家计算机安全中心。早在 1987 年，美国就再次修订了《计算机犯罪法》。该法在 20 世纪 80 年代末至 90 年代初被作为美国各州制定其地方法规的依据，这些地方法规确立了计算机服务盗窃罪、侵犯知识产权罪、计算机错误访问罪、破坏计算机设备或配置罪、计算机欺骗罪、通过欺骗获得电话或电报服务罪、计算机滥用罪、非授权的计算机使用罪等罪名。美国现已确立的有关信息安全的法律有《信息自由法》《个人隐私法》《海外反腐败法》《伪造访问设备和计算机欺骗滥用法》《电子通信隐私法》《计算机欺诈和滥用法》《计算机安全法》和《电信法》等。

3.2.2 国内信息安全法律法规

国内从20世纪90年代初起，为配合信息安全管理的需要，国家、相关部门、行业和地方政府相继制定了一系列的信息安全法律法规，包括《中华人民共和国网络安全法》《中华人民共和国密码法》《中华人民共和国保守国家秘密法》和《全国人民代表大会常务委员会关于维护互联网安全的决定》等在内的国家法律，有包括《中华人民共和国计算机信息系统安全保护条例》《中华人民共和国计算机信息网络国际联网管理暂行规定》《商用密码管理条例》和《互联网信息服务管理办法》在内的行政法规，有包括公安部的《计算机信息网络国际联网安全保护管理办法》《网络安全等级保护条例》和《计算机病毒防治管理办法》，有包括中华人民共和国信息产业部的《互联网电子公告服务管理规定》《软件产品管理办法》和《电信网间互联管理暂行规定》在内的部门和行业法规。同时，十三届全国人大三次会议第二次全体会议上，全国人大常委会工作报告在下一步主要工作安排中指出，围绕国家安全和社会治理，制定《生物安全法》《个人信息保护法》和《中华人民共和国数据安全法》。

（1）《中华人民共和国网络安全法》

《中华人民共和国网络安全法》是为保障网络安全，维护网络空间主权和国家安全、社会公共利益，保护公民、法人和其他组织的合法权益，促进经济社会信息化健康发展而制定的法律。《中华人民共和国网络安全法》由第十二届全国人民代表大会常务委员会第二十四次会议于2016年11月7日通过，自2017年6月1日起施行。《中华人民共和国网络安全法》（以下简称《网络安全法》）坚持网络空间主权原则、网络安全与信息化发展并重原则及共同治理原则；进一步明确了政府各部门的职责权限，完善了网络安全监管体制；强化了网络运行安全，重点保护关键信息基础设施；完善了网络安全义务和责任，网络运营者应保障用户信息安全，加大了违法惩处力度；明确了公民、组织的权利和义务；将监测预警与应急处置措施制度化、法制化。《网络安全法》的重大意义就在于我国的网络安全工作有了基础性的法律框架，有了网络安全的“基本法”。

（2）《中华人民共和国密码法》

《中华人民共和国密码法》是我国密码领域的综合性、基础性法律，是为了规范密码应用和管理，促进密码事业发展，保障网络与信息安全，维护国家安全和社会公共利益，保护公民、法人和其他组织的合法权益而制定的法律。《中华人民共和国密码法》由第十三届全国人民代表大会常务委员会第十四次会议于2019年10月26日通过，自2020年1月1日起施行。《中华人民共和国密码法》是总体国家安全观框架下，国家安全法律体系的重要组成部分，其颁布和实施将极大提升密码工作的科学化、规范化、法治化水平，有力促进密码技术进步、产业发展和规范应用，切实维护国家安全、社会公共利益以及公民、法人和其他组织的合法权益。

（3）《中华人民共和国保守国家秘密法》

《中华人民共和国保守国家秘密法》是为了保守国家秘密，维护国家安全和利益，保障改革开放和社会主义建设事业的顺利进行，制定的法律。《中华人民共和国保守国家秘密法》于 1988 年 9 月 5 日第七届全国人民代表大会常务委员会第三次会议通过，2010 年 4 月 29 日第十一届全国人民代表大会常务委员会第十四次会议修订，自 2010 年 10 月 1 日起施行。国家秘密指关系国家安全和利益，依照法定程序确定，在一定时间内只限一定范围的人员知悉的事项。《中华人民共和国保守国家秘密法》对保密工作方针、保密制度、监督管理、法律责任等方面作了规定。

（4）《中华人民共和国计算机信息系统安全保护条例》

《中华人民共和国计算机信息系统安全保护条例》是为保护计算机信息系统的安全，促进计算机的应用和发展，保障社会主义现代化建设的顺利进行而制定的行政法规。《中华人民共和国计算机信息系统安全保护条例》于 1994 年 2 月 18 日发布。《中华人民共和国计算机信息系统安全保护条例》对我国境内的计算机信息系统的安全保护制度、安全监督、法律责任等，指定公安部主管全国计算机信息系统安全保护工作。《中华人民共和国计算机信息系统安全保护条例》制定计算机信息系统实行安全等级保护，安全等级的划分标准和安全等级保护的具体办法，由公安部会同有关部门制定。

（5）《个人信息保护法》

《个人信息保护法》是一部保护个人信息的法律条款，是为了保护个人信息权益，规范个人信息处理活动，保障个人信息依法有序自由流动，促进个人信息合理利用，制定的法律。《个人信息保护法》目前尚在制定中。2020 年 10 月 13 日，第十三届全国人大常委会委员长会议提出了关于提请审议《个人信息保护法（草案）》的议案。草案规定侵害个人信息权益的违法行为，情节严重的，没收违法所得，并处 5000 万元以下或者上一年度营业额 5%以下罚款，该法 5%的额度甚至超过了在个人信息保护方面规定“最严”的欧盟。2020 年 10 月 21 日，全国人大法工委公开就《中华人民共和国个人信息保护法（草案）》征求意见。《中华人民共和国个人信息保护法（草案）》涉及个人信息处理的基本原则、与政府信息公开条例的关系、对政府机关与其他个人信息处理者的不同规制方式及其效果、协调个人信息保护与促进信息自由流动的关系、个人信息保护法在特定行业的适用问题、关于敏感个人信息问题、法律的执行机构、行业自律机制、信息主体权利、跨境信息交流问题、刑事责任问题等。

（6）《中华人民共和国数据安全法》

《中华人民共和国数据安全法》是为了保障数据安全，促进数据开发利用，保护公民、组织的合法权益，维护国家主权、安全和发展利益，制定的法律。《中华人民共和国数据安全法》目前尚在制定中。《中华人民共和国数据安全法（草案）》于 2020 年 6 月 28 日在第十三届全国人大常委会第二十次会议审议。2020 年 7 月 2 日，《中华人民共和国数据安全法（草案）》全文在中国人大网公开征求意见。草案提出国家将对数据实行分级分类保护、开展数据活动必须履行数据安全保护义务、承担法律责任等，具体内容如下。

1）确立数据分级、分类管理以及风险评估、检测预警和应急处置等数据安全管理各项基本制度。

2）明确开展数据活动的组织、个人的数据安全保护义务，落实数据安全保护责任。

3）坚持安全与发展并重，锁定支持促进数据安全与发展的措施。

4）建立保障政务数据安全和推动政务数据开放的制度措施。

3.3 《网络安全法》

《网络安全法》的重大意义就在于我国的网络安全工作有了基础性的法律框架，总体上涉及了包括关键基础设施安全、数据安全、运行安全等安全领域，规定了《网络安全法》的管辖范围与监管机制。该法涵盖了网络空间主权，关键信息基础设施保护，网络运营者、网络产品和服务提供者的义务等内容，其条款覆盖全面，规定明晰，具有较高的立法水平。有了网络安全的“基本法”，填补了我国没有一部真正意义上的网络安全法规的空白。

3.3.1 六大看点

《网络安全法》全文共 7 章 79 条，包括总则、网络安全支持与促进、网络运行安全、网络信息安全、监测预警与应急处置、法律责任以及附则。除法律责任及附则外，根据不同的对象，可将各条款分为六大类：国家责任与义务，有关部门和各级政府职责划分，网络运营者责任与义务，网络产品和服务提供者责任与义务，关键信息基础设施网络安全相关条款，以及其他。《网络安全法》将近年来一些成熟的做法制度化，并为将来可能的制度创新做了原则性规定，为网络安全工作提供切实的法律保障，主要有以下六大方面的看点。

（1）不得出售个人信息

网络安全法做出专门规定：网络产品、服务具有收集用户信息功能的，其提供者应当向用户明示并取得同意；网络运营者不得泄露、篡改、毁损其收集的个人信息；任何个人和组织不得窃取或者以其他非法方式获取个人信息，不得非法出售或者非法向他人提供个人信息，并规定了相应的法律责任。

中国互联网协会发布的《2016 中国网民权益保护调查报告》，84%的网民都曾亲身感受到由于个人信息泄露带来的不良影响。从 2015 下半年到 2016 上半年的一年间，我国网民因垃圾信息、诈骗信息、个人信息泄露等遭受的经济损失高达 915 亿元。近年来，警方查获曝光的大量案件显示，公民个人信息的泄露、收集、转卖，已经形成了完整的黑色产业链。

《网络安全法》作为网络领域的基础性法律，聚焦个人信息泄露，不仅明确了网络产品服务提供者、运营者的责任，而且严厉打击出售贩卖个人信息的行为，对于保护公众个人信息安全，将起到积极作用。

（2）严厉打击网络诈骗

《网络安全法》针对层出不穷的新型网络诈骗犯罪规定：任何个人和组织不得设立用于实施诈骗，传授犯罪方法，制作或者销售违禁物品、管制物品等违法犯罪活动的网站、通信群组，不得利用网络发布与实施诈骗，制作或者销售违禁物品、管制物品以及其他违法犯罪活动的信息。

个人信息的泄露是网络诈骗泛滥的重要原因。诈骗分子通过非法手段获取个人信息，包括姓名、电话、家庭住址等详细信息后，再实施精准诈骗，令人防不胜防。例如，2016 年舆论关注的山东两名大学生遭电信诈骗死亡案、清华大学教授遭电信诈骗案，都是信息泄露之后的精准诈骗造成的。

无论网络诈骗花样如何翻新，都是通过即时聊天工具、搜索平台、网络发布平台、电子邮件等渠道实施和传播的。《网络安全法》不仅对诈骗个人和组织起到震慑作用，更明确了互联网企业不可推卸的责任。

（3）以法律形式明确“网络实名制”

《网络安全法》以法律的形式对“网络实名制”做出规定：网络运营者为用户办理网络接入、域名注册服务，办理固定电话、移动电话等入网手续，或者为用户提供信息发布、即时通信等服务，应当要求用户提供真实身份信息。用户不提供真实身份信息的，网络运营者不得为其提供相关服务。

“垃圾评论”充斥论坛，“一言不合”就恶意辱骂，更有甚者“唯恐天下不乱”传播制造谣言……一段时间以来，种种乱象充斥着虚拟的网络空间，随着网络实名制概念的提出，有人拍手称快，也有人表示担忧。

网络是虚拟的，但使用网络的人是真实的。事实上，现在很多网络平台都开始实行“前台资源、后台实名”的原则，让每个人使用互联网时，既有隐私，也需要增强责任意识和自我约束。这一规定能否落到实处的关键在于，网络服务提供商要落实主体责任，加强审核把关。

（4）重点保护关键信息基础设施

《网络安全法》专门单列一节，对关键信息基础设施的运行安全进行了明确规定，指出国家对公共通信和信息服务、能源、交通、水利、金融、公共服务、电子政务等重要行业和领域的关键信息基础设施实行重点保护。

“物理隔离”防线可被跨网入侵，电力调配指令可被恶意篡改，金融交易信息可被窃取……这些信息基础设施的安全隐患，不出问题则已，一出就可能导致交通中断、电力瘫痪、金融紊乱等问题，具有很强的破坏性和杀伤力。

信息化的深入推进，使关键信息基础设施成为社会运转的神经系统。保障这些关键信息系统的安全，不仅仅是保护经济安全，更是保护社会安全、公共安全乃至国家安全。保护国家关键信息基础设施是国际惯例，此次以法律的形式予以明确和强调，非常及时而且必要。

（5）惩治攻击破坏我国关键信息基础设施的境外组织和个人

《网络安全法》规定，境外的机构、组织、个人从事攻击、侵入、干扰、破坏等危害中华人民共和国的关键信息基础设施的活动，造成严重后果的，依法追究法律责任；国务院公安部门和有关部门可以决定对该机构、组织、个人采取冻结财产或者其他必要的制裁措施。

国家网信办曾披露数据显示，我国一直是网络攻击的受害国，平均每个月有上万个网站被篡改，80%的政府网站受到过攻击，这些网络攻击主要来自美国、日本等境外势力。

网络空间的主权不仅包括对我国自己的关键信息基础设施进行保护的权利，同时包括抵御外来侵犯的权利。当今世界各国纷纷采取各种措施保护自己的网络空间不受外来侵犯，采取一切手段包括军事手段来保护其信息基础设施的安全。《网络安全法》做出这一规定，不仅符合国际惯例，而且表明了我国维护国家网络主权的坚强决心。

（6）重大突发事件可采取“网络通信管制”

《网络安全法》中，对建立网络安全监测预警与应急处置制度专门列出一章，明确了发生网络安全事件时，有关部门需要采取的措施。特别规定：因维护国家安全和社会公共秩序，处置重大突发社会安全事件的需要，经国务院决定或者批准，可以在特定区域对网络通信采取限制等临时措施。

现实社会中，当出现重大突发事件时，为确保应急处置、维护国家和公众安全，有关部门往往会采取交通管制等措施，网络空间也不例外。在当前全社会都普遍使用信息技术的情况下，网络通信管制作为重大突发事件管制措施中的一种，其重要性越来越突出。例如，在暴恐事件中，恐怖分子越来越多地通过网络进行组织、策划、勾连、活动，这个时候可能就要对网络通信进行管制。但是这种管制影响是比较大的，因此《网络安全法》规定实施临时网络管制要经过国务院决定或者批准，这是非常严谨的。

3.3.2 对我国信息安全建设的重大影响与意义

《网络安全法》作为网络安全领域的“基本法”，其明确了网络空间主权原则、明确了网络产品和服务提供者的安全义务、明确了网络运营者的安全义务、建立了关键信息基础设施安全保护制度、进一步完善了个人信息保护规则、确立了重要数据跨境传输原则。《网络安全法》是国家安全法律制度体系中的又一部重要法律，与《中华人民共和国国家安全法》（以下简称《国家安全法》）和《中华人民共和国反恐怖主义法》等属同一位阶，是我国第一部网络安全的专门性综合性立法，提出了应对网络安全挑战这一全球性问题的中国方案。《网络安全法》对于确立国家网络安全基本管理制度具有里程碑式的重要意义。网络安全有法可依，信息安全行业将由合规性驱动过渡到合规性和强制性驱动并重。《网络安全法》出台的重大意义具体表现为以下 6 个方面。

（1）服务于国家网络安全战略和网络强国建设

习近平总书记指出："没有网络安全就没有国家安全，没有信息化就没有现代化。"《网络安全法》的出台，意味着建设网络强国的制度保障迈出了坚实的一步。国家出台《网络安全法》，将已有的网络安全实践上升为法律制度，通过立法织牢网络安全网，为网络强国战略提供了制度保障。

网络空间逐步成为世界各国展开竞争和战略博弈的新领域。我国作为一个拥有大量网民并正在持续发展的国家，不断感受到来自国外的战略压力。而网络空间作为我国国家利益的新边疆，确立网络空间行为准则和模式已是当务之急。《网络安全法》中明确提出了有关国家网络空间安全战略和重要领域安全规划等问题的法律要求，这有助于实现推进我国在国家网络安全领域明晰战略意图，确立清晰目标，理清行为准则，不仅能够提升我国保障自身网络安全的能力，还有助于推进我国与其他国家和行为体就网络安全问题展开有效的战略博弈。

（2）助力网络空间治理，护航"互联网+"

目前，我国已经成为名副其实的网络大国。但现实的网络环境十分堪忧，网络诈骗层出不穷，网络入侵比比皆是，个人隐私（身份信息、通话记录、网上购物记录）被肆意泄露，垃圾信息、欺骗信息给网民个人及互联网企业带来了严重的经济损失。此前，其他关于网络信息安全的规定，大多分散在众多行政法规、规章和司法解释中，无法形成具有针对性、适用性和前瞻性的法律体系。《网络安全法》的出台成为新的起点和转折点，公民个人信息保护进入正轨，网络暴力、网络谣言、网络欺诈等"毒瘤"生存的空间将被大大挤压，中国好网民从道德自觉走向法律规范，用法律武器维护自己的合法权益。国家网络空间的治理能力在法律的框架下将得到大幅度提升，营造出良好和谐的互联网环境，更为"互联网+"的长远发展保驾护航。市场经济本质是信用经济，其精髓在于开放的市场和完善的法律，从这种意义上讲，"互联网+"带上"安全"能飞向长远。

（3）构建我国首部网络空间管辖基本法

作为国家实施网络空间管辖的第一部法律，《网络安全法》属于国家基本法律，是网络安全法制体系的重要基础。这部基本法规范了网络空间多元主体的责任与义务，以法律的形式催生一个维护国家主权、安全和发展利益的"命运共同体"。具体包括，规定《网络安全法》的总体目标和基本原则；规范网络社会中不同主体所享有的权利、义务及其地位；建立网站身份认证制度，实施后台实名；建立网络信息保密制度，保护网络主体的隐私权；建立行政机关对网络信息安全的监管程序和制度，规定对网络信息安全犯罪的惩治和打击；规定具体的诉讼救济程序等。

《网络安全法》的出台，从根本上填补了我国综合性网络信息安全基本大法、核心的网络信息安全法和专门法律的三大空白。该法的推出走进了治理能力和治理体系现代化的总目标，走进了《国家安全法》的大格局，走进了网络强国的快车道，走进了大数据的新天地，走进了为人民谋福祉的总布局。

（4）提供维护国家网络主权的法律依据

《突尼斯协议》提出共识，尽管互联网是全球的，但是每个国家如何治理，各国是有自己主权的。一些西方主要国家为维护网络空间主权，很早就制定了法律法规，并将维护网络安全纳入国家安全战略，且形成了比较完备的网络安全法律体系。例如，美国在已有四十余部网络安全相关立法的基础上，又在制定《国家网络安全和关键基础设施法保护法》。2014 年 7 月，习近平主席在巴西演讲中特别提出了“信息主权”的概念。他强调“虽然互联网具有高度全球化的特征，但每一个国家在信息领域的主权权益都不应受到侵犯，互联网技术再发展也不能侵犯他国的信息主权。”2016 年 7 月推出的《国家安全法》首次以法律的形式明确提出“维护国家网络空间主权”。随之应运而生的《网络安全法》是《国家安全法》在网络安全领域的体现和延伸，为我国维护网络主权、国家安全提供了最主要的法律依据。

（5）服务于国家网络安全战略和网络强国建设

现如今，网络空间逐步成为世界主要国家展开竞争和战略博弈的新领域。习近平总书记强调“网络信息是跨国界流动的，信息流引领技术流、资金流、人才流，信息资源日益成为重要生产要素和社会财富，信息掌握的多寡成为国家软实力和竞争力的重要标志。”网络信息是建设网络强国的必争之地，网络强国宏伟目标的实现离不开坚实有效的制度保障，《网络安全法》的出台意味着建设网络强国的制度保障迈出了坚实的一步。

（6）成为网络参与者普遍遵守的法律准则和依据

网络不是法外之地，《网络安全法》为各方参与互联网上的行为提供了非常重要的准则，所有参与者都要按照《网络安全法》的要求来规范自己的行为，同样，所有网络行为主体所进行的活动，包括国家管理、公民个人参与、机构在网上的参与、电子商务等都要遵守本法的要求。《网络安全法》对网络产品和服务提供者的安全义务有了明确的规定，将现行的安全认证和安全检测制度上升成为了法律，强化了安全审查制度。通过这些规定，使得所有网络行为都有法可依，有法必依，任何为个人利益触碰法律底线的行为都将受到法律的制裁。

整体来看，《网络安全法》的出台，顺应了网络空间安全化、法制化的发展趋势，不仅对国内网络空间治理有重要的作用，同时也是国际社会应对网络安全威胁的重要组成部分，更是我国在迈向网络强国道路上至关重要的阶段性成果，它意味着建设网络强国、维护和保障我国国家网络安全的战略任务正在转化为一种可执行、可操作的制度性安排。尽管《网络安全法》只是网络空间安全法律体系的一个组成部分，但它是重要的起点，是依法治国精神的具体体现，是网络空间法制化的里程碑，标志着我国网络空间领域的发展和现代化治理迈出了坚实的一步。《网络安全法》明确了网络安全的内涵和工作体制，反映了我国对国家网络安全工作的总体布局，标志着我国网络强国制度保障建设迈出了坚实的一步。

3.3.3 《网络安全法》与等级保护制度的关系

《网络安全法》是我国第一部全面规范网络空间安全管理方面问题的基础性法律，是我国网络空间法治建设的重要里程碑，是依法治网、化解网络风险的法律重器，是让互联网在法治轨道上健康运行的重要保障。网络安全等级保护制度的标准是国内非涉密信息系统的安全集成标准，《网络安全法》中明确地提到信息安全的建设要遵照等级保护标准来建设。《网络安全法》第二十一条在法律层面上首次提出“网络安全等级保护制度”这一概念，明确国家实行等级保护制度，落实等级保护制度已经上升到法律层面。该法的发布也标志着国家网络安全等级保护工作正式进入等级保护制度 2.0 时代。

《网络安全法》第二十一条、第三十八条、第五十九条明确了网络安全等级保护制度的必要性和重要性，指出网络安全保障不力需要运营单位和个人承担的责任与相应处罚措施，不积极开展网络安全等级保护工作就等同于违法行为。其中，第二十一条“国家实行网络安全等级保护制度。网络运营者应当按照网络安全等级保护制度的要求，履行下列安全保护义务，保障网络免受干扰、破坏或者未经授权的访问，防止网络数据泄露或者被窃取、篡改”是等级保护工作的鲜明旗帜，是从国家层面对等级保护工作的法律认可，是《网络安全法》关于等级保护工作最重要的一条。第三十八条“关键信息基础设施运营者应当自行或者委托网络安全服务机构对其网络的安全性和可能存在的风险每年至少进行一次检测评估，并将检测评估情况和改进措施报送相关负责关键信息基础设施安全保护工作的部门”在法律层面给出了对开展网络安全等级保护制度的相关要求。同时第五十九条“网络运营者不履行本法第二十一条、第二十五条规定的网络安全保护义务的”“关键基础设施运营者不履行本法第三十三条、第三十四条、第三十六条、第三十八条规定的网络安全保护义务的，由有关主管部门责令改正，给予警告；拒不改正或者导致危害网络安全等后果的，处十万元以上一百万元以下罚款，对直接负责的主管人员处一万元以上十万元以下罚款”也说明了用户单位不重视等级保护，且不做等级保护工作的，单位及相关主管责任人员将会面临相应惩罚，明确了网络安全保障不力的运营单位和个人承担的责任与相应的处罚措施。

网络安全等级保护工作是国家网络安全的基础性工作，是《网络安全法》要求公民必须履行的一项安全责任。《网络安全法》是网络安全领域的基本法，是从国家层面对等级保护工作的法律认可，《网络安全法》中明确地提到信息安全的建设要遵照网络安全等级保护标准来建设。网络安全等级保护制度落实到位并被有效实施，能够帮助企业和单位满足合规要求，明确责任划分和工作方法，维护企业安全生命周期，从被动防御转变为主动防御，改变单点防御方式，加强企业和单位的安全体系建设，最终反映出《网络安全法》在市场与国家安全保障中的重大效果。

《网络安全法》从立法到配套法律法规的确定完善，到市场上反映出来一定的效果是需要一定的过程的。这个过程在于执法是否落实到位，规定的标准是否真的符合业务安全的需求。目前，市场上大部分单位都以合规性建设为主，事实上《网络安全法》考虑得非常全面，从立法的角度来看，如果一步一步按照法律落实好，该法是一部非常健全的法律，做好了并不只是能达到合规这个价值层面，而是会使业务的风险管控、网络安全能力上升到一个新的高度。

总的来说，《网络安全法》明确了等级保护的工作重点与核心，赋予了等级保护法律内涵。网络安全等级保护制度是维护法律的重要手段，支撑《网络安全法》的贯彻与实施；网络安全等级保护制度是国家信息安全保障工作的基本制度、基本国策和基本方法，是促进信息化健康发展，维护国家安全、社会秩序和公共利益的根本保障。

3.4 安全管理标准与法律法规存在的问题及改进建议

我国的信息安全标准及法律法规工作取得了瞩目的成绩，为我国信息安全保障工作奠定了坚实的基础。但与此同时，也要清醒地看到，当前我国信息安全标准及法律法规制定工作中仍存在着许多需要改进的地方。

3.4.1 信息安全管理标准存在的问题

纵观我国信息安全标准的制定及发展历程，它们在制定和实施工作中存在如下问题。

1）在标准的制定上缺少整体规划，存在着应急性和盲目性。我国在信息安全管理标准上缺乏适合我国国情的总体框架和工作路线。同时，在标准的采用过程中，存在比较混乱的现象，各个部门、各个行业齐抓共管，存在资源重复和浪费的现象。

2）标准的制定与实施之间存在一定的矛盾，很多标准的制定没有考虑我国的具体国情，或要求偏高，或要求不合理，或实现起来较困难。在标准的编制过程中，一定要重视理论联系实践，重视调查研究和使用情况，这样才能编制出符合实际的标准。在标准的制定过程中，必须与相关的用户、企业紧密结合。用户和企业参与标准制定能够更好地促进产业的发展，满足市场快速发展的需要。

3）我国目前在信息安全管理标准的实施与安全教育上存在脱节现象。一方面，需要在政府部门实施信息安全管理标准；另一方面，在政府部门工作的广大信息安全技术人员和管理人员却缺少专业的培训与资质认证机制。

3.4.2 信息安全法律法规存在的问题

我国制定了网络安全领域的基础法律《网络安全法》及其配套的网络安全等级保护制度和关键信息基础设施安全保护制度。近年来，各单位、各部门按照中央网络安全政策要求和《网络安全法》等法律法规规定，全面加强网络安全工作，有力保障了国家关键信息基础设施、重要网络和数据的安全。但随着信息技术的飞速发展，网络安全工作仍面临一些新形势、新任务和新挑战，信息安全法律法规主要存在如下问题。

1）尚未形成完整的法律体系。在我国现行的信息安全法律法规中，法律、法规层次的规定太少，规章过多，给人一种头重脚轻的感觉。而且出台的规章内容重复交叉，一方面，造成部门的职能交叉，不利于执法；另一方面，在一定程度上造成了法律资源的严重浪费。

2）缺乏完整性。我国现行的信息安全法律法规基本上是一些保护条例、管理办法之类，缺少系统规范网络行为的基本法律，如网络犯罪法、电子信息出版法、电子信息个人隐私法等。同时，我国的法律更多地使用了综合性的禁止性条款，而没有具体的许可性条款和禁止性条款，这种大一统的立法方式往往停留于口号的层次上，难以适应信息网络技术的发展和越来越多的信息网络安全问题，例如智能汽车的信息安全问题。

3.4.3 改进建议

针对上述我国在信息安全管理标准及法律法规方面存在的不足，可以从以下几方面着手改进。

1）国家首先制定政府部门信息安全标准总体框架，在总体框架的指导下，定义每个标准的适用范围和具体要求，并将它们科学地分配到专业对口且具有相当实力的专业部门进行编制，避免重复投资和盲目跟进。

2）政府部门在制定信息安全标准时，要根据政府部门的实际需求来确定标准的范围和内容，并根据“提出需求→需求分析→编制标准→实践检验”的顺序来制定信息安全标准。

3）更多地聘请独立的技术性专家来开展信息安全标准制定和评审工作。

4）信息安全法律法规的制定应注重体系性、开放性、兼容性和操作性。

网络安全工作任重道远，在日常工作中只有认真贯彻执行各项法律法规和政策，做好各项应急预案，坚持以预防为主，以管理为辅，打防相结合的工作原则，才能始终与安全同行。

3.5 本章小结

国际上主要的信息安全标准化组织有：国际标准化组织（ISO）、国际电工委员会（IEC）、国际电信联盟（ITU）、互联网工程任务组（IETF），特别是前两个组织对于制定信息安全管理相关标准起到了关键作用。

两大国际信息安全管理标准是 ISO/IEC 27000 系列标准和 ISO/IEC 13335。ISO 和 IEC 将原先所有的信息安全管理标准进行综合和开发，形成一整套包括 ISMS 的基本要求、风险管理、度量和测量以及实施指南等在内的 ISMS 标准，即 ISO/IEC 27000 系列标准。其次是 ISO/IEC 13335 系列标准，该标准是由 ISO/IEC TR 13335，早前被称作“IT 安全管理指南”（Guidelines for the Management of IT Security，GMITS）的技术报告发展而来，该标准的主要贡献是对信息安全的 6 大属性给出了明确定义，同时定义了信息安全管理过程的几大要素及其管理模型。

我国的信息安全标准化工作是在国家质量监督检验检疫总局管理下，由国家标准化管理委员会统一管理并开展，工作实行统一管理与分工负责相结合的管理体制。全国信息技术安全标准化技术委员会是目前国内最大的标准化技术委员会，负责全国信息技术领域以及与 ISO/IEC JTC1 相对应的标准化工作。目前，我国已经制定了一批国家或者行业的信息安全标准，同时也转化了一批国际信息安全标准。

目前，美国是信息安全方面法案最多而且较为完善的国家。在我国，国家、相关部门、行业和地方政府相继制定了一系列的国家层面和行业层面的信息安全法律与行政规范，但与国际相比仍存在一定差距，标准以及法律法规的制定方面也存在一定的问题。但相信随着我国在信息安全方面不断深入的研究和发展，国家和各行业一定能够克服并解决现有的问题，制定出完善的、完整的、系统化的安全标准和法律法规体系。

3.6 习题

1. 国际信息安全标准化组织主要有哪些，各自从事哪些方面的标准化工作？
2. 信息安全管理标准主要有哪些？
3. ISO/IEC 27000 系列标准包括几个部分，各有什么作用？
4. ISO/IEC 13335 定义的 6 个信息安全属性及其含义是什么？
5. ISO/IEC 13335 定义了信息安全管理过程中的哪些关键要素？
6. ISO/IEC 13335 中定义的风险管理关系模型是什么？
7. 我国有哪些信息安全标准和法律法规？

第 4 章　信息安全管理体系规范

信息安全问题是一个综合管理的问题，特别是对一些组织来说，其业务对信息技术依赖性强，信息技术的应用范围大，信息安全问题涉及面广，专业技术性比较强。网络信息系统的安全取决于安全技术和安全管理两个方面，涉及物理环境、区域边界、通信网络、计算环境、安全管理中心、安全管理机构、安全管理制度、安全管理人员、系统建设与运维等。信息安全问题是动态的、综合的，是“攻、防、测、控、管、评”等技术的有机结合，需要协调机构内不同层面、不同业务部门以及内外部的技术资源，运用各种技术设施才能够进行有效的应对与处置。本章主要围绕信息安全管理体系规范以及实践来进行阐述，主要涉及 ISO/IEC 27000 系列标准的内容，包括安全管理体系的定义、安全管理过程模型 PDCA、安全管理体系规范、安全管理体系运行实施流程及安全管理制度实践样例。

4.1　信息安全管理体系定义

为了保障网络信息系统的安全，需要对其进行管理。管理者需要实现信息安全的目标，保证信息资产的保密性、完整性、可用性以及业务运作的持续性等。但是，由于网络信息系统涉及大量的资产、人员、信息等所带来的复杂性，安全管理对象包括人员在内的信息相关资产，涉及计划、组织、指挥、协调和控制等一系列活动，对其进行管理时需要建立一套成体系化的管理规范。

信息安全管理体系（ISMS）是 1998 年前后从英国发展起来的信息安全领域中的一个概念，是管理体系（Management System，MS）思想和方法在信息安全领域的应用。ISMS 是组织在整体或特定范围内建立信息安全方针和目标，以及完成这些目标所用方法的体系。ISMS 是直接管理活动的结果，是方针、原则、目标、方法、过程和核查表等要素的集合。ISMS 常见的四层次文件化体系见表 4-1。

表 4-1　ISMS 的四层次文件化体系

文件等级	内容
一级文件（信息安全手册）	全组织范围内的信息安全方针以及下属各个方面的策略方针、适用性声明等，各个一级文件都包含在信息安全手册中
二级文件（各类程序文件）	风险评估与管理流程、风险处理计划、管理评审程序、信息设备管理程序、内部评审程序、业务连续性管理程序等
三级文件（具体的作业指导书）	描述某项任务具体的操作步骤和方法，对各个程序文件所规定的领域内工作的细化
四级文件（各种记录文件）	实施各项流程的记录表格，是 ISMS 得以持续运行的有力证据

4.2 ISMS 的重要性

在具体的实践过程中，人们已经意识到信息安全攻击与防护是严重不对称的，攻击往往要比防御容易且成本低廉，且攻击具有隐蔽性和廉价性的优势。这是由于在信息安全防护过程中，需要遵循信息安全的“木桶原理”，即信息安全防护水平有多高，取决于防护水平最弱的环节。因此对于信息安全管理而言，需要对整个系统进行体系化的防护管理，需要建立一套信息安全管理体系，使其管理过程具备关联性、复杂性和体系性，才能有效地提升网络信息系统的安全防护水平。

从攻击伊朗的“震网”病毒来看，“震网”病毒起源于2006年前后，是第一个专门定向攻击真实世界中基础（能源）设施的“蠕虫”病毒，它利用西门子公司控制系统（SIMATIC WinCC / STEP7）存在的漏洞，通过移动存储介质和网络进行传播，感染控制系统的数据采集与监视控制系统（SCADA）。美国科学与国际安全研究所公布的研究报告认为，“震网”病毒于2010年经网络传至伊朗的浓缩铀工厂工作人员的个人计算机，再由移动存储介质侵入浓缩铀工厂的控制系统。病毒发作导致离心机的转速时快时慢。具体过程是：首先在15分钟内使离心机的转速提高30%，达到离心机材料的极限强度并造成材料内伤，然后回到正常转速。27天后，在50分钟内又以每分钟2Hz的降速使频率下降100Hz，造成离心机因震动变形而损伤。如此，每月重复一次，离心机伤而不毁，直到最终永久性损坏。在病毒发作的过程中，安全控制与警报系统从未报警，等到发现异常时至少1000台离心机已报废，除更换新的离心机，没有别的办法。“震网”病毒攻击的具体路径如图4-1所示。

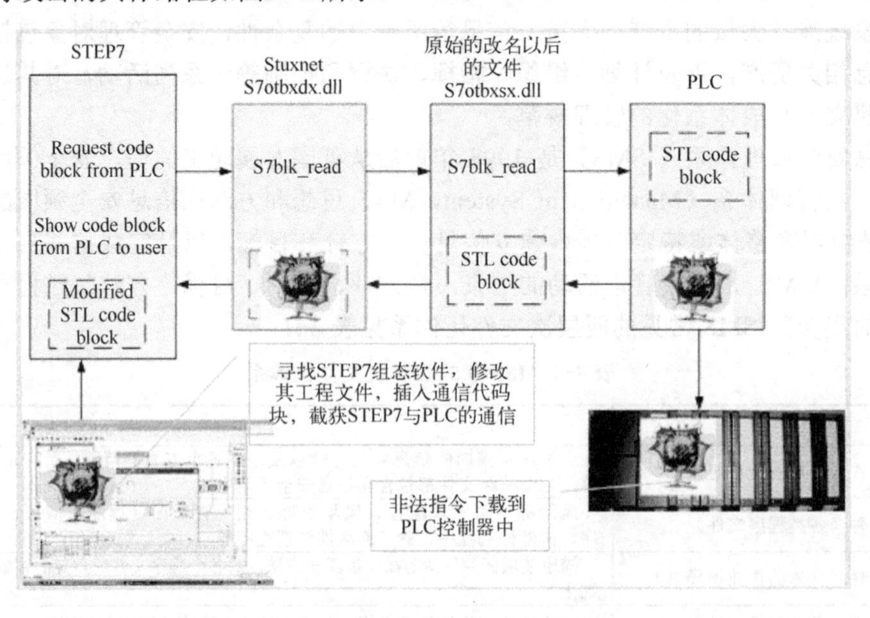

图4-1 “震网”病毒攻击的路径

综合分析“震网”病毒的攻击过程及原理可以看出，“震网”病毒攻击是一个典型的 APT 攻击，此次攻击所利用的弱点既有技术方面的脆弱点，也有管理方面的问题，具体弱点如下。

（1）个人信息安全保护意识差

“震网”病毒攻击利用了摆渡手段，首先通过互联网传至伊朗浓缩铀工厂工作人员的个人计算机。该工作人员的个人计算机由于防护措施不当，导致病毒入侵，更为严重的是该工作人员没有意识到自己的计算机感染了病毒。

（2）移动存储介质使用管理制度不完善或执行不力

“震网”病毒由在个人计算机使用的移动存储介质（U 盘），插入 ICS（Internet 连接共享）计算机，进而传染给控制系统网络。移动存储介质的使用未经过合法性认证，没有进行病毒查杀，这主要是由移动存储介质的使用管理制度不完善或执行不到位造成的。

（3）缺少相关的安全监控及完整性监测机制

“震网”病毒攻击有一个过程：恶意程序利用控制系统组态软件的漏洞，替换原有 S7otbxdx.dll 文件，进一步向 PLC 注入恶意控制程序。而系统及管理员没有及时监测到 dll 文件的变化，这是因为缺少基于白名单的关键进程监控管理及文件完整性监测机制。

通过对“震网”病毒攻击利用弱点的分析可以得出，该攻击利用了管理和技术方面的脆弱点，甚至使用了社会工程手段。任何一个安全管理的疏忽或安全技术的缺失，都有可能被恶意攻击所利用。这要求网络系统的安全防御要注重体系化、层次化、全面性，避免信息安全木桶的“短板”出现，需要建立并运行规范化的信息安全管理体系。

4.3 信息安全管理过程模型

信息安全管理是管理体系思想和方法在信息安全领域的应用。由美国质量管理专家休哈特博士首先提出，由戴明采纳、宣传并获得普及的 PDCA 循环模型，同样可以应用于信息安全管理领域。PDCA 循环模型又称为戴明环，是全面质量管理的思想基础和方法，将质量管理分为四个阶段，即计划（Plan）、执行（Do）、检查（Check）和处理（Act）。在质量管理活动中，要求把各项工作做出计划、计划执行、检查实施效果，然后将成功的纳入标准，不成功的留待下一循环去解决。ISO/IEC 27001：2013 标准阐述了基于 PDCA 持续改进管理模式的安全管理思想，可用于构建 ISMS 过程的模型。该管理思想如图 4-2 和表 4-2 所示。

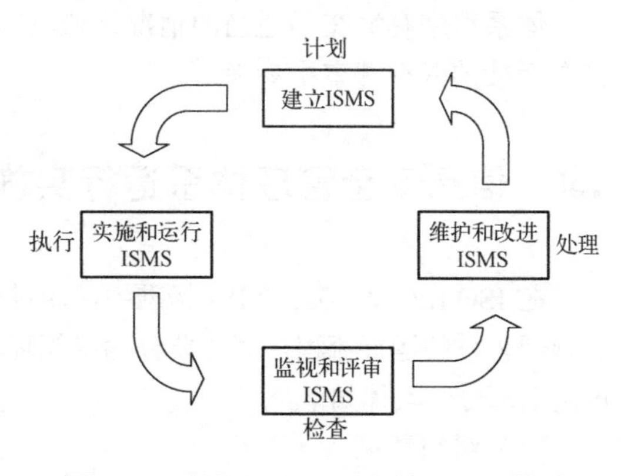

图 4-2　适用于 ISMS 过程的 PDCA 模型

表 4-2 适用于 ISMS 的 PDCA 模型释义

环节	要求
计划（建立 ISMS）	根据商业运作要求和有关法律法规要求，确定 ISMS 的范围，制定信息安全方针与策略，通过风险评估建立控制目标与方式，制订风险处理计划，包括必要的适用性声明和商务持续性计划
执行（实施和运行 ISMS）	根据所选定的安全目标和方式进行信息安全控制，包括安全策略、信息安全的组织结构、资产管理、人力资源安全、物理和环境安全、通信和操作管理、访问控制等，实施风险处理计划、特定的管理程序以及能够促进安全事件检测和响应的程序，提供必要的资源，开展安全培训和意识教育
检查（监视和评审 ISMS）	以内部定期评审、第三方正式评审或管理评审的形式，对安全管理过程和信息系统的安全进行监视和验证，报告结果，评审 ISMS 的有效性及规定的安全程序是否适当，以符合法律性要求，符合方针、程序、标准要求
处理（维护和改进 ISMS）	对方针的适宜性进行评审与评估，测量 ISMS 绩效，对 ISMS 的有效性进行评价，识别并采取适当的纠正和预防措施，实施持续改进。必要时修改 ISMS，确保修改达到既定的目标

PDCA 模型是信息安全管理体系的核心思想，强调信息安全管理步骤的持续改进，是一个动态的循环过程。以风险评估为切入点，以达到明确安全需求的目的；进一步通过计划、执行环节，从技术和管理两个角度实现适度的安全控制；系统运行期间，通过开展内部评审、第三方评审，可以发现与标准要求严重不符合、轻微不符合和待观察的事项；最后通过采取合适的纠正和预防措施，实现持续性的改进。其中评审环节的 3 类输出具体细节如下。

（1）严重不符合

1）体系中某单元完全没有执行，或同一单元有多个轻微不符合项，使得该单元无法有效执行。

2）违反体系程序要求的事件，且有引起显著信息安全损失的风险。

3）存在明显导致信息安全损失的风险。

4）重大信息安全风险并未被鉴别或检讨改善。

（2）轻微不符合

单独违反体系程序要求的事件，且不会引起显著信息安全损失的风险。

（3）待观察事项

体系程序有潜在不适当的情况，或具有潜在信息安全损失的风险，用于客户及审核员在后续的跟踪评审中参考。

4.4 信息安全管理体系运行实施流程

在 ISO/IEC 27001：2013 标准中，通过学习和融合 PDCA 循环的思想，提出了信息安全管理体系的运行流程，其主要分为组织环境、领导力、计划、支持、运行、绩效评估、改进七部分，具体如下。

（1）组织环境

1）理解组织及其环境。组织需要确定有哪些外部和内部问题会影响本信息安全管理体系的实现。

2）理解相关方的需求和期望。组织需要先确定相关方，然后确定其要求。

3）确定信息安全管理体系的范围。组织需要根据上述条件确定所要制定的信息安全管理体系的边界和适用性。

（2）领导力

1）领导与承诺。在建立信息安全管理体系过程中，高层管理者需要展现其领导力和承诺。

2）方针。高层管理者需要建立信息安全方针。

3）组织角色、职责和权限。高层管理者应明确体系中各个角色的职责和权限。

（3）计划

1）应对风险和机会的措施。组织需要定义并应用风险评估过程、定义并应用信息安全风险处置过程。

2）信息安全目标和计划实现。组织应在相关职能和层次上建立信息安全目标。

（4）支持

1）组织需要在资源、能力、意识以及沟通 4 个方面对信息安全管理提供支持。

2）文件记录信息。需要在文件记录信息的创建、更新以及控制等方面进行规范。

（5）运行

1）运行的计划和控制。组织应计划、实施和控制满足信息安全要求所需的过程，并实施前文计划部分所制定的措施，同时满足计划中的安全目标。组织应控制计划的变更、评审变更的后果，必要时采取措施降低负面影响。组织需确定外包活动的可控性。

2）信息安全风险评估。根据前文计划中的风险评估执行准则，按时执行信息安全风险评估，当重大变更被提出或发生时，也需要执行信息安全风险评估，同时保留相关的文件记录信息。

3）信息安全风险处置。组织应按照信息安全风险处置计划实施处置，同时保留相关的文件记录信息。

（6）绩效评估

1）监视、测量、分析和评价。组织应评价安全绩效和信息安全管理体系的有效性。

2）内部审核。组织应当按时进行内部审核，保障信息安全管理体系符合各方面的要求，同时将结果报告给相应的管理者，保留文件记录信息。

3）管理评审。管理者需要按时对信息安全管理体系进行评审，确保其持续的适宜性、充分性和有效性。管理评审的输出需要包括与持续改进机会有关的决定，以及变更信息安全管理体系的所有需求，组织应当保留相关文件记录信息来作为管理评审结果的证据。

（7）改进

1）不符合和纠正措施。当发生不符合事件时，组织应对不符合事件做出反应，通过采取措施，确保其符合要求，并且不会再发生或不在其他地方发生。

2）持续改进。组织应持续改进信息安全管理体系的适宜性、充分性和有效性。

事实上，组织环境、领导力、计划和支持部分可以被归为“规划和建立”，对应

PDCA 循环中的计划；运行属于“实施和运行”，对应 PDCA 循环中的执行；绩效评估属于“监视和评审”，对应 PDCA 循环中的检查；改进属于“维护和改进”，对应 PDCA 循环中的处理。具体情况如图 4-3 所示。

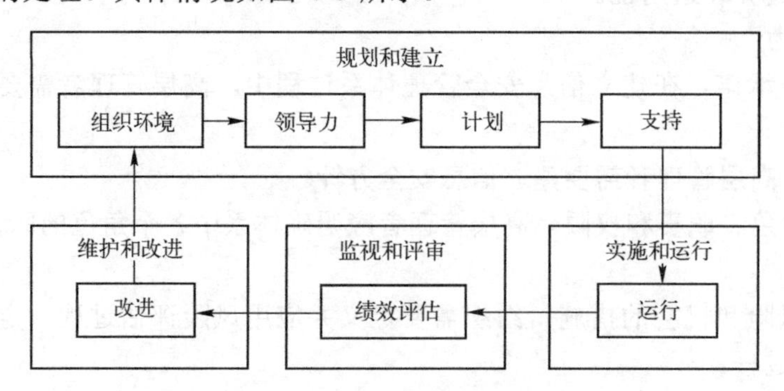

图 4-3　信息安全管理体系的运行流程与 PDCA

组织根据 ISO/IEC 27001：2013 标准的规定建立信息安全管理体系，实施流程如图 4-4 所示，可通过以下三个步骤实现。

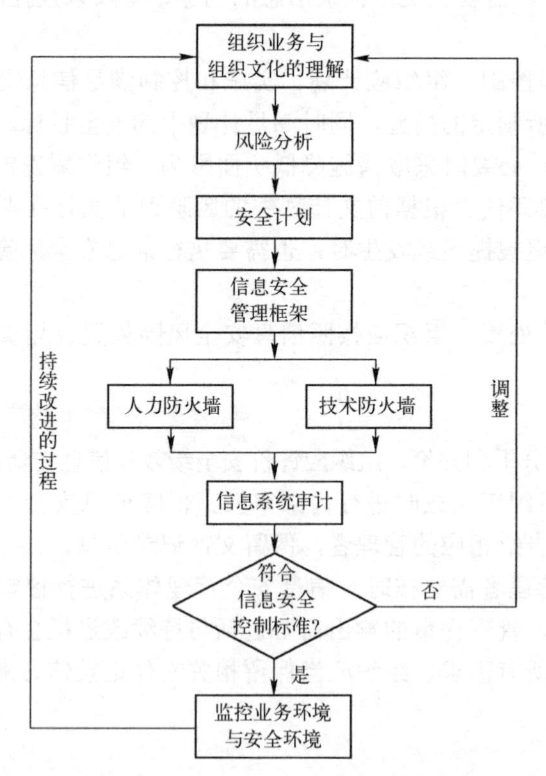

图 4-4　信息安全管理体系实施流程

1）建立信息管理框架，设立方向、信息安全目标，定义信息安全方针，同时管理层应承诺该方针。

2）评审组织的信息安全风险，投资控制措施需要在信息的价值、所面临的风险和这些风险对组织运营的影响间保持一个平衡。

3）选择和实施控制措施，使确定的安全风险降低到可接受的程度。不同的组织将选择不同的控制措施。

信息安全管理体系实施采用自顶向下、逐步求精的方法。首先根据组织的业务目标与安全要求，在风险评估的基础上，先建立并运行信息安全管理框架，初步达到粗粒度的信息安全；进一步在完整的信息安全管理框架之上，建立“人力防火墙”与“技术防火墙”，在细粒度上保证信息安全；最后实施阶段性的信息系统审计，在持续不断的改进过程中保证信息的安全性、完整性、可用性，从而建立一套完整的信息安全管理体系。具体实施需要遵循国内外相关信息安全标准与最佳实践过程，需要考虑组织对信息安全的各个层面的实际需求，在风险分析的基础上引入恰当控制，建立合理的信息安全管理体系，从而保证组织赖以生存的信息资产的安全性、完整性和可用性。另外，要注意适度防范的原则，不是追求信息安全的零风险，不是部署所有安全产品和技术，而是要避免信息安全木桶出现“短板”，通过引入适当的控制使组织的风险降到可以接受的水平，保证组织业务的连续性和商业价值的最大化，以达到安全目的。

4.5 信息安全管理体系规范要求及实践

ISO/IEC 27001：2013 提出建立信息安全管理体系（ISMS）的一套规范，详细说明了建立、实施和维护信息安全管理体系的要求，指出实施机构应该遵循的风险评估标准。ISO/IEC 27002：2013 给出信息安全管理体系的实施指南和最佳实践，包括 14 类控制要求、35 个控制目标和 133 个控制项。

4.5.1 控制要求

ISO/IEC 27001：2013 提出的控制要求涉及信息安全管理的各个方面，目前共包括 14 类（见图 4-5），分别如下。

1）安全方针（Security Policies）。

2）信息安全组织（Organization of Information Security）。

3）人力资源安全（Human Resource Security）。

4）资产管理（Asset Management）。

5）访问控制（Access Control）。

6）密码学（Cryptography）。

7）物理和环境安全（Physical and Environmental Security）。

8）操作安全（Operations Security）。

9）通信安全（Communications Security）。

10）系统获取、开发和维护（System Acquisition, Development and Maintenance）。

11）供应关系（Supplier Relationships）。

12）信息安全事件管理（Information Security Incident Management）。

13）业务连续性管理的信息安全方面（Information Security Aspects of Business Continuity Management）。

14）符合性（Compliance）。

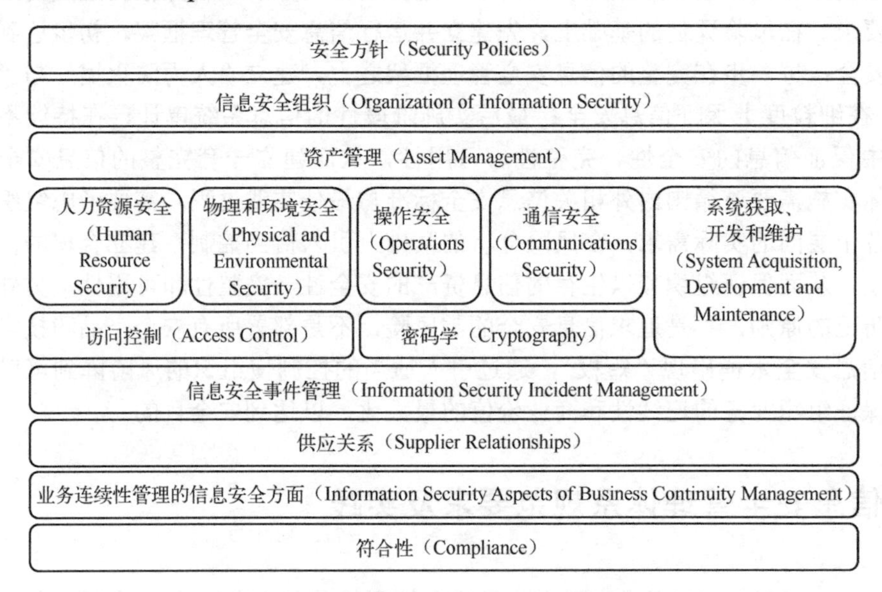

图 4-5　信息安全管理体系的 14 类控制要求

以上 14 类控制要求以安全方针为核心，除了访问控制，系统获取、开发和维护，通信安全，操作安全，密码学这几类跟技术关系更紧密之外，其他类更侧重于组织整体的管理和运营操作，很好地体现了信息安全领域所谓“三分技术、七分管理”的实践原则。

4.5.2　控制目标

ISO/IEC 27002：2013 是组织建立并实施有效信息安全管理体系的指导性准则，它为信息安全提供了一套全面综合的最佳实践经验的总结。ISO/IEC 27002：2013 是一个详细的安全标准，从 14 个方面（与 ISO/IEC 27001：2013 的规定相一致）定义了 35 个控制目标和 133 个控制项，这 133 个控制项中很多还包含一些更具体的子控制项，以供信息安全管理体系实施者参考使用。虽然 ISO/IEC 27002：2013 是组织建立并实施有效信息安全管理体系的指导性准则，它为信息安全提供了一套全面综合的最佳实践经验的总结，对每项控制都提供了实施指南，但从实施角度来看，还不够具体和细致。此外，标准也特别声明，并不是所有的控制都适合任何组织，组织可以根据自身的实际情况来选择。当然，133 个控制项也不一定就能包含全部，组织可以根据自身需要来增加额外的控制项。该标准对 14 个方面的安全控制目标规定大致如下。

（1）安全方针

信息安全管理指导：提供符合有关法律法规和业务需求的信息安全管理指引和支持。

（2）信息安全组织

1）内部组织：建立信息安全管理框架，在组织内部启动和控制信息安全实施。

2）移动设备和远程办公：确保使用远程办公和使用移动设备的安全性。

（3）人力资源安全

1）任用前：确保员工、合同方人员理解他们的职责并适合他们所承担的角色。

2）任用中：确保员工和合同方了解并履行他们的信息安全责任。

3）任用终止和变更：应确保信息安全责任和义务在雇用终止或变更后仍然有效，并向员工和合同方传达并执行。

（4）资产管理

1）资产的责任：确定组织资产得到适当的保护，并确定保护责任。

2）信息分类：确保信息资产是按照其对组织的重要性受到适当级别的保护。

3）介质处理：防止存储介质上的信息被未授权泄露、修改、删除和破坏。

（5）访问控制

1）访问控制的业务需求：对信息和信息处理设施的访问加以控制。

2）用户访问管理：确保已授权用户的访问，预防对系统和服务的非授权访问。

3）用户责任：用户应保护他们的认证信息。

4）系统和应用访问控制：防止对系统和应用的未授权访问。

（6）密码学

密码控制：确保适当和有效地使用密码来保护信息的保密性、真实性和完整性。

（7）物理和环境安全

1）安全区域：防止对组织信息和信息处理设施的未授权物理访问、破坏和干扰。

2）设备安全：防止资产的遗失、损坏、偷窃或损失和组织业务中断。

（8）操作安全

1）操作程序和职责：确保信息处理设施的操作正确且安全。

2）防范恶意软件：确保对信息和信息处理设施的保护，防止恶意软件。

3）备份：防止数据丢失。

4）日志记录和监控：记录事件并生成证据。

5）操作软件控制：确保系统的完整性。

6）技术漏洞管理：防止技术漏洞被利用。

7）信息系统审计的考虑因素：最小审计活动对系统运行的影响。

（9）通信安全

1）网络安全管理：确保网络及信息处理设施中信息的安全。

2）信息传输：应确保信息在组织内部或与外部组织之间传输的安全。

（10）系统获取、开发和维护

1）信息系统的安全需求：确保信息安全成为信息系统生命周期的组成部分。

2）开发和支持过程的安全：确保信息系统开发生命周期中设计和实施信息的安全。

3）测试数据：确保测试数据的安全。

（11）供应关系

1）供应商关系的信息安全：确保组织被供应商访问的信息安全。

2）供应商服务交付管理：保持一致的信息安全水平，确保服务交付符合服务协议要求。

（12）信息安全事件管理

信息安全事件管理和改进：确保持续、有效地管理信息安全事件，包括安全事件与脆弱点的沟通。

（13）业务连续性管理的信息安全方面

1）信息安全的连续性应嵌入组织的业务连续性体系。

2）冗余：确保信息处理设施的可用性。

（14）符合性

1）法律和合同规定的符合性：避免违反信息安全的法律、法规、规章或合同要求以及任何安全要求。

2）信息安全评审：确保依照组织策略和程序实施信息安全。

14 个方面的安全控制目标很好地体现了信息安全管理需要专门的安全管理机构、专门的安全管理人员、专门的安全管理制度、逐步提高的安全技术措施、逐步完善的安全管理制度，这也是 14 个方面的安全控制目标的内涵。

4.5.3 认证认可

ISO/IEC 27000 系列标准类似于质量管理体系的 ISO/IEC 9000 系列标准和环境管理体系的 ISO/IEC 14000 系列标准，ISO/IEC 27001：2013 是 ISO/IEC 27000 系列的主标准。通过“风险评估”和“风险管理”切入企业的信息安全需求，有效降低企业面临的风险。各类组织可以按照 ISO/IEC 27001：2013 的要求建立自己的信息安全管理体系（ISMS），并通过认证，全面提高网络系统的安全防护能力。针对 ISO/IEC 27001：2013 的受认可的认证，是对组织信息安全管理体系是否符合 ISO/IEC 27001：2013 要求的一种认证。这是一种通过权威的第三方审核之后提供的保证：受认证的组织实施了信息安全管理体系，并且符合 ISO/IEC 27001：2013 标准的要求。

下面给出认证与认可的基本概念，以及信息安全管理体系的认证流程、认证优势。

（1）认可（Accreditation）

1）由某权威机构依据程序对某团体或个人具有从事特定任务的能力而给予的正式承认。

2）根据对象的不同，认可分为对团体的认可（例如对认证机构的认可）和对个人的认可（例如对审核员资格的认可）。

（2）认证（Certification）

1）第三方依据程序对产品、过程、服务符合规定要求给予书面保证。通过认证，组织可以对外提供某种信任和保证，认证的基础是标准。

2）根据对象的不同，认证通常分为产品认证和体系认证。

认证是由第三方进行的，认可是由权威机构进行的。认证证明的是依从性（符合性），认可证明的是某种能力。第三方认证负责评估并认证组织的 ISMS 是否符合 ISO/IEC 27001：2013 的要求。认证机构要通过认可，必须向认可机构表明其符合相关国家或国际标准的要求。信息安全管理体系认证流程如图 4-6 所示。

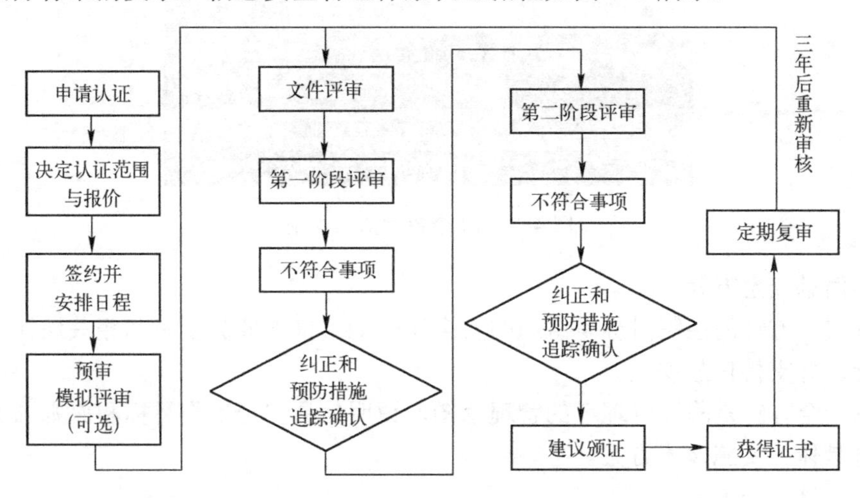

图 4-6　信息安全管理体系认证流程

完整的信息安全管理体系认证流程中，文件审核（Document Review，DR）主要审核标准要求的文件、程序等是否齐备，第一阶段的评审负责确认管理体系的运作形态和文件化程度、内部审核是否可信赖，第二阶段的评审主要是确认文件化的管理体系是否符合相关标准、管理程序是否正确执行、管理体系方面是否能达到持续改进并且遵循法规。

近年来，伴随着 ISMS 国际标准的制定和修订，ISMS 迅速被全球接受和认可，成为世界各国、各种类型、各种规模的组织解决信息安全问题的一个有效方法。ISMS 认证随之成为组织向社会及其相关方证明其信息安全水平和能力的一种有效途径。对企业的信息安全管理体系进行认证有助于强化人员的安全意识，规范组织的行为，确保业务的连续性，提升组织的形象，维持组织的竞争优势，同时，也是对用户与合作伙伴的承诺。

4.5.4　控制措施

ISO/IEC 27002：2013 标准中给出网络信息安全控制措施，共有 14 个类别、35 个控制目标、133 项控制措施，包含了顶层规划管理、技术管理以及业务层面的管理。下面对这 14 个控制措施类别进行具体介绍（见图 4-7）。

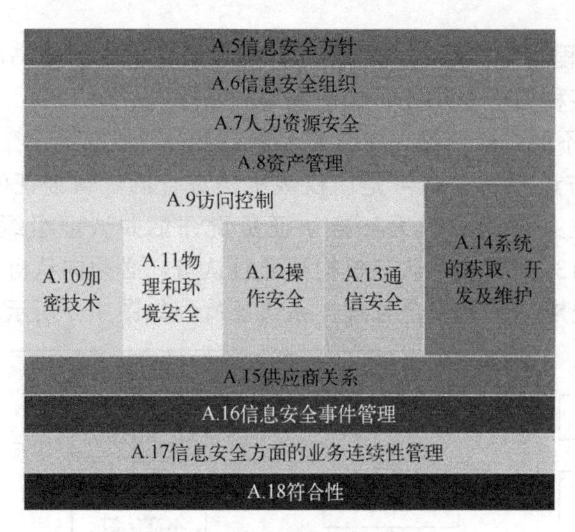

图 4-7　14 个控制措施类别

（1）信息安全方针

信息安全方针的控制目标是组织的安全策略能够依据业务要求和相关法律法规提供管理指导，并支持信息安全。

信息安全方针是陈述管理者的管理意图，说明信息安全工作目标和原则的文件，一般不包含具体的实施技术方案。

（2）信息安全组织

内部组织的控制目标是建立一个管理框架，用以启动和控制组织内部信息安全的实施和运行。

内部组织可以通过明确信息安全的角色和职责、职责分离、确定与政府部门的联系、明确与相关利益方的联系等控制措施完成控制。

（3）人力资源安全

在任用前，需要确保雇员、承包方理解其职责，各自的角色是适合的。组织主要通过审查、明确任用条款及条件等措施来完成控制。

在任用中，需要确保雇员、承包方明确并履行其信息安全职责。组织可以通过明确角色和职责、信息安全意识教育与培训、纪律处理等控制措施来完成控制。

在任用终止或变化时，需要防止离职行为对组织造成安全隐患。组织应该明确离职人员在离职后所需承担的义务和规定，核查离职人员需要归还的资产，包括软件、设备、文件等，撤销离职人员的访问权限。

（4）资产管理

组织需要对资产负责，实现和保持对组织资产的适当保护。组织需要通过完善资产清单、明确资产所有权、明确资产的可接受使用以及管理资产的归还等措施来实现安全控制。

在信息层面，组织需要确保信息受到适当级别的保护。组织可以通过形成对信息的分类指南、对信息进行标记，并根据分类机制建立和实施一组适合的资产处理规程，从而实现安全控制。

组织需要通过介质处置来防止介质存储信息的未授权泄露、修改、移动或销毁。组织可以通过形成可移动介质的管理和处置规范以及物理介质传输的规范，从而实现安全控制。

（5）访问控制

在访问控制的业务要求方面，控制目标是组织需要限制对信息和信息处理设备的访问。组织应当形成完整的访问控制方针，通过建立访问控制策略并形成文件，基于业务和访问的安全要求进行评审。访问控制的思路需要紧密围绕服务的特点，由于服务是分层次的，攻击可能从各个层次发起，所以访问控制针对不同的服务在多个层面进行。

在网络和网络服务的访问方面，用户仅能够访问已获得专门授权使用的网络和网络服务，制定关于使用网络和网络服务的策略。

在用户访问管理方面，组织应确保授权用户能够访问系统和服务，并防止未授权的访问。组织可以通过用户的注册和注销、用户访问的开通、特殊访问权限管理、用户秘密鉴别信息管理、用户访问权的复查、撤销或调整访问权限等策略来完成用户访问管理的安全控制。

在用户职责层面，用户需要承担保护鉴别信息安全的责任。用户一般可以使用秘密鉴别信息来完成安全控制。

在系统和应用访问控制方面，组织需要防止对系统和应用的未授权访问。一般的安全措施包括信息访问限制、安全登录规程、口令管理系统、特殊权限实用工具软件的使用、程序源代码的访问控制。

移动设备和远程办公的控制目标是确保远程办公和使用移动设备时的安全性，并通过确定移动设备策略和远程工作的规范来完成安全控制。

（6）密码学

密码学的控制目标是通过加密的方法保护信息的保密性、真实性或完整性。组织可以通过使用密码控制策略和密钥管理等措施实现安全控制，例如，制定一套完整的针对密码生命全周期的安全管理措施。

（7）物理和环境安全

组织需要建立安全区域，从而防止对组织场所和信息过程设备的未授权物理访问、损坏与干扰。主要的控制措施包括：物理安全边界、物理入口控制、办公室房间和设施的安全保护、外部和环境威胁的安全防护、在安全区域工作、交接区域的安全等措施。

设备安全的控制目标是防止资产的丢失、损坏、失窃或危及资产安全以及组织活动的中断。其主要的控制措施包括：设备安置和保护、支持性设施、布缆安全、设备维护、资产的移动、组织场所外的设备安全、设备的安全处置和再利用、无人值守的用户设备、清空桌面和屏幕策略等。

（8）操作安全

组织需求明确操作规程和职责，确保正确、安全地操作信息处理设施。组织可以通过文件化操作规程、进行变更管理、进行容量管理以及开发、测试和运行环境的分离等措施实现安全控制。

组织需要进行恶意代码防范，从而保护信息和信息处理设施，防止它们被恶意代码入侵或破坏。组织可以通过定期执行恶意代码检测和扫描程序、查杀程序等方式来防范恶意代码。

组织需要进行备份，从而防止数据丢失。组织需要对数据进行适当级别的信息备份，定期检查备份介质和备份内容。

组织可以通过日志和监视来记录事件并生成证据。组织可以通过事件日志、日志信息的保护、管理员和操作员日志、时钟同步等方面的措施来实现安全控制。

操作软件控制需要确保操作系统的完整性。措施主要集中在操作系统软件的安全安装方面，例如，确保满足操作系统安装程序的要求、满足操作系统升级程序的要求、满足操作系统补丁加固程序的要求等。

组织需要进行技术脆弱性管理，从而防止对技术漏洞的利用。组织首先需要完成技术脆弱性的控制，通过收集技术脆弱性等方式控制技术脆弱性，还可以通过限制软件的安装来进行安全控制。

组织需要考虑信息系统的审计，从而将审计行为对业务系统带来的影响最小化。组织可以通过完善信息系统的审计控制措施，例如明确评估审计的范围、明确审计测试的访问方式等，从而保证信息系统审计的安全控制。

（9）通信安全

网络安全管理的控制目标是确保网络中信息和支持性基础设施的安全性。组织可以通过网络控制、保障网络服务安全、网络隔离等措施实现安全控制。

在信息的交换过程中，需要保持组织内以及与组织外信息交换的安全。与网络安全管理相比，该部分更接近底层，其安全控制措施主要包括：明确信息交换策略和规程、信息交换协议、电子消息发送、保密或不泄露协议等。

（10）系统的获取、开发及维护

针对信息系统的总体安全要求，需要确保信息安全是信息系统生命周期中的一个有机组成部分。这同样包含了在公共网络上提供服务的信息系统的要求。因此，组织可以采取的控制措施包括：完成信息安全需求分析和说明、保障公共网络中的应用服务安全、保护应用服务交易。

为了保障开发和支持过程中的安全，需要确保在信息系统开发的生命周期中设计和实施的信息安全。这就意味着组织在开发和支持信息系统的过程中，可以使用如下控制措施：安全开发策略、系统变更控制规程、运行平台变更后应用的技术评审、软件包变更的限制、安全系统工程原理、开发环境的安全、外包开发、系统安全测试、系统验收测试等，从而实现安全控制。

组织需要保障测试数据的安全，确保用于测试的数据得到保护。组织需要围绕测试数据的保护措施展开控制，包括明确测试要求和策略、避免敏感数据作为测试数据等。

（11）供应商关系

在组织存在供应商关系的时候，需要确保供应商可访问的组织资产受到保护。组织可以采取的控制措施包括：明确供应商关系的信息安全策略、处理供应商协议中存在的安全问题、明确信息和通信技术的供应链。

组织还需要进行供应商服务交付管理，确保根据供应协议，能够维持信息安全和服务交付在协定的等级。为了实现这个目标，组织可以通过进行供应商服务的监视和评审、供应商服务的变更管理等措施实现安全控制。

（12）信息安全事件管理

在事件管理和改进方面，组织需要确保采用一致且有效的方法对信息安全事件进行管理，包括通信安全事件和弱点。组织可以采取的措施包括：明确职责和规程、形成信息安全事态报告、形成信息安全弱点报告、评估和确定信息安全事态、完成信息安全事件的响应、完成信息安全事件的总结、完成证据的收集等。

（13）信息安全方面的业务连续性管理

组织需要明确信息安全的连续性，应当将信息安全连续性嵌入组织业务连续性管理之中。组织的控制措施包括：完成信息安全连续性的计划，信息安全连续性的实施，信息安全连续性的计划的验证、评审和评价。例如，利用基于 PDCA 的方法对连续性进行检查和评估以及改进。

组织需要保证系统一定程度上的冗余性，从而确保信息过程设施的可用性。组织可以通过实施足够的信息过程设施冗余来确保可用性要求，当现有的体系结构无法满足可用性要求时，应当考虑冗余组件或架构。

（14）符合性

组织应当符合法律和合同要求，避免违反任何法律、法令、法规、合同义务以及任何安全要求。组织可以采取的控制措施包括识别可用法律和合同要求、明确知识产权、保护记录、保护隐私和个人身份信息、完善密码控制措施的规则等。

在信息安全审核方面，组织应当确保信息安全依据组织的方针和规程来实施并操作。控制措施包括信息安全独立审核、确保符合安全策略和标准、进行技术符合性审核等。

4.5.5 安全管理实践

信息安全管理体系规范要求的实质是“该说的要说到，说到要做到，做到的要保证有记录可查”，也就是说标准的安全要求要在管理制度中明确，管理制度中提到的要求要在现场工作中加以执行落实，对于执行落实的工作要注意记录，保证评审时有记录证据可查。下面以常见的物理安全访问控制策略、用户口令管理规定为例，给出具体的安全管理制度。

（1）物理安全访问控制策略

1）工作人员必须遵守安全程序（Procedure）。

2）工作人员必须佩戴 ID 卡和标识（Badge）。

3）向未授权来访人员索要证件（Credentials）。

4）仅在接待室或会议室接待来访人员。

5）未经事先批准，禁止让来访人员进入工作区。

6）禁止将危险和易燃物品带到安全区域。

7）禁止接入未经认证的移动存储设备，包括U盘、移动硬盘等。

（2）用户口令

1）口令长度至少为8个字符，而且必须是字母、数字及特殊字符（*, %, @, #, $, ^）的组合。

2）使用容易记住的口令。

3）根据安全策略定期更换口令，且新口令要与原口令有很大比例的不同。

4）禁止使用词典中的单词作为口令。

5）禁止通过电话或邮件共享口令。

4.6 本章小结

本章重点介绍了信息安全管理体系的规范以及实施细节，对安全管理体系中的PDCA模型及运行实施流程进行了介绍，并对基于此进一步发展获得的安全管理体系规范（ISO/IEC 27001：2013）与安全管理实施指南（ISO/IEC 27002：2013）进行了阐述，最后介绍了当前主流的信息安全管理体系的规范要求，以及基于这些要求在具体实施过程中的流程。

4.7 习题

1．ISO/IEC 27000：2013系列标准阐述的信息安全管理思想是什么？

2．ISO/IEC 27001：2013提出的信息安全管理控制要求是什么？

3．管理评审与内部审核、第三方审核的异同是什么？

4．企业ISMS通过认证的意义是什么？

5．信息安全管理体系中有符合性控制域，结合《网络安全法》的条例，对于网络运营者、系统或产品服务提供者来说该如何满足符合性要求？

第5章 信息系统的安全风险管理

信息系统的安全风险管理是信息安全管理的一项重要内容，其必须遵循成本效益均衡原则。对于机构来说，安全管理投入要求得到最大的回报，这些回报包括业务连续运行、机构经济利益、企业声誉保护、符合国家法律法规等。由于环境、技术和人员中各类不确定因素的存在，不可避免会对信息的安全使用产生影响，最终损害机构利益。由于这些影响是潜在的并且有很大的不确定性，所以不适当的管理方式将可能造成资源的过度投入以及资源浪费，或因保护不当导致机构蒙受经济与声誉上的损失。

本章借鉴传统行业风险控制的经验，结合休哈特博士提出的 PDCA 循环改进思想，介绍当前国际上普遍采取的风险管理与控制的方法，解决机构的信息安全问题。

5.1 基本概念

本节介绍与信息安全风险评估有关的概念，包括风险、威胁、薄弱点、风险管理和风险评估。

1. 风险

在信息安全领域，风险为特定威胁利用某个（些）资产的薄弱点，造成资产损失或破坏的潜在可能性，即特定威胁事件发生的可能性与后果的结合。安全风险不同于安全事件，风险是将来有可能发生，而安全事件是已经发生的。

2. 威胁

威胁指可能对资产或机构造成损害的事故的潜在原因。例如：组织的网络系统可能受到来自计算机病毒和黑客攻击的威胁。

3. 薄弱点

薄弱点是指资产或资产组中能被威胁利用的弱点。例如：操作系统本身的安全漏洞和弱口令。威胁必须利用薄弱点对资产或机构造成损害。

4. 风险评估

ISO/IEC 27001：2013 中将风险评估定义为对信息和信息处理设施的威胁、影响和薄弱点以及三者发生的可能性的评估。风险是可能性和影响的函数，前者指给定的威胁源利用一个特定的潜在薄弱点的可能性，后者指不利事件对机构产生的影响。为了确定未来的不利事件发生的可能性，必须要对信息系统面临的威胁、可能的薄弱点以及信息系统中部署的安全控制一起进行分析。影响是指因为一个威胁攻击薄弱点而造成的危害程度。影响级别取决于对系统承载使命的潜在影响，并因此使受影响的信息资产和资源产生了相对应的价值（如 IT 系统组件和数据的关键性与敏感性）。

ISO/IEC 27002：2013 中指出风险评估也称为风险分析，作为风险管理的重要过程之一，风险评估是对各方面风险进行辨识和分析的过程，即确认安全风险及其大小的过程。

例如，给定场景：由于信息的加密强度不高，公司内部职员有很大可能利用这一点而窃取保密的客户信息，造成企业销售额的下降。这里的资产是客户信息，薄弱点是弱加密、控制效力低，威胁是公司的内部职员，影响是企业销售额的下降，可能性是很大。

5. 风险管理

风险管理是基于风险分析的安全管理方法。ISO/IEC 27001：2013 中将风险管理定义为以可接受的代价识别、控制、降低或消除可能影响信息系统的安全风险的过程，即一系列识别、控制、降低或消除安全风险的活动，通过制定信息安全方针，采取适当的控制目标与控制方式对风险进行控制，使风险被避免、转移或降至一个可被接受的水平。风险管理是一个过程，其首要目标是保护机构以及该机构完成其使命的能力。风险管理包括对风险的识别、评估、控制的持续循环过程，并且风险管理必须满足成本效益平衡的原则。ISO/IEC 13335、ISO/IEC 27001：2013 和 SSE-CMM（ISO/IEC 21827：2008）等标准中均把风险管理作为安全管理的一项主要内容来进行讨论。

风险评估是风险管理的基础，是进行风险控制的前提。风险管理采用风险评估技术来识别风险的大小。

5.2 风险评估四大要素及其关系分析

通常信息资产、威胁、薄弱点、控制措施被称为风险评估的四大要素，而且这些要素之间不是相互独立的，它们之间存在着复杂的相互关系。参考 ISO/IEC 13335 中的风险要素关系分析，归纳整理出风险要素之间的主要关系如图 5-1 所示，具体有以下几点。

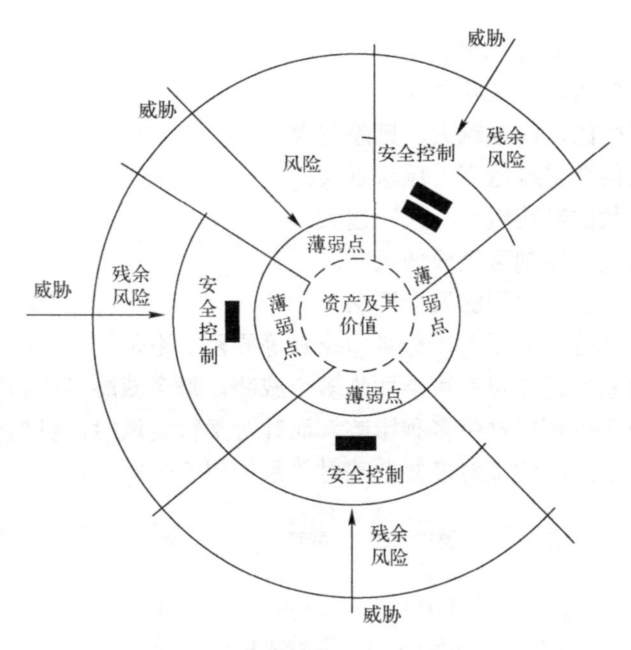

图 5-1　风险要素之间的主要关系

1）资产具有价值。

2）资产本身具有薄弱点。

3）威胁利用可被利用的薄弱点对资产造成影响。

4）安全控制可以降低威胁利用薄弱点产生的风险。

5）实施安全控制后仍然会有残余风险存在。

要识别风险就必须对风险的四大要素进行识别、评估，再对四大要素的值进行函数计算得到风险值。风险和四大要素之间的关系如图 5-2 所示。

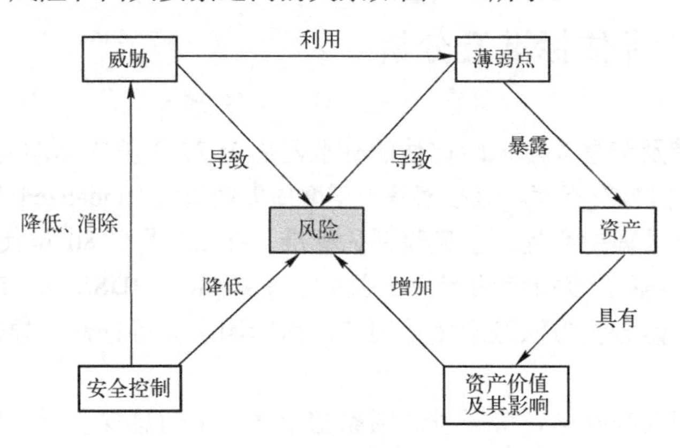

图 5-2　风险和四大要素之间的关系

图 5-2 显示了风险的四大要素和风险之间的关系。风险是信息资产、威胁、薄弱点、影响四个因素的单调递增函数，是已有控制措施的单调递减函数。即在其他变量

保持不变的前提下，有以下几点。

第一，资产价值越高，风险越大。

第二，威胁发生的可能性越大，风险越大。

第三，薄弱点的严重度越高，风险越大。

第四，安全事故的影响越大，风险越大。

第五，适当的安全控制可以降低风险。

第六，安全风险指出组织的安全要求。

另外，资产、威胁、薄弱点、影响和控制等要素，不是一对一的简单对应，而是多对多的复杂映射关系。每项资产可能面临多个威胁，每个威胁可能利用多个薄弱点，特定威胁利用特定薄弱点可能产生多种影响，而针对某特定风险，机构也可以选择不同的控制方式。风险要素之间的多对多复杂映射关系如图 5-3 所示。

资产	威胁	脆弱性	风险值	风险等级
资产A1	威胁T1	脆弱性V1	6	1
	威胁T1	脆弱性V2	8	2
	威胁T2	脆弱性V3	3	1
	威胁T2	脆弱性V4	9	2
	威胁T2	脆弱性V5	3	1
资产A2	威胁T3	脆弱性V6	11	2
	威胁T3	脆弱性V7	8	2
资产A3	威胁T4	脆弱性V8	20	4
	威胁T5	脆弱性V9	25	5

图 5-3　风险要素之间的多对多关系

5.3　现有风险评估标准及分析

最早发表的涉及信息安全风险评估的标准是由 1979 年美国标准局发布的 FIPS 65：自动的数据处理风险分析指南。该指南基于年度损失期望（Annualized Loss Expectancy，ALE）为大型数据处理中心提出了风险评估标准，在 20 世纪 80 年代末到 90 年代初，市场上开发了很多基于该指南的商业工具，如@RISK、BDSS 和 The Buddy System 等。由于 ALE 风险分析方法过于侧重细节，而影响了其可行性，导致该方面没有获得广泛应用。

经过多年的研究与探索，国外发达国家初步建立了信息安全评估认证体系，并陆续发布了关于信息安全风险评估的一系列相关的标准、指南和规范，如 ISO/IEC 13335-1、ISO/IEC 27001：2013、ISO/IEC 27002：2013、AS/NZS 4360、OCTAVE、GAO/AIMD-99-139、NIST SP 800-30、SSE-CMM 等，从标准、过程、方法与实践等方面都在一定程度上指导了各国的信息安全风险评估实践活动。我国在 2004 年开始相关标准的编制工作，陆续发布了《信息安全风险评估指南》和《信息安全风险管理指南》。

1．ISO/IEC 27002：2013 与 ISO/IEC 27001：2013

ISO/IEC 27002：2013 与 ISO/IEC 27001：2013 在第 3 章已经介绍过，是信息安全管理体系的实施指南和要求。在这两份标准中都提到了风险评估和管理，但没有直接给出可操作性的信息安全风险评估方案，只是在 ISO/IEC 27001：2013 将风险评估作为建立信息安全管理体系的关键步骤来对待。但是在英国标准协会（BSI）发布的相关系列操作性指南中，给出了可操作的风险评估方法。所以，一般也将其列为风险评估的相关标准。

ISO/IEC 27001：2013 对风险评估的阐述集中在建立信息安全管理体系所要求的风险评估步骤上。在风险评估之前，组织需要根据自身的业务特点、地理位置、资产和技术等方面的不同，确定适合自身的信息安全管理体系的范围和方针，具体步骤包括：定义风险评估的系统方法，识别风险，评估风险，识别并评价风险处理的方法，为风险的处理选择控制目标与控制方式。最后，根据以上五步形成风险评估报告。

2．ISO/IEC 13335

ISO/IEC 13335 系列标准在第 3 章中也做了介绍，作为安全管理的重要标准，其对风险管理有细致的描述，在分析了风险的理论模型的基础上，详细阐述了风险评估的方法、过程和相关的示例。这个标准不仅提出了四种基本的风险分析方法，并对详细风险分析方法的 7 个过程和定性的风险评估模型做了详细的说明，是最早给出相关标准和可操作性的指南。

ISO/IEC 13335 定义的详细风险评估的具体过程包括：建立评估边界、识别资产、资产价值以及资产间关系评估、威胁评估、薄弱点评估、识别已有或计划的控制、计算风险，并采用了预先价值矩阵、基于威胁的风险排列、基于频率和可能的影响计算风险、区分可接受和不可接受的风险等方法来进行风险的分析。

3．GAO/AIMD-99-139

GAO/AIMD-99-139 是 1999 年美国审计总署出版的《信息安全风险评估指南》，其结合四类案例对自动处理、网络互联的信息系统提供了一种行之有效的风险评估方法。该指南主要分为 3 部分：第一部分介绍了风险评估的背景、风险评估在风险管理中的地位、风险评估过程的基本要素以及信息安全风险评估过程中的基本要素和难点；第二部分给出了第三部分案例研究的概述，分析了风险评估过程中关键的成功因素、风险评估工具以及风险评估能为组织带来的益处；第三部分主要是四个案例分析（遍布 79 个国家的跨国石油公司，处理涉及大量资金的金融公司，关注客户信任度的政府机构，以及提供软硬件、咨询与支持服务的计算机软/硬件公司），对它们的风险评估过程进行了分析和阐述；附录给出了该风险评估指南的目标和方法论。

该指南也是对风险评估过程具有操作性的指导文件，其给出的风险评估方法是定性的。其四个案例的评估过程和方法具有代表性与指导意义，各案例中其风险评估过程、工具和方法都与各个组织的核心业务及目标息息相关。

4．AS/NZS 4360

澳大利亚和新西兰在 1999 年发布了《澳大利亚/新西兰风险管理标准》（AS/NZS 4360），其是为满足公众和私营机构的高层管理需要而产生的。此份指南共分六个部分：第一部分是范围、应用和定义；第二部分是风险管理要求；第三部分是风险管理概述；第四部分是风险管理过程；第五部分是文件；第六部分是附录。

该指南虽然没有给出风险评估的具体操作性的方法，但在第四部分风险管理过程中将风险管理分为建立环境、风险识别、风险分析、风险评估和风险处理这五个环节，成为事实上的过程标准。

5．NIST SP 800-30

美国国家标准与技术研究院（NIST）发布的 SP 800 系列报告中关于风险评估的文档很多，包括 SP 800-26《IT 系统安全自评估指南》、SP 800-30《IT 系统风险管理指南》、SP 800-53《联邦 IT 系统推荐的安全控制》。其中，SP 800-30 是关于风险评估过程的核心文件。

2004 年发布的 SP 800-30《IT 系统风险管理指南》描述了风险管理办法，并结合了系统生命周期的各个阶段，说明了风险管理过程与系统授权过程的紧密联系。该指南中详细介绍了风险评估与管理的过程，将风险管理定位为 3 个过程：风险评估、风险降低、再评价及评估。指南还详细描述了风险评估的 9 个基本过程，包括识别、评价风险和风险的影响以及风险处理方法的建议，并给出了定性的风险评估方法。

SP 800-30 为安全管理和评估过程进行了明确的定义过程，并为定性风险评估提供了分析模型和部分示例，但与 OCTAVE 不同，SP 800-30 不是完整的实施性手册。

6．OCTAVE

可操作的关键威胁、资产和薄弱点评估（OCTAVE）是由美国卡耐基·梅隆大学软件工程研究所下属的 CERT 协调中心开发的，用以定义一种系统的、组织范围内的评估信息安全风险的方法，其包括 OCTAVE 框架、OCTAVE 方法、OCTAVE 标准，这一系列文件不仅是信息安全风险评估的基本框架规范，定义了一系列原则、属性和输出，也说明了如何具体实施 OCTAVE 方法的样本、工作表和使用说明。这些样本、工作表和使用说明为实施风险评估提供了最具实践性的、可操作性的指导。

OCTAVE 方法提出的风险评估是以资产驱动，结合威胁和薄弱点进行的评估，包括三个阶段（建立基于资产的威胁配置文件、识别基础设施的薄弱点、制定安全策略和计划）和 8 个过程。OCTAVE 的核心是自主原则，即由组织内部的人员管理和指导该组织的信息安全风险评估。信息安全是组织内每个人的职责，而不只是信息部门的职责。OCTAVE 首先强调的是 O（可操作性），其次是 C（关键性）。OCTAVE 方法使用一种 3 阶段方法对管理问题和技术问题进行研究，从而使组织人员能够全面把握组织的信息安全需求。它由一系列循序渐进的讨论会组成，每个讨论会的参与者之间都会进行交流和沟通。

OCTAVE 的关键结果包括组织改进其安全状态的保护策略和减少组织的关键资产的风险的缓和计划。然而，评估结果仅为组织改进安全状态指明了方向，但不一定有重大改进。为了有效地管理信息安全风险，必须根据风险评估的结果来制订详细的行动计划，并对这些计划的实施进行管理。

此外，OCTAVE 方法针对大型组织而设计，但它是基于风险的方法，可以以此为基线或起点，对该方法进行开发剪裁，使它适合于不同规模的组织、业务环境或工业部门。

7. SSE-CMM（ISO/IEC 21827：2008）

SSE-CMM 是系统安全工程能力成熟模型（Systems Security Engineering Capability Maturity Model）的缩写，它描写了一个组织的安全工程必须包含的本质特征，这些特征是完善的安全工程的保证。

SSE-CMM 将安全工程划分为三个基本的过程区域：风险、工程和保证。其中风险过程是识别出所开发的产品或系统的风险，并对这些风险进行优先级排序。SSE-CMM 为风险过程定义了四个过程区（Process Area，PA）和相应的基本实践（Basic Practice，BP），详细定义了风险评估的过程、工作产品示例。SSE-CMM 定义的风险评估也是基于对威胁、薄弱点、影响的综合分析，定义的风险管理是调查和量化风险的过程，并建立了机构对风险的承受级别。SSE-CMM 也是风险评估与管理的过程、方法的指导性标准，但它并没有提供具体的可操作的示例。

从以上涉及风险评估的标准的内容可以看出，针对风险评估的基本过程和步骤都基本相同，只有在 OCTAVE 和 ISO/IEC 13335 中具体提到风险评估的具体操作性指导和方法。

5.4 风险评估方法和技术

信息安全风险评估经历了很长的一段发展时期。最初的风险评估主要集中在操作系统和网络环境，也可以称其为信息基础设施的风险评估阶段，包括薄弱点评估和渗透性测试。薄弱点评估主要是利用一些工具进行安全扫描和漏洞扫描，评估网络或主机系统的安全性，并且报告系统薄弱点。这些工具能够扫描网络、服务器、防火墙、路由器和应用程序，发现其中的漏洞，以决定系统是否易受已知攻击的影响，并且寻找系统薄弱点。渗透性测试工具则是根据漏洞扫描工具提供的漏洞，进行模拟黑客测试，判断这些漏洞能否被他人利用。这种工具通常包括一些黑客工具，也可以是一些脚本文件。

随着人们对信息资产的深入理解，发现信息资产不只包括存在于计算机环境中的数据、文档，还包括在机构中的各种载体中传播的信息，即在纸质载体、人员等载体中传播的信息，因此信息安全具有更广泛的范围。风险评估的重点也从操作系统、网络环境发展到整个管理体系，并需要从整个机构或业务的层面进行综合分析。风险评估模型也从借鉴其他领域的模型，发展到开发出适用于信息安全风险评估的模型。风险评估定性分析和定量分析方法不断地被完善和扩充，最重要的是风险评估的过程和基本任务逐渐转向标准化。

下面介绍风险评估的基本思路、风险评估类型、风险评估的常用操作方法和风险评估手段。

5.4.1 基本思路

从风险的定义、要素分析以及标准分析可以看出，风险评估是对信息资产面临的威胁、存在的弱点、造成的影响，以及三者综合作用而带来风险的可能性的评估。风险评估离不开以资产为核心的四大要素的分析与评估，这也是风险评估所遵循的基本思路。

在风险评估过程中，有以下 5 个关键的问题需要考虑。

1）要确定保护的对象（或者资产）是什么？它的直接和间接价值怎么样？

2）资产面临哪些潜在威胁？导致威胁的问题是什么？威胁发生的可能性有多大？

3）资产中存在哪些弱点可能会被威胁所利用？利用的容易程度又如何？

4）一旦威胁事件发生，组织会遭受怎样的损失或者面临怎样的负面影响？

5）组织应该采取怎样的安全措施才能将风险带来的损失降低到最低程度？

为解决上述问题，风险评估所包括的主要任务如下。

第一，识别机构或业务的信息资产，以及对其价值的评价。

第二，识别资产面临的威胁，以及其发生的可能性评估。

第三，识别资产所具有的薄弱点，以及其被利用的可能性评估。

第四，识别已有的控制措施，以及其保护强度评估。

第五，综合分析风险以及机构或业务承受风险的能力。

在实际的风险评估中，考虑到成本有效原则和目前实际可操作的程度，会存在不同的风险评估类型、方法和工具，它们都符合基于四大要素的风险评估基本思路，只是做了不同的前提假设，或是基于不同的安全管理需要。

5.4.2 风险评估类型

ISO/IEC 13335 中提出了多种风险评估类型，在实际工作中也经常使用，常用的风险评估类型包括基线评估、详细评估和组合评估三种。

1．基线评估

基线评估方法是与确定的基线控制进行比较、寻找差距的评估过程。采用基线评估方法，机构需要确定合适的保护基线，即针对信息系统的常见威胁开发的控制目录，保护基线的等级可以根据机构的要求进行适当调整，而不必依赖于详细的针对性的评估。确定了保护基线之后，机构仅需要从控制目录中为信息系统选择合适的控制。如果已经采取了控制，应该将已采取的控制与控制目录中的控制进行比较；如果没有采取必要的控制，就应该选择控制并加以实施。

如果机构的业务不是很复杂，并且机构对信息处理和网络的依赖程度不是很高，或者机构信息系统多采用普遍且标准化的模式，或者机构的信息系统全部仅有较低的安全需求，则基线风险评估（Baseline Risk Assessment）是最经济有效的战略，可以直接而简单地实现基本的安全水平，并且满足机构及其业务的基本要求。

基线评估的关键在于确定合适的安全基线，所谓安全基线是在诸多标准规范中规定的一组安全控制措施或者惯例，这些措施和惯例适用于特定环境下的所有系统，可以满足基本的安全需求，能使系统达到一定的安全防护水平。机构可以根据以下资源来选择安全基线。

1）国际标准和国家标准，例如，ISO/IEC 27002：2013、ISO/IEC 13335、国内的GB/T 22239—2019《网络安全等级保护基本要求》。

2）行业标准或推荐，例如，德国联邦安全局的《IT 基线保护手册》、我国的《期货公司信息技术管理指引》。

3）来自其他有类似商务目标和规模的组织的惯例。

当然，如果环境和商务目标较为典型，机构也可以自行建立安全基线。

基线评估的优点是需要的资源少、周期短、操作简单，因此，对于环境相似且安全需求相当的诸多组织，基线评估显然是最经济有效的风险评估途径。当然，基线评估也有其难以避免的缺点，比如基线水平的高低难以设定，如果过高，可能导致资源浪费和限制过度；如果过低，可能难以达到充分的安全，而形成较高的风险；此外，在面对安全相关的变化时，基线评估难以适应。

基线评估的目标是建立一套满足信息安全基本目标的最小的对策集合，机构在实际应用中可以选择标准控制作为对全部信息系统的基本安全控制，对于高风险系统或者关键业务系统进行额外的详细评估。

2．详细评估

详细评估要求对资产进行详细识别和评价，对可能引起风险的威胁和薄弱点进行详细的评估分析，并根据风险评估的结果来识别、选择安全措施。这种评估途径集中体现了风险管理的思想，即识别资产的风险并将风险降低到可接受的水平，以此证明管理者所采用的安全控制措施是恰当的。

（1）详细评估的优点

1）组织可以通过详细的风险评估对信息安全风险有一个精确的认识，并且准确定义出组织目前的安全水平和安全需求。

2）可以为所有的系统选择合适的控制。

3）详细评估的结果可适用于安全更改的管理。

（2）详细评估的缺点

1）详细评估可能是非常耗费资源的过程，包括时间、精力和技术。

2）因为需要对所有的信息系统进行相同层次的分析，需要花费很长的时间，可能导致关键系统的风险安全需求不能够得到尽早的关注。

因此，机构应该仔细设定待评估的信息系统范围，明确商务环境、操作和信息资产的边界，在成本有效原则的指导下，针对高风险系统或者关键业务系统进行详细的风险评估。

3．组合评估

基线评估耗费资源少、周期短、操作简单，但不够准确，适合一般环境的评估；详细评估准确而细致，但耗费资源较多，适合严格限定边界的较小范围内的评估。基于此，实践中组织多是采用二者结合的组合评估方式。

为了决定选择哪种风险评估类型，机构应首先对所有的系统进行一次初步的高级风险分析，集中找出业务价值高和存在可能风险比较大的信息系统，然后对这些资产按照其业务价值或存在风险的高低次序进行详细的风险评估，而其他信息系统则可以通过基线评估直接选择安全措施。

这种评估途径将基线和详细评估的优势结合起来，既节省了评估所耗费的资源，又能确保获得一个全面系统的评估结果；也可以快速地规划机构的安全方案；机构的资源和资金能够应用到最能发挥作用的地方，具有高风险的信息系统能够被预先关注，提高评估的效率和效果。

当然，组合评估也有缺点：如果初步的高级风险评估不够准确，某些本来需要详细评估的系统也许会被忽略，最终可能导致结果失准，这就需要在平时的审计检查中判断是否需要进行更新。

5.4.3 常用操作方法

在风险评估过程中，可以采用多种操作方法，包括基于知识（Knowledge-based）的分析方法、基于模型（Model-based）的分析方法、定性（Qualitative）分析和定量（Quantitative）分析，无论是何种方法，它们的共同目标都是找出组织信息资产面临的风险及其影响，以及目前安全水平与机构安全需求之间的差距。

1．定性分析方法

定性分析方法是目前采用最为广泛的一种方法，需要凭借分析者的经验和直觉，或者业界的标准和惯例，为风险管理诸要素（资产价值、威胁的可能性、薄弱点被利用的容易度、现有控制措施的效力等）的大小或高低程度定性分级，例如“高”“中”“低”三级。

定性分析的操作方法可以多种多样，包括小组讨论（如 Delphi 方法）、检查列表（Checklist）、问卷（Questionnaire）、人员访谈（Interview）、调查（Survey）等。定性分析操作起来相对容易，但也可能因为操作者经验和直觉的偏差而使分析结果失准。

在明确提出风险评估方法的 ISO/IEC 13335、OCTAVE、GAO/AIMD-99-139、NIST SP 800-30 这几个标准或指南中，都给出了相应的定性分析的分级方法，并最终通过不同的风险计算矩阵进行风险评估。

2．定量分析方法

定量分析就是试图从数字上对安全风险进行分析评估的一种方法，其思想是对构成风险的各个要素和潜在损失的水平赋予数值或货币金额，当度量风险的所有要素都被赋值，风险评估的整个过程和结果就都可以被量化了。定量风险分析中有以下几个重要的概念。

1）暴露因子（Exposure Factor，EF）：特定威胁对特定资产造成损失的百分比，或者说损失的程度。

2）单一损失期望（Single Loss Expectancy，SLE）：特定威胁可能造成的潜在损失总量。

3）年度发生率（Annualized Rate of Occurrence，ARO）：威胁在一年内会发生的频率。

4）年度损失期望（Annualized Loss Expectancy，ALE）：表示特定资产在一年内遭受损失的预期值，也称作 EAC（Estimated Annual Cost）。

考察定量分析的过程，从中就能看到这几个概念之间的关系。

首先，识别资产并为资产赋值；通过威胁和薄弱点评估，评价特定威胁作用于特定资产所造成的影响，即 EF（取值在 0%～100%之间）；计算特定威胁发生的频率，即ARO；计算资产的 SLE：SLE = 资产价值 × EF；计算资产的 ALE：ALE = SLE × ARO。

这里举个例子：假定某公司投资 500,000 美元建了一个网络运营中心，其最大的威胁是火灾，一旦火灾发生，网络运营中心的估计损失程度是 45%。根据消防部门推断，该网络运营中心所在的地区每 5 年会发生一次火灾，于是得出了 ARO 为 0.20 的结果。基于以上数据，该公司网络运营中心的 ALE 将是 45,000 美元。

可以看到，对定量分析来说，有两个指标是最为关键的，一个是事件发生的可能性（ARO），另一个就是威胁事件可能引起的损失（EF）。从理论上讲，通过定量分析可以对安全风险进行准确的分级，但前提是可供参考的数据指标要准确，可事实上，在信息系统日益复杂多变的今天，定量分析所依据的数据的可靠性是很难保证的，再加上数据统计缺乏长期性，计算过程又极易出错，这就给分析细化带来了很大的困难。

定性和定量分析方法是传统的风险评估方法，机构可以根据具体的情况来选择。定性分析的准确性稍好但精确性不够，定量分析则相反；定性分析没有定量分析那样繁多的计算负担，但却要求分析者具备一定的经验和能力；定性分析较为主观，定量分析较为客观；定量分析依赖于大量的统计数据，结果很直观，容易理解，而定性分析没有这方面的要求。

3．基于知识的分析方法

基于知识的分析方法又称作经验方法，它牵涉到对来自类似机构（包括规模、商务目标和市场等）的“最佳惯例”的重用，适合一般性的信息安全社团。

在基线评估时，机构可以采用基于知识的分析方法来找出目前的安全状况和基线安全标准之间的差距。采用基于知识的分析方法，机构不需要付出很多精力、时间和资源，只需通过多种途径采集相关信息，识别机构的风险所在和当前的安全措施，与特定的标准或最佳惯例进行比较，从中找出不符合的地方，并按照标准或最佳惯例的推荐选择安全措施，最终达到消减和控制风险的目的。

基于知识的分析方法，最重要的还在于评估信息的采集，信息源如下。

1）会议讨论。

2）对当前的信息安全策略和相关文档进行复查。

3）制作问卷，进行调查。

4）对相关人员进行访谈。

5）进行实地考察。

为了简化评估工作，机构可以采用一些辅助性的自动化工具，以帮助组织拟订符合特定标准要求的问卷，然后对解答结果进行综合分析，在与特定标准比较之后给出最终的推荐报告。市场上可选的此类工具有多种，COBRA 就是典型的一种。

进行详细风险分析时，除了采用传统的定量和定性分析方法，还可以使用基于知识的评估方法。

4．基于模型的分析方法

基于模型的分析方法是根据不同的模型，分析和识别系统内部存在的漏洞等危险性因素，并发现系统与外界环境交互中的非正常的或有害的行为，从而实现对系统脆弱点、安全威胁和风险的定性或定量的分析评估。

2001 年 1 月，由希腊、德国、英国、挪威等国的多家商业公司和研究机构共同组织开发了一个名为 CORAS 的项目，即安全关键系统的风险分析平台（Platform for Risk Analysis of Security Critical Systems）。该项目的目标是开发一个基于面向对象建模，特别是统一建模语言（Unified Modeling Language，UML）技术的风险评估框架，它使用的信息安全及风险术语参照了《信息技术安全管理指南》（ISO/IEC 13335），风险评估过程符合《澳大利亚/新西兰风险管理标准》（AS/NZS 4360）要求。利用 CORAS 进行风险评估，其最突出的特点是利用当今流行的建模语言 UML，半形式化描述信息系统的安全行为和不安全行为。

CORAS 风险评估沿用了识别风险、分析风险、评价并处理风险这样的过程，但其度量风险的方法则完全不同，所有的分析过程都基于面向对象的模型进行，而且整合了部分传统风险评估方法（HAZOP、FTA、FMECA）的优点，运用于各个阶段的信息安全风险评估之中。

CORAS 的优点在于：提高了对安全相关特性描述的精确性，改善了分析结果的质量；图形化的建模机制便于沟通，减少了理解上的偏差；加强了不同评估方法互操作的效率等。其缺陷在于：CORAS 风险评估方法目前仅在远程电信和医疗两个领域进行了试用，结果表明这种评估在分布式系统中动态标识、评估信息安全风险方面尚存在不足。

5.4.4 风险评估手段

在风险评估过程中需要利用一些辅助性的工具和方法来采集数据，包括调查问卷、检查列表、人员访谈、漏洞扫描器和渗透测试，具体描述如下。

1）调查问卷：风险评估者通过问卷形式对机构信息安全的各个方面进行调查，进行问卷解答可以采取手工分析的方法，也可以将其输入自动化评估工具后进行分析。从问卷调查中，评估者能够了解到组织的关键业务、关键资产、主要威胁、管理上的缺陷、采用的控制措施和安全策略的执行情况。

2）检查列表：通常基于特定标准或基线建立，对特定系统进行审查的项目条款，通过检查列表，操作者可以快速地定位系统目前的安全状况与基线要求之间的差距。

3）人员访谈：风险评估者通过与组织内关键人员的访谈，可以了解到机构的安全意识、业务操作、管理程序等重要信息。

4）漏洞扫描器：包括基于网络探测和基于主机审计，可以对信息系统中存在的技术性漏洞（弱点）进行评估。许多扫描器都会列出已发现漏洞的严重性和被利用的难易程度。典型工具有 Nessus、Internet Scanner、CyberCop Scanner 等。

5）渗透测试：这是一种模拟黑客行为的漏洞探测活动，它不但要扫描目标系统的漏洞，还会通过漏洞利用来验证此种威胁场景。

除了这些方法和工具外，风险评估过程最常用的还有一些专用的自动化的风险评估工具，无论是商用的还是免费的，此类工具都可以有效地通过输入数据来分析风险，最终给出对风险的评价，并推荐相应的安全措施。目前常见的自动化风险评估工具如下。

① COBRA（Consultative, Objective and Bi-functional Risk Analysis）：英国的 C&A 系统安全公司推出的一套风险分析工具软件，它通过问卷的方式来采集和分析数据，并对组织的风险进行定性分析，最终的评估报告中包含已识别风险的水平和推荐的措施。此外，COBRA 还支持基于知识的评估方法，可以将组织的安全现状与 ISO/IEC 17799 标准相比较，从中找出差距，并提出弥补措施。

② CRAMM（CCTA Risk Analysis and Management Method）：英国中央计算机与电信局（Central Computer and Telecommunications Agency，CCTA）于 1985 年开发的一种定量风险分析工具，同时支持定性分析。CRAMM 是一种可以评估信息系统风险并确定恰当对策的结构化方法，适用于各种类型的信息系统和网络，也可以在信息系统生命周期的各个阶段使用。CRAMM 的安全模型数据库基于著名的“信息安全风险评估”模型，评估过程经过资产识别与评价、威胁和弱点评估、选择合适的推荐对策这三个阶段。CRAMM 与 BS 7799 标准保持一致，它提供的可供选择的安全控制多达 3000 个。除了风险评估，CRAMM 还可以对符合 IT 基础架构库（Information Technology Infrastructure Library，ITIL）指南的业务连续性管理提供支持。

③ ASSET（Automated Security Self-Evaluation Tool）：美国国家标准技术协会 NIST 发布的一个可用来进行安全风险自评估的自动化工具，它采用典型的基于知识的分析方法，利用问卷方式来评估系统安全现状与 NIST SP 800-26 指南之间的差距。NIST SP 800-26，即《IT 系统安全自评估指南》（Security Self-Assessment Guide for Information Technology Systems），为组织进行 IT 系统风险评估提供了众多控制目标和建议技术。

④ CORA（Cost-of-Risk Analysis）：国际安全技术公司（International Security Technology Inc）开发的一种风险管理决策支持系统，它采用典型的定量分析方法，可以方便地采集、组织、分析并存储风险数据，为组织的风险管理决策支持提供准确的依据。

⑤ MSAT（Microsoft Security Assessment Tool）：微软公司开发的安全风险评估工具，可免费下载。本工具采用整体分析法来检测安全状态，检测范围包括人员、程序及技术，在提供检测结果的同时，还提供规范性指导和缓解措施的建议，并链接至更多信息以获取更多的行业指导，即帮助改变 IT 环境的安全状态的特定的工具和方法。评估由 200 多个问题构成，涵盖的方面包括基础设施、应用软件、运作和人员，工具调查部分的问题及相关答案均来自公认的最佳实践，这些最佳实践包括通用实践和特殊实践，且均与安全有关。这些问题、相关答案以及建议，均以 ISO/IEC 17799 及 NIST-800.x 一类的标准，以及来自微软可靠计算小组和其他外部安全渠道的建议和规范性指导为基础。该评估由问题、措施及建议组成，适用于拥有 50 至 1500 台台式计算机的中型机构，广泛覆盖环境中所有的潜在风险区域。

5.5 风险评估与管理过程

参考美国《IT 系统风险管理指南》（NIST SP 800-30）和业内实践指南信息安全风险管理概要，将风险评估与管理的基本过程（基于详细风险评估类型）总结如图 5-4 所示。

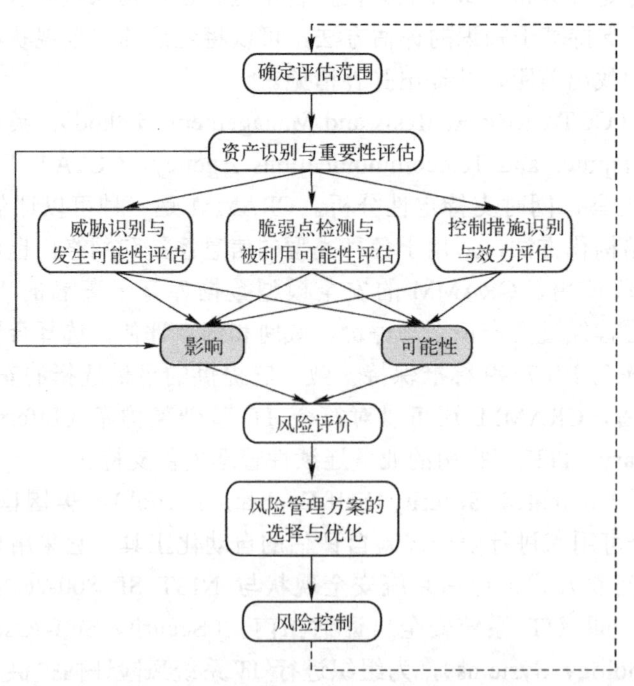

图 5-4 风险评估与管理的基本过程（基于详细风险评估类型）

基于详细风险评估类型的风险评估与管理的基本过程包括确定评估范围、风险核心要素（资产、威胁、脆弱性和现有控制措施）的识别与评估、风险影响与发生可能性的确定、风险评价、风险管理方案的选择与优化和风险控制，而且此过程不是一次性的，往往是持续不断、循环递进的一个过程。风险评估与管理的基本过程可以周期性地执行，也会在发生安全事件或公布严重漏洞时启动。下面介绍详细风险评估与管理的基本过程的重要环节。

5.5.1 确定评估范围

确定评估范围是信息系统的安全风险评估与管理的第一步，这也是为下一步识别资产确定范围。准确地定义评估范围可以减少很多不必要的工作，提高风险分析的效率。

既定的风险评估可能只针对机构全部资产（包括其弱点、威胁事件和威胁源等）的一个子集，评估范围必须首先明确。例如，评估范围也许只是确定某项特定资产的风险，或者与一种新型攻击或威胁源相关的风险。此外，必须定义风险评估的物理系统边界和逻辑分析边界。逻辑分析边界定义了分析所需的广度和深度，而物理系统边界则定义了一个系统起于哪里、止于何处，比如一个与外部系统相连的系统，必须对其所有的接口特性进行描述。确定评估范围应包括如下信息。

1）信息资产（如硬件、软件、信息）。

2）人员（如职员、其他外部人员）。

3）环境（如建筑物、基础设施）。

4）活动（如操作、业务）。

5.5.2 资产识别与重要性评估

划入风险评估范围和边界内的每一项资产都应该被确认和评估。机构既要保证所确定的边界包括全部需要保护的信息资产，又要确保边界内的全部信息资产都得到识别。

实际操作时，机构可以根据业务流程来识别信息资产，例如，如果安全目标是保护一项订单处理业务的安全性，列入风险分析资产清单中的就应该包括所有与订单处理流程相关的系统、网络、组件和人员等。

信息资产的存在形式有多种，可以是物理的（如机房建筑和设施、计算机设备等），可以是逻辑的（如存储和传输中的数据、应用程序、系统服务等），也可以是无形的（如组织的公众形象和信誉等）。参考 ISO/IEC 27000 系列标准，进行信息资产识别时，应该考虑到以下几个方面。

1）数据与文档：数据库和数据文件、系统文件、用户手册、培训资料、运作和支持程序、应急计划等。

2）书面文件：合同、策略方针、企业文件、保存重要商业结果的文件。

3）软件资产：应用软件、系统软件、开发工具和公用程序等。

4）实物资产：计算机和通信设备，磁介质（如磁带和磁盘），其他的技术型设备（如电源和空调），家具，场所。

5）人员：承担特定职能责任的人员。

6）服务：计算和通信服务，其他技术型服务（如供热、照明、动力等）。

7）组织形象与声誉：这是一种无形资产。

需要注意的是，列入评估清单的信息资产，一定是在评估范围内且与业务过程相关的资产，否则，一方面，清单过于庞大会不便于分析；另一方面，分析结果也会失去准确性和本应有的意义。

得到完整的信息资产清单之后，机构应该对每项（类）资产进行赋值。资产的价值体现了其对于机构或业务的重要性及敏感度，可以通过由于资产受损而引发的潜在的业务影响或后果来分析。这也体现了风险的识别和评估以机构的业务需求为基础。

按照定量分析的思想，应该确定资产的货币价值，但这个价值并不只是简单的账面价格，而是相对价值。在定义相对价值时，需要考虑以下几点。

① 信息资产因为受损而对业务造成的直接损失。

② 信息资产恢复到正常状态所付出的代价，包括检测、控制、修复时的人力和物力。

③ 信息资产受损对其他部门的业务造成的影响。

④ 组织在公众形象和名誉上的损失。

⑤ 因为商务受损导致竞争优势降级而引发的间接损失。

⑥ 其他损失，例如保险费用的增加。

可以看出，要对以上因素都以货币价值来度量，很显然是非常困难的，也很不现实。因此，目前资产评价更常见的是采用定性的方法。

正因为资产的价值和其机构或业务紧密关联，为了保证资产评价的一致性和准确性，对已识别的资产进行赋值的信息应该由资产的所有者、使用者提供，而且资产估价的尺度和准则主要依赖于机构的安全需求、规模以及其他特殊因素。另外，在资产的赋值过程中，同一项资产可能被赋予多个价值，再根据安全需求进行综合。

各机构应该建立一个资产评估标准，也就是根据资产的重要性（影响或后果）来建立一个等级划分的尺度。参考范红等编著的《信息安全风险评估方法与应用》，表 5-1 列举了一种资产分级模式。

表 5-1　资产分级模式

等级	名称	描　述
1	可忽略	最小程度的经济损失，并不影响整个程序或运营结果（例如，只限于极少数的产品、服务或成员），对机构和人员不构成负面影响
2	较小	少量经济损失，对整个程序或运营结果有较小的影响（例如，实际上只限于少数产品、服务或成员），批评只影响到经理或客户，对职员或整个士气只有最低程度的影响
3	中等	中等程度的经济损失，实际上影响到了整个程序或业务输出（许多产品和服务都受到影响），有部分外部批评被导向主管人员和董事会成员，明显影响了职员，士气有变
4	较大	高度经济损失，产品和服务大幅缩减，外部批评非常严厉，影响到了所有职员，士气和工作绩效受到影响，承受的压力明显增大
5	灾难性	组织停顿，决策层免职，造成的影响不可挽回，对职员造成了严重影响

在确定资产重要性时，要同时考虑资产在保密性、完整性和可用性这三个方面受损可能引发的后果。此外，对于数据与文档类的信息资产，机构的信息分类模式（在信息

安全策略中应该有所表述，例如，“公开”“机密”“秘密”和“绝密”）可在资产评价时参考采用。

5.5.3 威胁识别与发生可能性评估

识别并评价资产之后，机构应该识别每项（类）资产可能面临的威胁。识别威胁时，应该根据资产目前所处的环境条件和以前的记录情况来判断。需要注意的是，一项资产可能面临多个威胁，而一个威胁也可能对不同的资产造成影响。

识别威胁的关键在于确认引发威胁的人或事物，即所谓的威胁源或威胁代理。威胁源可能是蓄意，也可能是偶然的因素，通常包括人员、系统、环境和自然等类型。

1）人员威胁：包括故意破坏（如网络攻击、恶意代码传播、邮件炸弹、非授权访问等）和无意失误（如误操作、维护错误）。

2）系统威胁：系统、网络或服务的故障（如软件故障、硬件故障、介质老化等）。

3）环境威胁：电源故障、污染、液体泄漏、火灾等。

4）自然威胁：洪水、地震、台风、滑坡、雷电等。

识别资产面临的威胁后，还应该评估威胁发生的可能性。机构应该根据经验或者相关的统计数据来判断各类威胁发生的频率或概率。而攻击的动机和资源使得人员成为潜在的特别危险的威胁源之一，就这个威胁本身来说，评估威胁可能性时有两个关键因素需要考虑，一个是威胁源的动机（利益驱使、报复心理、玩笑等），另一个是威胁源的能力（包括其技能、环境、机会等），这两个因素决定了不带外部条件时威胁发生的可能性（这里没有考虑弱点被利用的容易程度和现有控制的效力等外部条件），是威胁发生的内因。

通常来讲，威胁源的能力和动机都可以用“高”“中”“低”这三级来衡量。

5.5.4 脆弱性检测与被利用可能性评估

仅有威胁还构不成风险，威胁只有利用了特定的弱点才可能对资产造成影响，所以，组织应该针对每一项需要保护的信息资产，找到它们可被威胁利用的弱点。弱点或脆弱性是指系统安全流程、设计、实现或内部控制中的缺陷或薄弱环节，它们可能被利用（偶然触发或故意攻击），从而导致安全破坏或对系统安全策略的违犯。

常见的弱点如下。

1）技术性弱点：系统、程序、设备中存在的漏洞或缺陷，比如结构设计问题和编程漏洞。

2）操作性弱点：软件和系统在配置、操作、使用中的缺陷，包括人员日常工作中的不良习惯，审计或备份的缺乏。

3）管理性弱点：策略、程序、规章制度、人员意识、组织结构等方面的不足。

识别弱点的途径有很多，包括各种审计报告、事件报告、安全复查报告、系统测试及评估报告等，还可以利用专业机构发布的列表信息。当然，许多技术性和操作性弱点，可以借助自动化的漏洞扫描工具和渗透测试等方法来识别与评估。

评估弱点时需要考虑两个因素，一个是弱点的严重程度，另一个是弱点的暴露程度，即被利用的容易程度。当然，这两个因素也可以用“高”“中”“低”三个等级来衡量。

需要注意的是，弱点是威胁发生的直接条件，如果资产没有弱点或者弱点很轻微，威胁源就很难利用其损害资产，哪怕它的能力特别高、动机特别强烈。

5.5.5 控制措施的识别与效力评估

在影响威胁事件发生的外部条件中，除了资产的弱点外，另一个就是机构现有的安全措施。识别已有的（或已计划的）安全控制措施，分析安全措施的效力，确定威胁利用弱点的实际可能性，一方面可以指出当前安全措施的不足，另一方面也可以避免重复投资。安全措施（即控制）的分类方式有多种具体如下。

（1）从目标和针对性来看

1）管理性（Administrative）：对系统的开发、维护和使用实施管理的措施，包括安全策略、程序管理、风险管理、安全保障、系统生命周期管理等。

2）操作性（Operational）：用来保护系统和应用操作的流程与机制，包括人员职责、应急响应、事件处理、意识培训、系统支持和操作、物理和环境安全等。

3）技术性（Technical）：身份识别与认证、逻辑访问控制、日志审计、加密等。

（2）从控制的功能来看

1）威慑性（Deterrent）：此类控制可以降低蓄意攻击的可能性，实际上针对的是威胁源的动机。

2）预防性（Preventive）：此类控制可以保护弱点，使攻击难以成功，或者降低攻击造成的影响。

3）检测性（Detective）：此类控制可以检测并及时发现攻击活动，还可以激活纠正性或预防性控制。

4）纠正性（Corrective）：此类控制可以使攻击造成的影响减到最小。

按功能来分类的安全措施（控制）应对风险各要素的情况如图 5-5 所示。

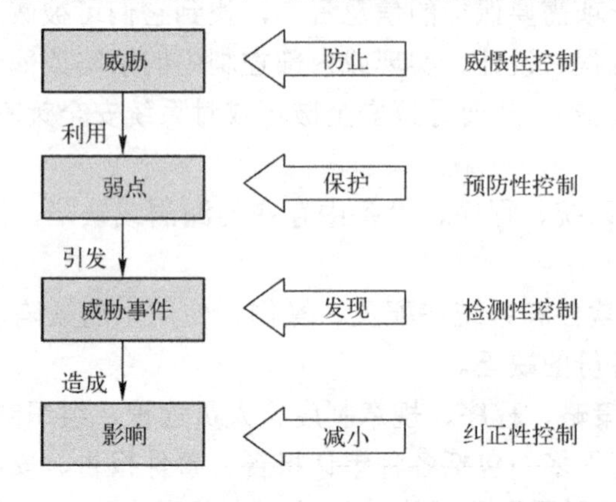

图 5-5 安全措施（控制）应对风险各要素的情况

通过相关文档的复查、人员面谈、现场勘查、清单检查等途径就可以识别出现有的安全措施。对已识别的安全控制措施，应该评估其效力，这可以通过复查控制的日志记录、结果报告，以及技术性测试等途径来进行。控制的效力也可以通过“高”“中”“低”三级来表述。

5.5.6 风险评价

风险的构成要素有四个：资产、威胁、弱点和安全措施，在识别了这四个要素之后，即可识别存在的风险。

描述风险可以借助场景叙述的方式来进行，所谓场景是威胁事件可能发生的情况，比如由于信息的加密强度不高，公司内部职员有可能利用这一点来窃取保密的客户信息。在对威胁场景进行描述的同时，可以评估风险、确定风险的等级，也就是度量并评价组织信息安全管理范围内每一项信息资产遭受泄露、修改、破坏所造成影响的风险水平，有了这样的认识，机构就可以有重点、有先后地选择应对措施，并最终消减风险。

评价风险有两个关键因素，一个是威胁发生对信息资产造成的影响，另一个是威胁发生的可能性，前者通过资产识别与评价来评估对应的威胁和弱点对资产的影响程度，而后者还需要根据威胁评估、弱点评估、现有控制的评估来进行认定。威胁发生的可能性需要结合威胁源的内因（动机和能力），以及弱点和控制这两个外因来综合评价。评估者可以通过经验分析或者定性分析的方法来确定每种威胁事件发生的可能性，比如以“动机－能力”矩阵评估威胁等级（内因发生的可能性），以“严重程度－暴露程度”矩阵来评估弱点等级（被利用的容易性），最终对威胁等级、弱点等级、控制等级（有效性）进行三元分析，得到威胁事件真实发生的可能性。参照美国《IT 系统风险管理指南》(NIST SP 800-30)，表 5-2 列举了一种为威胁事件发生的可能性定级的模式。表 5-3 列举了一种为影响定级的模式。

表 5-2 一种为威胁事件发生的可能性定级的模式

可能性级别	可能性描述
高	威胁源具有强烈的动机和足够的能力，防止脆弱性被利用的控制是无效的
中	威胁源具有一定的动机和能力，但是已经部署的安全控制可以阻止对脆弱性的成功利用
低	威胁源缺少动机和能力，或者已经部署的安全控制能够防止——至少能极大地阻止对脆弱性的利用

表 5-3 一种为影响定级的模式

影响级别	影响定义
高	对脆弱性的利用，①可能导致有形资产或资源的高成本损失；②可能严重危害机构的声誉或利益；③可能导致人员死亡或严重伤害
中	对脆弱性的利用，①可能导致有形资产或资源的损失；②可能危害机构的声誉或利益；③可能导致人员伤害
低	对脆弱性的利用，①可能导致某些有形资产或资源的损失；②可能对机构的使命、声誉或利益造成值得注意的影响

明确了风险影响和威胁发生的可能性之后，可以通过风险分析矩阵来对风险定级。表 5-4 是一种“可能性－后果”矩阵的模式示例。

表 5-4 “可能性－后果”矩阵模式示例

威胁可能性	影响		
	低（10）	中（50）	高（100）
高（1.0）	低 10×1.0 = 10	中 50×1.0 = 50	高 100×1.0 = 100
中（0.5）	低 10×0.5 = 5	中 50×0.5 = 25	中 100×0.5 = 50
低（0.1）	低 10×0.1 = 1	低 50×0.1 = 5	低 100×0.1 = 10

风险尺度包括三个级别，分别是：高（50～100）；中（10～50）；低（1～10）。

表 5-5 描述了上述矩阵中的风险级别，这种表示为高、中、低的风险尺度代表了如果给定的脆弱性被利用来攻击时，信息系统、设施或流程可能暴露出的风险程度或级别。表 5-5 也描述了高级管理人员和系统所有者对每种风险级别必须采取的行动。

表 5-5 风险级别描述

风险级别	风险描述和必要行动
高	如果一个观察报告或结论被评估为高风险，那么对纠正措施便有强烈的要求。一个现有系统可能要继续运行，但是必须尽快部署纠正行动计划
中	如果一个观察报告被评估为中风险，那么便要求有纠正行动，必须在一个合理的时间段内制订一个计划来实施这些行动
低	如果一个观察报告被评估为低风险，那么系统的授权官员就必须确定是否还需要采取纠正行动或者是否接受风险

通常来说，机构对于高风险和严重风险是不可接受的，必然要选择并实施相应的对策来消减这种风险。对于中等风险和低风险，机构可以选择是否接受。

评估者应该对每一个威胁场景进行分析和评价，当然，罗列威胁场景应该考虑到评估范围和实际意义等因素，避免描述的场景太多而难以控制。一般来讲，有限范围内的风险评估对威胁场景的列举以 10～20 个为准。

事实上，在评估资产、威胁、弱点、控制以及风险的过程中所用到的各种表格、模板、等级标准，都应该在风险评估计划中有所表述，在真正进行评估时，只需通过人工或者自动化工具，将采集到的数据套入模板即可。

5.5.7 风险管理方案的选择与优化

风险评估结束之后，评估者应该提供详细的评估报告，报告内容如下。

1）概述，包括评估目的、方法和过程等。

2）评估结果，包括资产、威胁、弱点和现有控制措施的评估等级，以及最终的风险评价等级。

3）推荐安全控制措施，提出建议性的解决方案。

其中很重要的一点，就是针对发现且确定了等级的风险，按照其严重程度提出相应的对策。推荐对策时需要考虑法律法规的要求、组织的策略、操作性影响、安全可靠性和效率等因素，通常可以基于业界惯例、标准或者基线规范而做出选择。

推荐安全控制措施是风险评估过程应有的结果，它为下一阶段的风险消减活动提供了依据，使得风险管理和决策者可以合理地选择并实施推荐的措施。需要注意的是，推荐的安全措施并不一定都被采用，决策者会权衡成本、效益等多种因素，最终确定适合组织需要的控制措施，这些工作都要在风险管理的下一阶段——风险控制中来完成。

5.5.8 风险控制

风险控制是依据决策后的风险管理方案而实施控制措施。在风险控制阶段，通过操作、维护、监视、响应、审计和再评估、安全意识与培训，以及其他风险管理的跟进活动（配置变更管理、业务连续性管理等），力求控制风险并维持现有的安全状态的过程。风险管理不是一次性的，而是持续不断、循环递进的一个过程。风险控制中的再评估使得风险管理可以有效地维持。

5.6 风险评估与管理的重要性

从机构的角度来看，拥有的资产是其完成使命的基础。在信息时代，信息是第一战略资源，而且起着至关重要的作用。而信息系统不仅是信息资产的获取、存储和访问的载体，也是与信息资产不可分割的，是为信息资产和机构使命而存在的。因此，保护信息及其相关资产的安全是关系到该机构能否完成其使命的大事。资产与风险是天生的一对矛盾，资产价值越高，面临的风险就越大。信息系统的安全风险管理的目的就是要缓解和平衡这一对矛盾，将风险控制到可接受的程度，保护信息及其相关资产，最终保证机构能够完成其使命。

虽然各个标准对风险管理过程的具体划分不同，但都是以风险评估作为基础的。风险评估和管理的重要性体现在以下几个方面。

1）基于风险的评估与管理使得机构能够准确“定位”风险管理的策略、实践和工具，能够将安全活动的重点放在重要的问题上。

2）风险管理可以使管理者能在保护措施的运行和经济成本之间寻求平衡。

3）风险评估与管理是以保障和提高机构完成使命能力为目的的，这是机构的基本需求。

4）风险评估与管理能够完全地集成到系统开发生命周期（System Development Life Cycle，SDLC）中，风险管理与系统开发生命周期的关系见表 5-6（参照美国《IT 系统风险管理指南》），而且无论哪个阶段，进行评估、管理的方法均相同。

5）风险评估与管理涉及整个机构，不仅包括信息技术部分的人员，也包括机构内部业务流程线人员以及管理层人员。这正是解决信息安全问题所必需的机构内不同层面、不同业务部门协调的基础。

6）风险评估与管理不仅需要运用机构内外部的技术设施、资源和能力，也需要科学的决策和控制理论的指导，这符合信息安全复杂性特点。

表 5-6 风险管理与系统开发生命周期的关系

SDLC 阶段	阶段特征	来自风险评估与管理活动的支持
阶段 1 启动	记录 IT 系统的需求以及 IT 系统的目的和范围	风险的识别活动可以用来支持系统需求的开发，包括安全需求和运行安全概念的开发
阶段 2 开发或采办	信息系统被设计、购买、规划、开发或建造	在本阶段标识的风险可以用来为 IT 系统的安全分析提供支持，这可能会导致系统在开发过程中对体系结构和设计方案进行权衡
阶段 3 实现	信息系统的安全特性应该被配置、激活、测试并得到验证	风险管理过程可支持对系统实现效果的评估，考察其是否能满足要求，并考察系统所运行的环境是否符合预期。有关风险的一系列决策必须在系统运行之前做出
阶段 4 运行或维护	信息系统开始执行其功能，一般情况下系统要不断修改，添加硬件和软件，或改变机构的运行、策略或流程等	当定期对系统进行重授权（或重认可）时，或者 IT 系统在其运行环境（如新的系统接口）中做出重大变更时，要对其进行风险评估活动
阶段 5 废弃	本阶段涉及对信息、硬件和软件的废弃。这些活动可能包括信息的移动、备份、丢弃、破坏以及对硬件和软件进行的销密	当要废弃或替换系统组件时，要对其进行风险评估活动，以确保硬件和软件得到了适当的废弃处置，且残留信息也恰当地进行了处理。并且，要确保系统的更新换代以一个安全和系统化的方式完成

5.7 本章小结

风险管理是解决机构的信息安全问题的重要方法，其包括对风险的识别、评估、控制的持续循环过程，在满足成本效益平衡原则的基础上，使风险被避免、转移或降至一个可被接受的水平。风险评估是其中的重要环节，信息资产、威胁、薄弱点、控制措施构成了风险评估的四大相互关联的要素。风险评估就是对信息资产面临的威胁、存在的弱点、造成的影响，以及三者综合作用而带来风险的可能性的评估。

多年来，国内外陆续发布了关于信息安全风险评估和管理的一系列相关的标准、指南和规范，其中也提出了不同的风险评估类型、操作方法和评估手段。目前采用最为广泛的风险评估方法是基于知识的定性分析方法，而调查问卷、检查列表、人员访谈、自动工具都是普遍采用的评估手段。

在实际工程实践中，风险评估与管理的具体过程基本都是相同的。过程包括对四大关联要素的分析和评估，以及对风险的评价和控制。

5.8 习题

1. 风险管理在信息安全保障中的重要性体现在哪些方面？
2. 风险评估中的基本要素包括什么？它们之间有什么关系？
3. 风险评估的常用方法有哪些？
4. 风险评估过程包含哪些主要活动？
5. 风险评估有哪些类型？不同类型之间的优缺点是什么？

第 6 章　信息安全综合管理系统

随着互联网的发展以及社会信息化程度的提高，各种安全设备在网络中的应用也越来越多，网络结构也变得越来越复杂，网络管理的概念和方法随之产生。网络管理从初始的设备管理逐渐走向网络系统全面管理的道路，发展到今天，网络管理的内涵和范围不断扩大，直至形成了安全综合管理系统，实现对日益庞大的信息系统进行专业、全面的安全管理。从大规模网络和系统的建设开始，综合管理就一直是信息系统运行维护的重点。信息安全综合管理系统经历了从网络管理、分布式单一安全产品的集中管理、统一的安全管理平台到基于服务流程的安全综合管理系统。

网络安全问题不是靠单一的安全技术能够完全解决的，需要已有安全产品的配合。而且，实时运行的网络设备和网络安全产品产生了海量的日志，且夹有大量噪音，使得管理员难以确定安全问题的所在，无法理解网络系统的安全状况。为此，需要设计安全综合管理系统，帮助管理员提取隐藏在海量日志中的信息。

本章首先阐述网络管理和网络安全管理的基础知识，接着介绍安全综合管理系统的基本概念、发展历史、体系结构、SOC 与 SIM 的关系、基于管理监控服务的 SOC 建设和面向运维的安全综合管理系统发展趋势，最后介绍安全信息管理的基础知识。

6.1　网络管理的基础知识

6.1.1　网络管理功能

网络管理是在计算机网络系统建设达到一定水平后的必然结果。按照国际标准化组织的定义，网络管理的基本功能涉及规划、监督、控制网络资源的使用和网络的各种活动，以使网络的性能达到最优。网络管理主要针对系统中网络通信、交换、路由设备等提供统一管理和维护的平台，它为系统运行管理者提供网络层面的解决方案，对网络设备的维护和网络管理提供支持。网络管理平台是一个软件包，它提供了对多种网络部件进行管理的基本功能，这些功能包括图形用户界面（Graphical User Interface，GUI）、网络拓扑图、数据库管理系统（Database Management System，DBMS）、查询设备的标准方法、事件日志等。现代网络管理系统都是基于简单网络管理协议（Simple Network Management Protocol，SNMP）实现的。按照 OSI 的定义，网络管理包括以下 5 个基本功能域。

1）故障管理：主要功能包括故障检测发现、报告、诊断和处理。

2）配置管理：主要功能包括网络的拓扑结构关系、监视和管理网络设备的配置情况、根据事先定义的条件重构网络等。

3）性能管理：监测网络的各种性能数据，进行阈值检查，并自动地对当前性能数据、历史数据进行分析。

4）安全管理：主要是对网络资源访问权限的管理，包括用户认证权限审批和网络访问控制（防火墙）等功能。

5）计费管理：主要是根据网络资源使用情况进行记账。

这 5 个基本功能之间既相互独立，又存在着千丝万缕的联系。在这些网络管理功能中，故障管理是整个网络管理的核心，配置管理则是各管理功能的基础，其他各管理功能都需要使用配置管理的信息。相对来说，性能管理、安全管理和计费管理具有较大的独立性。

6.1.2 网络管理系统的组成及应用

现代计算机网络的网络管理系统从逻辑上可抽象为四个部分：被管代理、网络管理工作站、网络管理协议和网络管理信息库（Management Information Base，MIB），其基本应用包括网络资源状态监视、阈值监视、事件管理、配置应用、拓扑管理以及性能监视等。网络管理系统基本应用的具体描述如下。

1）网络资源状态监视：监测资源的目的在于尽可能获得有关资源服务质量和状态的最新信息。监测涉及访问某些资源的属性，总是由管理工作站发起，管理工作站轮询资源并分析轮询结果。因此，实现监测功能极大地依赖于对单个资源进行寻址所采用的协议。

2）阈值监测：阈值的设定在很大程度上取决于设计者的经验知识，目前还没有哪种工具能够支持对监测过程进行切合实际的阈值配置。阈值主要是通过管理工作站进行指定、管理和监测，当网络管理系统检测到超出阈值的情况时，就向事件管理应用程序发出相应的事件。

3）事件管理：负责接收和处理事件。这些事件可以是由被管设备产生并发送给管理工作站的外部事件，也可以是由网络管理平台其他部件产生的内部事件，比如阈值监测过程所产生的内部事件。

4）配置应用：向用户提供对资源的写访问，可以分成两种形式：①有关当前资源配置的信息。可使用 SNMP 询问诸如路由表、接口表、地址表和 ARP 表等，通过管理协议改变配置。SNMP 协议的 Set 服务用来改变部件中的配置信息。这里的难点之一是由于 SNMP 的安全问题，许多厂商并不允许对资源的写访问。②通过登录系统进行配置。设备制造商提供允许用户登录系统直接改变系统配置的工具，当使用网络管理平台时，用户可以通过图形用户界面直接登录系统，比如使用 Telnet 等。

5）拓扑管理：网络管理平台的另一种重要功能是拓扑发现功能，使用管理协议收集尽可能多的有关网络的资源配置信息，并且保存在网络管理平台的数据库中。

6）性能监视：用于定义和执行性能测量，确保网络不会出现过度拥挤的情况，保障网络的可用性，为用户提供更好的网络通信服务。

6.1.3 网络管理技术的发展趋势

网络管理技术随着网络技术的发展而不断地发展，目前计算机网络管理技术的发展主要表现为：在网络规模急剧膨胀的现实面前，传统的集中式网络管理模式已显得越来越力不从心，网络管理的一个重要趋势就是走向分布式管理。公共对象请求代理体系结构（Common Object Request Broker Architecture，CORBA）技术在分布式计算方面的成功，为分布式的网络管理提供了有益启示，基于 CORBA 的分布式网络管理是一条现实可行的、可实现多域交叉管理的方案。同时，Web 技术的出现和流行也为创建一个平台独立的通用网络管理系统提供了一条新的解决途径，基于 Web 的网络管理技术的先天优势可以很容易地实现分布式的网络监视和控制。网络管理的另一个趋势是向智能化、综合化的网络管理方向发展。

6.2 网络安全管理的基础知识

网络安全管理是网络管理技术中的一个重要分支，受到了信息安全业界及用户的广泛关注，这主要是由于网络安全对网络信息系统的性能、管理的关联及影响趋于更复杂、更严重。由于网络安全管理技术要解决的问题的突出性和特殊性，使得网络安全综合管理系统呈现出从通常网络管理系统中分离出来的趋势。

6.2.1 安全管理必要性

安全管理（Security Management，SM）是企业管理（Enterprise Management）的一个重要组成部分。从信息管理的角度看，安全管理涉及策略与规程、安全缺陷以及保护所需的资源、防火墙、密码加密、鉴别与授权、客户机/服务器认证、报文安全传输以及对病毒攻击的保护等。

在网络应用的深入和技术频繁升级的同时，非法访问、恶意攻击等安全威胁也在不断推陈出新，愈演愈烈。防火墙、VPN、IDS、防病毒、身份认证、数据加密、安全审计等安全防护和管理系统在网络中得到了广泛的应用。虽然这些安全产品能够在特定方面发挥一定的作用，但是这些产品大部分功能分散，各自为战，形成了相互没有关联、隔离的“安全孤岛”。各种安全产品彼此之间没有有效的统一管理调度机制，不能互相支撑、协同工作，从而使安全产品的应用效能无法得到充分的发挥。从网络安全管理员的角度来说，最直接的需求就是在一个统一的界面中监视网络中各种安全设备的运行状态，对产生的大量日志信息和报警信息进行统一的汇总、分析和审计。同时，在一个界面完成安全产品的升级，攻击事件报警、响应等功能。而且，现今网络中的设备、操作系统和应用系统数量众多、构成复杂，彼此之间异构性、差异性非常大，而且各自都具有自己的控制管理平台，网络管理员需要学习、了解不同平台的使用及管理方法，并应用这些控制管理平台去管理网络中的对象（设备、系统、用户等），工作复杂度非常大。

对大型网络而言，管理与安全相关的事件变得越来越复杂，网络管理员必须将各个设备、系统产生的事件、信息关联起来进行分析，才能发现新的或更深层次的安全问题。因此，用户的网络管理需要建立一种新型的整体网络安全管理解决方案：统一安全综合管理系统，以总体配置、调控整个网络多层面、分布式的安全系统，实现对各种网络安全资源的集中监控、统一策略管理、智能审计及多种安全功能模块之间的互动，从而有效地简化网络安全管理工作，提升网络的安全水平和可控制性、可管理性，降低用户的整体安全管理开销。

6.2.2 安全管理发展史

网络安全管理的发展经历了三个阶段：从防火墙、防病毒与 IDS（入侵检测系统）单独部署的初级阶段，基于逻辑安全域的安全建设阶段，演化到统一管理运营各分离安全体系的安全管理阶段。安全建设与安全管理两个阶段的描述如下。

安全建设阶段：随着网络规模扩大，各种业务从相互独立到共同运营，网络管理中出现安全域的概念，利用隔离技术把网络分为逻辑的安全区域，并大量使用区域边界防护与脆弱性扫描、用户接入控制技术，此时的安全技术分为防护、监控、审计、认证、扫描等多种体系，纷繁复杂。

安全管理阶段：把各个分离的安全体系统一管理、统一运营，最典型的就是综合性安全运维中心（SOC）的建设。从这个阶段开始，网络安全走上了业务安全的新台阶，市场上开始出现了独立的安全管理产品，通常称之为信息安全综合管理系统。统一安全管理产品及安全事件，实现安全服务与安全管理系统的统一，近两年已经成为众目所瞩的目标。虽然此类技术和产品的应用还远没有达到成熟的地步，但是它的发展已经是安全管理的趋势。2005 年，美国 SOC 的市场规模约 10 亿美元，大约有 20 家主要的 SOC 厂商。在欧洲，这个市场约 8 亿美元，主要 SOC 厂商约 10 家左右。2004 年，亚太地区的市场规模则约为 1 亿，有 Symantec、Network Association、e-Cop 等约 7 家 SOC 厂商，主要的管理服务是防火墙、网络型 IDS 和弱点评估服务。

6.2.3 安全管理技术

安全管理不是一个简单的软件系统，它包括的内容非常多，主要涵盖了安全设备管理、安全策略管理、安全风险控制、安全审计等几个方面。

安全设备管理：指对网络中所有的安全产品，如防火墙、VPN、防病毒、入侵检测

（网络、主机）、漏洞扫描等产品实现统一管理、统一监控。

安全策略管理：指管理、保护及自动分发全局性的安全策略，包括对安全设备、操作系统及应用系统的安全策略的管理。

安全风险控制：确定、控制并消除或缩减系统资源的不确定事件的总过程，包括风险分析、选择、安全评估及所有的安全检查（含系统补丁程序检查）等。

安全审计：对网络中的安全设备、操作系统及应用系统的日志信息进行收集汇总，实现对这些信息的查询和统计，并通过对这些集中的信息的进一步分析，可以得出更深层次的安全分析结果，比如攻击场景重构、态势分析、威胁评估等。

6.2.4 安全管理主要功能

安全管理主要解决集中化的安全策略管理、实时安全监视、事件采集与管理、安全联动、配置与补丁管理、统一的权限管理和设备管理。

集中化的安全策略管理（Centralized Security Policy Management，CSPM）：企业的安全保障需要自上而下地制定安全策略，这些安全策略会被传送并装配到不同的执行点中。

实时安全监视（Real-Time Security Awareness，RTSA）：让企业用户实时了解企业网络内的安全状况。

事件采集与管理：采集异构安全设备的报警信息，并进行格式的标准化、精简、关联分析及安全态势分析等，提高检测的精度，帮助管理员理解、分析安全日志，将管理员从繁重的日志分析中解放出来。

安全联动：安全设备之间需要具备有中心控制或无中心控制的安全联动机制，即当IDS发现在某网段有入侵动作时，它需要通知防火墙阻断此攻击。

配置与补丁管理：让企业用户可以通过对已发现的安全缺陷快速反应，大大提高自己抵抗风险的能力。

统一的权限管理：通过完善的权限管理和身份认证实现对网络资源使用的有效控制和审计。

设备管理：属于传统的网络管理功能的集成，实现对安全设备的重点管理。

6.3 安全综合管理系统

随着多种安全技术的系统性应用，能够将防火墙、入侵检测、防病毒、安全审计、终端管理等多种安全设备实施统一管理的安全综合管理系统应运而生。

下面介绍安全综合管理系统的基本概念、发展历史、体系结构、安全运维中心与安全信息管理（Security Information Management，SIM）的关系、基于管理监控服务的SOC的建设和发展趋势。

6.3.1 安全综合管理系统的基本概念

安全综合管理系统也称作安全管理中心，通过一个中央管理平台，把各种安全产品的海量数据收集整合起来，从中提取管理员所关心的数据，并把这些数据进行关联分析，对威胁产生报警和分析，为信息系统的运行和维护提供保护与改进的依据，并同时提供集中的控制管理功能。安全综合管理系统可视为信息安全事件监控与处理的操作中心，该中心应该由人员、产品及流程整合而来。通常安全综合管理系统具备研究、监测、扫描、响应和报告5项基本功能，会对多个客户以分散收集和集中管理的方式达成上述功能。安全综合管理系统可以解决当前客户最看重的三个问题。

第一，通过关联分析，处理海量事件。

第二，可视化集中管理与决策平台。

第三，通过风险评估，降低运维成本。

关于安全综合管理系统的分类，从根本上有两种含义，如图6-1所示。

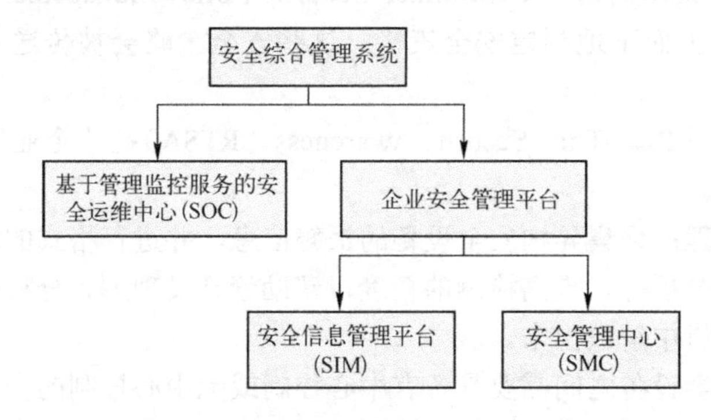

图6-1　安全综合管理系统的分类

1）基于管理监控服务的安全运维中心（SOC），相当于网络操作中心（Network Operations Center，NOC），从这个含义讲，SOC是受到NOC的启发产生的，在SOC的原理中有网络管理的内容和影响。

2）企业安全管理（信息、产品）平台，其有两个分支：安全信息管理平台和安全管理中心。

- 安全信息管理平台：以ArcSight、NetForensics、Intellitactics为代表的厂商提供的产品可以收集各类安全产品产生的报警、日志等安全信息，并进行关联分析，从海量的信息中分析出有价值的安全事件，此类产品仅提供了命令（Command）和内容（Contain）层面的功能。eSecurity应该是众多SIM厂商中最为出色的。
- 安全管理中心（Security Management Center，SMC）：如Tivoli、HP等厂商提供的集中化网络与系统管理，实现了控制层面的功能，其目标是对安全产品的管理，如配置管理和策略分发。在SMC发展中最大的问题就是兼容性，如果不能兼容众多的第三方的产品，就不能胜任 SMC 在组织安全中的重要地位。

目前国际、国内应用的安全综合管理系统主要是以 SIM 为主，但其目标都是 SIM+SMC，即通过对海量数据的收集分析得到对系统设备的控制管理，但在配置管理和策略分发层面的实现尚有差距。

6.3.2 安全综合管理系统的发展历史

安全综合管理系统最初以基于管理监控服务的 SOC 形式出现，早期源于 Bruce Schnier 建立的 Counterpane，在 2000 年初推出安全服务托管（Managed Security Services，MSS）服务，并开始部署全美范围内的安全管理监控中心。MSS 的核心思想就是安全服务外包，但是不同的公司各自的描述和范围不尽相同，比如 ISS、FoundStone、Counterpane 这些当年 MSS 的积极推进者。

迄今为止，Counterpane 仍然是此类 MSS 和 SOC 的领航者。但是 Counterpane 只是推广其 MSS、IR 服务，并没有把其 SOC 产品化，这样给了其他厂商机会。Counterpane 是 MSS 和 SOC 的先行者，但是声势最大、影响最大的还是 ISS。ISS 在全球建立了几个 SOC 中心，2000 年 12 月 11 日，ISS 宣布在瑞典的 Helsingborg 成立其第 4 个 SOC，2001 年 6 月 5 日，ISS 宣布在日本东京成立其第 5 个 SOC，同时宣布在其总部美国亚特兰大成立 Global Threat Operations Center（GTOC）。GTOC 收集各个 SOC 的安全信息进行统一的综合分析。ISS 的 SOC 主要是用于为其客户提供安全外包服务，提供客户的防火墙、VPN、IDS、AV 的管理服务和安全评估服务，主要目标是提供安全预警和 MSS 服务。当时，ISS 在美国和 AT&T、Bell South 等很多运营商一起开展 MSS 服务，大力推广 MSS 和 SOC，当时 ISS 把 MSS 当成非常重要的一个发展方向，设计了很多的业务模式，分析了价值链，提出大力发展安全服务托管提供商（Managed Security Services Provider，MSSP）来解决 MSS 的可测量性和容量的问题。但是 MSS 在 ISS 中的比重较小，而且近几年的增长率一直很低，甚至下降，因此 SOC 在 ISS 中仍然是一个概念性的 SOC，用于提升 ISS 的形象地位。当时的 SOC 是一个安全集中监控、研究、处理流程的概念，通过它实现 MSS，为客户提供安全外包服务。它依赖于“安全研究+安全管理应用+安全管理操作”的模式实现，运维只是 SOC 里的一个环节。

后来 SOC 的概念被慢慢转移到开始出现的集中安全管理的需求上来，早期有 eSecurity、Intellitactics 和 NetForensics 三个主要的 SIM 厂家。从最早的三个 SIM 公司，到现在各大公司纷纷推出自己的方案，比如 IBM 基于 Tivoli 的管理平台、CA 的 eTrust Security Command Center、Symantec 的企业管理平台、Cisco 的安全信息解决方案（Security Information Management Solution，SIMS）和 MARS。随着主要设备厂商的加入，集中安全管理的内涵和外延也自然都在发生变化。目前，业内从较单一的安全产品管理发展到现在越来越庞大的结构体系，比如包含安全设备管理、关键资产管理、响应流程管理、纳入角色管理等，并随着越来越多公司的介入而逐步完善。现在的信息安全不能仅靠单一的产品来保证，必须要建立一个统一的具有良好的协调性的大系统来管理信息系统的安全，SOC 的提出顺应了时代的要求。

在国内，2002 年电信行业市场出现了集中安全管理需求，安氏公司 iS-One 在国内率先开始进入这一领域。安氏与 SIM 厂商 eSecurity 合作，推出了 SOC 方案。2002 年底，签订了江苏移动 SOC 项目，为国内第一个 SOC 建设项目。安氏借此项目在南京成立了安全管理开发中心。随后陆续启动了浙江移动、浙江电信、山东移动、中国电信、中国网通等电信行业的重大 SOC 项目，并尝试在其他行业推广，获得了中信集团、平安保险等的项目，并且 SOC 成为安氏公司的收入支柱和发展重点，也是现在分拆后的安氏（中国）的主体。

2003～2004 年，国内各厂家陆续杀入这一领域。绿盟推出 ESP，并在云南移动取得实施案例。启明星辰联合 Cisco 产品厂商推出泰合管理平台，2005 年取得广东电信、重庆电力和大商所等的项目。天融信结合 ArcSight 推出 SOC 方案，2005 年中标湖南电信项目，并推出了自有产品 TSM。联想做了一年 ArcSight 的总代理。神州泰岳也进入这个市场，并取得了不俗的成绩。

目前使用 SOC 最多的还是像电信运营商之类的企业，厂商通常需要根据各企业网络的需要来进行定制开发。这样厂商每卖出一个 SOC，就需要重新投入技术开发人员，同时通常还要维持大概一年的定制维护时期，长此以往，厂商将难以承受，因此 SOC 厂商都纷纷在考虑将 SOC 产品化的问题。

目前，CA 公司的 eTrust 产品对安全策略管理的支持比较成功，IBM 的 Tivoli 套件中的 Risk Manager 软件是目前比较优秀的风险管理软件，联想的 LeadSec Manager 在安全设备管理、安全策略管理、安全风险控制及集中安全审计方面都做了十分有效的工作，绿盟的 ESP 也对其自主的入侵检测产品实现了统一的安全管理、策略管理及审计分析工作。对网络中部署的安全设备进行协同管理，这是统一安全管理平台的最高追求目标。鉴于现在的技术水平和商业环境，SOC 一般只能在安全厂商自有产品或合作厂家产品范围内实现，要想实现跨厂商、跨类型的管理，必须有一个通用的标准。

6.3.3 安全综合管理系统的体系结构

首先介绍安全综合管理系统的通用体系架构，然后给出几个典型系统的体系结构，包括安氏的 SOC、ArcSight 的 ESM、NetForensics 公司的 SIMS、Cisco 公司的 SIMS 及三零卫士的鹰眼卫士信息安全综合管理平台。

1. 通用体系架构

安全综合管理系统是为安全事件提供检测和响应的平台的统称，无论厂商产品或解决方案采用何种机制，安全综合管理系统都必须包含 5 个明确的模块：事件产生、事件收集、信息库、分析引擎、响应与软件。将各个模块比作一个 Box（盒子），图 6-2 为安全综合管理系统 Box 的宏观结构图，其中事件发生盒包括传感器和轮询器。

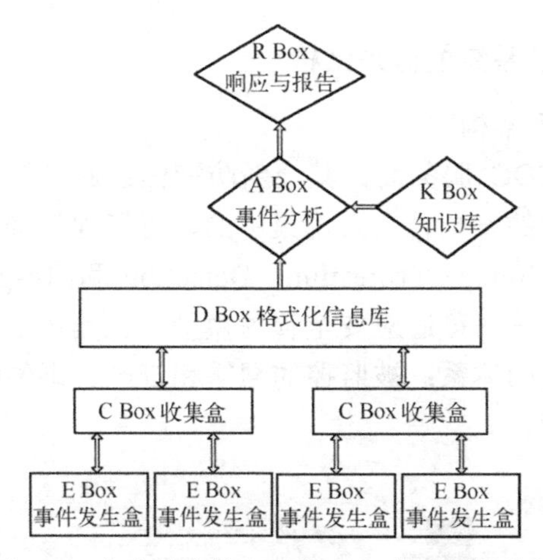

图 6-2　安全综合管理系统 Box 的宏观结构图

作为一个完整的运行体系，除了技术的实现之外，还应当考虑 IT 基础结构的监督管理。安全综合管理系统的体系结构如图 6-3 所示。

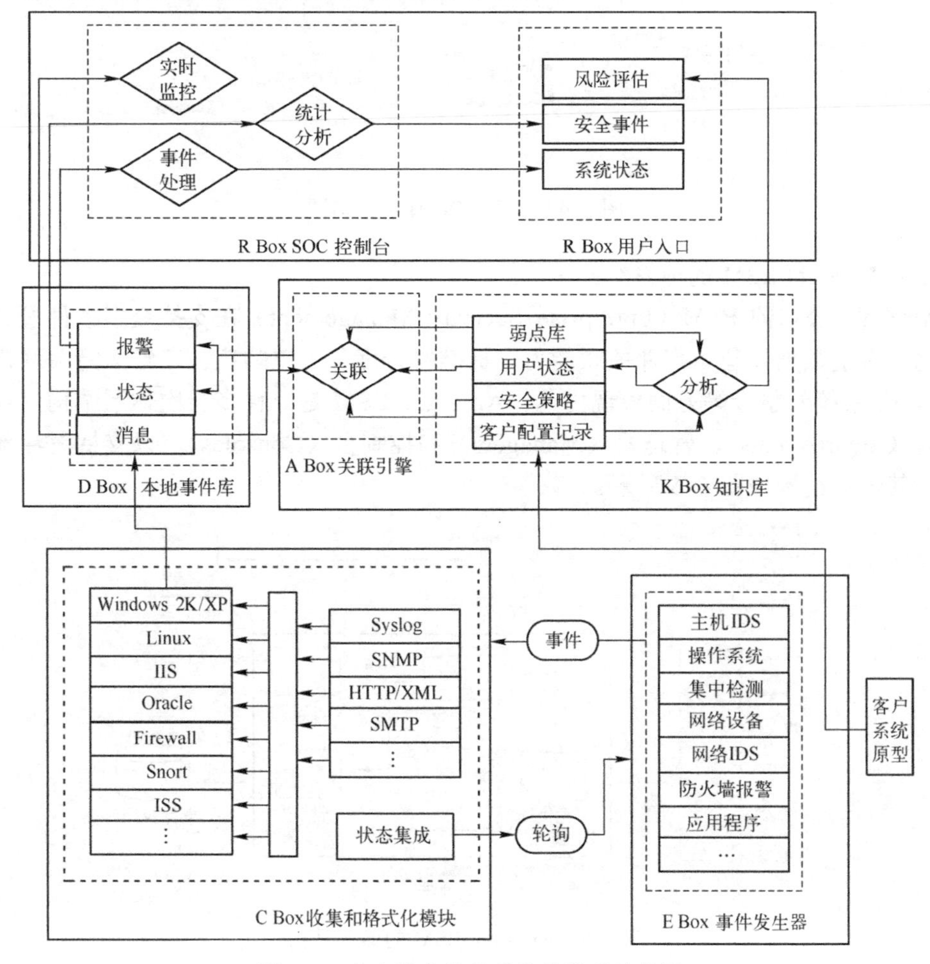

图 6-3　安全综合管理系统的体系结构图

2. 典型安全综合管理系统的体系结构

（1）安氏 SOC 的体系架构

安氏是国内领先的 SOC 服务商，其全新防御体系通过最佳的安全技术和最佳的安全实践，帮助用户从分散的安全转向实现集中的、可管理的安全。安氏 SOC 系统的主要处理流程遵循 P2DR（Policy，Protection，Detection 和 Response）模型，提出了网络安全管理的完整解决方案——可适应安全管理模型。在具体的实现方面，安氏 SOC 的解决方案为一个四层结构的体系：被监控的网络和资产、事件收集层、安全管理平台和用户终端，如图 6-4 所示。

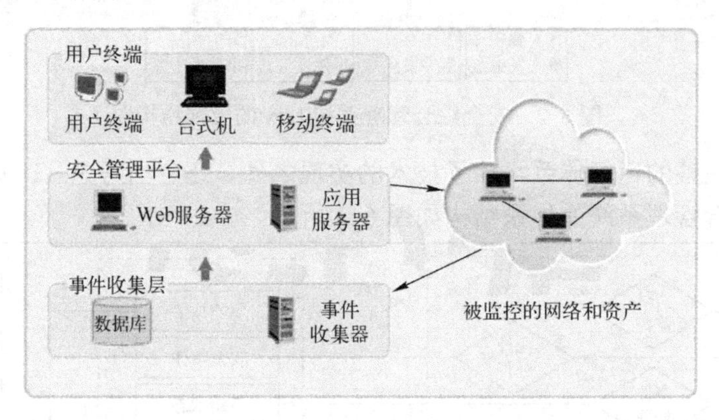

图 6-4　安氏 SOC 体系结构图

（2）ArcSight ESM 的体系结构

ArcSight 公司的 ESM（Enterprise Security Management）在支持众多事件源、事件归一化、海量数据处理、事件关联能力、标准符合度、工单响应、三维风险关联模型以及与 NOC 系统的整合等方面表现出色。ArcSight ESM 是一种多层次体系结构，包括智能代理（SmartAgents）、管理器（Managers）和控制台（Consoles），以支持灵活部署的需要。其体系结构如图 6-5 所示。

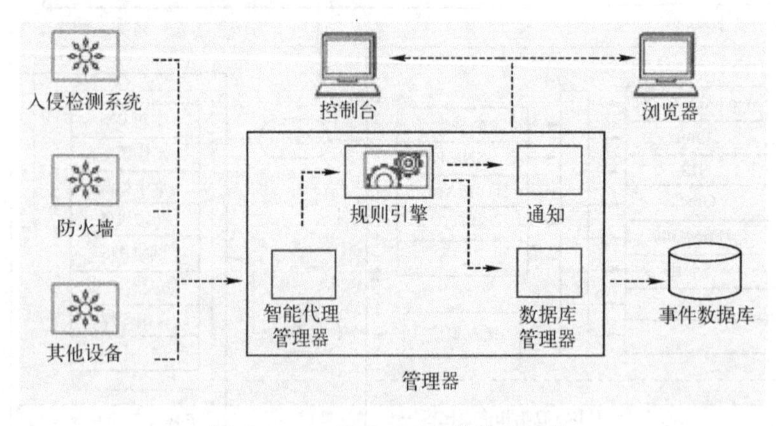

图 6-5　ArcSight ESM 的体系结构

SmartAgents：有效、实时地捕获各种安全设备、网络设备和应用的本地事件数据并加以过滤。原始安全事件来源于防火墙、IDS 和操作系统的日志，并从中收集安全事件。

Managers：系统的核心，是基于服务器的组件，进一步过滤并利用规则引擎和集中化的数据库进行事件关联分析，它的主要功能是捕获、存储全部的实时和历史数据，以便构建完整的企业安全事务。

Consoles：是基于工作站的应用，它允许专业安全人员执行全日制管理和操作，例如事件监测、规则编制、事件调查和报告。内置的访问控制列表允许不同的 IT 和安全专家使用相同的应用与数据库，而每个人有适应自身职责的关联规则、报警、报告和知识库等。

（3）NetForensics SIMS 的体系结构

NetForensics SIMS 技术具有强大的且极有弹性的三层架构：代理、引擎和数据仓库，可扩展到任何规模的企业。其分布式体系结构如图 6-6 所示。

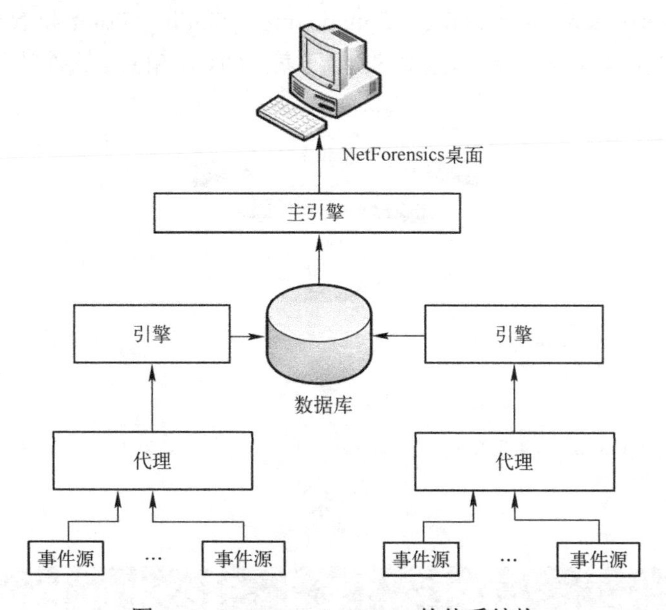

图 6-6　NetForensics SIMS 的体系结构

代理：从不同的、由多个厂商提供的安全技术和应用使用传统协议搜集数据，将厂商特有的格式转换为标准的可扩展标记语言（Extensible Markup Language，XML）数据，即执行事件的收集及标准化，可以将 20000 件事件类型对应成 100 件标准的 XML Alarm ID 记录类型，进而将这些信息转发到 NetForensics 引擎。

引擎：搜集、过滤、分析和分类由代理提供的标准化数据，使用可定制的规则，减少重复性报警；依据规则及统计方式，执行事件的关联性分析；转送关联性分析后的事件到资料库、主要引擎或其他的引擎。利用多种并行引擎功能，可以为任何规模的网络或者增长要求确保无限的可扩展运营，并通过这种分布式架构添加本身可以支持增长的运营方式。

数据仓库：经过整合的、规范化的历史数据可以自动地在数据仓库中进行维护；除了默认的报告和分析功能以外，客户还可以利用现有的、业界标准的报告、查询和业务智能工具，分析和报告这些保存在一个 Oracle 数据库中的数据。这些搜集来的数据对于研究过去发生的问题，发现和跟踪趋势，以及通过探索性运营不断改进安全效率具有非常重要的意义。

NetForensics SIMS 通过四个不同的阶段：规范化、汇总、关联和虚拟化，搜集、分析和关联来自于整个企业的安全事件信息。

（4）Cisco 公司的 SIMS 体系结构

Cisco 公司的 SIMS 依据 NetForensics 的技术，对于大量的安全事件资料提供强大的收集及分析能力，以满足企业的需求。Cisco SIMS v3.1 是一个安全信息管理（SIM）应用程序，它可以实现与多种不同的安全产品之间的异种机互操作性，因此可以使网络管理人员集中监控、管理和监督企业网络的安全性。Cisco 公司是唯一可实现与 Check Point、Nokia、Netscreen、Sourcefire、Foundstone、Tipping Point 和 Network Associates 等主要安全供应商的异种机互操作性的 SIM 厂家。Cisco SIMS 软件的体系结构如图 6-7 所示。

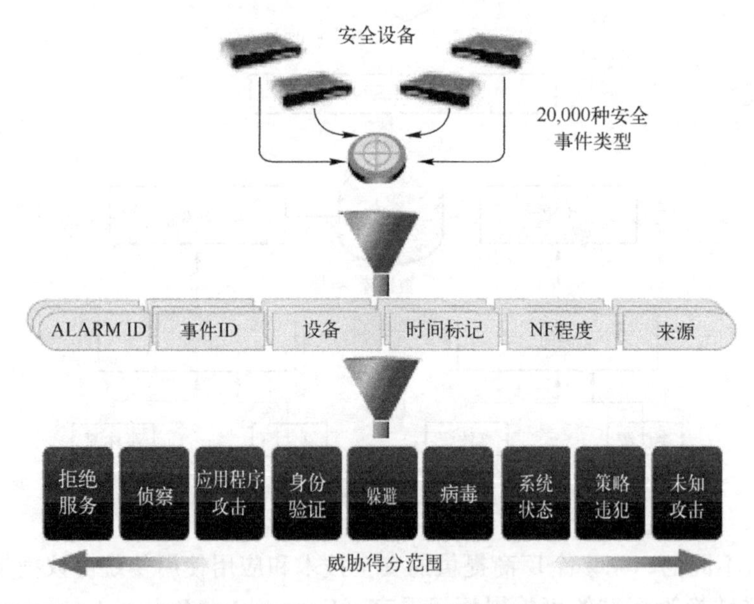

图 6-7 Cisco SIMS 软件体系结构

Cisco SIMS 采用 XML 来实现多个不同组件之间的通信，允许使用简单“标记”文本在 Cisco SIMS 基础设施中进行通信。系统采用高度优化的 XML，将安全事件转换成 XML 格式并对数据进行规范化，即将设备产生的报警进一步规范化并缩减到 9 种 Cisco SIMS 安全事件类型：拒绝服务、侦察、应用程序攻击、身份验证、躲避、病毒、系统状态、策略违犯和未知攻击，从而更快速地识别事件。另外，Cisco SIMS 软件解决方案提供了实时关联、全集成事故响应管理系统、资产—风险漏洞评分、直观的更新和系统健康管理、补丁软件的自动管理等功能。

（5）三零卫士的鹰眼卫士信息安全综合管理平台

鹰眼卫士信息安全综合管理平台通过采用数据采集标准、数据统计、事件关联、数据挖掘、基于知识库的人工智能等多种技术，为信息网络系统智能化管理提供统一的事件处理核心算法、基本流程和总体框架，达到实时收集分布式环境相关系统的事件源数据，进行集中存储和综合分析，并提供基于安全的整体态势评估，建立快速的全面响应机制，增强系统对可能风险的快速反应，从而整体提高系统的防御、管理能力的总体目标，同时降低安全运营成本并提高安全操作的效率。平台采用层次化的体系结构，如图 6-8 所示。

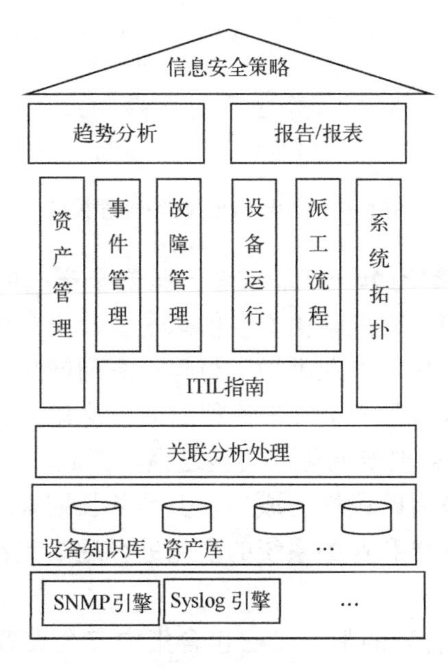

图 6-8　鹰眼卫士信息安全综合管理平台结构

6.3.4　基于管理监控服务的 SOC

SOC（安全运维中心）的目标是对网络中的安全产品进行集中监控，建立统一的安全策略，解决安全信息孤岛问题，通过对安全信息的挖掘关联，提炼出有价值的信息，便于运维人员快速分析原因，及时采取措施，提高工作效率，降低维护成本，为管理人员提供分析决策的数据支持，提高管理水平。SOC 利用该平台建立基本的资产和风险管理体系、基本安全策略管理体系、安全知识共享体系，实现基本的风险发现、预警、响应的安全运作闭环流程管理功能和一级应急信息发布平台功能，为安全人员提供检测和管理技术手段，加强网络的安全性。例如，安氏 SOC 以资产为核心，允许定义资产，允许多个资产组合成业务系统，所有信息的收集和处理由原来的以事件为核心转化为以用户和资产为核心。同时，针对我国企业的管理结构特点，允许用户在系统内部设立企业结构逻辑视图，允许通过定义角色来分配权限，可以快速地为每个资产定位其负责人以及相关部门、领导、管理员、备份管理员等信息。业务管理模式如图 6-9 所示。

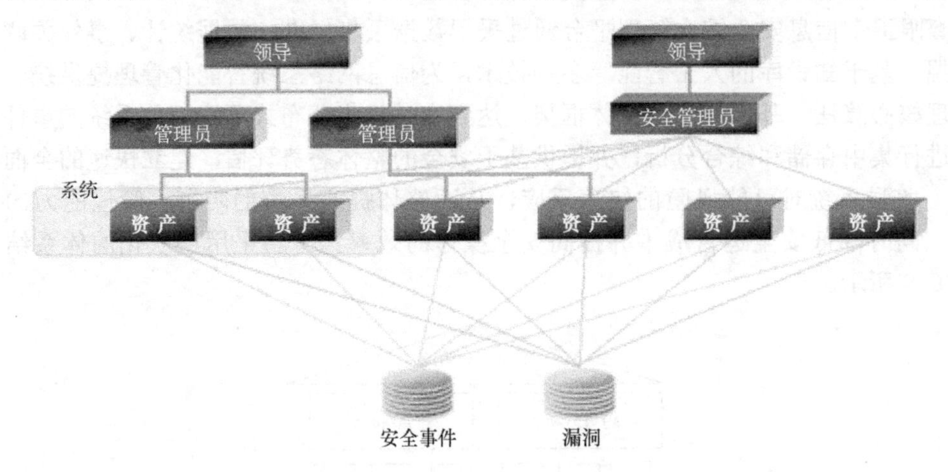

图 6-9 安氏 SOC 业务管理模式

SOC 的建设不应该理解为单一产品或者一些安全产品的集合，它实际是一个整体安全体系建设的过程和成果。它应该由安全信息平台、安全事件平台、运营维护制度、安全支持服务、安全功能代理、专业维护人员等一系列产品、服务、人员、制度的建设所构成。由于 SOC 的实施涉及安全维护流程的调整优化，甚至和业务系统紧密联系，所以 SOC 解决方案的实施需要专业化的实施过程。因此，SOC 项目通常是一个长期的建设过程，其首次实施可以有阶段性的成果，但是从长期来看，负责 SOC 的承建商通常还需要不断地根据用户需求和业务系统的变化进行逐渐完善，以保障 SOC 的充分有效利用。

SOC 是一种集中安全管理的形式，它包含集中安全设备管理、安全事件收集、事件关联分析、状态监视、分析报表等重要技术组件。除技术之外，SOC 还有一个重要的组成部分就是运行人员、应急小组和专家队伍。所以，SOC 还需要相应的管理制度和应急处理流程，安全事件处理流程的设计是 SOC 建设的一个重要环节。仅仅安装了相应的软件平台，而没有后续的专业信息同步支持，则无法完成安全信息管理的功能；而没有技术实力的定制开发以及专业成熟的咨询服务能力支持，也无法有效地和使用单位的日常运维流程结合。SOC 不只依赖于软件，支撑 SOC 运作的组织人员、流程、制度、知识库、规则库也非常重要。

SOC 建设的关键点有以下几个方面。

（1）数据收集

SIM 应用依靠数据而运行，数据越多越好。数据越多，寻找事件之间的关系就越容易，也越快速。目前，事件信息的收集途径是通用的，比如 Syslog、WebTrends、SNMP、Event Log 等，难点在于不同设备所输出信息的格式不一致，因此对数据的收集还包括对数据进行标准化定义。在 SOC 中事件收集的粒度很难把握，粒度太小会造成海量数据的堆积，导致网络系统的拥塞，粒度太大则会影响安全事件分析的结果。另外，事件收集体系结构的部署也是个难题，目前的 SOC 系统基本上采用层次化的部署，也就是在集中式和分布式之间做了折中。

（2）安全事件关联和智能化分析

安全事件关联是 SOC 的核心，这是一个国际性的技术难题，已经提出过许多智能化的分析方法，如基于神经网络、免疫系统、模糊数学等，但基本上限于实验室阶段，还没有形成成熟的产品。目前通用的技术是基于知识库的特征匹配，并考虑一定的统计特性。关联分析通过基于拓扑、基于因果关系等关联分析技术实现。另外，SOC 还应当支持用户添加安全事件流程或关联规则。目前，国内 SOC 系统的各厂商真正的差距在于服务质量和一些扩展特性的开发上。

（3）设备的支持

客户系统的网络设备往往是多个厂家的产品，一个好的 SOC 应该支持尽可能多的主流网络设备。同时，在与客户沟通过程中，对其他设备的支持开发也是 SOC 应该考虑的主要问题。

SOC 解决方案是一个管理类产品，而管理就需要与用户的实际问题、实际关心的重点和他们的管理模式相结合。这种方式决定了 SOC 解决方案必须是灵活可定制的，因此国内开发 SOC 将比国外的产品更有生命力。国外的产品，无论是直接进入我国，还是通过原始委托生产进入我国，其可定制能力始终有限。

（4）配置管理

配置管理要实现的是对不同设备进行统一的策略管理，配置管理同样需要厂商的支持。如何进行标准化的接口定义，是当前需要继续研究的方向。业界对 SOC 并未达成一致的看法，缺乏统一的标准，如事件编号、采集标准等，国内各个厂家的用法各不相同。

（5）符合性管理

SOC 对国际和国内法律法规的符合性管理也是 SOC 流程整合、风险管理的关键内容。SOC 应考虑信息安全相关法律法规和技术规范的符合性要求，如网络安全等级保护、GB/T 18336—2008、ISO 27000 系列标准等的要求。SOC 与基于 ITIL 的流程关系是两个独立的系统，SOC 提供与 ITIL 的接口，将报警信息通过接口发送到 ITIL 中形成工单，ITIL 反馈工单的状态，同时，SOC 提供直接关闭 ITIL 内已经生成的工单的接口。

（6）报警和响应

SOC 通过关联分析引擎得到的信息，可以通过 Email、短信等方式向网络管理员进行报警，提示入侵防御系统（Intrusion Prevention System，IPS）等设备采取相应的措施以满足系统安全运维的要求，为系统的安全运维提供决策支持，系统能与日常安全维护、安全检查以及应急响应流程相互支持。

（7）策略和流程管理

SOC 的核心不在于采用的是什么技术，而在于如何帮助用户建立运营和管理 SOC

的策略和流程。如果没有完善的策略和流程，再好的技术也只是个花瓶而已。

6.3.5 SOC 与 SIM

从当前的客户理解来看，SOC 分为以下两类。

1）偏硬的安全管理平台：对于现有的安全产品及其数据、策略的管理，以自身或第三方的安全产品作为基础和依托，重在提供一个集中管理和操控的平台，能够直接对多种安全产品（例如防火墙、IDS、扫描器、杀毒软件）进行管理和安全策略的下发。硬平台重在能够简单直观地对策略进行硬性实现，并且集中统一地传达到安全组件的各个终点。

2）偏软的安全信息平台：偏重于安全管理工作中的软性方面，如安全目标、规划、策略、流程以及信息和事件分析等。以信息为核心，包括资产管理、流程管理、事件管理等模块，注重于对数据信息的分析以及流程模式的监控，一般并不直接对具体的安全产品下发安全执行策略，也不提供对安全产品的广泛控制能力。软平台“软”在注重务虚，注重监控，注重管理体制的改善。例如绿盟的 ESP SOC 重在组织规划和软策略下发，启明天清的 SOC 重在资产管理和风险控制，安氏的 SOC 重在信息监控和流程管理。

安全信息管理（SIM）将安全事件收集、关联分析和存储作为重点，追求的是真实地反映网络整体的安全状况，而不是对安全设备进行管理，它的核心是信息的挖掘、兼容、扩展和关联，从多个厂商、多种类型的设备上采集信息，对信息进行综合分析。

当今的安全管理产品中，一类侧重于 SOC，比如 ISS 的 SiteProtector 等；另一类侧重于 SIM，比如 e-Security、CiscoMars、Micromuse Netcool 的 NFSM 等。这类产品侧重于安全信息的统一关联处理。SOC 类产品虽然有些也能收集其他厂家的安全信息，但收集这些信息后，只能对它们做简单的处理和呈现，兼容性非常有限。SIM 类产品则能对多种设备信息进行比较复杂的过滤、压缩、归并、关联等处理。SIM 产品一般价格昂贵，适合于大型网络，以应对复杂的安全集成环境。SOC 更重要的是必须拥有全年不间断的响应能力以及在该服务领域的丰富经验，如果是企业自己实施，就需要安全咨询商帮助它建立有效的事件响应机制、事件处理流程/规范和团队。SOC 难在策略、流程和管理上，而 SIM 的可行性则要好得多。

6.3.6 面向运维的安全综合管理系统发展趋势

面向运维的安全综合管理系统简称为 SOC，是在安全技术“大集成”过程中产生的，最初是为了解决安全设备的管理与海量安全事件的集中分析而开发的平台，后来由于安全涉及的方面较多，SOC 逐渐演化成与安全相关的问题集中处理中心：设备管理、配置下发、统一认证、事件分析、安全评估、策略优化、应急反应、行为审计等。SOC 能把全部的安全信息进行综合分析、统一的策略调度是比较理想的情况，但是

SOC 要管理的事情很多，其实现是一个难题。参照计世网的文章：从三个维度发展 SOC，基于不同的理解，市场出现的各种 SOC 也各取所长，有以风险评估为基础的 TSOC，有以策略管理为主的 NSOC，有以审计为主的 ASOC，还有以安全日志分析为主的专用平台。

1）如何有效地结合资产、脆弱性管理，提高威胁事件分析的准确性，纳入合理的响应流程，在现有技术水平上尽可能提高整体安全管理的效率和准确性，这是 SOC 的发展方向之一。

2）SOC 绝对不是一个安全产品采购或单纯的安全集成项目，它最重要的就是要结合相关的咨询服务来一起进行，例如前期的咨询服务、后期的协助运维或者国内外厂商的代理运维。就 SOC 软件的技术来看差异不大，最核心的差异是服务。本地化和客户定制是主要的发展方向。

3）SOC 的功能向以下 3 个维度延伸。

- 安全防护管理：负责安全网络设备的管理与基础安全体系的运营，安全事件出现前的各种防护管理，其鲜明的特征就是制定各种安全策略并下发到相关的安全设备。
- 监控与应急调度中心：对安全事件进行综合分析，根据威胁程度进行预警，并对各种事件做出及时的应对反应。
- 审计管理平台：事件的取证与重现、安全合规性审计、数据的统计分析、历史数据的挖掘。安全的审计是安全管理的事后“总结”，也是安全防护的依据。

SOC 的三个维度建设应该是相辅相成的，三个方面相结合覆盖安全事件的前、中、后整个周期，才可以全面保障客户业务的安全。

6.4 安全信息管理的基础知识

SOC 的核心是 SIM，也称为安全事件管理（Security Event Management，SEM）、安全事件与信息管理（Security Event and Information Management，SEIM），它们都属于安全信息管理产品。与 SOC 相比，SIM 更加专注于对信息的处理。

下面介绍安全信息管理的基本概念、历史与现状、功能与价值和 SIM 的选择依据。

6.4.1 SIM 的基本概念

SIM 指通过一个中央管理平台，收集整合来自各种安全产品的大量数据，并且从海量数据中提取用户关心的数据，呈现给用户，帮助用户对这些数据进行关联性和优先级分析。SIM 整合了各种网络安全产品的事件信息，给用户一个统一的安全信息终端，通过这个统一的终端，用户可以查看各种网络安全设备的各种事件信息。事件信息整合主要包括两个方面：一是标准化，将各厂家产品自定义的事件信息标准化成一些特定信息；二是聚合，将各个设备发送的重复信息合成一条，这既包括来自一个设备的重复信息，也包括跨设备的重复信息。

利用 SIM 系统，管理员能够妥善控制为了解网络攻击所必须分析的大量数据。通过对实时事件数据进行规范化、汇聚和关联，并以易于解释和处理的形式来表示这些数据，管理员就能迅速识别并制止安全威胁。通过利用 SIM 系统来进行深入报告和历史分析，企业能更容易地对风险进行评估并做出决策，可以避免今后可能发生的攻击。

由于 SIM 产品的优势，SIM 对于那些拥有由大量安全产品保护的多种网络的公司非常有吸引力。

6.4.2 SIM的历史与现状

SIM 系统于 1999 年首次面市。在此后的四年里，开发商为这些系统开发了一整套可存放在本地设备上的代理。这些代理有很多功能，例如收集安全事件数据、连接到最常用的网络安全网关——包括 IDS 检测器、防火墙、网络路由器和某些 VPN 路由器等。在很大程度上，这些系统主要用于安全事件数据的收集、融合和关联。2003 年以前的 SIM 产品可以在整个企业网络上提供相关联的数据和显示服务等，但仅限于安全事件的数字化、表格化和形式化显示，如图 6-10 所示。

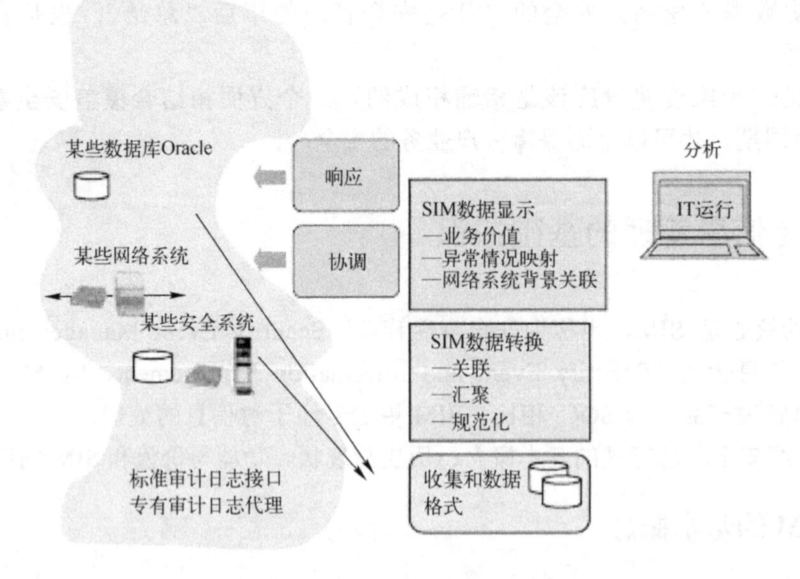

图 6-10　2003 年以前的 SIM 产品

经过发展，这些产品已经不仅仅能实现基于网络的安全事件数据的平面显示，而且还提供了意义更丰富的图形和报警服务。其中有一些还包含了彩色代码图形，可通过不同的优先级来帮助 IT 管理人员进行响应和协调工作。很多早期的 SIM 产品都包括了可根据概念风险形式来分析网络安全事件数据的应用。然而，早期的 SIM 产品也存在若干缺点，如不能根据企业的具体情况对安全事件数据进行价值调整、必须依靠技能非常熟练的网络安全工程师来解释结果、没有考虑基于 IT 的网络事件以外的风险。

到 2003 年，通过关注企业资产价值、威胁和漏洞的交汇点，SIM 解决方案能够帮助企业超越技术控制管理，进而实现积极的企业风险管理。除了在 SIM 解决方案的分析组合中添加业务价值、威胁和风险以外，某些 SIM 解决方案还可在插接兼容层中实现可视化和报警输出功能，因此可以将可行性相关信息传递给整个企业中的人员。这样，不同业务和职能部门（包括人力资源、法律、审计、IT、财务以及规章制度等部门）就能实实在在地通过独特视图来分析各类风险，2003 年后以企业为核心的 SIM 如图 6-11 所示。

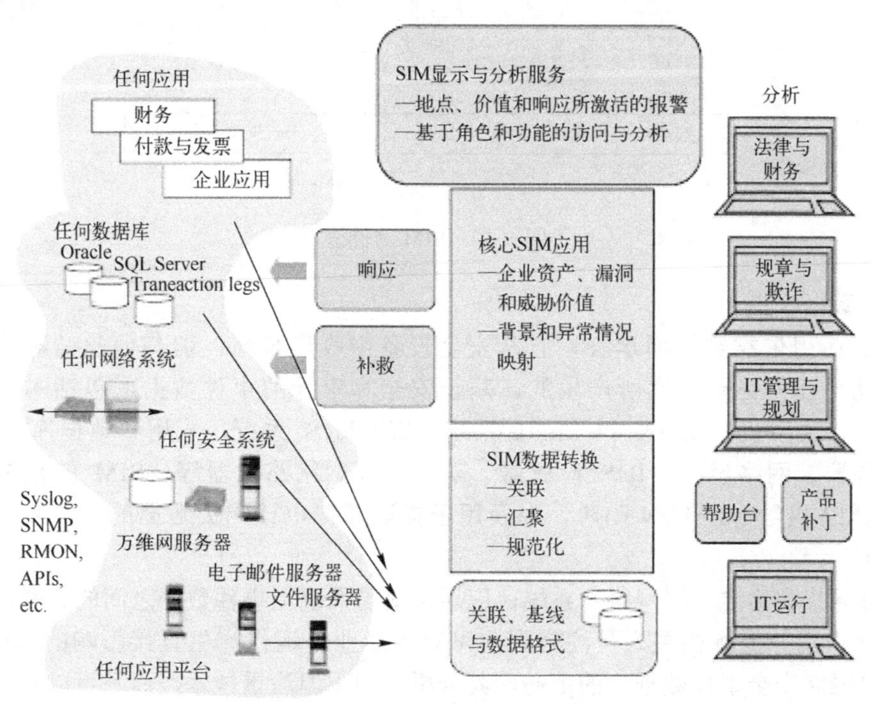

图 6-11　2003 年后以企业为核心的 SIM 产品

6.4.3　SIM 的功能与价值

SIM 的主要功能是针对入侵检测系统、防火墙、操作系统、应用以及防病毒系统所检测和报告的数量极大、种类繁多且有假的安全报警，区分并优先那些表示真正安全威胁的消息，将重要安全事件从 IDS、FW、OS、APPS 以及 AVS 等消息的白噪声中区别出来，分析黑客入侵策略，评估分析系统的安全状况。SIM 产品是 SOC 的技术核心，国外在 SIM 方面投入很大。国外一般有三类厂商在做 SIM：老牌的网络管理厂商，如 IBM、CA 等；老牌的安全设备厂商，如 CheckPoint 等；新兴的安全厂商，如

ArcSight、e-Security、Intellitectics 等。SIM 的关键技术在于数据收集、数据规范化、数据分析（融合和关联）、报告及风险管理。SIM 的价值如图 6-12 所示。

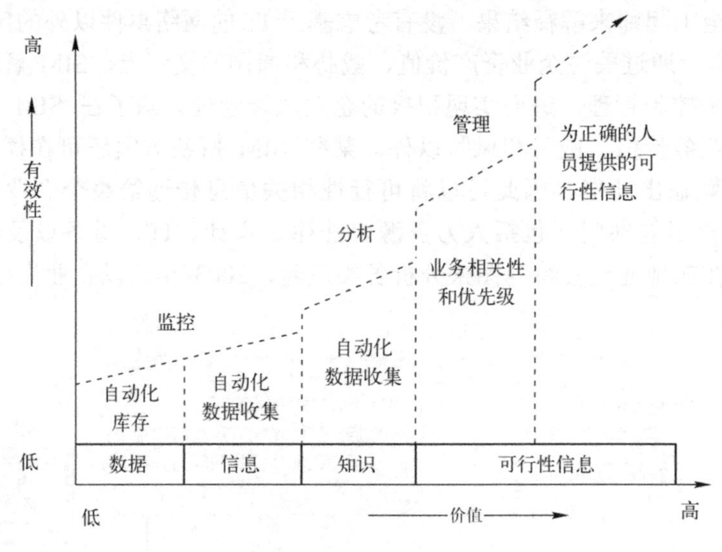

图 6-12　SIM 的价值

（1）数据收集

SIM 应用依靠数据而运行，它从安全设备中收集数据，但其他此类解决方案却能使用几乎任何记录方案所产生的、基于安全和审计的事件数据，包括本地审计文件、主机、大型机、UNIX 和 Linux 系统、Windows 系统、应用、数据库、Web 和邮件服务器、网络设备、IDS 检测器、防火墙和网络路由器等。SIM 的数据来源还包括 SNMP 供给、RMON 陷阱，以及用于提取任何审计相关数据的具体应用编程接口（API）。

通过寻找和确定不同网络、系统、应用及交易系统上事件数据之间的关联，SIM 能更快速地识别并提醒相关人员注意那些可对企业业务运作产生直接影响的风险。SIM 超越了“网络安全事件数据”的范畴，其分析应用不但注重技术，而且可以对企业产生积极的影响。

（2）数据转换和分析

数据转换和分析是目前市场上多数 SIM 应用的核心，用于将“事件”数据转换成有意义的信息，包括数据规范化、融合和关联。目前，SIM 产品的多数供应商都对事件数据进行规范化处理，以确保其分析应用能以相似的方式处理数据。几乎所有 SIM 解决方案都会对事件数据进行融合。数据融合功能可以获取规范化数据，并可以按类别对数据进行组织。例如，这些类别可以是来源（IT 系统、应用等），以及资产价值或业务职能等。SIM 融合功能可以获取相似类型的事件数据，然后将其复制到多个类别之中，让更高层的应用来处理。多数 SIM 可以实现三大类关联，即规则关联、异常关联和统计关联。基于规则的关联可将预先打包的转换事件数据提供给数据的不同

“视图”。例如，规则可以按照与某个具体交易操作、某一类交易和某个地理地点等准则相关的所有事件对数据进行详审。基于异常情况的关联往往要依赖于 SIM 系统所创建的被测量事件数据库，以及从该数据库的“学习模式”中收集的一组“基线”数据。“基线”快照一般会运行几个星期，然后与当前事件进行比较，以确定是否正在发生着与基线不同的异常情况。目前，统计关联技术可提供有用的信息，特别是针对基于时间的事件。

NetForensics SIMS 对周边设备的安全数据采用 4 层次关联方法，主要方法为基于规则、漏洞、统计学和历史数据关联。

1）基于规则的关联：每秒进行 1 亿个状态检查，从而有效地实时监测应用、数据库和周边设备，在报警前执行满足一定条件下的多态规则关联，以降低所需的规则数并降低误报率。

2）漏洞关联：通过关联扫描和 IDS 数据识别高价值资产的潜在威胁；无需添加和维护规则即可事先修补漏洞。

3）统计学关联：采用 out-of-the-box 统计学算法判别事件的严重性，并基于资产价值给予威胁评分；基于非法事件类型的流行性和严重性来分析网络行为并识别威胁。利用统计关联，规范化的安全事件将按照资产或者资产群组归入不同的安全事件类别。事件类别可能包括探测攻击、病毒攻击和拒绝服务攻击等。对于每个资产，NetForensics SIMS v3.1 通过将事件的严重程度和资产的价值结合到一起，不停地计算威胁指数，以确定安全事件的总体潜在威胁。NetForensics SIMS 的主要优点在于能够发现那些被基于规则的关联系统所忽视的异常情况。

4）历史数据关联：识别隐藏在原始安全事件中的攻击重复类型；快速检测未知的恶意事件，增强防御水平。

ArcSight ESM 的 SmartRules（智能规则）引擎支持多维数据关联，这些数据通过部署在网络中的智能代理收集。这些数据被规范化处理后进入通用事件数据库，因此关联可以在任何领域进行，包括地理、设备、源、目标、时间门限、事件类型等。每个 SmartRule 包含事件条件、门限和行为，当引入的事件符合规则条件和门限时，ArcSight SmartRule 会自动触发定义好的行为，包括执行预决策命令或脚本、记录报警日志、向控制台发送报警、向消息接受者发送报警、设置基于累积行为的报警严重性、向可疑列表中加入一个源或向漏洞表中加入目标等。ArcSight ESM 的规则语言用简单的逻辑符号来创建、存储并运行在 ArcSight 管理器或个别控制台的 SmartRules，例如 AND 和 OR。典型的 SmartRule 为如果 2min 内来自同一源 IP 地址的 IDS 逃避攻击发生 3 次，那么向控制台发送消息并通知安全管理员。

该规则表示如果在两分钟内，发生 3 次来自同一 IP 地址的 IDS 逃避攻击，则向控制台发送消息，并通过寻呼机通知安全管理员。

ArcSight 提供灵活的脚本语言，可以容易地创造新的 SmartRules 并更新现有规则，处理实时和历史数据。ArcSight 的多设备关联分析可以先对事件进行预处理，再进行不同类型的关联分析，主要类型如图 6-13 所示。

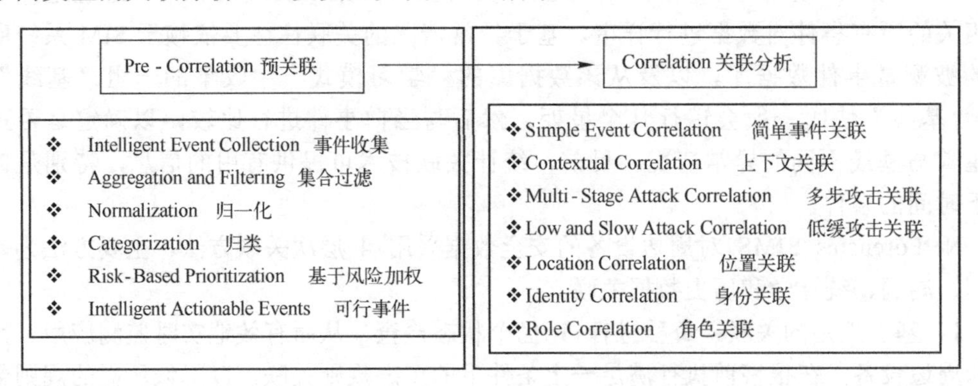

图 6-13 ArcSight 多设备关联分析图

通过事件关联分析，可以发现协同式攻击、大规模范围的扫描攻击等，同一个源针对多个目标的攻击及多个源主机针对同一目标的攻击。图 6-14 为鹰眼卫士信息安全综合管理平台的事件关联分析图，显示出不同 IP 地址之间的相互事件关系。

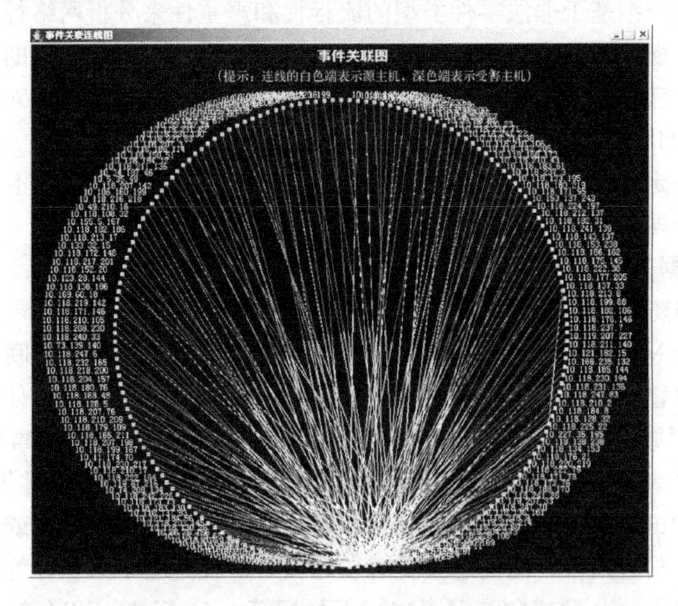

图 6-14 鹰眼卫士信息安全综合管理平台的事件关联分析图

（3）报告

几乎所有的 SIM 产品都能提供强大的显示和可视化功能，使人们能“看到”大量数据中的蛛丝马迹。SIM 产品一般可提供不同的数据视图，包括关于整个企业网络的可视化视图、关于具体应用服务器的深入视图、关于以规则为基础的相关数据的交叉视图，以及可显示与最优风险水平不同的统计视图。SIM 还可实现关于以企业为基础的风险的视图，如“对企业的影响”和“攻击的可能性”等简单而有效的视图，使企业能更轻松地根据自身的独特需求来安排纠正措施的优先级，SIM 以价值为基础的技术风险管理方法如图 6-15 所示。

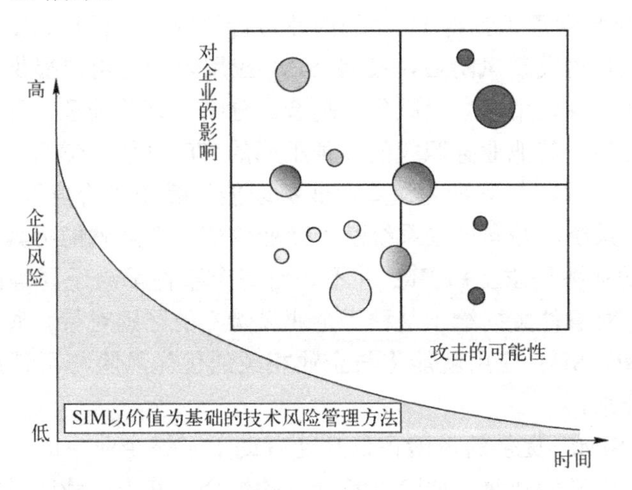

图 6-15　SIM 以价值为基础的技术风险管理方法

图 6-16 为 NetForensics SIMS 的桌面系统，提供 Java 客户端（client）对系统进行实时监测及集中化管理。具有一系列有效的可视化工具，如风险一览表、链接图、地图、交互式图表、设备状态概览等。在一个集中、实时、以 Java 为主的管理界面，呈现出关联后的结果。此界面以图形化的报告方式，提供了一个强大、直觉且友善的使用界面。执行的工作画面借由实时关联和分析能力，提供了可实时监测整个企业的安全趋势能力，并可以快速实现安全攻击的隔离。

图 6-16　NetForensics SIMS 的桌面系统

（4）基于 SIM 的风险管理

基于 SIM 的风险管理工具将 IT 系统的业务价值映射到机构之中，提供关于企业风险的更新视图。在自动发现风险后，某些 SIM 应用可以为用户提供机会，让他们用颜色代码标识出在世界各地用于客户服务、制造、分销、订单处理、开票、信用操作、销售、会计、人力资源和其他业务职能的多种不同的 IT 系统。然后，机构会根据担任不同工作的不同人员所履行的职责为这些“业务职能”赋予“价值”，通过比较业务职能部门所使用的 IT 系统，并向这些系统赋予商业价值，企业就能将其响应和补救工作集中在优先级较高的业务需求上。SIM 并不是对每个事件都给予同等的对待，而是根据技术的商业用途，对事件数据给予某种“企业风险”的区别对待。通过按企业风险和优先级来绘制交叉图，SIM 应用就能将与企业相关的优先风险与可稍后再解决的非紧急信号和事件区别开来。

NetForensics SIMS 提供的风险评估功能有助于了解企业中的任何一个特定资产的总体风险，通常被定义为威胁、危险性和价值的组合。其中，威胁是指任何针对一个系统或资产的异常流量或活动，NetForensics 会记录每种威胁，包括端口扫描攻击、登录失败等；价值是指任何特定系统或资产的重要性等级，可能以美元表示，是一个由客户针对企业中的每个资产定义的变量；危险性指一个针对系统或者资产的攻击获得成功的可能性。结合这 3 个因素，可以为企业中的每个资产计算一个总体风险指数。这个指数越高，就意味着资产的危险性越高。同时，可以生成一份风险评估报告，提供每个资产的必要细节和它的相关风险。通过了解企业中某个特定资产的危险性，企业可以采取相应的安全策略。

6.5 本章小结

网络安全管理逐渐成为网络管理技术中的一个重要分支，且由于网络安全管理技术要解决的问题的突出性和特殊性，使得网络安全综合管理系统出现从通常网络管理系统中分离出来的趋势，即网络安全综合管理监控系统。

网络安全综合管理系统是一个复杂的系统，它包括的内容非常多，主要涵盖安全设备管理、安全策略管理、安全风险控制、安全审计、报警关联、安全态势评估等方面。网络安全综合管理系统通过一个中央管理平台，把各种安全产品的海量数据收集整合起来，从中提取用户所关心的数据，并把这些数据进行关联分析，对威胁产生报警和分析，为信息系统的运行和维护提供保护和改进的依据。各种管理系统特点各异，但都是围绕安全管理的过程进行的，对应安全事件管理的事前、事中、事后 3 个阶段，事前阶段重点是防护措施的部署，排兵布阵；事中阶段是安全的监控与应急响应，对于可以预知的危险进行防护，但对于未知的危险只能是监控，先发现再想办法解决；事后阶段是对安全事件的分析与取证，对于监控中没有报警的事件的事后分析。

越来越多的设备供应商开始利用自身产品的市场占有率提出 SOC 解决方案，进军

SOC 市场。SOC 产品的核心无疑是 SIM，一些原先领先的 SIM 厂商纷纷被从事综合解决方案的设备提供商并购或者与之合作，借助其强大的分析引擎和丰富的可视化管理与报告功能。同时越来越多的 SOC 厂商和解决方案也是基于主流的 SIM 产品，如 Novell 收购了 e-Security 的 Sentinel，Cisco 投资了 NetForensics 的 SIM nFX OSP，并在 Cisco SIMS 中采用 nFX OSP 作为信息管理引擎。基于管理监控服务的 SOC 有以风险评估为基础的 TSOC，有以策略管理为主的 NSOC，有以审计为主的 ASOC，还有以安全日志分析为主的专用平台。

SOC 的核心是 SIM，它们都属于安全信息管理产品。与 SOC 相比，SIM更加专注于对信息的处理。SIM 通过一个中央管理平台，收集整合来自各种安全产品的大量数据，并且从海量数据中提取用户关心的数据，并将其呈现给用户，帮助用户对这些数据进行关联性和优先级分析。SIM 整合了各种网络安全产品的事件信息，给用户一个统一的安全信息终端，通过这个统一的终端，用户可以查看各种网络安全设备的各种事件信息。

SIM 的关键技术在于数据收集、数据规范化、数据分析（融合和关联）、报告及风险管理。其中，关联分析引擎是 SOC 和 SIM 的主要功能模块，它将系统产生的海量数据进行关联分析，通过关联来自于不同地点、不同层次、不同类型的安全事件，从而发现真正的安全风险，以减少报警的误报并提高效率，达到对当前安全态势的准确、实时评估，并根据预先制定的策略做出快速的响应。

目前，SIM 的设备事件信息采集技术较为成熟，但安全事件信息关联和优先级划分技术还不成熟，提供的视图和工具还不够丰富。另外，所有 SIM 供应商都面临的一个难题在于缺乏一个针对审计和事件记录数据的“开放”的通用标准。

SIM 和 NMS（网络管理系统）走向融合将是大势所趋，它可以实现对网络状况更加全面的观察和分析，以及对发现的危险采取相应的措施，如对攻击进行阻断、关闭端口、修改网络设备策略或升级网络设备系统软件等。

6.6 习题

1. 网络管理与网络安全管理的关系如何？
2. SOC 的主要功能是什么？
3. SIM 的主要功能是什么？
4. SOC 与 SIM 的关系如何？
5. SIM 未来会向哪个趋势发展？

第 7 章　数据采集及事件统一化表示

信息安全综合管理系统重在实现多源、分布式、异构安全设备的监控功能，需要采集安全设备的日志，并对日志格式进行统一转化。为此，本章首先给出一个典型安全管理系统结构，然后描述常用的数据采集方案、事件标准化表示及安全通信。

7.1　典型安全管理系统结构

大多数综合安全管理系统的设计思想是“分布检测、集中处理、分布监控”，主要由 4 部分组成：分布式检测器、安全通信代理、集中监控系统和安全响应模块。典型的安全管理系统结构框架如图 7-1 所示。

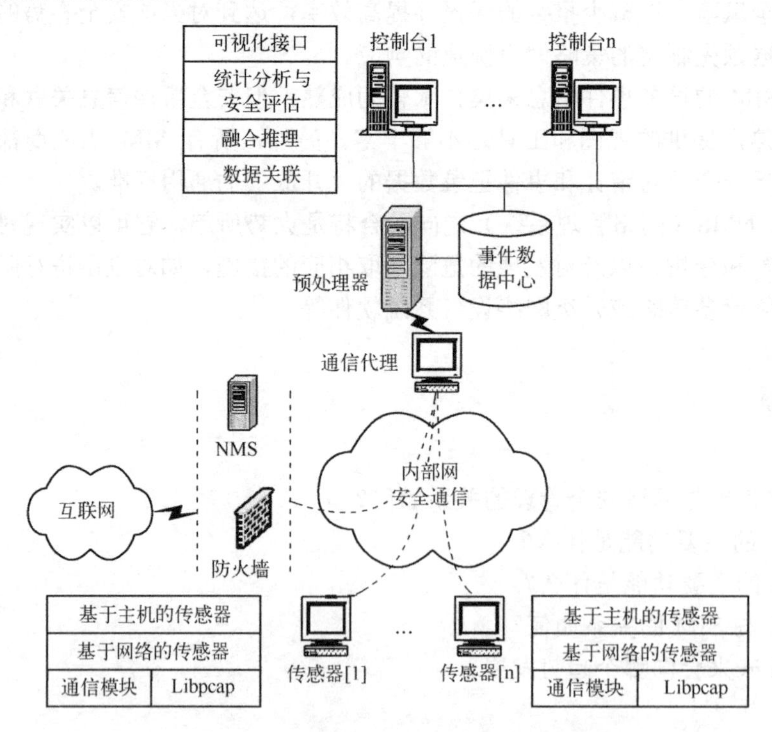

图 7-1　典型的安全管理系统结构框架

（1）分布式检测器

分布式检测器负责检测被保护主机的网络通信和主机的使用情况。综合安全管理系统能够兼容的检测器不应该仅仅限定于某种检测器，而应该能够支持各种异类的入侵检测器，主要包括基于滥用检测的网络检测器和基于异常检测的主机检测器，前者对到达该台主机的每个网络数据包提取它的特征签名，与检测规则库中的相应规则进行比较分析，从而判定这个包是否对应某个攻击行为；后者部署在主机或服务器上，对主机系统日志、应用程序日志以及访问者的行为模式进行分析，判定该主机是否工作正常，并给出异常的程序或进程的信息。

（2）安全通信代理（Communication Agent，CA）

CA 采用多线程机制接收分布于网络域内的传感器上报的报警事件信息，并交给系统的预处理器进行预处理，包括按照约定格式统一封装和采用 XML 语言进行标记。主要功能如下。

1）完成异类入侵事件格式的统一，即设计一种符合入侵检测消息交换格式（Intrusion Detection Message Exchange Format，IDMEF）标准和实际应用需求的统一的事件格式，将异构型 IDS 的传感器检测到的信息转换成这种统一的数据格式，实现对异类入侵检测传感器的支持。

2）保证通信安全，即对信息进行加密，以确保传感器所发送的信息在传输过程中不被窃听；对传感器进行身份验证，保证通信平台不会接收到无用或者恶意的信息。

（3）集中监控系统

体系结构设计中采用分布式方法，从数据中心获取事件数据，并进行融合推理，产生最终是否形成入侵的判定，并以可视化的形式进行实时报警，可以分成预处理器、数据中心、控制台 3 个部分，其主要功能如下。

1）预处理器：从通信代理中接收报警事件并进行预处理，主要包括消除脏数据、归约重复性事件、进行数据转换等功能。

2）数据中心：集中存放被管网络域内的所有报警事件（Events），便于多个协同工作的控制台对数据进行分布式处理和信息显示。

3）控制台（Console）：多个分布式协同工作的控制台，分别完成数据关联、融合推理、安全态势评估、报警信息可视化显示等功能。

（4）安全响应模块

安全响应模块使系统能够对网络安全事件做出实时响应，该模块一般应用成熟的防火墙技术或者网管系统，可以支持多方厂商的防火墙产品。

7.2 数据采集方案

安全设备的数据采集处于 SIM 系统的低层，对于上层的关联分析、安全态势评估等至关重要。

下面介绍常用的数据采集方案：SNMP Trap 和 Syslog。

7.2.1 SNMP Trap

1. SNMP的基本知识

自 1998 年以来，SNMP 已经广泛地被接受和支持，它为网络管理系统提供了底层网络管理的框架。SNMP 是一种无连接协议，通过使用请求报文和返回响应的方式在管理代理和管理者之间传送信息。SNMP 依赖的模式是管理者与代理模型（Management and Agent Model），其模型如图 7-2 所示。

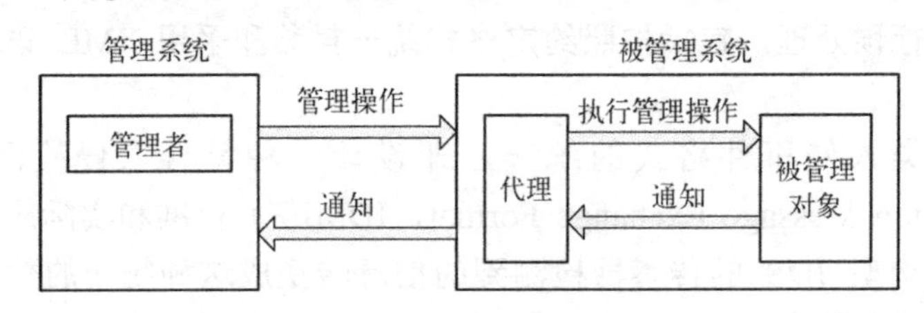

图 7-2　管理者与代理模型

管理者可以是工作站、微型计算机等，一般位于网络系统的主干或接近主干的位置，它负责发出管理操作的指令并接收来自代理的信息。代理则位于被管理者的设备内部，把来自管理者的命令或信息请求转换为本设备特有的指令，完成管理者的指示或返回他所在设备的信息；另外，被管理对象也可以把在自身系统中发生的事件主动通知给管理者。管理者将管理要求通过管理操作指令传送给位于被管理系统中的代理，代理则直接管理被管理对象。代理可能因为某种原因拒绝管理者的指令，管理者和代理之间的信息交换分为 2 种：从管理者到代理的管理操作和从代理到管理者的事件通知。

SNMP 由 3 个部分组成：管理信息结构（Structure of Management Information，SMI）、管理信息库（MIB）和 SNMP 协议。其中，SNMP 协议是为了管理服务而定义的通信协议，管理信息库定义了通过 SNMP 协议可以访问的管理对象的集合，管理信息结构用来定义管理信息库。SNMP 协议不仅通过层次型、结构化的形式定义可以访问的网络管理信息对象 MIB 库，而且在管理者和代理之间提供了一种简单而直接的管理信息交换方法。交换的基本单元是消息，它由一个外部的消息封装和一个内部的协议数据单元（Protocol Data Unit，PDU）组成。SNMP 协议定义了数据包的格式及网络管理员和管理代理之间的信息交换，控制着管理代理的 MIB 数据对象，可处理管理代理定义的各种任务。

（1）SNMP 协议对外提供用于控制 MIB 对象的基本操作命令

1）Set：一个特权命令，可通过它来改动设备的配置或控制设备的运转状态。

2）Get：SNMP 协议中使用率最高的一个命令，是从网络设备中获得管理信息的基本方式。

3）Trap：在网络管理系统没有明确要求的前提下，由管理代理通知网络管理系统有一些特别的情况或问题发生了。

其中，Set 和 Get 命令应用于 MIB 数据对象的操作，其目标是数据对象的值。

（2）SNMP 报文组成部分

1）版本域（Version Field）：说明现在使用的是哪个版本的 SNMP 协议。

2）分区域（Community Field）：分区是基本的安全机制，用于实现 SNMP 网络管理员访问 SNMP 管理代理时的身份验证。分区名（Community Name）是管理代理的口令，管理员被允许访问数据对象的前提就是网络管理员知道网络代理的口令。如果把管理代理配置成可以执行 Trap 命令，当网络管理员用一个错误的分区名查询管理代理时，系统就发送一个 autenticationFailure trap 报文。

3）协议数据单元域（Protocol Data Unit Field）：SNMP v1 的 PDU 有 5 种类型，有些是报文请求，有些则是响应，具体如下。

- GetRequest：SNMP 管理员使用 GetRequest 从拥有 SNMP 代理的网络设备中检索信息。
- GetResponse：SNMP 代理以 GetResponse 消息响应 GetRequest，可以交换的信息有系统名字、系统自启动后正常运行的时间和系统中的网络接口数等。
- GetNextRequest：与 GetRequest 结合起来使用，可以获得一个表中的对象，使用 GetRequest 可以取回一个特定对象，而使用 GetNextRequest 则是请求表中的下一个对象。
- SetRequest：可以对一个设备中的参数进行远程配置，可以设置设备的名字、关掉一个端口或清除一个地址解析表中的项。
- Trap：SNMP 陷阱，是 SNMP 代理发送给管理员的非请求消息。这些消息告知管理员本设备发生了一个特定事件，如端口失败、掉电重启等，管理员可以做出相应处理。与 GetRequest、GetNextRequest 及 SetRequest 不同的是，对于 Trap，接收者不会做出响应。

SNMP 协议的应用范围非常广泛，诸多种类的网络设备、软件和系统中都有所采用。在安全管理领域，SNMP 是远程管控的重要手段。SNMP 协议已经被认为是网络设备厂商、应用软件开发者及终端用户的首选管理协议。

（3）SNMP 协议的特点

1）易于实现。SNMP 的管理协议、MIB 及其他相关的体系框架能够在各种不同类型的设备上运行，包括从低档的个人计算机到高档的大型主机、服务器、路由器、交换器等网络设备。一个 SNMP 管理代理组件在运行时不需要很大的内存空间，因此也就不需要太强的计算能力。SNMP 协议设计简单、扩展灵活、易于使用，一般可以在目标系统中快速地被开发出，在面市的新产品或升级的老产品中均可以存在。

2）开放的免费产品。只有经过 IETF 的标准议程批准，才可以改动 SNMP 协议。

3）文档资料详细。网络业界通过 RFC 及其他的一些文章对这个协议有着较深入的理解，这些成为 SNMP 协议进一步发展和改进的基础。

4）可控制各种设备。如电话系统、环境控制设备，以及其他可接入网络且需要控制的设备等，这些非传统装备都可以使用 SNMP 协议。

2．SNMP Trap 的基本知识

SNMP Trap 是 SNMP 的一部分，当被监控段出现特定事件时，可能是出现性能问题，甚至是网络设备接口出现问题等，代理端会给管理员发送报警事件，SNMP Trap 报文从代理发送给管理员。根据报警事件，管理员可以通过定义好的方法来处理报警。SNMP Trap 的功能是在网络管理系统没有明确要求的前提下，由管理代理通知网络管理系统有一些特别的情况或问题发生了。利用 Trap 机制，安全设备可以将安全事件实时地向事件管理系统传送。Trap 报文可以指示一个错误或危险状态，或者通知管理员该代理的状态。SNMP 管理员必须正确解码这一 Trap 报文，并处理结果数据。

3．SNMP 与 SNMP Trap

原始的 SNMP 管理器是一个查询程序，需要不断地检查 SNMP 设备的状态。即使 SNMP 设备状态不变，也要不断检查，这显然浪费了很多资源和带宽。SNMP Trap 就是在 SNMP 设备发生状态变化的时候向管理器发出信号，不用管理器来检查，而以事件为驱动。二者分别相当于计算机中的查询方式和中断方式。

7.2.2 Syslog

Syslog 原本是 UNIX 系统的一个常用协议，用于执行系统日志记录活动。支持该协议的系统守护进程 Syslogd 从一组日志源中读取数据，并按配置文件处理这些日志消息。目前，Syslog 被绝大多数设备支持，用于事件数据的传输，常见的有入侵检测系统、防火墙、安全审计系统、路由器、交换机、集线器、操作系统、打印机、无盘工作站等。

Syslog 基于 UDP 协议，采用 C/S 模式，常使用 UDP 514 端口。Syslog 对于消息格式没有作限定，一般包括：时间戳、消息源标识符、消息源类型和消息优先级别。然而，Syslog 协议存在很大的安全问题，因而该协议在安全事件管理上的应用存在着明显的限制。Syslog 的安全问题如下。

1）基于 UDP 协议导致消息传递不可靠。

2）协议对加密没有要求，不保证消息的保密性。

3）不含身份认证信息，容易被混淆、伪造和重放。

4）无校验信息，不能保证消息的完整性。

5）消息数据量超过 1024 字节会引发不可预测行为。

6）消息若没有时间戳，或无法同步网络环境的时钟，系统或管理员将无从判断消息到达的次序。

7）消息优先级并不决定消息在网络传递时的优先级，导致重要程度高的消息可能由于网络或接收者的阻塞而无法优先抵达。

7.3 事件标准化表示

本节主要介绍事件标准化的相关标准、入侵事件标准数据模型和基于 XML 的入侵事件格式，其中事件标准化的标准有 IDMEF、IDXP 和 CIDF。

7.3.1 相关标准

为了提高 IDS 产品、组件及与其他安全产品之间的互操作性，美国国防高级研究计划署（Defense Advanced Research Projects Agency，DARPA）和互联网工程任务组（IETF）的入侵检测工作组（Intrusion Detection Work Group，IDWG）发起并制定了一系列建议草案，包括从体系结构、API、通信机制、语言格式等方面规范 IDS 的标准。IDWG 主要负责制定入侵检测响应系统之间共享信息的数据格式和交换信息的方式，以满足系统管理的需要。IDWG 提出的建议草案包括 3 部分内容：入侵检测消息交换格式（IDMEF）、入侵检测交换协议（Intrusion Detection Exchange Protocol，IDXP）和隧道模型（Tunnel Profile）。

（1）IDMEF

IDMEF 是 IDWG 发起的一份建议草案，它通过定义 IDS 系统、组件及其他安全产品之间进行互操作的数据格式，实现信息的共享。同时，它能够表达报警之间的关系。IDMEF 描述了一种表示入侵检测系统输出消息的数据模型，定义了产生一个报警时需要说明属性的完备集，并且解释了使用这个模型的基本原理。IDMEF 数据模型用 XML 实现，以面向对象的形式表示分析器发送给管理器的报警数据。IDMEF 数据模型的设计目标是用一种明确的方式提供对报警的标准表示法，并描述简单报警和复杂报警之间的关系。自动的入侵检测系统能够使用 IDMEF 提供的标准数据格式，对可疑事件发出报警。这种标准格式的发展将使得在商业、开放资源和研究系统之间实现协同工作的能力，同时允许使用者根据他们的优点和弱点获得最佳的实现设备。实现 IDMEF 最适合的地方是入侵检测分析器（探测器）和接收报警的管理器（控制台）之间的数据信道。

（2）IDXP

IDXP 是一个用于检测实体之间交换数据的应用层协议，能够实现 IDMEF 消息、非结构文本和二进制数据之间的交换，并提供面向连接协议之上的双方认证、完整性和保密性等安全特征。IDXP 模型可以建立连接、传输数据和断开连接。

（3）公共入侵检测框架（Common Intrusion Detection Framework，CIDF）

公共入侵检测框架（CIDF）是 DARPA 提出的建议，所做的工作主要包括四部分：IDS 的体系结构、通信机制、描述语言和应用编程接口（API）。CIDF 在 IDES 和 NIDES 的基础上提出了一个通用模型，将入侵检测系统分为四个基本组件：事件产生器、事件分析器、响应单元和事件数据库，CIDF 的体系结构如图 7-3 所示。

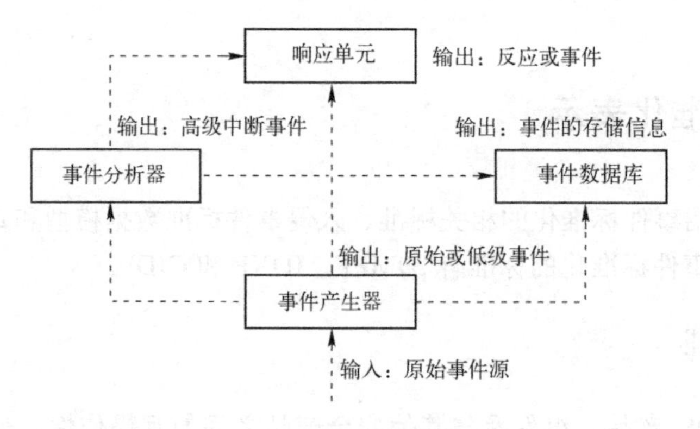

图 7-3 CIDF 的体系结构

CIDF 将 IDS 需要分析的数据统称为事件，它可以是网络中的数据包，也可以是从系统日志或其他途径得到的信息。在这个模型中，事件产生器、事件分析器和响应单元通常以应用程序的形式出现，而事件数据库则往往是以文件或数据流的形式出现，很多 IDS 厂商都以数据收集部分、数据分析部分和控制台部分三个术语来分别代替事件产生器、事件分析器和响应单元。

目前，已有的安全管理系统大多采用 IDMEF 作为统一的标准数据格式，大部分 IDS 厂商也都宣称其产品对 IDMEF 数据格式的支持。安全事件管理系统支持 IDMEF 的优势如下。

1）可将不同种类 IDS 上报的事件存储在同一个数据库中，便于对事件做全局性分析。

2）便于事件关联系统对事件做更为复杂的多源、异构关联。

3）使用户可以在一个图形终端上监控所有上报的事件。

4）便于机构之间交换数据。

7.3.2 入侵事件标准数据模型

（1）IDMEF 的数据模型

对异类入侵检测器的支持需要对各种入侵检测器产生的报警格式进行统一和集中，需要参考标准对各种系统产生的报警命名规则进行归一和集中，即设计一种统一的入侵事件格式，使异构型 IDS 的信息交换成为可能。IDMEF 的数据模型如图 7-4 所示。

在 IDMEF 数据模型中，顶层 IDMEF-Message 由 Alert 和 Heartbeat 两个子类继承，Alert 又由 Analyzer、CreateTime、DetectTime、AnalyzerTime、Source、Target、Classification 等若干聚合类及其继承子类 ToolAlert、CorrelationAlert 和 OverflowAlert 组成。Heartbeat 类包括 Analyzer、CreateTime、AnalyzerTime 和 AdditionalData 聚合类。可以看出，Alert 类的子类和其聚合类包含关联算法所需要的各种属性。Source 和 Target 部分为关联系统提供定义完好的有用信息，这些信息都具有全局性。

Classification 部分不具有全局性，不同的 IDS 具有不同的报警类型命名方案。所以要进行关联，参与关联的异类 IDS 和关联系统必须形成统一的报警类型命名方案。报警的聚合与关联可以由 ToolAlert 和 CorrelationAlert 这两个子类来表示，这两个子类可以被用于交换关联信息，实现多层次的报警关联。尽管在 CorrelationAlert 中缺少表示关联方法的部分，但 XML 的定义是可扩展的，这样就可以引入 CorrelationAlert 的子类，增加类似于关联方法这样的附加信息。

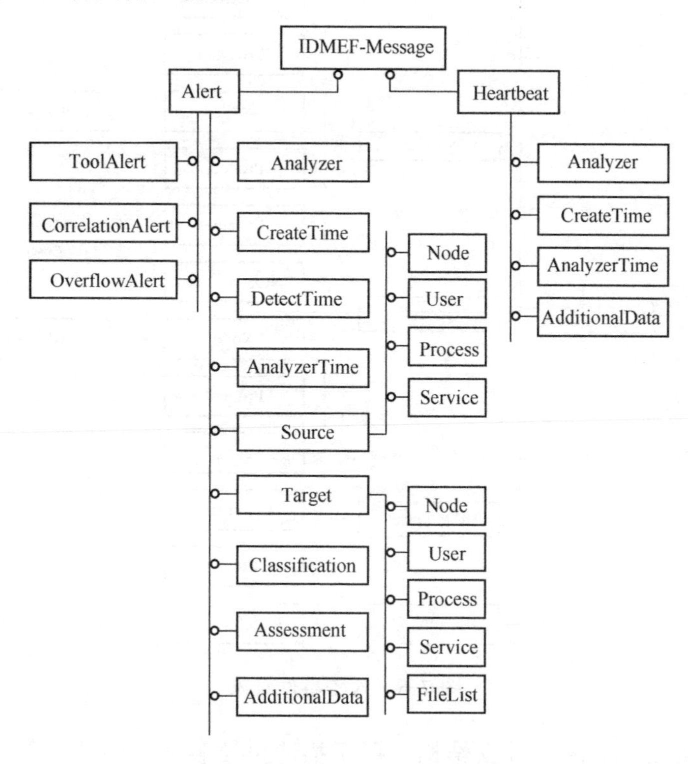

图 7-4　IDMEF 的数据模型

（2）基于 IDMEF 的入侵事件格式

IDMEF 定义了产生一个 Alert（报警事件）时需要说明属性的完备集，但是对于特定的环境，某些属性难于取得或者作用不大。为此，需要在 IDMEF 的基础上，定义适合系统要求的入侵事件统一格式。分析目前几种主流的 IDS 产生的报警信息，一个入侵报警事件主要包含：报警时间、源 IP 地址、目的 IP 地址、攻击类型等因素。参考 IDMEF 和 IDXP 标准，在不损害有效报警信息的前提下，忽略次要因素，参考 IDMEF 和 IDXP 标准，采用统一的约定事件格式来统一各个 IDS 的报警事件，包括 Analyzer、Source、Target、Signature 等字段，分别描述传感器的地址和属性、攻击发起者的地址和主机属性、被攻击者的地址和主机属性、攻击事件详细说明等信息。

图 7-5 是一个入侵事件对象。

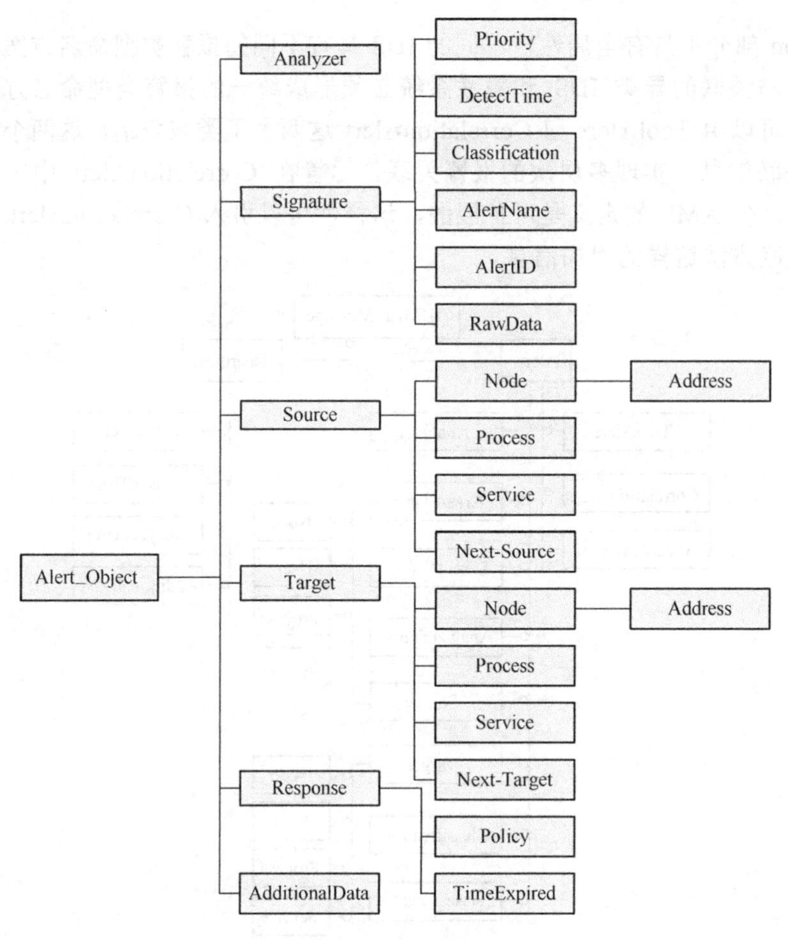

图 7-5　入侵事件对象

所建立的 Alert_Object 数据结构，用于描述报警事件。该结构采用面向对象的方式进行设计，最高层类为 Alert_Object，按照数据模块进行划分，该类以下又分为 Analyzer、Signature、Target、Source、Response 等子类。采用面向对象的方式进行设计，当系统需要添加新的数据类型或修改现有类型时，可以采用添加子类或修改现有数据类的方式对数据结构进行修改，不会影响其他数据类的使用。模型中各子类的描述如下。

1）Analyzer：描述传感器的信息，包括传感器所属 IDS 的生产商、传感器的类型、传感器的 ID、传感器的网络地址等信息。

2）Signature：传感器所检测到的入侵可疑事件的详细说明。它使用如下子类来分别描述报警事件信息。

- Priority：定义对该报警事件进行响应时的优先级，同时也表明该事件的危害的严重程度。
- DetectTime：传感器检测到入侵的时间，取值精确到秒。
- Classification：根据规则确定的该入侵事件所属的攻击分类，如 DDoS、后门等攻击类别。

- Alert Name：入侵行为的名称，若该传感器是基于滥用检测模型进行入侵检测，那么该属性的值就是 Signature 的名称；若传感器是基于误用检测模型进行入侵检测，那么该属性指明的是主机系统上发生异常的服务的名称。
- AlertID：根据 Alert Name 所确定的入侵 Signature 的编号，当传感器发送的报警事件到达监控系统后，系统对 Alert Name 进行转换，生成 AlertID，用于内部模块的关联和推理工作。
- RawData：本次攻击行为的原始数据，若传感器根据 Signature 进行检测，该值则是网络数据包的一些内容信息，传感器根据该数据匹配 Signature，从而认为发生了可疑网络入侵事件；若传感器根据误用检测的统计模型进行检测，该属性的值则是统计模型进行计算时所用的参数和阈值，如置信度和支持度等。

3）Target：入侵行为中遭受黑客攻击的目的地址。Target 子类中的地址内容包括主机地址和该地址是否为伪造地址的标志、事件所属的 Service、Process、Node 以及网络节点信息。若传感器是基于滥用检测的，那么主机地址信息为网络 IP 地址、网络掩码、网络端口、主机上的网络接口号等内容；若传感器是基于误用检测的，那么主机地址信息为主机名称、网络 IP 地址、主机中被攻击的服务名称、该服务进程号等信息。同时，Target 子类的最后一项是一个指向同样 Target 类型的指针，若传感器检测到针对多地址或多目的的入侵行为，则系统可以使用该指针记录其余遭受攻击的主机地址信息。

4）Source：发起攻击的黑客主机源地址。内容包括源主机地址和该地址是否为伪造地址的标志、事件所属的 Service、Process、Node 以及网络节点信息。由于基于误用检测的传感器不一定能发现黑客源主机的地址信息，因此主机地址的值可以为空。由于黑客在发起攻击的时候常常会刻意隐藏自己的地址信息，因此如果传感器具有检测伪造地址信息的能力，则可以将该地址标记为伪造地址。同样，Source 类的最后一项属性为指向 Source 类型的指针，记录多个源地址协同发起的攻击，如 DDoS 等。

5）Response：当可疑的报警事件被确认为黑客的攻击行为后，系统需要做出安全响应。响应行为可以是通过防火墙进行的安全防护，也可以是通过发送主动安全响应数据包切断黑客的连接请求。Response 的属性包括 Policy 和 TimeExpired。

- Policy：定义对该报警事件进行响应时应该采取的策略，可能只是采用一种简单的方式通知管理员有轻微危害程度的入侵事件发生，也可能自动控制防火墙对该事件的源 IP 地址或者目的 IP 地址进行访问控制，阻止危害程度很高的入侵事件的继续扩散。
- TimeExpired：进行响应时采取的策略的有效时间，比如在利用防火墙进行响应时，3600s 内拒绝该入侵事件的源 IP 地址到目的 IP 地址某项服务的访问等。

6）AdditionalData：报警事件的附加信息。

（3）数据模型的 VC 实现

入侵事件一致性转换模块以动态连接库的形式分发，提供接口给 Snort 或者

RealSecure 进行格式转换，采用 Visual C++ 6.0 实现的具体描述如下。

```
typedef struct _CAddress
{
    char *address;   // IP 地址
    char *netmask;  // 子网掩码
    char *category;   // IP 版本，IPv4 或者 IPv6
}CAddress; // 地址类

typedef struct _CService
{
    char *name; // 服务名称
    char *port;   // 服务所对应的开放端口号
    char *portlist; // 端口列表
    char *protocol; // 服务所采用的协议
}CService;// 服务类

typedef struct _CProcess
{
    char * ident; // 保留的进程识别号
    char *name; // 进程的名称
    char * pid; // 进程的编号
    char *path; // 进程的路径
    char *arg; // 进程的参数
    char *env; // 进程的环境
}CProcess;// 进程类

typedef struct _CNode
{
        CAddress *Address; // 节点的地址
        char *category; // 节点的类型
        char *location; // 节点的所在地
        char *name; // 节点的名称
} CNode;// 节点类

typedef struct _CReference
{
        char *name; // 网站参考
        char *url; // 网站的 url
}CReference;// 参考类

typedef struct _CAnalyzer
{
        CNode *Node; // 检测器所在的节点
        char *name; // 检测器名称，例如 Snort 或者 Real Secure
```

```
        char *AnalyzerID; // 检测器的编号
        char *version;     // 检测器的版本
} CAnalyzer;// 检测器类

typedef struct _CSource
{
        char *Spoofed;  // 表明源地址是否被伪造
        char *TheInterface;  // 源地址的接口 eth0 或者 eth1
        CNode *Node; // 攻击源所在的节点信息
        CService *Service; // 攻击源的服务信息
        CProcess *Process; // 攻击的进程信息
        struct _CSource *Next; // 多源地址的链表
}CSource;// 攻击源类

typedef struct _CTarget
{
        char *decoy; // 表明目的地址是否诱骗，默认 unknown
        char *TheInterface; // 目的地址的接口，eth0 或者 eth1
        CNode *Node; // 目的地址的节点信息
        CService *Service; // 目的地址的服务
        CProcess *Process; // 目的地址的进程信息
        struct _CTarget *Next; // 多目的地址的链表
}CTarget;// 攻击目的类

typedef struct _CSignature
{
        char *DetectTime; // 检测到事件的时间
        char *Classification; // 检测到的事件的分类
        char *AlertMessage; // 检测到的事件的名称
        char *AlertID; // 检测到的事件的编号
        char *RawData; // 检测到的原始数据
        CReference *Reference; // 该事件的网站参考信息
}CSignature;// 特征类

typedef struct _CResponse
{
        char *policy; // 响应策略
        int TimeExpired; // 响应作用时间
} CResponse;// 响应类

typedef struct _CCidmlAlert
{
        CAnalyzer *Analyzer;// 检测器类信息
        CSource     *Source;// 攻击源信息
        CTarget     *Target;// 攻击目的信息
        CSignature *Signature;// 特征信息
```

```
        CResponse *Response;// 响应信息
} CCidmlAlert;// 报警事件类
```

7.3.3 基于 XML 的入侵事件格式

传感器将格式转换成统一格式后，采用 XML 语言将报警封装成 XML 字符串发送给通信代理，通信代理经过 XML 解码、还原，最后存入数据库作为聚类分析的数据源。使用 XML 的格式进行封装，这种入侵事件描述方式具有表达简洁、传输方便、易于扩充等优点。

图 7-6 是一个用 XML 语言表示的报警事件类（CcidmlAlert）格式的报警事件实例，该实例为由 Snort 产生的一条报警，表示一个从 202.117.14.189 到 192.168.1.211 的服务扫描测试。

```
<CIDML-MESSAGE version="1.0">
    <Alert>
    <Analyzer name="snort" version="1.8.2">
    <Node><Address><address>192.168.001.211</address></Address></Node>
    </Analyzer>
   <Source>
   <Node><Address><address>202.117.014.189</address></Address></Node>
     <Service><service>52275</service></Service>
     </Source>
    <Target>
    <Node><Address><address>192.168.001.211</address></Address></Node>
     <Service><service>3128</service><protocol>TCP</protocol></Service>
     </Target>
    <Signature>
    <AlertMessage>Service_SCAN</AlertMessage>
    <DetectTime>2002-5-30 10:39:36</DetectTime >
     </Signature>
    </Alert>
</CIDML-MESSAGE>
```

图 7-6 IDMEF 报警实例

7.4 安全通信

安全管理系统的传感器与 CA、CA 与控制台之间的通信需要加密，常采用 SSL 协议。下面介绍 SSL 协议的基本知识、改进的 SSL 通信方式和集中监控系统的安全通信方式。

（1）SSL 协议

SSL 协议是 Netscape 公司设计的一种安全数据传输协议，是一个保证任何安装了安全套接层的客户和服务器间事务安全的协议，可以提供数据加密措施、服务器认证、信息完整性以及 TCP/IP 连接的用户认证，主要用于提高应用程序之间通信数据的安全系数。SSL 协议包括 SSL 握手协议、SSL 更改密码规格协议、SSL 报警协议和 SSL 记录协议，其中最复杂的是 SSL 握手协议，该协议允许服务器和客户相互验证、协商加密、MAC 算法及保密密钥，用来保护在 SSL 记录中发送的数据。SSL 握手协议的流程如图 7-7 所示。

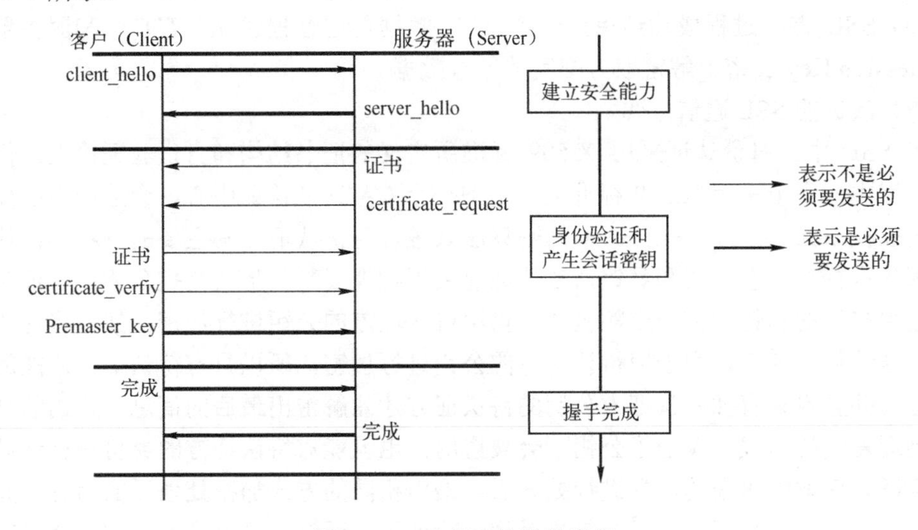

图 7-7 SSL 握手协议的流程

握手过程具体描述如下。

1）client_hello：客户端向服务器端发送客户端的 SSL 版本号、加密算法设置、随机产生的数据和其他服务器需要的用于与客户端通信的数据。

2）server_hello：服务器端向客户端发送服务器的 SSL 版本号、加密算法设置、随机产生的数据和其他客户端需要的用于与服务器通信的数据。另外，如果客户端请求认证服务器端的身份，服务器端还要发送自己的证书，同时服务器端可以请求获得客户端的证书。

3）客户端用服务器端发送的信息验证服务器身份。如果认证不成功，用户就将得到一个警告，加密数据将无法建立连接。如果成功，则继续下一步。

4）客户端用握手过程至今产生的所有数据，创建连接所用的 Premaster_key（预主密钥），用服务器端的公钥加密（在第二步中传送的服务器证书中得到）后，传送给服务器。

5）如果服务器端请求验证客户端的身份，客户端将对另外一份不同于上次用于建立加密连接使用的数据进行加密，并把这次产生的加密数据和自己的证书同时传送给服务器。

6）如果服务器端请求验证客户端的身份，而客户端不能获得认证，连接将被中止。如果被成功认证，则服务器端用自己的私钥解密 Premaster_key，然后用这个 Premaster_key 产生 Master Secret。

7）服务器端和客户端用 Master Secret（主密钥）同时产生 Session Key（会话密钥），之后的所有数据传输都用对称密钥算法来交流数据。

8）客户端向服务器端发送信息，说明以后的所有信息都将用 Session Key 加密。至此，它会传送一个单独的信息，标示客户端的握手部分已经宣告结束。

9）服务器端也向客户端发送信息，说明以后的所有信息都将用 Seesion Key 加密。至此，它会传送一个单独的信息，标示服务器端的握手部分已经宣告结束。

10）SSL 握手过程成功结束，一个 SSL 数据传送过程建立。客户端和服务器端开始用 Session Key 加密、解密双方交互的所有数据。

（2）改进的 SSL 通信方式

在 SSL 中，身份认证采用 X.509 标准所定义的证书结构和身份验证协议。但是在实际应用中，由于采用 X.509 标准需要维护一个 CA 证书认证中心，会造成不必要的开销。所以在 SSL 中可以采用 RSA 加密算法来进行身份认证，其主要的过程为：待认证双方都各自拥有一套公钥和私钥，在认证前采用物理复制的形式交换公钥；认证时，认证方先用自己的私钥加密一个随机数，再用待认证方的公钥进行加密，然后将这段加密信息发送给待认证方，由于用待认证方的公钥进行加密，所以只有待认证方才能解密这段信息，并且也只有拥有认证方公钥的待认证方才能解密出最后的信息。公钥的交换是通过物理复制的形式，保证了公钥不会被盗用，也就能对待认证方的身份进行认证。最后待认证方对解密出来的信息进行处理后，采用相同的方式加密处理后的信息，并发送给认证方，认证方验证处理后的信息以确定验证是否通过。这就是 CA 和传感器间通信采用的改进的 SSL 通信方式。

（3）集中监控系统的安全通信方式

集中监控系统在网络通信时，将通信层划分为两个对等的通信实体：XML_Entity 和 SSL_Entity。XML_Entity 使用 XML 语言对 CcidmlAlert 结构进行标记，将报警事件信息转换成为 XML 格式的字符串，标记过程对通信的其他过程是透明的，这样可以灵活地扩充需要传递的信息。SSL_Entity 采用 SSL 协议进行工作，传感器和控制台的 SSL_Entity 首先建立 SSL 安全会话，然后将待发送的 XML 字符串进行加密，经过网络传输并由对等通信实体解密后，由目的方 XML_Entity 解析字符串，还原为 CcidmlAlert 类型的信息。安全通信示意图如图 7-8 所示。

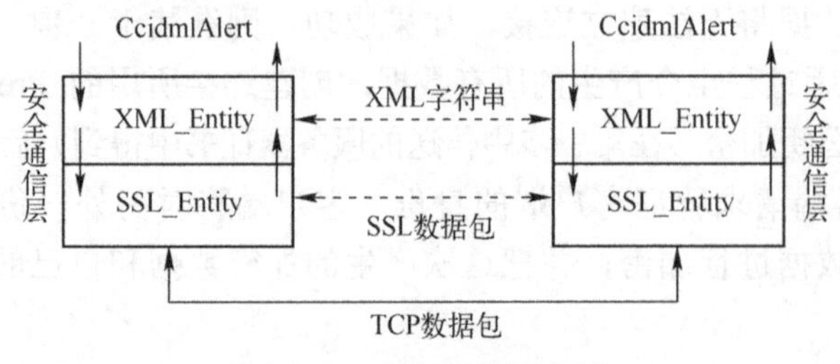

图 7-8　安全通信示意图

为了保证 CA 和各个传感器之间通信的安全，采用 SSL 协议来对通信进行加密，并在 CA 上对各个传感器进行必要的身份认证。每当一个传感器要向 CA 发送入侵事件信息时，首先和 CA 进行“握手”，当传感器通过 CA 的身份验证并完成握手之后，即可用双方在握手协议中产生的密钥对需要发送的数据进行加密，保证通信的安全。同时，如果该传感器无法通过 CA 的身份验证，即可说明该传感器属于无授权传感器，将无法完成握手协议，CA 不会收到该传感器的数据。这样可以保证信息的可靠性并防止恶意用户对 CA 发送大量的垃圾数据，影响 CA 的正常运行。

7.5 本章小结

综合安全管理平台常用的数据采集方案主要有 SNMP Trap 和 Syslog。SNMP Trap 是 SNMP 的一部分，在 SNMP 设备状态发生变化的时候向管理器发出信号，以事件为驱动，不用管理器来检查，相当于计算机中的中断方式。利用 Trap 机制，安全设备可将安全事件实时地向事件管理系统传送。

入侵检测的标准化工作主要从体系结构、API、通信机制、语言格式等方面来规范 IDS 的标准，并制定了一系列建议草案，包括入侵检测消息交换格式（IDMEF）、入侵检测交换协议（IDXP）、公共入侵检测框架（CIDF）。其中，IDMEF 通过定义 IDS 系统、组件及其他安全产品之间进行互操作的数据格式，实现信息共享。其数据模型用可扩展标记语言（XML）实现，以面向对象的形式表示分析器发送给管理器的报警数据。

目前，安全管理系统大多采用 IDMEF 作为统一的标准数据格式，大部分 IDS 厂商也都宣称其产品支持 IDMEF 的数据格式。

集中监控系统的通信代理和各个传感器之间通信采用 SSL 协议通信进行加密，以实现通信安全。

7.6 习题

1．请简述 SNMP Trap 的工作原理及其与 SNMP 的关系。

2．请简述 IDMEF、IDXP、CIDF 各自的功能与作用。

3．公共入侵检测框架（CIDF）将入侵检测系统分为哪 4 个部件？各自的功能是什么？

4．使用 XML 进行报警封装的优势是什么？

5．请简述 SSL 握手协议的过程。

6．请总结 SNMP 协议的应用场景，并分析该协议的安全性。

7．SNMP 实践：添加并开启 SNMP 代理服务；编制控制台程序，接受用户输入的 OID 字符串，返回在 SNMP 代理中的对应值；开发 GUI 界面程序，使用户可以通过该程序观察主机 CPU、内存、硬盘空间、流量值；开发阈值报警功能，用户通过界面可以设置性能阈值（如 CPU），当超过阈值时将自动报警；实现 SNMP Trap 功能并测试。

第 8 章　多源安全事件的关联融合分析方法

本章首先介绍事件关联的基础知识，其次描述报警关联操作的层次划分和常用的关联方法，重点介绍基于相似度的报警关联、基于数据挖掘技术的事件关联、基于事件因果关系的入侵场景构建和基于规则的报警关联方法，接着介绍典型的商用关联系统及其体系结构，最后总结事件关联的关键技术点。

8.1　事件关联简介

下面介绍事件关联的必要性、关联模型和关联目的。

8.1.1　事件关联的必要性

入侵检测系统（IDS）作为一种网络主动防御手段，它可以识别入侵者和入侵行为、检测和监视已经成功的入侵，并进行入侵响应。IDS 已经在很多企业部署和实施，而且技术也相对成熟，但是一直没有摆脱花瓶的角色，并没有在企业中起到很大的作用，这主要归因于现有的 IDS 存在以下问题。

1）数据量大，导致管理员不知道如何处理和分析这些数据，这令管理员非常头疼。

2）入侵检测的误报率和漏报率偏高，重复报警多，致使管理员难以识别出系统中发生的真正攻击。

3）现有大部分 IDS 检测到的攻击都是入侵过程中的单一攻击行动，所包含的信息质量较低，不易理解。

4）入侵响应能力差，目前大部分 IDS 的响应手段只限于检测到入侵后发出报警信息，而将入侵响应的工作留给网络管理员去手工完成。

5）现有 IDS 还缺乏同其他安全产品的有效协调。

以上问题极大地影响了 IDS 的实际使用效果，甚至有人断言 IDS 将会被逐出市场。系统中布置的 IDS、防火墙、防病毒系统每天都会产生大量的低层报警信息，网络报警事件具有大量、简单、重复的基本特征，使得系统管理员难以从含有噪音的海量数据中发现真正的威胁信息，不能真正理解黑客采取的攻击策略和步骤。在这样的背景下，多源安全事件的融合与关联是一个必然趋势，用以实现安全事件的后期处理和分析，并实现全网安全事件的集中管理。

8.1.2 关联模型

入侵事件关联模块是安全事件监控管理系统的核心模块之一，其在各入侵检测传感器（Snort、RealSecure 等）报送事件的基础上进行，经关联分析后精简报警数量，形成入侵判定，并报送控制台（Console）。入侵事件关联框架如图 8-1 所示。

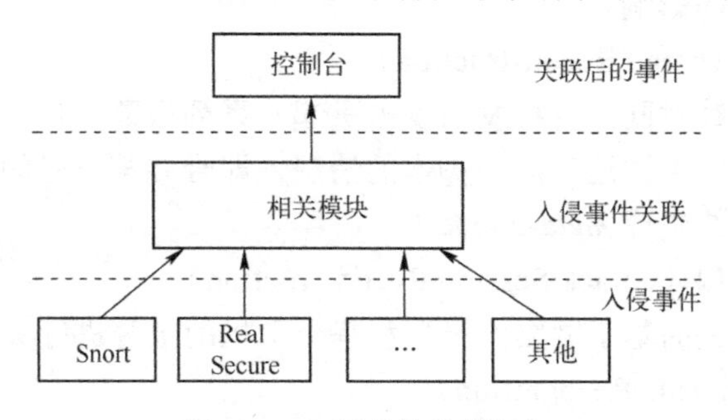

图 8-1 入侵事件关联框架

报警关联是由许多组件执行一个或多个 IDS 产生的报警的分析过程，旨在对正在发生或企图的入侵提供简洁、高层的认识，把入侵报警转化成入侵报告。Fredrik Valeur 等学者提出一个入侵报警关联通用模型，如图 8-2 所示。

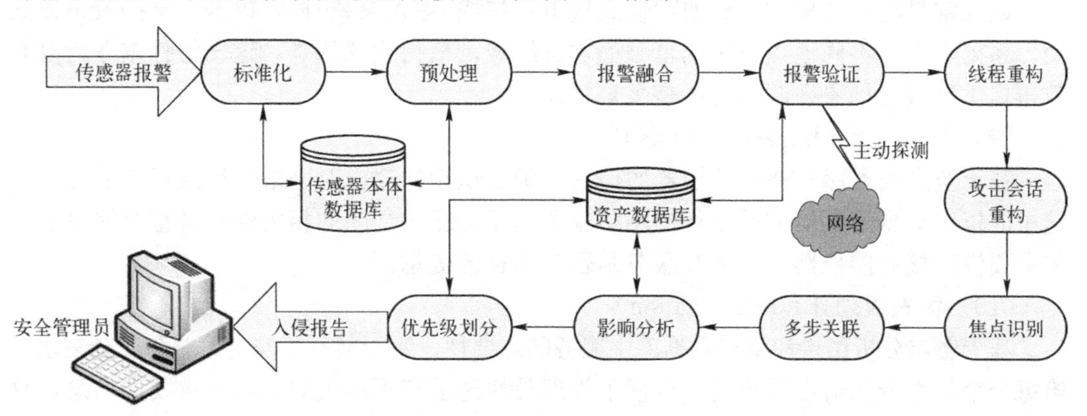

图 8-2 入侵报警关联通用模型

在入侵报警关联通用模型中，整个关联任务主要包括以下 10 步。

（1）标准化（Normalization）

整个报警关联的初始阶段，把接收的报警转化成所有关联组件都能理解的标准格式。

（2）预处理（Pre-Processing）

针对 IDS 生成的初始报警可能缺少一些系统需要处理的关键信息情况，扩大标准化报警，为所有需求的报警属性分配有意义的值，比如起始时间、结束时间、攻击源和攻击目标。

（3）报警融合（Alert Fusion）

把来自不同 IDS 的、与同一攻击相对应的报警进行合并，生成 *meta-alert*，即合并来自不同传感器的重复报警，去除冗余。

（4）报警验证（Alert Verification）

针对每一个报警，确定攻击的成功与否，标记与失败攻击对应的报警，最终减轻这些报警在关联过程中的影响。

（5）线程重构（Thread Reconstruction）

合并同一攻击者针对同一目标发动攻击引起一系列报警，包括同一攻击者针对某一程序测试不同的脚本和多次运行同一脚本的情况，即合并某一时间窗内发生的具有同源和同目标的报警，最终生成 *meta-alert*。

（6）攻击会话重构（Attack Session Reconstruction）

把与同一攻击相关的基于网络的报警和基于主机的报警进行关联。

（7）焦点识别（Focus Recognition）

负责识别大规模攻击的源或目标主机，具体是把与一个攻击机攻击多个目标和多个攻击机攻击一个目标相关的攻击报警聚集在一起，比如 DDoS 攻击或端口扫描尝试，以精简这些攻击产生的报警量。

（8）多步关联（Multi-Step Correlation）

识别常见的攻击模式，比如跳板式攻击、扫描-进入系统-权限提升，这些攻击模式由一系列在网络不同地点发生的单独的攻击组成，值得注意的是，这一组件重在为复杂攻击提供高层的抽象视图，而不是报警精简。

（9）影响分析（Impact Analysis）

基于资产数据库和核心监控器的信息，确定识别的攻击对网络运行或资产的影响。这里的资产数据库存储的是运行的网络服务信息、服务之间的相关性和对整个网络业务的重要性，核心监控器提供某些服务是否在运行的信息。

（10）优先级划分（Prioritization）

基于影响分析结果和资产数据库中服务的重要性，鉴于网站的安全策略和安全需求，给每一个报警分配适当的级别，以便于管理员快速丢弃不相关的或者不重要的信息。这里，资产数据库给每一个网络资源的保密性、完整性和可用性的需求程度赋值。

模型中给出的 10 步关联框架显示，前面组件的输出作为下一组件的输入，但并不是所有的报警都要顺序地经过这些组件处理。前两个过程：标准化和预处理要对所有的报警进行处理，而报警融合、报警验证、线程重构和攻击会话重构这 4 个过程只针对单一事件或者紧密相关的事件，焦点识别和多步关联这两个步骤处理涉及大量不同主机的报警，最后两个步骤则把报警置于具体的目标网络中。

8.1.3 关联目的

通过对来自于不同类型 IDS 和其他安全设备所产生的报警进行聚合与关联，可以有效地解决入侵检测分类技术由于硬件速度、算法假设和复杂网络环境的影响所难以克服的误报和漏报偏高等问题，为自动、深入的报警处理打下了基础。参照穆成坡等人发表的学术论文“入侵检测系统报警信息聚合与关联技术研究综述”，事件关联可以实现以下目标。

（1）消除或减少重复报警

网络上不同的 IDS 针对同一个安全事件都可能产生报警，即使是同一个 IDS 也可能对某个安全事件发出多个报警。这些重复报警少则几条，多则上万条，通过对报警的聚合，可以大大减少重复报警率。

（2）降低误报率和漏报率

通过将一个攻击过程的相关报警信息关联在一起，可以消除某些孤立和随机事件产生的误报警。另外，将报警信息与被保护网络系统本身的信息相互比对，就可以很好地滤除无关报警，降低误报率。

目前，没有一种单一的 IDS 能够检测到所有的网络攻击。不同 IDS 之间的报警通过关联，可以相互补充，防止漏报的发生。比如在美国 SRI 公司系统开发实验室的研究者 D. Andersson 发表的论文“Heterogeneous sensor correlation: a case study of live traffic analysis”中，使用 Snort 和 EMERALD 两种 IDS 进行关联实验，实验结果表明，两种 IDS 之间可以相互补充，对两者报警进行关联就可以得出一个全面的攻击情况，从而降低漏报率。

（3）发现高层攻击策略

将入侵过程的一系列攻击活动关联在一起，重建攻击过程，这样就可以对入侵的整体情况进行描述，有利于对入侵的理解，从而发现攻击策略，克服了以往 IDS 检测结果过于细化和底层的缺点，避免了“只见树木，不见森林”的负面效果，为入侵意图识别、入侵行动预测和入侵响应打下了基础。

（4）扩大 IDS 的检测范围

在较大型的交换式网络系统中，单个 IDS（不论是基于网络的还是基于主机的）的检测范围和处理能力有限，要想掌握整个网络的安全情况，就要将多个 IDS 和安全设备布置在网络上的不同位置，然后将来自于这些安全设备的报警进行融合处理，从而实现全网范围内的安全防御。

8.2 基本概念

以不同类型的 IDS 产品（或其他安全设备）作为传感器，对其产生的报警进行再组织和再分析的后期处理（合并、聚合、关联等），以期得到比单一的 IDS 对入侵和系统安全状态更精确、更可靠的估计和推理决策的过程，这一过程被称为报警信息融合，即多源安全事件的聚合与关联，主要涉及以下基本概念。

（1）原始报警（Raw Alert）

由 IDS 或其他安全设备直接产生，没有经过深入处理的报警。

（2）报警聚合（Alert Aggregation）

将 IDS 或其他安全设备针对同一安全事件产生的大量性质相同或相近的报警合并成一个报警。主要包括以下几种类型。

1）精简：$[A,A,...,A] \Rightarrow A$，将重复的多个入侵事件精简为一个入侵事件，不考虑重复报警的次数。

2）计数：$[n,A] \Rightarrow B$，对重复到来的入侵事件进行计数，达到一定数量的 A 类事件可能就是一种新的 B 类入侵事件。例如，达到一定数量的扫描入侵事件可能就是拒绝服务攻击。

3）时序关系：$[A,T,B] \Rightarrow C$，按照固定顺序关系发生的琐碎入侵事件将被组合成新的入侵事件，如一次攻击带来的琐碎报警的组合。

（3）攻击过程（Attack Scenario）

多个不同攻击动作按一定顺序所形成的入侵过程。

（4）报警关联（Alert Correlation）

将属于同一攻击过程的每一步攻击动作所产生的报警联系在一起，重建黑客攻击的过程，即入侵场景重建：$[A,B,C] \Rightarrow A \rightarrow B \rightarrow C$。

（5）超报警（Hyper-Alert 或 Meta-Alert）

在报警的聚合与关联中，综合多个原始报警或其他超报警所产生的报警。

8.3 报警关联操作的层次划分

随着对报警信息的不断深入处理，其信息质量都会得到提升。报警信息关联操作分 4 个层面进行，如图 8-3 所示。

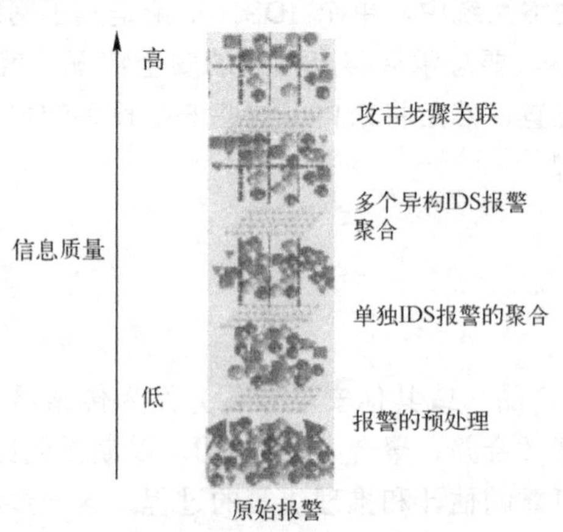

图 8-3　不同层次的报警信息关联操作

（1）报警的预处理（Alert Pre-Processing）

这是关联系统和 IDS 进行交互的接口，这部分所要完成的最重要的工作之一就是报警数据语义和语法方面的标准化，将各种不同的安全设备各自的报警数据格式转换成关联系统的标准格式（如 IDMEF 格式），同时完成攻击分类等项目内容的统一映射。另外，还需要完成以下操作。

1）过滤：$[A,P(A)\neq H]\Rightarrow\varnothing$，删除某个属性 $P(A)$ 不属于某个合法集合 H 的报警 A。如报警的目的 IP 地址不属于某个预先定义的范围之内或不属于保护范围，则将其删除。

2）抑制：$[A,C]\Rightarrow\varnothing$，如果某种入侵事件在特定的环境下发生，且目标系统的环境与该特定环境不符，则将其抑制。例如，目标系统为 Linux 系统，入侵事件为利用 Unicode 漏洞的攻击，则需将其抑制。

（2）单独 IDS 报警的聚合（Single IDS Alert Aggregation）

这种聚合一般是将某一 IDS 内部针对同一安全事件产生的大量相同或相似的报警合并成一个超报警。这种报警聚合多为时间上的纵向融合操作，一般在 IDS 内部进行，也可以在独立的关联系统中进行。

（3）多个异构 IDS 报警聚合（Multiple IDS Alert Aggregation）

通过对多个不同类型 IDS 或其他不同来源的报警信息进行聚合，可以使不同来源的报警相互补充、相互印证，有利于真正理解攻击的实质。这种聚合多为空间上的横向融合操作，一般都在连接多个异构 IDS 的独立的关联系统中进行。

（4）攻击步骤关联（Alert Correlation）

此操作是在上述报警聚合的基础上，进行更深入的关联操作，目标是重建攻击过程，将逻辑相关的攻击动作联系起来，从而掌握攻击的整体情况。和单独的低层事件相比，攻击过程可以使人们对入侵的理解更透彻。这种关联为时间上的纵向融合操作，都发生在独立的关联系统或连接多个独立关联系统的中心报警控制台上。

值得注意的是，各层次对报警的处理操作没有明显的界限，其目的是一致的。一些报警关联系统也将操作（2）和（3）或操作（3）和（4）合在一起，同时进行；有的系统在报警关联后，还要进行聚合。

8.4 报警关联方法

现有报警关联方法有的借鉴误用入侵检测的思想，实质上是对误用入侵检测的扩展；有的利用统计的方法进行，和异常检测的思想相近。但是，入侵检测技术中误用与异常检测方法注重数据的分类，处理的是网络数据流或主机日志，而报警关联中误用与异常检测方法注重的是对攻击过程的回归，处理的数据对象是原始报警。

总体而言，目前主要有以下几类报警关联技术。

（1）基于报警属性相似性的关联

分析原始报警，根据报警属性的相似性来进行聚合与关联。属于同一攻击的原始报警通常都具有相似的属性，检查报警属性（如 IP 地址）发现它们之间的相似性以进行关联。此方法要解决需要比较哪些属性、怎样知道这些属性是相似的（属性之间的相似程度计算）、在比较中对不同的属性怎样分配权重等。属性之间的相似程度计算和属性本身的性质有关，不同的属性其相似度计算方法也不同。目前，大部分系统只是简单地比较两个报警的相关属性是否完全相等，以此来确定其相似性。

基于报警属性相似性的方法通过精心选定相似度标准、权重系数等参数，可以较好地捕捉到许多已知攻击类型的实质，能够有效地进行一些报警关联，比如具有相同的源和目的 IP 地址的一类报警，且算法的实时性好。但系统本身对攻击并不理解，不能充分揭示相关报警间的因果关系。而且，由于属性相似度的计算和权重分配在很大程度上依赖于领域知识，所以说它是一个由专家经验维护的系统，主观性太浓厚。

（2）基于被保护系统本身特点的关联

分析原始报警，从被保护网络系统的角度来关联报警信息，主要用于特定目的的报警聚合，如报警验证（Alert Verification）或事件排序（Incident Rank）。和其他关联方法的最大区别在于此种方法将“知彼”（检测入侵）与“知己”（被保护系统的软硬件情况）综合在一起，以验证攻击所利用的操作系统、网络服务和相关漏洞与被攻击的主机实际情况是否相匹配，从而可以有效地滤除无关报警（不匹配的报警），并可以发现哪些攻击对系统最具威胁或最可能成功（匹配的报警所对应的攻击）。

这种报警处理方法的缺点是难于发现攻击过程中各个攻击动作的次序，也就是说其多步骤的关联能力较弱。当安全目标不明确、存在未知的系统漏洞以及攻击并非针对系统的某一个漏洞（如端口扫描）等情况下，此方法就无法进行有效的报警聚合与关联操作。另外，由于漏洞扫描系统本身也存在着漏扫（没有发现系统存在的漏洞）和误扫（误认为系统存在某一漏洞）问题，以及在 IDS 报警和漏洞扫描系统报告之间存在漏洞名称的统一问题，这些都使得基于漏洞的聚合与关联方法更加复杂。

（3）基于已知攻击场景的关联

分析经过聚合后的超报警，通过事先定义好的攻击过程进行事件关联，即通过机器学习或人类专家来得到各种攻击过程，将这些攻击过程作为模板输入到系统中去，然后系统就可以将新的报警同这些攻击过程模板相比较，进行实时关联。其中，一个攻击过程由多条关联规则组成，且一条关联规则表明了两个报警进行关联所满足的条件。

这种方法的关键问题是如何获得攻击过程，从而得到这些关联规则。由训练数据集学习得到攻击过程是此类方法的一个重要发展方向。分析历史报警，挖掘频繁序列模式，即相对时间内出现频率高的模式：频繁场景，发现报警信息之间有价值的关联模式。

1）发现攻击工具的特征和场景，如在一个攻击场景中，对于来自同一攻击源地址的报警消息，如果攻击目标不同且报警序列相同，则认为攻击者使用同一攻击工具对不同目标进行攻击。

2）发现场景规则，通过已发生的攻击可以对攻击者的攻击行为进行预测，并可以采取适当措施对抗。

3）发现隐含报警（复合报警），即有些报警可能包含或隐含其他报警。

4）对合法系统操作引起的报警进行过滤，异常行为并不一定是入侵行为，因此对非入侵行为所造成的报警消息进行预先过滤处理，可以减少分析的负担。

序列模式挖掘方法的缺点是：自动化程度较低，仅有极少数的报警数据可被自动处理；产生的攻击场景难以理解，定位操作很耗时，需要寻找更实用的报警序列模式挖掘算法。

同时，该方法受限于已知攻击场景，事先没有给定关系的报警，尽管它们是相关的，也得不到关联，即不能处理在训练集中未出现的攻击过程模式。而且由于各方面的不确定性，很难获得合适的训练集。另外，这种模板匹配方法抗噪能力较差。

（4）基于事件前因和后果关系的关联

这种方法的核心思想是任何一个攻击都具有前因和后果，所谓前因就是要实施攻击所必须具有的前提条件，后果就是攻击成功实施后所造成的结果。在一个有多个攻击动作组成的入侵过程中，一个攻击的后果就是下一个攻击的前因。基于这一思想，首先定义每一个单独攻击的前因、后果，然后就可以将具有因果关系的攻击关联在一起，重现整个攻击过程。目前，基于此思想的报警关联算法的区别在于完成这种思想所使用描述前因、后果的语言不同，算法特点也不同。

由于只指出单独攻击的前因、后果，不必事先知道整个攻击过程，所以不必手工产生大量的关联规则，只要指出一个已知攻击的前提条件和可能造成的后果就足够了。同时，这种方法还可以识别和报告不同攻击组合形成的新攻击过程。这种方法的不足之处是不能处理新攻击（不知道其前因、后果），无法处理那些彼此没有因果关系的相关攻击的关联，且只适用于攻击步骤的关联。另外，由于关联时搜索空间较大，对计算资源消耗大，处理时间长，不适合实时在线操作。

（5）基于统计因果分析的事件关联

基于统计因果分析的事件关联方法更靠近基于异常的检测方法，是目前主流的关联方法之一。Qin 等人所提出的这种统计时序方法主要受如下事实启发：在多步攻击所产生的报警属性之间具有统计的相似性，攻击各步之间存在因果关系。如果步骤 X 是步骤 Y 的前因，那么 X 一定先于 Y 发生。一次攻击所组成的各个步骤最有可能在一个时间窗口内以一个较高的概率发生。其核心的关联算法采用了一种时序因果分析算法 GCT（Granger Causality Test），通过计算报警事件之间的 GCI（Granger Causality Index）指数，实现报警关联。

此关联方法的优点是可以发现新的攻击过程或报警关联序列，不需要攻击行为的先验知识，从而减少了管理员对关联系统的维护工作量。但实际上，整个关联算法仍然离不开领域知识和专家经验的支持，不论其在报警优先级计算中的贝叶斯网络各节点条件概率表（Conditional Probability Table，CPT）确定，还是在 GCT 关联所产生的候选因果报警的检验方面，都是依据经验进行。这种统计因果分析方法可以作为系统的一部分来发现阶段性的攻击序列或用于提供超报警的特征，但不能进行完整的攻击过程的失联。

（6）其他

除了上述常见方法外，其他数据融合的方法也可以应用到报警的聚合与关联中。例如，利用信号检测理论中的证据、估计和滤波等理论，将报警数据转变为信号，然后进行时间和空间维度的关联。

上述方法（1）和（2）主要处理原始报警，是典型的报警聚合算法，根据报警间的结构关系，将多个含有相似特征的报警关联在一起，大幅降低报警数量，并揭示出一定的攻击模式，如 IP Sweep、PortScan、DDoS 等。方法（3）、（4）、（5）处理的都是经过聚合后的超报警，是典型的攻击步骤关联算法，将事件链所触发的多个报警关联在一起，帮助识别多步攻击，降低报警数量。

另外，根据是否涉及可信度计算，关联技术可以分为考虑报警可信度的报警关联和不考虑报警可信度的报警关联。

8.5 基于相似度的报警关联分析

基于相似度的报警关联分析主要是分析报警属性之间的相似程度，把同一攻击引发的报警关联在一起。本节重点介绍基于相似度的报警关联分析的主要方法，包括模糊综合评判、层次聚类、概率相似度、专家相似度和人工免疫算法。

8.5.1 基于模糊综合评判的入侵检测报警关联

基于模糊综合评判的入侵检测报警关联通过模糊综合评判的数学模型，计算两个报警之间的相关度，进而实现报警关联。下面首先介绍相关度定义、模糊综合评判数学模型以及同已在进行的事件相关联的原理，最后介绍实验分析及结论。参考论文：基于模糊综合评判的入侵检测报警信息处理。

（1）相关度（B）定义

参考论文：基于模糊综合评判的入侵检测报警信息处理，两个事件的相关度也就是两个事件属于同一个已在进行攻击的过程的可能性。用于判别报警的事件和已在进行的入侵事件是否属于同一攻击过程，以消除大量的重复报警，有助于发现入侵者的行为序列。

（2）模糊综合评判数学模型

模糊综合评判是对受多种因素影响的事物做出全面、客观评价的一种十分有效的多因素决策方法，它可以解决因素与结果之间的关系不能用精确的数学模型来描述的很多实际问题，很好地处理多因素中的模糊信息和评价过程中的不确定性。

设因素集 $U=\{u_1,u_2,\cdots,u_n\}$，评判集 $V=\{v_1,v_2,\cdots,v_m\}$，单因素评判 $f:U\to\zeta(V)$，V 的幂集 $u_i\mapsto f(u_i)=\{r_{i1},r_{i2},\cdots,r_{im}\in\zeta(V)\}$，模糊映射诱导出模糊关系 $R_f\in\zeta(U\times V)$，即 $R_f(u_i,v_i)=f(u_i)(v_i)=r_{ij}$。模糊关系 R_f 可由模糊矩阵 $\boldsymbol{R}$ 表示为

$$\boldsymbol{R}=\begin{bmatrix} r_{11} & r_{12} & \cdots & r_{1m} \\ r_{21} & r_{22} & \cdots & r_{2m} \\ \vdots & \vdots & & \vdots \\ r_{n1} & r_{n2} & \cdots & r_{nm} \end{bmatrix} \tag{8-1}$$

设各因素权重为$K=\{k_1,k_2,\cdots,k_n\}$，使用模糊综合评判的$M(\cdot,+)$加权平均模型，表示为

$$B=K\circ \boldsymbol{R} \tag{8-2}$$

$$b_j=\sum_{i=1}^{n}k_i\cdot r_{ij}\quad j=1,2,\cdots,m \tag{8-3}$$

采用的加权平均模型对所有因素依权重大小均衡兼顾，适用于考虑各因素起作用的情况。

（3）同已在进行的事件相关联的原理

在网络系统面临的网络攻击形成的事件论域中，目前所发生的事件为 v_0，评判集 $V=\{v_1,v_2,\cdots,v_m\}$是历史事件模板表中的事件集合；设定因素集为 $U=\{u_1,u_2,u_3\}$，其中 u_1 为两个事件的时间间隔，u_2 为两个事件的源地址相同程度，u_3 为两个事件的特征相似度。这里可根据具体 IDS 的系统情况引入其他因素，如目的地址、目的端口号等。使用隶属函数来确定模糊矩阵中参数 r_{ij}，其中隶属函数按照以下经验知识来确定。

第一，两次事件时间间隔越短，越有可能属于同一攻击过程。

第二，两个事件的源地址相同程度越高，越有可能属于同一个攻击过程。

第三，两次事件特征越相同，越有可能属于同一攻击过程。

定义事件 $j(j=1,2,\cdots,m)$中的各属性字段：$v_j.time$为事件发生时间，$v_j.sip$为事件源 IP 地址，$v_j.signature$为事件特征。

1）事件间隔隶属函数为

$$r_{1j}=\begin{cases}1 & T_j<10\,\text{min}\\ \dfrac{60-T_j}{50} & 10\,\text{min}\leqslant T_j\leqslant 60\,\text{min}\\ 0 & T_j>60\,\text{min}\end{cases} \tag{8-4}$$

其中，事件间隔T_j为

$$T_j=v_0\cdot time-v_j\cdot time \tag{8-5}$$

2）事件源 IP 地址相似度隶属函数为

$$r_{2j}=\frac{x}{32} \tag{8-6}$$

其中，x为$v_0\cdot sip$和$v_j\cdot sip$从左至右相比相同的位数，这里结合 IP 地址掩码来计算隶属度。

3）事件特征相似度函数为

$$r_{3j}=\begin{cases}1 & v_0.signature=v_j.signature\\ 0 & v_0.signature\neq v_j.signature\end{cases} \tag{8-7}$$

权重系数$K=\{k_1,k_2,k_3\}$根据专家经验知识来确定，进而应用模糊综合评判公式可以计算出相关度 B。按照最大隶属原则，取$b_L=\max\{b_1,b_2,\cdots,b_m\},1\leqslant L\leqslant m$，也就是说，目前发生的事件 v_0 和事件模板表中的事件相比较，最有可能同已经进行的事件 v_L 属于同一攻击过程。当$b_L>b_{threshold}$（相关度阀值）时，就认为现在的事件 v_0 同已经进行的事

件 v_L 相关，属于同一攻击过程；当 $b_L \leqslant b_{threshold}$ 时，认为本次事件同已在进行的所有事件无关，本次事件属于一次新的攻击过程。

（4）实验分析

根据经验知识，取权重系数 $K=(1,0.5,0.5)$，根据同已在进行的事件相关联的方法和过程，计算得到事件时间间隔短、中、长，事件的源 IP 地址相同、不同、属于同一子网，和事件特征相同与不同情况下的数据，相关度计算结果见表 8-1。表中有 30 组有代表性的数据，这里取相关度阈值为 1。

表 8-1 相关度计算结果

编号	时间间隔隶属度	源 IP 地址相似隶属度	特征相似隶属度	相关度
1	1	1	1	2
2	1	1	0	1.5
3	1	0.75	1	1.875
4	1	0.75	0	1.375
5	1	0.5	1	1.75
6	1	0.5	0	1.25
7	1	0.25	1	1.625
8	1	0.25	0	1.125
9	1	0	1	1.5
10	1	0	0	1
11	0.6	1	1	1.6
12	0.6	1	0	1.1
13	0.6	0.75	1	1.475
14	0.6	0.75	0	0.975
15	0.6	0.5	1	1.35
16	0.6	0.5	0	0.85
17	0.6	0.25	1	1.225
18	0.6	0.25	0	0.725
19	0.6	0	1	1.1
20	0.6	0	0	0.6
21	0.2	1	1	1.2
22	0.2	1	0	0.7
23	0.2	0.75	1	1.075
24	0.2	0.75	0	0.575
25	0.2	0.5	1	0.95
26	0.2	0.5	0	0.45
27	0.2	0.25	1	0.825
28	0.2	0.25	0	0.325
29	0.2	0	1	0.7
30	0.2	0	0	0.2

从第 1 组数据来看，其时间间隔的隶属度为 1，表明两个事件是在很短的时间内发生的，两个事件的事件源相同，事件特征也相同，表明攻击者在使用相同的技术手段不断尝试进行入侵活动，理所当然这两个事件相关。

第 6 组数据中，尽管两次事件攻击者使用了不同的入侵技术，同时变换了 IP 地址，但两次事件来自于同一个网络，且事件的时间间隔很短，仍然认为这两次事件是相关的。

第 10 组数据中，尽管事件间隔很短，但两次事件来自于完全不同的地点，既不是来自同一台计算机，也不是来自同一网络，攻击手法也完全不同，所以认为这两次事件是无关的。

事件间隔隶属度为 0.6 的情况下，表明两次事件的间隔已经达到 30min，为中等时间间隔。在这种间隔情况下，事件相关情况和事件间隔隶属度为 1 的情况基本相同，所不同的是第 14、16、18 组数据，它们的情况同第 6 组情况类似，但这些事件间隔相对较长，所以认为事件是无关的。

事件间隔隶属度为 0.2 的情况下，表明两次事件的间隔已经达到 50min，为长的时间间隔。在这种情况下，只有两次事件来自于同一台计算机，且入侵手法相同时，才认为两次事件相关。否则在大部分的情况下是无关的，也就是说在两次事件相隔很长时间的情况下，它们基本上不属于同一攻击过程。

上述的计算结果同领域经验是相符合的。对于分布式拒绝服务攻击 DDoS，IDS 在短时间内会产生大量的重复报警，在拒绝攻击实验中持续 1min32s 的攻击可以产生 98322 个报警，而这种攻击类型的报警信息恰好符合表 8-1 中第 9 组数据的特点，系统会将这些数据关联后存入相关事件表中，这样就能很方便地发现都有哪些主机参与了攻击，从而采取相应的响应措施，恢复被侵占的主机。

（5）总结

引入属性相似度模糊隶属函数来计算属性相似度，通过对这些属性权重的控制，不但可以实现相同报警的聚合，而且可以实现相似报警和跨不同 IDS 报警的聚合，还可以实现报警的关联，当增大两个报警的报警类型相似度和发生时间间隔的权重时，有利于将相同的报警聚合在一起；而减小这些属性的权重时，则有利于关联相同攻击过程中不同的攻击行动。两次事件在很短的时间内发生，且事件源和事件特征相同，表明攻击者在使用相同的技术手段不断尝试进行入侵活动，认为这两个事件相关；两次事件攻击者使用了不同的入侵技术，同时变换了 IP 地址，但两次事件来自于同一个网络，且事件的时间间隔很短时，认为这两个事件相关；两次事件时间间隔很短，但两次事件来自于完全不同的地点，既不是来自同一台计算机，也不是来自同一网络，攻击手法也完全不同，认为这两次事件无关；两次事件的时间间隔虽长，但来自于同一台计算机，且入侵手法相同，则认为两次事件相关。

8.5.2 基于层次聚类的报警关联

首先介绍聚类的基本概念，然后介绍报警聚合算法的设计，最后给出实验分析。

1. 聚类的基本概念

聚类指将物理或抽象对象的集合分组成由类似的对象组成的多个类的过程。简单地说就是识别出一组聚类规则，将数据分成若干类。由聚类所生成的簇是一组数据对象的集合，这些对象与同一个簇中的对象相似，与其他簇中的对象则相异。聚类的目的是寻找隐藏在数据中的结构。由于聚类算法不对数据做任何先验统计假设，所以在模式识别和人工智能等领域，聚类算法也常常被称为“无导师学习”或“自组织算法”。聚类算法的输入通常为一个包含 N 条记录的数据集，每条记录包含 d 维特征向量，每个特征向量代表数据的一个属性的取值，聚类算法的输出是若干个聚类，每个聚类中至少包含一个数据，同一个聚类中的数据具有相似性，而不同聚类中的数据不具有相似性。

通常，聚类算法分为 5 类：基于划分的方法、层次方法、基于密度的方法、基于网格的方法和基于模型的方法。

（1）基于划分的方法

给定一个含有 n 个对象的数据库，划分方法构建数据的 k 个划分，每个划分表示一个聚簇，并且 $k \leqslant n$。也就是说它将数据划分为 k 个组，同时每个组至少包含一个对象、每个对象必须属于且只属于一个组。给定要构建的划分数目 k，首先创建一个初始划分，然后采用一个迭代的重定位技术，尝试通过对象在划分间移动来改进划分。一个好的划分的一般准则是：同一类中的对象之间尽可能接近，而不同类中的对象之间尽可能不同。绝大多数应用采用了两个比较流行的启发式方法，即 K 均值算法（K-Means 算法）和 K 中心点算法，前者每个簇用该簇中对象的平均值来表示，后者每个簇用接近聚类中心的一个对象来表示。这些启发式聚类方法对在中小规模的数据库中发现球状簇很适用。大多数划分方法基于对象间的距离进行聚类，这类方法仅能发现圆形或球状的聚类，而较难发现具有任何形状的聚类。

（2）层次方法

通过分解所给定的数据对象集来创建一个层次。根据层次分解形成的方式，将层次方法分为自下而上和自上而下两种类型。自下而上的层次方法从每个对象均为一个单独的组开始，逐步将这些（对象）组进行合并，直到这些组位于层次顶端或满足终止条件为止。自上而下的层次方法从所有均属于一个组的对象开始，每一次循环将组分解为更小的组，直到每个对象构成一组或满足终止条件为止。

（3）基于密度的方法

基于密度概念的聚类方法实际上就是不断增长所获得的聚类，直到“邻近”（数据对象或点）密度超过一定阈值（如一个聚类中的点数或一个给定半径内必须至少包含的点数）为止。这种方法可以用于消除数据中的噪声，以及帮助发现任意形状的聚类。常用的基于密度的方法如下，如 k-最近邻（kNN，k-NearestNeighbor）分类算法根据某个对象与其相邻的 k 个对象的距离之和来判断其是否为异常数据，DBSCAN 根据密度阈值不断增长聚类，OPTICS 提供聚类增长顺序以便进行自动或交互式数据分析。

（4）基于网格的方法

将对象空间划分为有限数目的单元以形成网格结构，所有的聚类操作均在这一网格结构上进行。这种方法的主要优点是与数据对象个数无关，而仅与划分对象空间的网格数相关，从而执行时间相对较快。STING 是一个典型的基于网格的方法，CLIQUE 和 Wave-Cluster 分别是基于网格和基于密度的聚类方法。

（5）基于模型的方法

为每个聚类假设一个模型，然后再去发现符合相应模型的数据对象。一个基于模型的算法可以通过构造一个描述数据点空间分布的密度函数来确定具体聚类。

还有一些聚类算法将几种聚类方法的思想结合在一起，因此有时很难明确界定一个聚类算法究竟属于哪一个聚类方法类别。此外，一些应用也需要将多个聚类方法结合起来才能实现其应用目标。

尽管已有的算法被广泛地应用于众多领域，但是它们普遍存在缺陷：对初始化参数敏感，最终结果强烈依赖于初始化参数；难以找到最优聚类。除了这些算法上或数学上的缺陷外，聚类问题本身存在着一个问题，即聚类有效性问题，它涉及算法所产生的数据结构的意义及解释。一方面，聚类的数据只有在特定的物理背景下才有意义，因而聚类的意义也只能根据具体的应用背景予以解释。另一方面，聚类的主要目标是帮助人们更好地观察和理解数据，因此在许多情况下，聚类的最终结果需要加入人类专业领域知识分析来检验。根据这两点，聚类的意义不能由算法本身来解释，它只能由产生数据的物理系统的原理和人类专业领域知识来分析或合成解释。为了找到一个效率高且通用性强的聚类算法，人们从不同角度提出了近百种聚类算法。为了更好地使用这些算法，目前有评价聚类算法好坏的 4 个标准，即大数据量的处理效率、不同数据类型数据（如数值属性和符号属性）的处理能力、不同类型的聚类的敏感程度和异常数据的处理能力。

2．报警聚合算法设计

攻击者在相同的攻击阶段激发的报警信息在时间、IP 地址、端口等属性上有着紧密的联系，即同类报警之间的相似程度尽可能大，不同类别个体间的相似度尽可能小。利用聚类算法将这些具有一定联系属性的报警信息进行聚合，为构建攻击场景奠定基础。该方法使用距离度量确定数据间的相似度，将个体之间的相似程度大的报警归为一类。距离的计算方法包括欧几里得距离、曼哈顿（Manhattan）距离等。其中，最常用的欧几里得距离的计算方法为

$$d(i,j)=\sqrt{\left[\left|x_{i1}-x_{j1}\right|^2+\left|x_{i2}-x_{j2}\right|^2+\cdots+\left|x_{ip}-x_{jp}\right|^2\right]} \tag{8-8}$$

其中，i、j 为数据集中的两个数据，均有 P 个属性。通过无需监督的聚类，可以发现数据的密集和稀疏区域，从而分析数据的整体分布及相互关系。主要由以下 3 部分组成。

（1）报警信息的属性提取

入侵检测系统对网络上的数据流进行实时监控，产生报警信息记录文件。通过提取

攻击者在相同攻击阶段中紧密联系的报警信息，将其聚类，可以进一步构建攻击场景，从而分析攻击者的策略。然而，在原始报警信息中包含了许多与报警关联程度并不高的信息，如协议类型、校验结果等，所以需要在原始的报警信息中提取有助于构建攻击场景的特征属性，提取的属性有报警时间、源 IP 地址、目的 IP 地址、源端口号、目的端口号和报警类型，它们分别标记为：Event_date、Src_ip、Dest_ip、Src_port、Dest_port 和 Alert_type。

（2）报警信息标准化

不同属性指标之间的差别可能很大，而且它们可能用不同的单位来度量，例如，时间既可以用秒（s）来度量，也可以用毫秒（ms）来度量，不同的度量方法对数据间距离的影响也不同。为了消除度量对距离产生的影响，需要对属性值进行标准化。对于总数为 N 的报警信息，第 j 个报警的 IP 地址、报警时间和端口的标准化方法如下。

1）IP 地址的标准化。第 j 个报警的源 IP 地址为：$a.b.c.d$，须先将其转换为适合于计算的整数 src_ip_j，计算方法为

$$src\_ip_j = a*255^3 + b*255^2 + c*255 + d \tag{8-9}$$

然后，计算它的平均值 src_ip_avg 和平均绝对偏差 $src\_ip\_s_j$，公式为

$$src\_ip\_avg = \frac{1}{N}(src\_ip_1 + src\_ip_2 + \cdots + src\_ip_N) \tag{8-10}$$

$$src\_ip\_s_j = \frac{1}{N}(|src\_ip_1 - src\_ip\_avg| + \cdots + |src\_ip_N - src\_ip\_avg|) \tag{8-11}$$

从而得到标准化后的源 IP 地址为

$$normalized\_src\_ip_j = \frac{src\_ip_j - src\_ip\_avg}{src\_ip\_s_j} \tag{8-12}$$

2）报警时间的标准化。第 j 个报警的时间为 $Y{:}M{:}D{:}H{:}M{:}S$，考虑到通常情况下同一网络攻击不会持续一个月，在此定义报警时间为

$$event\_date_j = S + M \times 60 + H \times 60 \times 60 + D \times 60 \times 60 \times 24 \tag{8-13}$$

报警时间的平均值 $event\_date\_avg$、平均绝对偏差 $event\_date\_t_j$ 和标准化时间 $normalized\_event\_date_j$ 的计算公式为

$$event\_date\_avg = \frac{1}{N}(event\_date_1 + event\_date_2 + \cdots + event\_data_N) \tag{8-14}$$

$$event\_date\_t_j = \frac{1}{N}(|event\_date_1 - event\_date\_avg| + \cdots + |event\_date_N - event\_date\_avg|) \tag{8-15}$$

$$normalized\_event\_date_j = \frac{event\_date_j - event\_date\_avg}{event\_date\_t_j} \tag{8-16}$$

3）报警端口的标准化。第 j 个报警的端口为 P，则直接取报警信息中的值，即

$$src\_port_j = P \tag{8-17}$$

报警端口的平均值 src_port_avg 、平均绝对偏差 $src\_port\_p_j$ 和标准化端口 $normalized\_src\_port_j$ 的计算公式为

$$src\_port\_avg = \frac{1}{N}(src\_port_1 + src\_port_2 + \cdots + src\_port_N) \tag{8-18}$$

$$src\_port\_p_j = \frac{1}{N}(|src\_port_1 - src\_port\_avg| + \cdots + |src\_port_N - src\_port\_avg|) \tag{8-19}$$

$$normalized\_src\_port_j = \frac{src\_port_j - src\_port\_avg}{src\_port\_p_j} \tag{8-20}$$

（3）基于层次聚类算法的引擎

采用层次聚类算法中的聚合法，相比于一般的聚类算法，比如 K 均值算法，它有一个明显的优点在于不需要在聚类的初始给定一个最终的聚类的数目，而是通过给予唯一的距离参数：不同类间的最大的距离来进行聚类。与人为给定最终的聚类数目相比，这个阈值具有更好的合理性、广泛性和实用度。

针对报警关联问题，定义报警信息 i、j 间的距离计算公式为

$$\begin{aligned} D_{ij} = &|normalized\_event\_date_i - normalized\_event\_date_j|^2 + \\ &|ip\_adress_i - ip\_adress_j|^2 + |normalized\_src\_port_i - normalized\_src\_port_j|^2 + \\ &|normalized\_dest\_port_i - normalized\_dest\_port_j|^2 + alert\_type\_param \end{aligned} \tag{8-21}$$

其中，$ip\_address_i$ 的计算考虑到在同一阶段的报警中，一条报警的源 IP 地址、目的 IP 地址有可能是另一报警的目的 IP 地址、源 IP 地址，它们很可能是数据流量的请求与回答，为了避免分开计算源 IP 地址和目的 IP 地址的距离，得出两者的距离可能存在很大的缺陷，设计的计算公式为

$$ip\_address_i = normalized\_src\_ip_i + normalised\_dest\_ip_i \tag{8-22}$$

报警类型的一个变量 $alert\_type\_param$ 不是一个可以量化比较的量，可以人为地将 $alert\_type\_param$ 定义为

$$alert\_type\_param = \begin{cases} 1 & \text{报警类型不同} \\ 0 & \text{报警类型相同} \end{cases} \tag{8-23}$$

具体的聚合聚类算法描述如下。

1）将 N 个要聚类的报警数据分别单独归为一个聚类，并且此时每个聚类间的距离 D_{ij} 等于每个聚类数据间的距离。

2）在所有的聚类中，找出其中距离 D_{ij} 最小的聚类，然后将其归并成一个新的聚类，同时总的聚类数减 1。

3）计算新的聚类和其他聚类间的距离。其中，当一个聚类中含有两个以上的报警

时，以聚类中报警信息的平均值代替单独的报警数据，计算距离。

4）重复步骤 2）和 3），直到聚类间的最小的距离 D_{ij} 达到约定的阀值。

通过聚类，相关的报警信息被聚集到了相同的聚类。同时，无用的报警信息也被归到了一起。这一模块对含有噪声、不完整甚至是不一致的原始报警数据进行无指导的聚类预处理，提高数据挖掘对象的质量，并最终达到提高数据质量的目的，为以后的进一步分析打下坚实的基础。

3. 实验测试分析

为验证模型的有效性，选用 MIT 林肯实验室的行业标准数据集 DARPA 2000 LLDOS 1.0 作为测试数据集。使用 RealSecure Network Sensor 6.0 作为 IDS，播放 \Inside-tcpdump DARPA 2000 这一数据，并选择所有的检测策略规则，得到了相关的 922 条报警信息。通过相关属性指标，对报警信息进行筛选。通过聚类引擎，可得如图 8-4 所示的聚类总数与聚类间距离的关系。

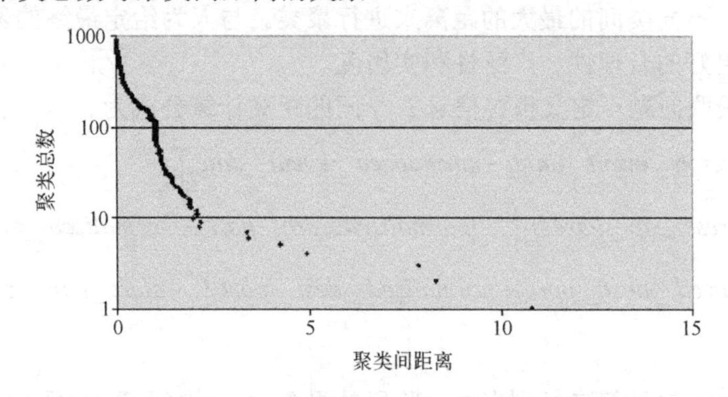

图 8-4　聚类总数与聚类间距离的关系

8.5.3　基于概率相似度的报警关联

基于概率相似度的报警关联分析方法利用报警之间的特征相似度，实时分析来自多个 IDS 的报警，通过计算新报警属于某一场景的概率来进行关联，把新报警分配到高概率值的场景中，构建由报警序列组成的攻击场景，包括隐秘攻击方法，如伪造 IP 地址、长时间攻击的攻击等。参考论文：Probabistic Alert Correlation。

Alfonso Valdes 等提出了基于概率的相似报警关联分析方法，即一种概率相似度的方法实现 IDS 报警关联，用两个报警之间的各个属性相似度的加权和来定义两个报警之间的相似性，按照特征的相似度函数和概率极小匹配准则，将新的报警与最相似的报警关联到一起，形成由多个报警组成的 *Meta Alert*。这种方法用于建立传感器内、传感器间和攻击步骤间的多层级连的报警关联系统。其前期的工作仅限于 SRI 的基于概率的 IDS 产品 EMERALD（概率检测器）的关联，后来的工作定义了改进的报警模板，能关联第三方的 IDS。

该概率报警融合方法考虑了共有特征、特征相似度、最小相似度、相似度阈值，具体算法细节如下。

1. 定义特征相似度函数

对两个报警：*new alert* 和 *Meta alert* 信息，针对各个共有特征：报警的源 IP、目标 IP、目标端口、类型、时间信息等，分别定义相似度函数。该函数与具体的特征相关，需要考虑两个列表的重叠程度、一个观测值是否包含在另一个中（如 DoS 攻击的目标端口是否为最近探测目标的一个端口）、两个不同的源地址是否来自同一子网。相似度函数的取值在 0～1 之间，1 表示完全匹配，0 表示完全不匹配。下面给出攻击类型与时间的相似度函数。

1）攻击类型相似度：对于攻击类别相似度，需要维护一个攻击类别相似度矩阵，其对角矩阵取值为 1，非对角值启发式地表示相应攻击类别之间的相似度。图 8-5 为一个非对称的事件类别相似度矩阵。

	无效攻击	权限违规	用户颠覆	拒绝服务	探测	违规访问	完整性违规	系统环境破坏	用户环境破坏	资产灾难	可疑使用	违规连接	二进制代码颠覆	登录行为
无效攻击	1	0.3	0.3	0.3	0.3	0.3	0.3	0.3	0.3	0.3	0.3	0.3	0.3	0.6
权限违规	0.3	1	0.6	0.3	0.6	0.6	0.6	0.6	0.4	0.3	0.4	0.1	0.5	0.6
用户颠覆	0.3	0.6	1	0.3	0.6	0.5	0.5	0.4	0.6	0.3	0.4	0.1	0.5	0.6
拒绝服务	0.3	0.3	0.3	1	0.6	0.3	0.3	0.4	0.3	0.5	0.4	0.1	0.5	0.6
探测	0.3	0.2	0.2	0.3	1	0.7	0.3	0.3	0.3	0.3	0.4	0.8	0.3	0.6
违规访问	0.3	0.6	0.3	0.5	0.6	1	0.6	0.6	0.3	0.3	0.4	0.1	0.5	0.6
完整性违规	0.3	0.5	0.3	0.5	0.6	0.8	1	0.6	0.5	0.3	0.4	0.1	0.5	0.6
系统环境破坏	0.3	0.5	0.3	0.5	0.6	0.6	0.6	1	0.6	0.3	0.4	0.1	0.5	0.6
用户环境破坏	0.3	0.5	0.5	0.3	0.6	0.6	0.6	0.6	1	0.3	0.4	0.1	0.5	0.6
资产灾难	0.3	0.3	0.3	0.6	0.3	0.3	0.3	0.3	0.3	1	0.4	0.4	0.3	0.6
可疑使用	0.3	0.3	0.5	0.3	0.5	0.6	0.5	0.6	0.5	0.3	1	0.1	0.3	0.6
二进制代码颠覆	0.3	0.1	0.1	0.3	0.8	0.3	0.3	0.3	0.3	0.5	0.4	1	0.3	0.6
登录行为	0.3	0.3	0.3	0.3	0.3	0.6	0.6	0.6	0.5	0.3	0.4	0.1	1	0.6
违规连接	0.3	0.3	0.3	0.3	0.6	0.5	0.3	0.3	0.3	0.3	0.4	0.3	0.3	1

图 8-5 事件类别相似度矩阵

2）时间相似度：定义为一个阶跃函数，1 个小时后下降到 0.5。当系统运行在事件模式时，需要时间的密切匹配。

2. 定义特征相似度期望

特征相似度期望值表示报警信息特征在关联中的重要程度，作为计算总体相似度的权值，是一个需要专家知识确定的先验值，表示两个相关报警的特征应该匹配的期望，其取值也在 0～1 之间。这个相似期望的大小依赖于特定上下文与专家知识，因为不同的特征对于报警信息是否整体相似的重要性不一样，所以需要采用不同特征的相似度的加权平均来计算整个报警的相似度。例如，来自同一源地址的两次探测或许扫描子网不同部分的同一端口集，那么匹配目标 IP 地址的期望低。像 SYN Flood 之类的攻击欺骗源地址，即使源地址不匹配，也要考虑匹配针对同一目标的早期探测，这种情况下匹配源 IP 地址的期望就低。下面给出一些例子说明相似度期望与情景（新报警与元报警的特征）的关系。

如果来自 1 个传感器的报警有线程标识符，且该标识符与某一元报警的传感器或线程标识符列表匹配，则认为该报警与元报警匹配，进行融合。

如果元报警接收到来自不同主机的主机传感器报告，则不期望目标主机特征匹配。如果来自网络传感器的至少 1 个报告对元报警做出贡献，且收到 1 条主机传感器报警，则相似度期望是后者的目标地址，它包含在前者的目标列表中。

当确定一个攻击是否为探测攻击的下一个阶段时，期望攻击目标包含在 meta alert 的目标主机和端口列表中。

一些传感器维护攻击的状态度、攻击报告的开始和结束时间，而其他传感器仅标记报警的时间戳，即前者处理时间间隔，而后者没有。时间相似度包括待关联报警的时间间隔重叠及优先权概念。

3. 计算报警相似度

基于特征相似度函数及特征相似度期望，两条报警的总体相似度计算公式为

$$SIM(X,Y)=\frac{\sum_{j} E_j SIM(X_j,Y_j)}{\sum_{j} E_j} \tag{8-24}$$

其中，X 表示候选元报警，Y 表示新的报警，j 是报警消息的特征索引，E_j 为第 j 个特征的相似度期望，代表特征的权值，X_j 和 Y_j 分别表示报警消息 X 和 Y 的第 j 个特征的值。如果两条报警信息的总体相似度小于相似度阈值，则两条报警不相似。如果两条报警之间任意一个共有特征的相似度小于其最小相似度（两条报警关联的必要条件，若某些特征要求完全匹配或近似匹配，则最小相似度取值分别为 1 或小于 1），则两条报警之间的总体相似度为 0，即不具有相似性。

通过适当设置相似度期望和最小相似度，可实现以下的关联层次。

1）合成线程：对于不使用线程概念的传感器，对传感器本身、攻击类别、源和目的地址、源和目的端口加强高最小相似度期望，关联组件实现合成线程。

2）安全事件：抑制传感器标识符的最小相似度期望，松弛传感器标识符的相似度期望，将来自几个异类传感器的同一个事件的报告融合为一个事件报告。在此种情况下，对攻击类别加强合适的非 1 的高相似度期望，对攻击源和目标加强最小相似度期望。同时，构建攻击类别之间的距离表，以识别哪些类别的攻击是相近的。

3）关联的攻击报告：松弛攻击类别的最小期望相似度，能够重构多阶段攻击的各个步骤。在多阶段攻击中，每个阶段本身就是一个关联的安全事件，例如，探测→获取非法访问内部主机的攻击→以攻陷主机为跳板，进一步针对关键资产发动攻击。

4. 特征融合

当系统基于两条报警之间公共特征的总相似度决定进行融合时，融合的特征集是两条报警特征的超集。融合报警的典型特征值是列表，因此报警融合涉及列表的合并。例如，给定针对保护网络部分范围地址的某些端口探测与来自同一攻击子网的现有探测的端口列表匹配，但如果前面报警的目标主机是网络的不同地址部分，则将新的攻击者地

址添加到攻击地址列表，目标主机列表合并，端口列表不变。特征融合的具体步骤为：关联器首先寻找传感器标识、事件类别和事件特征的确切匹配，以推断 1 个线程；接着检查所有重叠特征的相似度是否均大于它们的最小相似度值；如果是的话，则按照两条报警的总体相似度计算公式（8-24）计算总相似度。

5. 实时数据的实验结果

下面是一个在时间上的报警关联的例子，关联关于一个隐蔽端口扫描组件的报警。以下为一个有攻陷的样本报警。

```
Thread ID 69156 Class= portsweep BEL (class) = 0.994 BEL (attack)=1.000
2001-06-15 17:34:35 from xx.yyy.148.33 ports 1064 to 1066 duration=0.000
dest IP aaa.bbb.30.117
3 dest ports: 12345{2} 27374{3} 139
```

上面的报警表示受保护网络内一个单一 IP 地址的 3 个脆弱端口的探测，是一个在几天之内发生的一个探测的某一步，导致以下关联的元报警。

```
Meta Alert Thread 248
Source IPs source_IParray: xx.yyy.148.33 xx.yyy.148.47
Target IPs target_IParray: aaa.bbb.30.117 aaa.bbb.6.232 aaa.bbb.8.31 aaa.bbb.1.166 aaa.bbb.7.
118 aaa.bbb.28.83 aaa.bbb.19.121 aaa.bbb.21.130 aaa.bbb.6.194 aaa.bbb.1.114 aaa.bbb.16.150
From 2001-06-15 17:34:35 to 2001-06-21 09:19:57
correlated_alert_priority -1
Ports target_TCP_portarray: 12345{4} 27374{4} 139{3}
Number of threads 10 Threads: 69156 71090 76696 84793 86412 87214 119525 124933 125331
126201
Fused: PORT_SCAN
```

通过上面可以看出，已经关联了来自于两个被认为是非常相似的源 IP 地址的事件。攻击非常隐蔽，由几天来少量的几个对于一个单一目标主机的连接企图组成。线程标识符列表允许管理员检查攻击中任何一个阶段。在这种情况下，每一个攻击阶段都被认为是一个端口扫描；如果这些阶段由不同的攻击类组成，这些类将被列在“攻击步骤”的条目下。在包含这次攻击的 3 周内，IDS 检测器处理了 200000 个会话，产生了 4439 条报警，概率关联系统生成了 604 条元报警。

6. 模拟实验

（1）实验环境及攻击描述

实验环境为模拟一个电子商业网站，其可以提供 Web 和邮件服务。在被保护的网络前面安装防火墙，配备了几个主机、网络和协议监视器。两台主机服务器可以通过防火墙访问，两台辅助机器用来做网络监控和报警管理。同时，防火墙阻断除 Web、FTP（文件传输协议）和 Mail 外的所有服务。模拟来自于多个源的通信量，以及一个执行了某些已知攻击的攻击者，背景通信量包括合法的匿名和非匿名 FTP 的使用。其中，非匿名 FTP 的使用在一些特征检测器上激发了错误报警。同样，也有低优先级的攻击，以及低水平的对于被阻断口的失败访问，这些都激发了防火墙的日志消息。

攻击以一次通过防火墙对两台可见机器的 MSCAN 探测开始，EMERALD 贝叶斯和 Expert-Net 检测器检测到这个攻击，而且在它们的报警报告中将攻击代码设为 mscan。贝叶斯网络检测器检测到这个攻击是 portsweep 类。这些攻击的目标端口的列表是匹配的，同样攻击者地址列表也是匹配的。目标地址的相似度依赖于报警到达的顺序（由于检测器是分布的，所以报警到达的顺序不确定）。产生的报警的目标地址是其自身的地址，所以在接收到网络检测器报警之前，不同传感器目标地址相匹配的期望值为 0。期望网络检测器的目标列表包括被主机检测器发现的目标（由于到达顺序不同，容忍不完全匹配），而且期望随后的主机报警的目标地址包含在元报警的目标主机列表中。因此，无论到达顺序如何，考虑到目标主机，这些报警在接受的范围内是相似的。

接下来，攻击者使用一个 CGI 入侵，从 Web 服务器上获得密码文件，这也可以被主机检测器检测到。

攻击的下一步是缓冲区溢出，试图访问提供邮件服务的主机，这一攻击行为都可以被 EMERALD 主机检测器和 ISS 检测到。

尽管通过防火墙的远程登录被阻断了，攻击者仍可以从被攻破的内部主机远程登录到关键主机上去（使用在前一次入侵中获得的密码）。在这台关键主机上，他使用另一个溢出攻击获得 Root 访问，然后他便可以随意更改 Web 内容。

（2）EMERALD 报警控制台结果显示

图 8-6 展示了这个场景的 EMERALD 报警控制台，包括以上攻击步骤的报警报告以及由于错警和烦扰性攻击而产生的报警。这里的信息量非常有限，除显示了在这个场景中收到 1000 多个报警，这一过程大约持续了 15min，而其中的重要攻击却被淹没了。

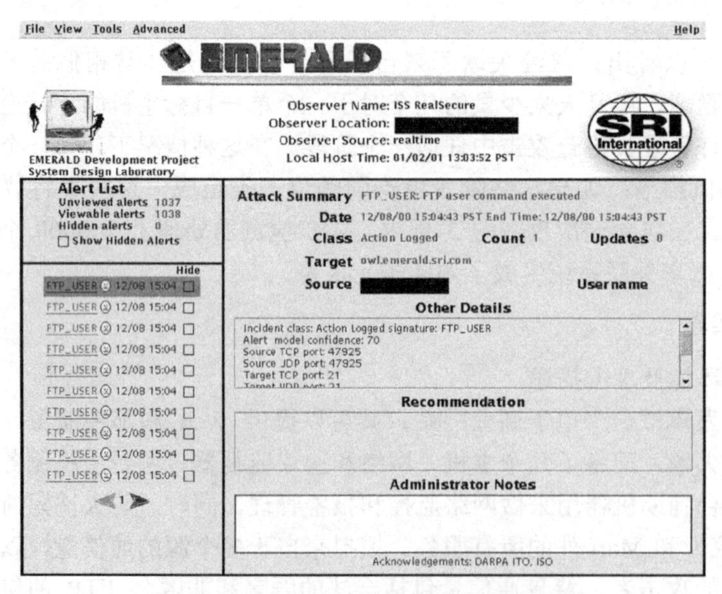

图 8-6　仿真攻击场景的原始传感器报警

大部分的报警来自于非匿名的 FTP 写操作，这些是被允许的，但是激发了来自商业检测器的报警。

（3）EMERALD 合成线程推理结果显示

图 8-7 展示了推断不支持线程检测器的综合线程的结果。为了进行报警线程推理，这里把检测器标识符域的最小匹配设为 1，需要攻击者和目标参数的高匹配。不要求一个时间域上的最小相似度来允许线程推理，这些线程发生得非常慢。按照源 IP 地址，大部分报警被线程化为会话，而且总的报警数也大约降低到 60。另外，图 8-7 中强调一个报警，这个报警是背景通信量 TCP 扫描攻击中的一个。

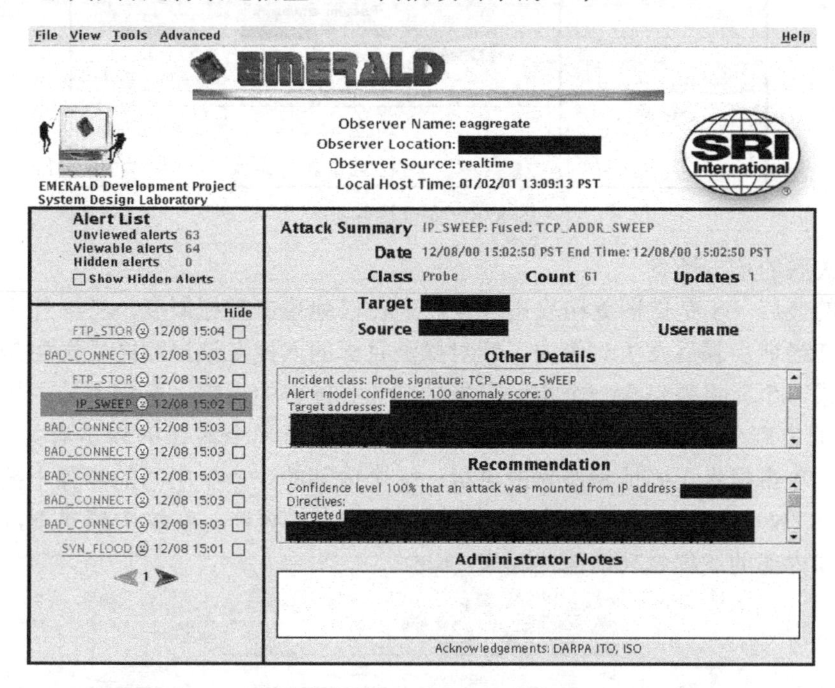

图 8-7　合成线程推理的报警融合

（4）安全事件报告

对于事件匹配，必须观察多个检测器来决定几个报警是否指向同一个安全事件。为检测器设置最小相似度，为攻击者和目标标识符设置了一个比较高的相似度，为时间设置了一个合适的最小值（以允许时钟漂移和检测器反应时间的差异）。同样需要一个攻击类的匹配，对于一个给定的攻击序列，允许检测器报告不同的攻击类。图 8-8 显示对于攻击场景的事件匹配结果，被多个检测器报告的攻击过程导致了一个报警。例如，所强调的缓冲区溢出攻击已被 EMERALD 检测器和 ISS 报告，这些被融合进了一个单一的关联事件报告，来自于 EMERALD 主机检测器的两个 mscan 报告和来自于 EMERALD eBayes TCP 检测器的端口扫描报告也被融合成一个事件。

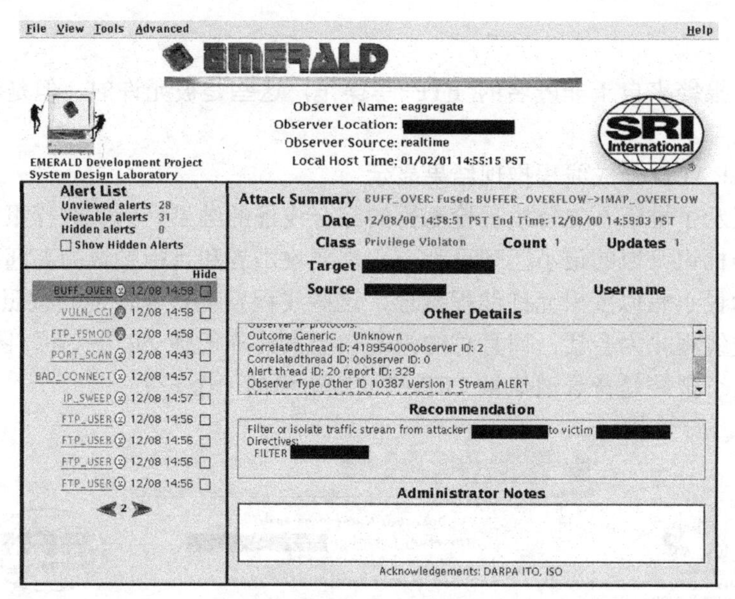

图 8-8　安全事件报告

（5）关联的攻击场景

关联的最后一步是试图重构攻击场景。现在松弛攻击类相似度，考虑什么样的攻击步骤将会在当前步骤后发生。例如，针对探测目标的入侵在该探测之后发生是合理的。同样，如果一个元报警包含一个指示可能的 Root 侵害的步骤，有问题的主机就被加入到攻击者的资产中（即它既是一个受害者，现在也是一个潜在的攻击者）。在图 8-9 中，关联的攻击报告正确地将原来的主机、一个内部的在一个中间的步骤中被攻占的主机和一个 SYN Flood 阶段的欺骗地址都列为攻击者的资产。在这个模式下，将攻击场景的外部和内部的线程成功地连接起来。

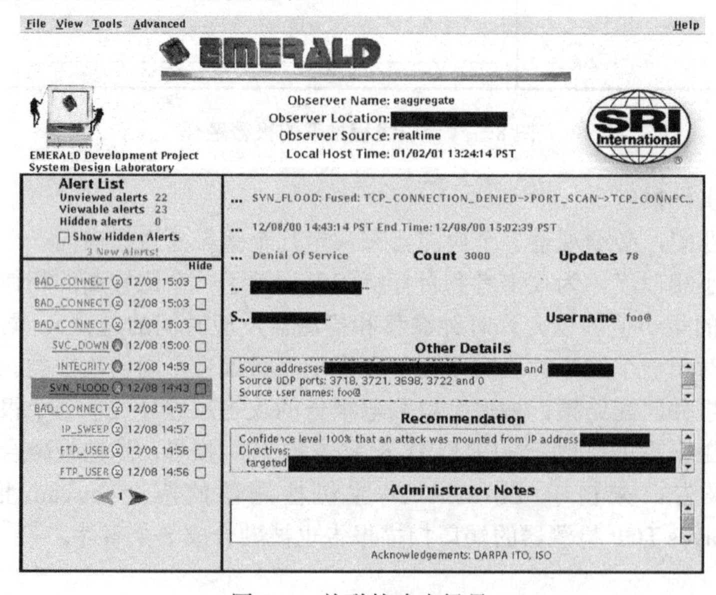

图 8-9　关联的攻击场景

值得注意的是，在这个实验中，EMERALD 检测器提供了反应指示，如果被执行了，那么将会阻止这次攻击。

7. 总结

基于概率相似度的报警关联系统采取并延伸了多检测器数据融合领域报警关联的一些概念，这些拓展主要是在泛化特征相似度函数，使之包括入侵检测领域的可观测的值。这个方法有报警融合的能力，为了实现报警融合，会对报警进行匹配，但不是完全匹配。该方法考虑将报警中合适的域作为多变量匹配算法的特征，只有重叠的特征才会被用来计算全局相似度。对于每一个可匹配的特征，定义了合适的相似度函数，其值从 0（不匹配）到 1（完美匹配）。依赖于具体情况，包括了匹配值的期望（被用来计算一个所有重叠特征的相似度的加权平均）以及一个最小匹配值，如果某特征在指定的最小匹配值上都不能匹配，那么该匹配就会被放弃。对于每个新的报警，都会同已知的元报警进行比较，只要相似度超过一个阈值，那么就将新报警与最匹配的元报警融合。使得在一个实际环境下，减少了 1/2 到 2/3 的报警数量，在一个模拟的攻击场景中，原来的报警数量是现在的 50 倍。

实验结果表明该方法可以大量地减少报警数据，简单易行，其缺点是所分析比较的报警信息必须具有共有特征，不能发现报警消息之间的因果关系，而且相似度函数的定义、极小匹配规则等需要太多的先验知识，可扩展性不强。

8.5.4 基于专家相似度的报警关联

下面首先介绍基于专家相似度的报警关联系统框架，接着介绍报警聚类原理与算法和报警合并，最后给出算法测试。

1. 报警关联系统框架

参照论文：Managing Alerts in a Multi-Intrusion Detection Environment，基于专家相似度的报警关联系统主要由报警库管理（Alert Base Management Function）、报警聚类（Alert Clustering）、报警合并（Alert Merging）、报警关联（Alert Correlation）和意图识别（Intention Recognition）5 个模块组成，报警关联系统框架如图 8-10 所示。

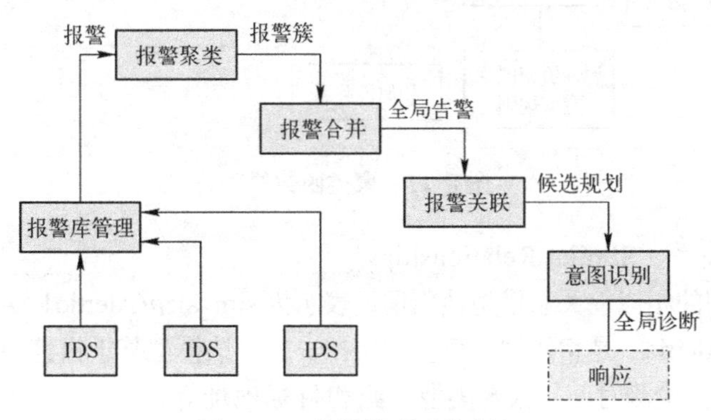

图 8-10　报警关联系统框架

报警库管理模块：接收来自不同 IDS 的报警，并把 IDMEF 消息转换成元组（Tuple）集，存储到关系数据库中。

报警聚类模块：分析数据库中的历史报警信息，利用报警相似性关系，把来自同一 IDS 或不同 IDS 的同一攻击引发的报警聚在一起，生成报警聚类。

报警合并模块：为聚在一起的报警生成新的全局报警（Global Alerts）。

报警关联模块：分析合并后的报警，通过报警之间的前因和后果关系，重建攻击过程，将逻辑相关的攻击动作联系起来，识别入侵规划，即关联结果为入侵者的候选规划集（Candidate Plans）。

意图识别模块：对候选规划进行推断，预见入侵者的意图，对入侵者过去、现在和将来的活动做一个全面诊断（Global Diagnosis），为响应模块提供输入，帮助系统管理员选择好的应对措施，以阻止入侵者的恶意行动。

2．报警聚类原理与算法

当 IDS 产生 1 条新的报警时，聚类功能模块根据两条报警之间的相似性关系（定义两条报警足够相似且聚在一类的条件），把新的报警与数据库中已有的报警进行判断，确定是否能够和新报警链接在一起。这里，报警的相似性判断采用专家系统的方法，即使用专家规则规定每一属性相似性的需求。这里使用实例相似专家规则和属性值相似专家规则，并使用谓词建模相似报警（Similar Alerts）、相似实体（Similar Entities）、相似实例（Similar Instances）、相似属性（Similar Attributes），聚类函数原理如图 8-11 所示。

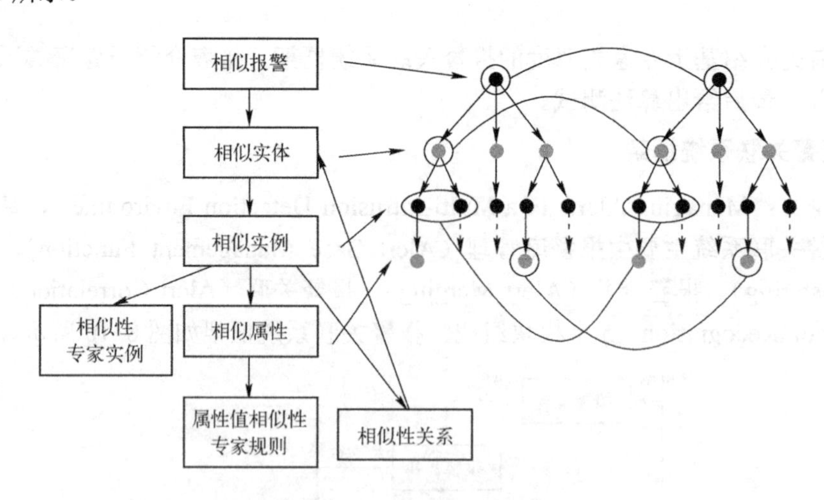

图 8-11　聚类函数原理

（1）相似性关系（Similar Relationships）

两条报警之间的相似性关系模型使用谓词表示为 sim_alert(Alertid1, Alertid2)，表示两条报警 Alertid1 和 Alertid2 是相似的，可以被聚在一起。该模型基于报警消息各实体之间的基本相似性关系，比如检测时间、报警类型、源和目标地址等。

实体之间的基本相似性关系建模为 sim_entity(Type_entity, Entity1, Entity2)，表示某一相似性关系把具有实体类型 Type_entity 的 Entity1 和 Entity2 链接在一起。而且，两个实体之间的相似性关系与实体类型相关，其定义在于比较与 Type_entity 相对应关系的元组实例。

元组实例相似性关系建模为 sim_instance(Name_relation, Tuple1, Tuple2)，表示 Name_relation 的例子 Tuple1 和 Tuple2 相似，这个谓词的定义需要基于 Tuple1 和 Tuple2 属性之间的相似性关系。

属性之间的相似性关系模型为 sim_attribute(Name_relation, Att, Val1, Val2)，表示 Name_relation 的属性 Att 的值 Val1 和 Val2 相似。

实体之间关系的相似性模型为 sim_relationship(Name_relationship, Entity1, Entity2)，比如 sim_relationship(alertsource, Alert1, Alert2)表示报警 Alert1 和 Alert2 的源相似，这里 alertsource 用来描述 Alert 实体和源实体之间的关系。

（2）相似性专家规则

相似性专家规则规定了实体实例相似性的条件，下面给出 4 个实体的专家规则定义。

1）类型相似性规则。对于由 IDS_name1 产生的报警 Generated_name1 和由 IDS_name2 产生的报警 Generated_name2，如果存在共用的攻击名称 Attack_name，则称这两个报警类型实体相似。这个规则基于 test_IDS 关系：test_IDS(attack_name, IDS_name, generated_name)，其中 attack_name 为标准的攻击名称，generated_name 为由名为 IDS_name 的 IDS 产生的报警名称。

2）时间相似性规则。针对检测时间属性，定义 1 个时间延迟，如果两条报警之间的检测时间差小于定义的时间延迟，则称这两条报警类型实体的检测时间相似。而且，时间延迟的取值与拟聚类的攻击类型相关。对于大多数攻击，其延迟时间不超过 2～3s，对于如 UDP 或 TCP Scan 类的攻击，选择一个较长的时间延迟。

3）源和目标相似性规则。源和目标地址可使用节点、用户、进程和服务进行描述，其中节点可用 IP 地址或主机名标识，服务可能使用服务名称或端口号标识。为了实现报警源和目标描述的一致性，相似性函数基于两个一致性表格主机名与 IP 地址的对应关系表和服务和端口号的对应关系表。具体的规则为：如果两条报警的节点、用户、服务和进程相似，则两条报警之间存在相似性关系。而且，源和目标之间的相似性定义与拟聚类的攻击类型相关，针对每一类攻击定义源和目标之间的期望相似需求，即包括在[node，service，user，process]的属性列表中。对于 TCP-Scan 攻击，只要目标节点相似，则足以规定两个目标相似，即目标相似性需求是[node]。对于大多数网络攻击，相似判断只需要比较节点和服务，即相似性需求是[node，service]。

（3）聚类结果及表示

报警聚类的结果是包含多个相似报警的簇，使用谓词 cluster_alert(clusterid, alertid)表示，意义为报警 alertid 属于簇 clusterid。

3．报警合并

对于每一簇产生一个全局报警，并建模为谓词 cluster_global_alert(clusterid,alertid)，表示报警 alertid 是与簇 clusterid 相关的全局报警。对于每一个簇，产生全局报警的一般过程如下。

假定一个新报警 alert(*i*)需要插入，如果没有报警与其相似，则生成一个新簇，并产生全局报警；如果报警 alert(*i*)可以插入一个现存的簇中，则合并报警 alert(*i*)与这个簇的全局报警，以更新这个簇的全局报警。这里，插入一个新报警可能导致几个已有簇合并为一个簇。比如，给定两个簇 cluster1 和 cluster2，其对应的全局报警分别为 alert1 和 alert2，加入一个新报警 alert3 可以同时插入到两个簇 cluster1 和 cluster2 中，这样因为 alert3 的插入致使 alert1 和 alert2 被更新。alert1 和 alert2 更新后变得相似，cluster1 和 cluster2 合并为一个簇，且这个新簇的全局报警是 alert1 和 alert2 合并的结果。

簇的全局报警的产生在于收集簇中所有报警的描述信息，从描述报警的元组到描述全局报警元组的实现使用专家规则表示，具体规则如下。

（1）合并攻击类型

目的是确定全局报警的 classification 属性（攻击类型）值，即说明与簇中所有报警相关的攻击。专家规则是簇中所有报警 classification 属性值的合并。

（2）合并攻击源和目标

合并攻击源和目标的宗旨为全局报警的 source 和 target 属性确定取值，即确定与报警相关联的攻击源和目标。给定两条报警的源 source1 和 source2，分以下两种情况进行。

第一种情况，source1 和 source2 的节点地址、用户名、进程名和服务名称相似，即两个源 source1 和 source2 相似，则可以合并 source1 和 source2 中的描述信息，为全局报警确定 1 个独特的源。

第二种情况，source1 和 source2 的节点地址、用户名、进程名或者服务名称不同，即这两个源 source1 和 source2 不同，则全局报警的源属性将包含 source1 和 source2。

对于目标属性的合并，与源属性的合并方法相同。值得注意的是要取消冗余，即保证在全局报警的源和目标属性中，一个源和一个目标仅仅出现 1 次。另外，针对源和目标的唯一性可以规定一些整数约束。并且，当报警合并的结果违反了整数约束时，需要在全局报警的 additionaldata 属性中进行说明。

（3）合并时间信息

针对攻击发生时间 detecttime，首先建立一个时间区间[lower_bound, upper_bound]，其中 lower_bound、upper_bound 分别是簇中所有报警的 detecttime 域的最早日期和最晚日期。然后，把 lower_bound 作为全局报警的 detecttime 属性值，upper_bound 添加到全局报警的属性 additionaldata 中。

针对攻击检测时间 creattime，同样建立一个时间区间[lower_bound, upper_bound]，lower_bound 作为全局报警的 creattime 属性值，upper_bound 添加到全局报警的属性 additionaldata 中。

4．算法测试

（1）测试 1

使用两个网络 IDS：Snort 和 eTrust 检测 87 个原子攻击，即与一个攻击场景不可分解步骤相对应的攻击。两个 IDS 共产生 325 条报警，其中 Snort 报告 264 条，eTrust 报告 61 条。共检测到 69 个攻击，其中 41 个攻击被两个 IDS 都检测到，27 个攻击 Snort 检测到而 eTrust 没有检测到，1 个攻击 eTrust 检测到而 Snort 没有检测到，另外 18 个攻击两个 IDS 均没有检测到。使用聚类方法共获得 101 个簇，大部分簇包括 1～3 条报警，其中最大的簇含有 101 条报警，这些报警对应于 UDP 攻击。对 101 个簇进行合并，共产生 75 条全局报警。事实上 69 个攻击应该有 69 条全局报警，其中 6 条报警是由于时间延迟太长的缘故，被后面的关联函数确认出是误报。

（2）测试 2

第 2 个测试采用复杂的需要几个攻击步骤才能完成的攻击，例如下面的包含 6 个攻击步骤的“illegal nfs mount”攻击场景。

Step 1：Finger root

Step 2：rpcinfo <target>

Step 3：showmount <target>

Step 4：mount directory

Step 5：cat “++” > .rhost

Step 6：rlogin <target>

发动上面的攻击时，两个 IDS 共产生 9 条报警，其中 7 条来自 Snort，2 条来自 eTrust，步骤 5 没有检测到，聚类函数共产生 5 个簇，结果令人满意。

8.5.5 基于人工免疫算法的报警关联

下面首先介绍人工免疫系统，随后介绍基于人工免疫算法的报警关联框架、关联矩阵的设计以及生成、分类算法，最后给出高级报警库与报警选择策略。

1. 人工免疫系统

免疫是生物体识别“自己”和“非己”成分，破坏和排斥进入生物体的抗原从而保护自身的一种生理功能。当遭受到病原体侵入时，生物体会激活自身的免疫功能，识别和清除侵入机体的抗原性物质，尽可能地保证机体的其他基本生理功能的正常运作。免疫系统的一系列特性保证它的复杂功能，这些特性包括免疫识别、免疫应答、免疫记忆等。免疫识别是指免疫系统识别“自己”和“非己”的功能，免疫系统能存贮抗体已知的抗原，而对于未知的抗原，免疫系统会在识别后使用淋巴细胞去生成相应的抗体。免疫应答是机体对抗原刺激所产生的以排除抗原为目的的全部生理过程，包括细胞的活化、分化、克隆、变异等一系列过程，通过这些过程产生能够消灭抗原的特定抗体。免疫记忆是免疫系统中非常重要的功能。免疫应答在未知抗原入侵后产生相应的抗体过程称为初次免疫反应，初次免疫反应过后，抗原信息被存储下来。当相同的抗原再次入侵时，免疫系统便能够迅速产生大量的特定抗体去对抗抗原，这个反应时间相比初次免疫反应的时间大大缩短，此次的应答过程称为二次免疫。初次免疫应答是免疫系统识别、学习和记忆入侵病原体特征的过程，二次免疫应答是基于免疫记忆的对抗抗原过程，二次免疫体现了免疫系统的自学习和自适应能力。

人工免疫系统是人们模仿生物体的免疫功能而构建的人工智能系统。人工免疫系统模仿免疫系统的免疫识别、免疫应答和免疫记忆等过程，使得构建的系统中具有特征抽取、自适应、学习记忆、协同刺激、概率检测等特点，人工免疫理论在搜索算法、反馈控制系统、故障检测系统、免疫网络等多种研究领域中都有相应的研究和应用。20 世纪 70 年代，人们开始试图将免疫学中的一些特性应用到计算机科学与人工智能科学领域中，以解决某些特定的问题。例如，Farmer 等人将免疫系统应用到机器学习当中，做出了开拓性和创造性的工作。1989 年，Varela 分析了免疫网络的收敛思想和免疫系统通过克隆变异产生不同抗体以适应新环境的思想，为将免疫学应用于工程问题提供了有效的思路和灵感源泉，从而开创性地将人工免疫系统（Artificial Immune System，AIS）引入智能科学界。随后的研究人员不断发现免疫系统中的其他有效机制，逐步改进 AIS 的模型设计、算法实现，并应用于各种不同的研究领域中。

2．基于人工免疫算法的报警关联框架

参照论文：基于多源异构安全数据融合的入侵报警关联技术研究，人工免疫算法具有非常强大的自学习能力和对知识的存储能力，将人工免疫算法的优点应用在聚类和分类算法上非常有效，而聚类和分类是报警关联算法中非常重要的部分。这里基于人工免疫算法，提出了一种新的报警聚类算法，该算法引入了免疫系统中二次免疫、记忆细胞和多层抵御等概念，构建了一个自学习和动态的报警关联框架，能够对低级别的报警进行自适应的聚类，将属于同一攻击场景的报警聚合到一起。该框架分为高级报警库、关联概率分配系统和关联矩阵三个部分。

高级报警库中存储的是已经完成关联聚类的攻击报警，高级报警库不止一个，在同一个高级报警库中的报警属于同一攻击场景。当一个新的报警 a 到来时，根据一种滑动窗口选择法选取一定数量的报警来与报警 a 进行关联。选择的报警分别与报警 a 通过细胞生成算法生成一个细胞，一个细胞由前件和后件组成，前件是由六个元素组成的向量，后件是关联概率。这些细胞将进入关联概率分配系统，并被指派一个关联概率，最后如果报警 a 与所有被选择的报警的关联概率均小于限定的阈值 H_{max}，报警 a 不加入此高级报警库，否则，报警 a 被加入此报警库。当报警 a 无法加入任意一个高级报警库时，此时形成一个新的高级报警库，此库中只有报警 a。

关联矩阵包含了攻击先后顺序的关联知识。关联矩阵是一个自学习的系统，每次关联发生后，根据生成的关联概率，关联矩阵将被动态更新。关联矩阵在报警选择策略、细胞生成和攻击场景构建等活动中将发挥作用。关联概率分配系统的第一层包含了少量的初始细胞，当新细胞 C 进入第一层时它的关联概率为空。细胞 C 与初始细胞进行一一匹配，找到亲和力最高的初始细胞，如果它们的亲和力大于限定的阈值，这条初始细胞的关联概率将指派给细胞 C，否则，细胞 C 的关联概率仍为空，进入系统的下一层。

关联概率分配系统的第二层有一个免疫细胞池，池中的免疫细胞最初为空，在第三层关联的过程中不断生成。当新细胞 C 进入这一层时，系统搜索免疫细胞池中与细胞

C亲和力最高的免疫细胞C_{max}，如果C与C_{max}的亲和力大于限定的阈值，C_{max}的关联概率将指派给C，否则，细胞C进入系统第三层。第二层借鉴了免疫学中“二次免疫”的概念，当已入侵过的病原体再次侵入机体时，免疫系统能迅速地做出反应，找到合适的抗体。

关联概率分配系统的第三层使用 AIRS 分类方法。进入第三层的细胞是系统的前两层都无法指派关联概率的细胞，AIRS 算法使用第一层的细胞作为训练数据，通过不断地克隆和变异形成符合条件的细胞种群，然后通过形成的细胞种群给细胞C指派关联概率p。同时，细胞C和关联概率p会形成新的免疫细胞，加入到第二层的免疫细胞池中。第三层借鉴了免疫学中“初次免疫”的概念，病原体初次入侵机体时，免疫系统的 B 细胞和 T 细胞会迅速克隆变异，以形成可以抵抗病原体的抗体，杀灭病原体，并将抗体存储下来以备下一次入侵。

基于人工免疫的报警关联系统整体框架如图 8-12 所示。

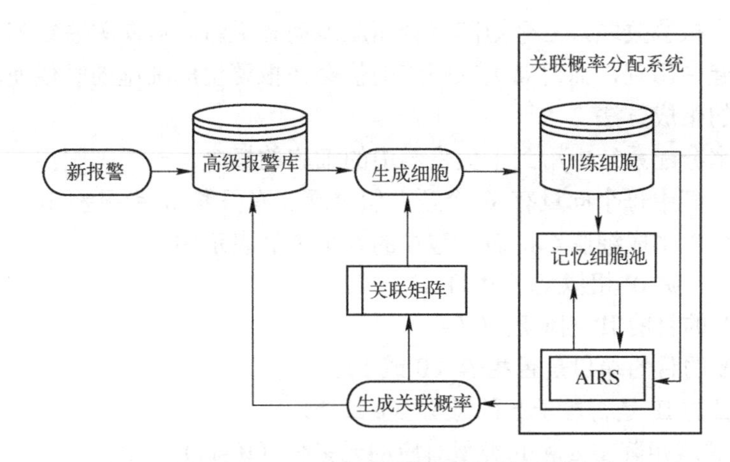

图 8-12　基于人工免疫的报警关联系统整体框架

基于人工免疫的报警关联系统拥有自学习的算法，能够适应不断产生的新的攻击。此外，该报警关联系统所需要的计算资源少且有灵敏的反应速度，可以实时在线地进行报警关联。

3．关联矩阵设计和细胞的生成分类

（1）关联矩阵设计

关联矩阵部分被设计用来存储攻击的前后顺序，它包含三个矩阵：报警概率矩阵、前向关联矩阵和后向关联矩阵。假设攻击类别数量为n，报警概率矩阵是大小为$n\times n$的矩阵。矩阵中的元素是两种攻击类别之间的关联权值，权值由这两种攻击在关联过程中产生的所有关联概率相加所得。元素权值的计算公式为

$$W_{i,j}=\sum_{k=1}^{n}P_{i,j}(k) \tag{8-25}$$

其中，$P_{i,j}(k)$ 由关联概率分配系统产生，代表类别为 i 和 j 的两种攻击在第 k 次关联时的关联概率。报警概率矩阵不是对称矩阵，i 和 j 有先后关系，$P_{i,j}(k)$ 代表着攻击 i 发生在攻击 j 之前。

后向关联矩阵是用来预测攻击 j 发生的前提下，攻击 i 在攻击 j 后面发生的概率，它的元素通过对报警概率矩阵的计算得到

$$F_{i,j}=\frac{W_{i,j}}{\sum_{k=1}^{n}W_{i,k}} \tag{8-26}$$

前向关联矩阵的元素表示的是，在攻击 j 发生的前提下，攻击 i 在攻击 j 前面发生的概率，它的元素也是通过对报警概率矩阵的计算得到

$$B_{i,j}=\frac{W_{i,j}}{\sum_{k=1}^{n}W_{k,j}} \tag{8-27}$$

每发生一次报警关联，三个矩阵将会相应地动态更新。后向关联矩阵表示的知识会在攻击场景构建中用到，而前向关联矩阵的值会在报警生成细胞的时候使用。

（2）细胞的生成方法

在关联概率分配系统中用到了免疫学中的细胞的概念。一个细胞由一个向量和一个关联概率组成，其中每个向量有 6 个项。假定现在有报警 a 和报警 b，a 发生在 b 之前，由 a 和 b 可以生成细胞 C，而细胞 C 的 6 个项的表示如下。

F_1：a 和 b 的源 IP 相似度（[0-1]）。

F_2：a 和 b 的目的 IP 相似度（[0-1]）。

F_3：a 和 b 的目的端口是否相等（0 或 1）。

F_4：a 的目的 IP 是否等于 b 的源 IP（0 或 1）。

F_5：后向关联矩阵中 a 和 b 类型对应的元素值（[0-1]）。

F_6：报警 a 和 b 的时间间隔在 0～1 区间上的映射（[0-1]），$F_6=1-\sqrt{\dfrac{a.time-b.time}{\max Time}}$。

第一层的初始细胞是最典型的关联实例，数目很少。由 Snort 检测 DRAPA 2000 的数据包后得到报警，然后选取已经标记的攻击报警，计算典型报警之间的概率，结合专家知识人工整理而得。细胞的向量值是最特殊的三个取值 0.0、0.5、1.0，部分初始细胞的取值见表 8-2。

表 8-2　部分初始细胞的取值

	F_1	F_2	F_3	F_4	F_5	F_6	关联概率
细胞 1	0.5	0.5	1.0	0.0	1.0	1.0	0.8
细胞 2	1.0	1.0	1.0	0.0	0.0	0.0	1.0
细胞 3	1.0	1.0	1.0	1.0	0.0	1.0	0.3
细胞 4	0.0	0.0	0.0	1.0	1.0	0.0	0.9
细胞 5	0.5	1.0	1.0	0.0	0.0	0.0	0.6

（3）AIRS 细胞分类算法

AIRS 算法是 Wakins 提出的一种基于人工免疫系统的分类方法，它在对数据进行有效分类上取得了巨大的成功。AIRS 算法主要利用了自然界免疫系统中的免疫细胞变异、克隆以及克隆抑制等概念，模拟的是 B 细胞的主要机制。AIRS 是一个资源有限的监督学习系统，其第一要素为 ARBs，AIRS 中的抗原和 B 细胞都初始化为特征向量的形式，而所有具有类似特征的 B 细胞表示 ARBs。在资源有限的环境中，ARBs 互相竞争，优胜劣汰，从而使与训练抗原亲和力更高的 ARBs 逐渐进化。AIRS 利用免疫系统的另一概念是记忆细胞，ARBs 竞争后产生记忆细胞，存活下来用于数据分类。下面介绍 AIRS 训练记忆细胞的过程。

1）首先使用训练抗原与初始记忆细胞池中的所有记忆细胞配对并计算刺激度，即欧几里得距离，记忆细胞按刺激度被克隆。克隆数跟欧几里得距离成反比，距离越小，克隆数越多。克隆之后将记忆细胞和所有克隆产生的细胞放入 ARBs 池中。

2）训练抗原提交给 ARBs 池中的所有 ARB，对 ARB 进行刺激并计算亲和力，亲和力与欧几里得距离成正比。ARB 的资源是有限的，在受抗原刺激克隆和变异之后，细胞总数一般会超过资源总数。这时候按照亲和力从高到低排序，移除 ARBs 中的超出资源数且亲和力低的细胞。这时候计算所有 ARBs 与抗原的亲和力的平均值，一旦这个平均值超过预定的阈值，那么选择亲和力最高的 ARB 作为候选记忆细胞；没有超过阈值则继续重复本步骤。

3）计算所有原来的记忆细胞与抗原的亲和力，如果选出的候选记忆细胞与抗原的亲和力大于最大值，则候选记忆细胞成为真正的记忆细胞。对每一个训练抗原重复上述过程，直到训练全部完成。

如果关联概率分配系统的第一层和第二层不能给新细胞指派关联概率，新细胞会进入到第三层，这相当于免疫中的初次免疫过程，给细胞分配概率就是对细胞进行分类，所以第三层使用了 AIRS 算法。第一层的初始细胞作为抗原，记忆细胞池中的记忆细胞最初随机生成，每一个初始细胞输入后经过计算得到候选记忆细胞，初始细胞会将关联概率赋值给候选记忆细胞，并加入到记忆细胞池。全部初始细胞输入完毕后，记忆细胞池采用 KNN 算法对新细胞进行分类并指派关联概率。

4．高级报警库与报警选择策略

如果两个报警的关联概率超过限定阈值，那么它们会被存储在同一个高级报警库中，因此高级报警库中存储的是彼此关联、同在一个攻击场景中的攻击报警。高级报警库中的报警数目会增长很快，当新报警 a 产生后，让报警 a 与高级报警库中所有报警一一进行关联测试其效率很低的，而且是没有必要的。因为大部分多步攻击的发生是一个连续的过程，报警之间的相距时间越短，它们的关联概率就可能越大。相距时间较长的两个报警之间关联概率则非常可能是很小的，所以可以建立一个时间滑动窗口，仅让 a 与滑动窗口之中的报警进行关联，超出滑动窗口的报警则不参加关联。使用滑动窗口的方法大大减少了关联的工作量，提高了关联效率，而且对关联结果不会造成影响。

由于攻击发生过程中，入侵检测系统会在短时间内产生大量的报警，所以单位时间内的报警数量也是很大的。假设滑动窗口的大小为n，每个窗口按时间从前往后的编号为 1～n，而窗口i中有s_i个报警，则规定窗口i至少应该关联的报警数为$m=\left\lceil \frac{s_i \times i}{n} \right\rceil$。

当新报警 a 到来时，a 首先进入窗口n进行关联（n中的报警是与 a 相距时间最小的）。窗口i中的报警按照前向关联矩阵中与 a 攻击类型的前向关联的大小进行排序，即最有可能关联的报警排在前面，先进行关联。当关联数达到m后，如果$m+1$个报警与 a 的前向关联值大于一个限定阈值，则继续进行关联，直到这个值小于阈值为止；否则停止窗口i的关联，a 进入窗口$i-1$进行关联。

在关联的过程中，一旦关联概率大于或等于$H_{\max}$，则停止关联，报警 a 加入此高级报警库中。在报警完成之后，一个高级报警库中存储的就是彼此关联、同在一个攻击场景中的攻击报警。高级报警库可以用来转化为本体知识中的 Scenario 攻击场景的实例，库中所有的攻击报警都通过 Scenario 的属性 HasAttack 与攻击场景关联在一起。而这些攻击之间还存在着前后关系，选取高级报警库中时间最早的报警作为初始攻击节点，然后按照后向关联矩阵，寻找最可能在它之后发生的报警，作为邻接节点，并赋值给初始攻击实例的 NextAttack 属性。然后从这个邻接节点开始寻找它的邻接节点。如此循环下去，直到找到在攻击场景中的所有攻击。

8.6 基于数据挖掘技术的事件关联分析

本节主要介绍基于概念聚类的报警聚类挖掘算法、基于频繁模式挖掘的报警关联与分析算法和其他方法。

8.6.1 基于概念聚类的报警挖掘算法

针对入侵检测报警极度单调和重复的特点，Klaus Julisch 等人提出一种新的概念聚类方法，用于多个异类 IDS 历史报警中的模式发现，把同一源主机针对同一目标引起的同一类型的报警进行聚类，并将发现的模式用于未来数据的报警精简，以提高处理未来报警的效率。参考论文：Clustering Intrusion Detection Alarms to Support Root Cause Analysis。

（1）报警分析框架

方法的核心思想是“学习过去，掌握未来”，即针对历史的入侵检测报警，应用数据挖掘技术获得新的可执行的理解和知识，以消除报警产生的根本原因或者通过过滤和关联规则自动处理报警，减少手动报警分析的工作量。其中，过滤规则自动丢弃一些报警，关联规则智能划分和总结报警。基于数据挖掘的报警分析框架，首先对报警仓库中的历史信息进行数据挖掘，发现报警中隐藏的行为模式，形成过滤或关联规则，如图 8-13 所示。

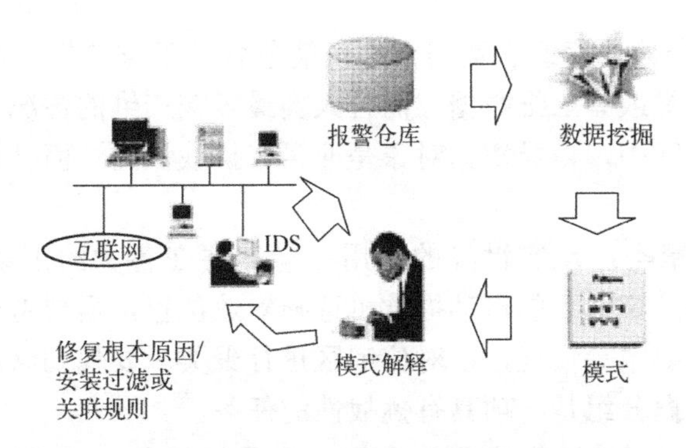

图 8-13 基于数据挖掘的报警分析框架

为了跟踪新攻击、系统重配置等引起 IDS 报警行为的变化，整个数据挖掘分析过程至少要 1 个月进行 1 次，即过程迭代进行。而且，整个过程与具体的网站相关，即每个网站必须单独对待处理。数据挖掘技术应该满足 5 点要求：可扩展性、容错、支持多种属性类型的分析、易用、模式的可解释性和相关性。

（2）概念聚类的可行性分析

聚类分析是知识发现（Knowledge Discovery，KDD）中的一项重要研究内容，旨在将数据集合划分为若干类，使得类内差异小、类间差异大。通常用数据之间的距离来描述相似度，距离越大，相似度越小，反之则越大。聚类分析应用在模式识别、数据分析、图像处理、Web 应用等领域，用途相当广泛，理想的聚类算法应具有以下特性。

1）可伸缩性：许多聚类算法在小于 200 个数据对象的小数据集样本上工作得很好，但是在一个包含了几百万个数据对象的大数据集样本上进行聚类可能会导致偏差很大。

2）处理不同类型属性的能力：许多算法被设计用于聚类数值类型的数据。但是，应用可能要求聚类其他类型的数据，如二元类型、分类类型等。

3）发现任意形状的聚类：许多聚类算法基于欧几里得距离来决定聚类，基于这样的距离度量算法趋向于发现具有相近尺度和密度的球状簇。但是一个簇可能是任意形状的，所以提出能发现任意形状簇的算法很重要。

4）用于决定输入参数的领域知识最小化：许多聚类算法在聚类分析中要求用户输入一定的参数，如希望产生的簇的数目。聚类结果对于输入的参数十分敏感，而参数通常很难确定，特别是对于包含高维对象的数据集来说更是如此。要求用户输入参数不仅加重了用户的负担，也使得聚类的质量难以控制。

5）处理噪声数据的能力：绝大多数现实世界中的数据库都包含孤立点、空缺、未知数据或者错误的数据，一些聚类算法对于这样的数据比较敏感，可能导致低质量的聚类结果。

6）对于输入顺序不敏感：一些聚类算法对于输入数据的顺序敏感。例如，同一个数据集合，当以不同的顺序提交给同一个算法时，可能产生差别很大的聚类结果。所以，开发对数据输入顺序不敏感的算法具有重要的意义。

7）高维性：一个数据库或者数据仓库可能包含若干维属性。许多聚类算法擅长处理低维的数据，如两维或者三维数据，而且人类最多在三维的情况下能够很好地判断聚类的质量。在高维空间中，聚类数据对象是非常有挑战性的，而且这样的数据可能非常稀疏，且高度偏斜。

8）基于约束的聚类：现实世界的应用可能需要在各种约束条件下进行聚类。例如，在一个城市中为给定数目的自动提款机选择安放位置，需要考虑城市的河流和公路网、每个地区的客户要求等情况，以对住宅区进行聚类。要找到满足特定的约束，又具有良好聚类特性的数据分组是一项具有挑战性的任务。

9）可解释性和可用性：用户希望聚类结果是可解释、可理解且可用的。也就是说，聚类可能需要和特定的语义解释与应用相联系。应用目标如何影响聚类方法的选择也是一个重要的研究课题。

概念聚类是观察学习研究中的一项重要技术，由米卡尔斯基（R.S.Michalski）在1980年首先提出，其基本思想是把样本数据按一定的方式和准则进行分组，如划分为不同的类、不同的层次等，使不同的组代表不同的概念，并且对每一个组进行特征概括，得到一个概念的语义符号描述。概念聚类是机器学习中聚类的一种形式，与其他通常的聚类方法（定义相似的记录为一个类）不同的是，概念聚类进一步找出每个类的特征描述，用描述对象的一组概念取值复合表达式将数据划分为不同的类，而不是基于几何距离来实现数据对象之间的相似性度量，从而不仅能够将数据对象分为多个类或簇，而且能够为每种类别找出有意义的描述。概念聚类方法主要包含两部分内容：发现适当的类，根据每个类形成相应的特征描述。仅当一组对象可以由一个概念所描述时，这些对象才能构成一个类，这与基于几何距离表示相似程度并进行聚类的传统聚类方法有所不同。根据对概念属性泛化和特化处理的程度不同，可以得到概念的多个层次描述。在概念聚类中，只有当一组对象可以被一个概念描述时，才形成一个簇。概念聚类由两步组成：首先进行聚类，然后是找出特征。这样聚类的质量就不仅仅是单个记录的一个函数，它还综合了一些得出的类的描述。概念聚类应用在入侵报警中具有两大优势，一是可理解的聚类描述为聚类解释提供了便利；二是擅长处理类别属性，如IP地址、端口号、报警类型等。

（3）基于改进AOI（Attribute-Oriented Induction）的概念聚类算法

面向属性的归纳（AOI）是一种面向关系数据库查询、基于概化、联机的数据分析处理技术，是用于数据库的知识发现方法。AOI算法最初出现时是作为一种数据归纳的技术，随后AOI方法作为使用某种特定概念描述语言的概念聚类方法也应用到概念聚类中。面向属性归纳的基本思想是：首先使用关系数据库查询收集任务相关的数据，然后通过考察任务相关数据中每个属性的不同值的数量进行泛化。生成的结果广义关系可以映射成不同形式（如图表或规则）提供给用户。面向属性归纳的基本操作是数据泛化，即将数据库中与任务相关的大量数据集从较低的概念层抽象到较高的概念层，以提供一个概要性描述。AOI包括以下两种方法。

第一，属性删除。如果初始工作关系的某个属性有大量不同的值，但在此属性上没有泛化操作符（如对该属性没有定义概念分层），或者其较高层概念用其他属性表示，则该属性应从工作关系中删除，该规则对应于机器学习的删除条件。

第二，属性泛化。如果初始工作关系的某个属性有大量不同的值，并且该属性上存在泛化操作符，则应当选择该泛化操作符，并将它用于该属性，称为沿泛化树攀升或沿概念树攀升的泛化规则。用户可以通过设置属性泛化阈值、泛化关系阈值、属性不同值的数目和泛化关系中不同元组的数目，来控制数据泛化的程度。通过面向属性的归纳技术，用户可以从不同的分析细度来认识对象数据集，从而获取对对象数据集不同层次的认识，所形成的泛化结果除最底层外，都可以看成某级符合特定概念描述的概念聚类。因此，可以将面向属性的归纳技术与概念聚类技术结合运用。

1）核心思想：AOI 算法的核心思想是在关系数据库上进行操作，不断地将某个属性的值替换为更加“抽象”的值，这里的“抽象”来自于用户自定义的概念层次树。图 8-14 为自定义的 IP 地址概念层次树。

图 8-14 的 IP 地址概念层次树中，地址属性值为“IP1”的报警地址属性值可以被比它更抽象的值“子网 1”替换，同样，地址属性值为“IP2”的报警地址属性值也可以被比它更抽象的地址“子网 1”替换。“IP4”和“IP5”被替换成“子网 2”，而“子网 1”和“子网 2”又可以被替换成“DMZ”。这样，通过这种“概化”，原来不同的报警变成相同的报警，就能够合并成一个报警。通过这种方式，大量的报警就能被压缩成少量报警，大大减少报警的数量。即基于用户定义的泛化层次，分析关系数据库表，重复使用更加抽象的值来替换其属性，如 IP 地址泛化到网络、时间戳泛化到工作日、端口号泛化到端口范围等，使两个不同的报警变得相似且合并在一起，实现报警精简。

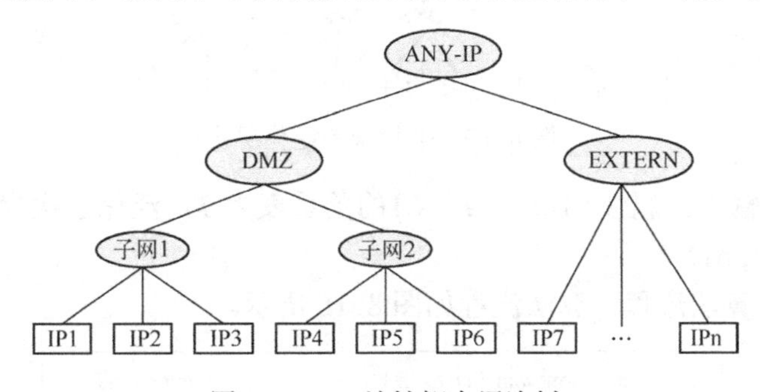

图 8-14　IP 地址概念层次树

同时，通过这种概化，报警仍然是易于理解的。如源 IP 为“IP7”的主机向 IP 地址分别为“IP1”“IP2”“IP6”的主机进行扫描，所产生的报警含义非常清楚，易于理解，见表 8-3。

表 8-3　报警事件表一

源 IP	目的 IP	报警类型	报警数量
IP7	IP1	PortScan（扫描）	1
IP7	IP2	PortScan（扫描）	1
IP7	IP6	PortScan（扫描）	1

按照图 8-14 的概念层次树，将目的 IP 概化一次后，结果见表 8-4。

表 8-4　报警事件表二

源 IP	目的 IP	报警类型	报警数量
IP7	子网 1	PortScan（扫描）	2
IP7	子网 2	PortScan（扫描）	1

将目的 IP 再次概化，结果见表 8-5。

表 8-5 的含义就是源 IP 为“IP7”的主机向 DMZ 进行 3 次扫描，同样易于理解。

表 8-5　报警事件表三

源 IP	目的 IP	报警类型	报警数量
IP7	DMZ	PortScan（扫描）	3

2）报警建模：表示为笛卡儿积 $D_{A_1} \times D_{A_2} \times \cdots \times D_{A_n} \times D_C$，其中 A_1、A_2、…、A_n 为报警属性，如报警时间、类型、端口号等，C 是增加的整数类型的假属性数目（Count）。

3）泛化层次：表明概念泛化到更加通用的概念原理的树状 is-a 层次，图 8-15 为 IP 地址的泛化层次。

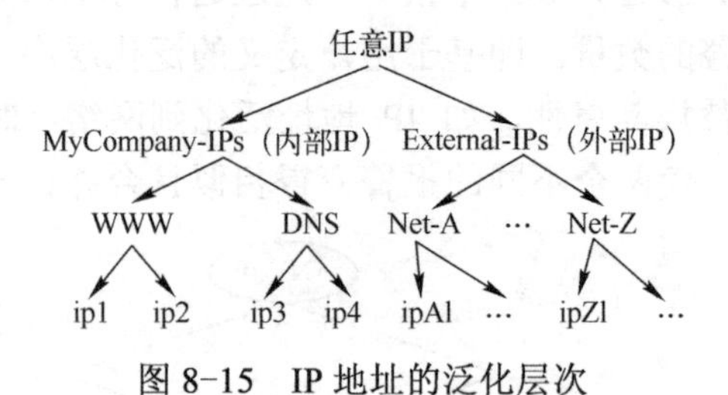

图 8-15　IP 地址的泛化层次

4）AOI 算法输入：属性$\{A_1,\cdots, A_n, C\}$的关系表为 T，泛化层次为 H_i，属性 A_i 的泛化门限为 $d_i(i=1,\cdots, n)$。

5）传统 AOI 算法流程：算法流程如图 8-16 所示。

```
1:  for all alarms a in T do a.C:=1;                    // Init counts
2:  while table T is not abstract enough do {
3:          Select an alarm attribute Ai ;
4:          for all alarms a in T do                    // Generalize Ai
5:                  a.Ai: =father of a.Ai in Hi ;
6:          while identical alarms a, a' exist  do      // Merge
7:                  Set a.C: = a.C + a'.C and delete a' from T ;
8:  }
```

图 8-16　传统 AOI 算法流程

Step 1 给每一个报警的 Count 属性赋初始值 1。

Step 2 判断所有属性的取值是否小于 d_i 个。如果是，算法中止。如果不是，执行 Step 3。

Step 3 选择一个属性 A_i，具体的选择标准为：关系表 T 的取值多于 d_i 个的属性。

Step 4 和 Step 5 针对所有报警的属性 A_i 值，用 H_i 中它们的父值替代，以使不同的报警变得相似。两个报警 a 和 a'相似的判断标准为：对于所有的属性 A_i，有 a. A_i= a'. A_i。

Step6 和 Step 7 将相似的报警合并为 1 个报警，并且 Count 取值为所有被合并报警的 Count 值之和，这样 Count 属性便可以反映某一泛化报警包含的初始报警数目。

Step 8 返回 Step 2。

6）传统 AOI 算法的改进：主要包括过泛化改进、报警属性选择标准的改进和回溯。

① 过泛化改进。

按照传统的 AOI 算法，属性 A_i 的取值多于 d_i 个时才被泛化（i=1,…,n），这个策略保证泛化表至多包含 $\prod_{i=1,\cdots,n} d_i$ 个泛化报警。这种绑定不同属性值数目的策略可能导致过泛化，丢失了很多细节信息。例如，图 8-17 为源 IP（SrcIP）和目的 IP（DstIP）报警属性的样本表。

SrcIP	DstIP	Count
ip1	ip4	1000
ip1	ipA1	1
ip1	ipB1	1
⋮	⋮	⋮
ip1	ipZ1	1
ipA1	ip4	1
ipB1	ip4	1
⋮	⋮	⋮
ipZ1	ip4	1

图 8-17　样本表

其中，第二行元组表示报警（ip1，ip4）发生了 1000 次，对于这两个属性采用 IP 地址的泛化层次，泛化门限统一设为 10，即 $d_1 = d_2 = 10$。假定这两个报警属性均有 27 个不同的值，经过两次泛化，结果为（MyCompany-IPs，MyCompany-IPs，1000）、（MyCompany-IPs，External-IPs，26）、（External-IPs，MyCompany-IPs，26）。这个结果与（ip1，ip4，1000）、（ip1，External-IPs，26）、（External-IPs，ip4，26）相比，丢失了很多信息，这主要是由于样本表中除了一个主要信号（ip1，ip4，1000），另外 52 个元组占 5%（称为噪音）控制了整个泛化过程，导致报警（ip1，ip4，1000）被泛化了 4 次，变为（MyCompany-IPs，MyCompany-IPs，1000）。针对入侵检测中噪音所引起的过泛化问题，可以采用以下的修改方法。

放弃泛化门限 d 以及绑定不同属性值数目的策略，搜索关系表 T 中其计数值大于 $\min\_size$ 的报警 $a \in T$，即 $a.C > \min\_size \in T$ 的报警 a，其中 $\min\_size \in N$ 为用户定义的常数，表示集合簇的最小值。从关系表中删除报警 a，即 $T' := T \setminus a$，将报警 a（表示一个大小为 $a.C$ 的簇）作为一个聚类结果报告给用户，针对表 T' 继续此过程。

这样，通过引入簇的最小值 $\min\_size$，使 AOI 算法发现较大的簇，并阻止满足 $a.C > \min\_size \in T$ 的报警 a 的进一步泛化。

② 报警属性选择标准的改进。

对于每一个报警属性 A_i，定义函数 $F_i := \max\{f_i(v) \mid v \in D_{A_i}\}$，即函数 $f_i(v) :=$ SELECT $sum(C)$ FROM T WHERE $A_i = v$ 的最大值，这里 $f_i(v)$ 用来计算关系表 T 中属性 A_i 的取值为 v 的所有报警的计数值 count 之和。在 AOI 算法的 Step 3，选择最小的 F_i 值对应的属性 A_i。这种启发式选择标准的动机是对于所有的属性 A_i，只要 $F_i > \min\_size$ 成立，则具有 $a.C > \min\_size$ 的报警 a 不可能存在。例如对于图 8-17 给定的样本表，设定 $\min\_size = 20$，报警（ip1，ip4，1000）的数量大于 20，则应立即把该报警从信息表中删除，提交给用户。其他剩余报警数量均为 1，则需要进行泛化。因为 $F_1 = F_2 = 26$，所以两个属性 SrcIP 和 DstIP 均有可能被泛化。假定“SrcIP”属性被选择并泛化两次，产生报警（External-IPs，ip4，26），最终把该报警从信息表中删除，提交给用户。接着“DstIP”属性被选择并泛化两次，产生报警（MyCompany-IPs，External-IPs，26），把该报警从信息表中删除，提交给用户。至此，泛化过程中止。

③ 回溯。

通过报警属性选择标准的改进可以看出，虽然泛化属性“SrcIP”产生了报警（External-IPs，ip4，26），但是移走这个报警后不可避免地过泛化了剩余 26 个报警的“SrcIP”属性，产生了最后的报警（MyCompany-IPs，External-IPs，26），而不是较具体的报警（ip1，External-IPs，26），即泛化步骤在短的时间内合适，同时也会对后面的泛化带来不良影响。针对这个问题，提出以下的修正方法。

针对表 $T' := T \setminus a$，首先撤销表 T' 中的所有泛化步骤，即用非泛化的报警替换所有被泛化的报警，然后在这个表上进行泛化。

针对上面的例子，当（External-IPs，ip4，26）报警从信息表中移除后，把剩余 26 个报警的“SrcIP”属性恢复到初始值“p1”，然后“DstIP”属性被泛化两次，产生报警（ip1，External-IPs，26），泛化过程结束。

7）算法测试：为了评估改进的 AOI 算法的性能，可以在实际的网络环境中部署基于特征的商业网络 IDS，应用这些 IDS 的报警数据进行关联分析。实验中用到来自不同厂商的 16 个 IDS，而且这些 IDS 部署在 11 个公司。实验中涉及的 IDS 见表 8-6。

表 8-6 中，IDS 列是一个数值标识号，Type 列表示 IDS 类型，分为 A 和 B 两种，Min、Max 和 Avg 列分别表示 2001 年每月每个 IDS 激发报警数的最小值、最大值和平均值。另外，Location 列显示 IDS 的部署位置，主要有 4 种：Intranet、Extranet、DMZ 和 Internet。

选择表 8-6 中的第 i 个 IDS，使用修改的 AOI 算法分析其在 2001 年第 m 个月产生的报警，手动建立并实现过滤和关联规则，并应用这些规则到第 m+1 个月的报警，自动计算报警负载精简比。整个实验结果表明，改进的 AOI 算法的结果直观且易于解释，每个 IDS 每月产生 8～32 个报警簇，这些簇获得合适的过滤和关联规则大约需要两个小时。

表 8-6　实验中涉及的 IDS

IDS	Type	Location	Min	Max	Avg
1	A	Intranet	7643	67593	39396
2	A	Intranet	28585	1946200	270907
3	A	DMZ	11545	777713	310672
4	A	DMZ	21445	1302832	358735
5	A	DMZ	2647	115585	22144
6	A	Extranet	82328	719677	196079
7	A	Internet	4006	43773	20178
8	A	Internet	10762	266845	62289
9	A	Internet	91861	257138	152904
10	A	Intranet	18494	228619	90829
11	B	Intranet	28768	977040	292294
12	B	DMZ	2301	289040	61041
13	B	DMZ	3078	201056	91260
14	B	Internet	14781	1453892	174734
15	B	Internet	248145	1279507	668154
16	B	Internet	7563	634662	168299

为评估获得的过滤和关联规则的有效性，固定参数 m 为 2001 年 11 月，参数 i 取值为 1、2、3、……、16，处理第 m+1 个月（即 2001 年 12 月）的报警，大约 75%的报警可以用过滤和关联规则自动处理，得到的报警负载精简比如图 8-18 所示。

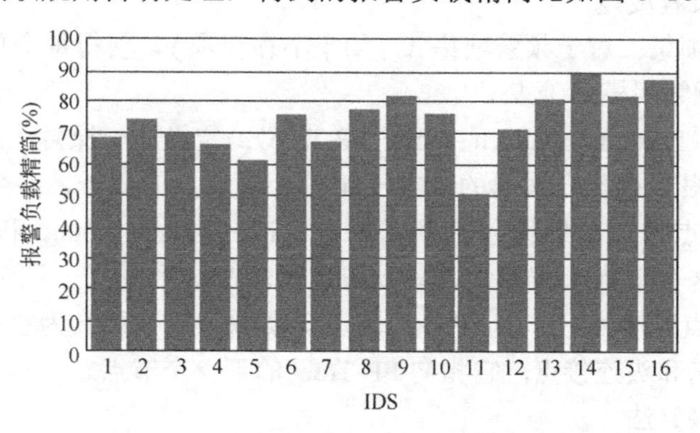

图 8-18　2001 年 12 月的报警负载精简比

固定参数 I 为 8，参数 m 取值在 1～12 之间变化，挖掘第 m 个月的报警获得规则以处理第 m+1 个月的报警，得到的报警负载精简比如图 8-19 所示。

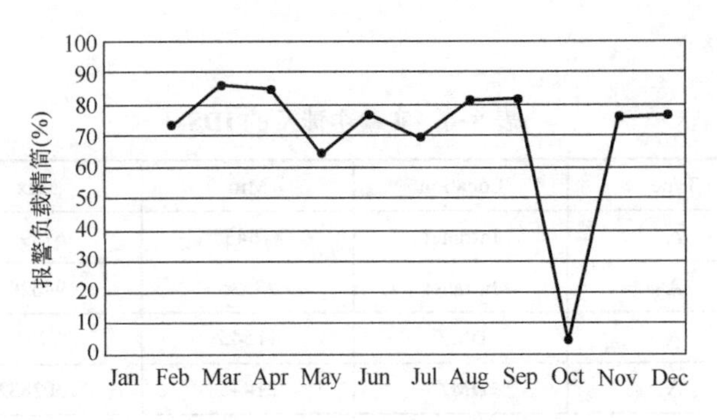

图 8-19 第 8 个 IDS 的报警负载精简比

分析图 8-19 中曲线，可以看出平均负载精简比为 75%。另外，在 10 月曲线突然下降，这主要是由临时的网络故障造成的，从 9 月获得的规则不能处理这个问题，把这个问题误认为是攻击，产生大量的报警，致使报警负载精简比陡然下降。

8.6.2 基于频繁模式挖掘的报警关联与分析算法

东北大学董晓梅等人提出了基于频繁模式挖掘的报警关联与分析算法，按照一个最小怀疑度和最小支持度对报警信息进行预处理，然后使用修改的频繁闭模式挖掘算法，对报警信息进行挖掘，得到频繁闭模式序列，即提取怀疑度较高或者频繁发生的事件信息，以合并报警信息中的重复信息。参考论文：基于频繁模式挖掘的报警关联与分析算法。

（1）基本概念

报警怀疑度：通过扩展 IDMEF 格式，在 alert 类中加入了一个“suspect”（怀疑度）属性，表示报警的可疑程度，取值在 0～1 之间，用百分比来表示。怀疑度值越大，则行为的可疑程度越高。

频繁闭模式/项集：对于频繁项集 X，如果不存在项 y，使得每个包含 X 的事务也包含 y，则称 X 是频繁闭模式/项集。

频繁模式树（Frequent Pattern Tree，FP-Tree）：定义的一棵树，满足条件：①包含一个标志为空的根节点，一系列的前缀子树作为根节点的孩子，并生成一个常序列头表；②每一个节点在项前缀树包括三个部分：item-name、count 和 node-link，其中 item-name 表示这个节点代表哪个项，count 代表在这个分支上该节点出现的次数，node-link 表示节点连接到下一个 FP-Tree 节点，如果没有，那么为空；③频繁项集头表包括两项，即项名和头连接点，它指向 FP-Tree 的下一个节点。

（2）报警关联算法

对报警数据进行预处理时，除了要提取支持度满足最小支持度（min-suport）要求的报警数据外，还要提取出怀疑度符合要求的报警数据。而 CLOSET 算法使用一种称为频繁模式树的数据结构来快速产生频繁模式，是一个高效的频繁模式挖掘算法，只能发现频繁出现的模式，并不能考虑到报警信息中安全事件的可疑程度。例如，当某条报警信息具有很高的怀疑度，但其中包含的信息出现次数很少时，直接应用 CLOSET 算法进行挖掘，就会忽略这些不频繁出现的信息。为此，可以对 CLOSET 算法进行改进，具体算法细节如下。

事先设置 3 个参数值：最小支持度 min-support 、最小怀疑度 min-suspect 和最小路径深度 min-depth。数据读出后，对数据中各项的数目进行统计，排除值小于 min-suport，且怀疑度小于 min-suspect 的项，并对其进行降序排列，生成 frequentItemList。根据 frequentItemList 中的 order，重新在事务中对各项进行排序，用于记录所选择事务的项信息，又根据事务中项的个数将事务按降序进行排序，获得建立 FP-Tree 的数据。读取频繁项数据从 root 依次存入到树中，生成 FP-Tree。然后，再使用 CLOSET 算法，查找出频繁闭项集，生成频繁闭模式序列。如果某一条报警信息的 suspicious-degree=100%，即认为该行为是入侵，则向监控部件 monitor 发出报警信息。对 CLOSET 算法的修改为：首先查找出所有支持度值大于最小支持度，或者怀疑度值大于最小怀疑度的频繁闭项集，生成频繁闭模式序列。最后，在频繁闭模式序列中排除长度小于 min-depth 的序列。具体步骤如下。

```
/*报警关联分析算法*/
Step1 将报警信息存入事务数据库 TDB;
      计算各项目数量: Count-items();
      for each alert in TDB{
          if (alert.suspect = = 100%) 向监控部件发送报警;
          for each item in alert
              if ( item.count>=min-support) | | ( alert.suspect>=min- suspect)
                  将 item 加入频繁项列表 FrequentItemList;}
Step2 将频繁项列表 FrequentItemList 倒排序:
      Sort-descend(FrequentItemList);
Step3 根据 FrequentItemList, 获得事务中的频繁项列表, 并排序:
      sort-transaction-item();
Step4 根据事务长度对事务进行索引, 并返回事务列表, 生成构建 FP-Tree 的数据:
      frequent-data-list = sort-transaction() ;
Step5 初始化频繁闭项集 FCI :
      FCI = ∅;
Step6 调用 CLOSET 子程序, 获得频繁闭项集 FCI :
      CLOSET(∅, TDB, FrequentItemList, FCI) ;
Step7 for each list in FCI
          if (list. length<min - depth) delete list;

/*子程序 CLOSET( X, DB, FrequentItemList, FCI)*/
1)  if (∃Y ∈FrequentItemList && Y. count=DB. count) &&({ X ∪Y} ⊄ FCI)
    FCI = FCI ∪{ X ∪Y} ;
2) 从数据库 DB 构建 FP-Tree :
    Fptree = build- FP-Tree (DB) ;
3) 从 FP-Tree 直接抽取频繁闭项集:
```

```
        single-seg-Itemset = extract-fptree (Fptree) ;
        FCI = FCI ∪ {single-seg-Itemset} ;
    4)  for each i in FrequentItemList && ( i ∉ FCI) {
        为每个频繁项 i 建立条件数据库 DB_i : create-cond-database (DB_i) ;
        建立局部频繁项列表 fList_i :create - flist( fList_i) ;
        if ({ iX} ⊄ FCI) 递归调用子程序 CLOSET( iX, DB_i, fList_i, FCI) ;}
```

通过挖掘频繁闭模式，对报警信息进行合并。之后可以根据获得的频繁闭模式序列构造汇总后的报警信息，即汇总报警。每个汇总报警由一个频繁闭模式序列表示。

```
(attribute1:value1, attribute2:value2,⋯, attribute n:value n, suspect:maxSuspect, support:support)
```

其中，频繁闭模式序列的怀疑度 maxSuspect 的计算方法为：maxSuspect = $\max(suspect_i)+0.01\times(n-1)$，$n$ 为列表中事务的个数。这样，监控部件只需处理这些汇总报警，而忽略其他怀疑度较低且出现次数较少的报警。

（3）实验测试分析

1）数据预处理。从报警信息中选择 24 个属性进行分析，这 24 个属性分别为：impact、alertname、targetident、targetdecoy、targetnodename、targetnodelocation、targetnodecategory、targetaddress、targetaddrcategory、targetUsercate、targetuseridtype、targetuserid、targetprocessname、sourceident、sourcespoofed、sourcenodename、sourcenodelocation、sourcenodecategory、sourceaddress、sourceaddrcategory、sourceusercate、sourceuseridtype、sourceuserid 和 sourceprocessname。同时，为了避免报警的细节信息过于分散，先将目标节点的 IP 地址进行处理，只保留网络地址，不分析主机地址。部分对应于目标地址“192. 168. 1. *”的经过预处理的数据见表 8-7。

表 8-7 部分经过预处理的数据

AlertId	suspect	impact	⋯	targetnode category	target address	⋯
33	80%	bad-unknown	⋯	das	192.168.1.*	⋯
34	60%	bad-unknown	⋯	das	192.168.1.*	⋯
35	60%	attenpted.admin	⋯	das	192.168.1.*	⋯
36	60%	attenpted.admin	⋯	das	192.168.1.*	⋯

2）挖掘频繁模式。对于每个不同的目标 IP 地址的数据组，应用上述算法来挖掘频繁闭模式。例如，对于表 8-7 的数据，当设置最小支持度为 60%，最小怀疑度为 70% 时，进行关联分析得到 1 个频繁闭模式：(Targetdecoy: Yes, targetnodecategory: dns, targetaddrcategory: unknown, targetuseridtype: uer-privs, sourcenodecategory: dns, sourceusercategory: unknown, sourceuseridtype: current-user, targetnodename: northeast, targetnodelocation: local, targetusercategory: os-evice, sourcespoofed: no, sourceusercategory: application, impact: bad- unknown, alertname: Vendor-specific, targetuserid: se93, sourcenodelocation: console, sourcenodeaddress: 192.168.11.112, sourceuserid: 2, sourceprocessname: devent, targetprocessname: revent, suspect: 80 %, support: 25 %)

3）算法实际应用测试。为测试算法实际应用的可行性，使用 DDOSPING 和 UDP Flood 两种工具在网络中进行模拟攻击，用 2 台计算机分别运行入侵检测程序，检测结果发送到第 3 台计算机。在第 3 台计算机上运行报警关联分析算法，得到的测试结果见表 8-8。

表 8-8　测试结果

项　　目	数　　值
测试时间（s）	180
报警总数	16086
预处理后报警数	96
关联分析时间（s）	2.8
得到频繁模式数	52

（4）算法评价

基于频繁模式挖掘的报警关联与分析算法，是一种实时的处理算法，对收到的报警信息进行挖掘，得到频繁闭模式序列。算法不仅速度快，而且结合了入侵容忍的思想，更有利于对系统的保护。

8.6.3　其他方法

国际商业机器（IBM）公司 Stefanos Manganaris 等人基于一段时间内频繁发生的行为可能是正常的基本观点，将关联规则挖掘算法用于各种传感器产生的报警中的频繁项提取，即发现所有的频繁报警集，然后基于频繁项和关联规则建立各种传感器的正常报警行为模式（无入侵情况下传感器的报警行为），随后将新来的报警与这种正常模式进行对比，发现报警中的异常模式并剔除，提高入侵检测效果，减少误报。注意这里没有考虑报警顺序，即发现的不是序列模式（频繁的报警序列），而是频繁的报警集合，异常检测算法如下。

```
输入: 正常的传感器行为模型（频繁集 F 和规则 R），来自传感器的报警流
输出: 偏离正常行为的报警流
循环
        B=read_next_burst_of_alarms
        IF (∃s∈F : s=B) THEN
              Check_rules (R), Report_frequent (B)
        ELSE
              M=most_specific_supported_itemsets (B, F)
              D=B−∪_{m_i∈M} m_i
              Check_rules (R), Report_infrequent (B, M, D)
        结束
结束
```

8.7 基于事件因果关系的入侵场景构建

本节首先介绍基于事件因果关系入侵场景构建的基本思想、表示方法、术语定义、关联器结构框架，然后介绍算法测试和算法评价。参考论文：Constructing Attack Scenarios through Correlation of Intrusion Alerts。

8.7.1 基本思想

事实上，大多数的攻击并不是相互独立的，而是攻击系列的不同阶段。例如，一个攻击者想要利用系统的漏洞发动攻击，他首先必须知道受害主机上有哪些漏洞，哪些服务比较脆弱。所以，在攻击系统以前一般都要先进行漏洞扫描。因此，在一个系列攻击中，一个或者多个前面的攻击通常为后面的攻击做准备，前面攻击步骤是否执行成功直接影响到后面的攻击效果。也就是说，在一系列攻击中存在着攻击的逻辑步骤。基于事件因果关系构建入侵场景的关键思想是：识别出每一个攻击的先决条件（Prerequisite）以及可能的攻击结果（Consequence），通过匹配前面攻击的攻击结果和后面攻击的先决条件而将它们关联起来。例如，发现了一个 UDP 端口扫描事件，随后又发现了其中某一个端口的 buffer-overflow 攻击，那么可以将它们作为一个系列攻击的不同阶段而关联起来。

关键思想中涉及每一个攻击成功的先决条件，攻击者需要发动一定的攻击来为后面攻击的先决条件做出准备。

可能的攻击结果指此攻击有可能没有导致所陈述的结果。例如，攻击者对受害主机的某一个端口发动 buffer-overflow 攻击，他可能获取根权限，也有可能没有获取根权限，这取决于受害主机的服务端口对于此攻击的脆弱性。用可能的结果而不用实际的结果来表示，理由如下。

1）IDS 没有足够的信息来判断一个攻击是否有效。比如一个基于网络的 IDS 通过攻击异常模式的匹配检测到 buffer-overflow 攻击，然而如果没有一些特定的信息，它不能确定这个攻击是否成功。

2）即使前面的攻击没有发生或者失败，其后的攻击仍然有可能发生。因此，用可能的攻击结果表示将会更加有利于攻击的关联。

8.7.2 表示方法

参考论文：An Intrusion Alert Correlator Based on Prerequisites of Intrusions，基于事件因果关系的入侵场景构建需要借助谓词来表示攻击类型的先决条件和可能的结果，借助逻辑表达式来表示攻击成功需要满足的前提，采用逻辑表达式的集合来表示一个攻击所有可能的结果。下面分别介绍谓词、逻辑表达式和逻辑表达式的集合 3 个概念。

1）谓词：作为基本的机构来表示攻击类型的先决条件和可能的结果。比如，一个扫描事件用于发现系统中的漏洞，以便进行 buffer-overflow 攻击。在此，用谓词 VulnerableToBufferOverflow(IP, port)来表示，攻击者发现拥有此 IP 地址的主机，在端口 port 上易于受到 buffer-overflow 攻击。类似，如果攻击者为了进行攻击需要此作为先决条件，同样也完全可以用相同的谓词来表示。

2）逻辑表达式：谓词的并，表示对于同时需要几个条件都满足才能使得攻击成功的情况。例如，一个网络的 buffer-overflow 攻击要求受害主机存在这个漏洞，且攻击者能够通过网络的防火墙而能达到该主机，表示为 VulnerableToBOF(IP,port) AND AccesibleViaFirewall(IP,port)。

3）逻辑表达式的集合：表示一个攻击所有可能的结果。例如，一个攻击可能使得攻击者获取 root 权限，导致.rhost 文件的改写，表示为 $\{GainRootAccess(IP), rhostModified(IP)\}$。

另外，为了简化讨论，约定否定式只能出现在谓词的前方，而不能在谓词集合的前方。比如，采用逻辑表达式（NOT A(x,y)）OR (NOT B(z))，而不允许 NOT(A(x,y) AND B(z))。

8.7.3 术语定义

本节介绍 6 个术语定义，涉及：hyper-alert type（超报警类型）、hyper-alert（超报警）、超报警的前驱和后继集合、超报警 1 为超报警 2 准备和超报警关联图。

1）hyper-alert type T：定义为一个三元组（fact, prerequisite, consequence），其中，fact 是一个属性名的集合，每一个元素有相关的值域，表示攻击所附带的信息；prerequisite 表示若要是攻击成功，什么事件必须发生；consequence 表示如果攻击成功了，可能发生什么样的事件。例如，用于发现网络中正在运行的 IP 地址的 hyper-alert 类型 IP Sweep，描述为：hyper-alert type IPSweep = (fact, prerequisite, consequence)。其中，fact = {IP}, prerequisite = $\varnothing$，consequence={ExistHost(IP)}。

2）hyper-alert *h*：超报警类型 *T* 的一个确定的具体实例，有一个与之相联系的时间戳[begin_time, end_time]。例如，hyper-alert 类型 IPSweep 的一个具体的 hyper-alert：h_{IPSweep} = {(IP=152.149.129.1), …, (IP=152.149.1.254)}，此攻击可能会导致的结果是 ExistHost(152.149.129.1),…, ExistHost(152.149.129.254)。

3）一个 hyper-alert *h* 的前驱集合 *P(h)*：*h* 的所有的先决条件的集合。

4）一个 hyper-alert *h* 的后继集合 *C(h)*：*h* 的所有的可能结果的集合。

5）hyper-alert h_1 为 hyper-alert h_2 *准备*：如果存在 $p \in P(h_2), C \subseteq C(h_1)$，对于所有的 $c \in C$，$c.begin\_time < p.end\_time$，并且 *C* 中所有的逻辑关联式都隐含 *p*。

6）hyper-alert 关联图 $CG = (N, E)$：一个相连的图，为相关联的 hyper-alert 提供最直观的表示方法，有效提高入侵检测效果，揭露攻击策略，有助于更好地理解攻击意图。其中，*N* 是节点 hyper-alerts 的集合，如果 n_1 为 n_2 准备，那么就有一个有向边从 n_1 指向 n_2。例如，假设有一系列的 hyper-alerts：h_{IPSweep}、$h_{\text{SadmindPing}}$、$h_{\text{SadmindBof}}$ 和 $h_{\text{DDOSDaemon}}$，假定所

有后面的 hyper-alert 的时间戳都比前面 hyper-alert 的时间戳早。比较这些 hyper-alerts 的必要前提和结果，可以得出：$h_{IPSweep}$ 为 $h_{SadmindPing}$ 和 $h_{SadmindBof}$ 准备，$h_{SadmindPing}$ 为 $h_{SadmindBof}$ 准备，最后 $h_{SadmindBof}$ 为 $h_{DDOSDaemon}$ 准备。这些 hyper-alerts 相互关联起来，对应的关联图如图 8-20 所示。

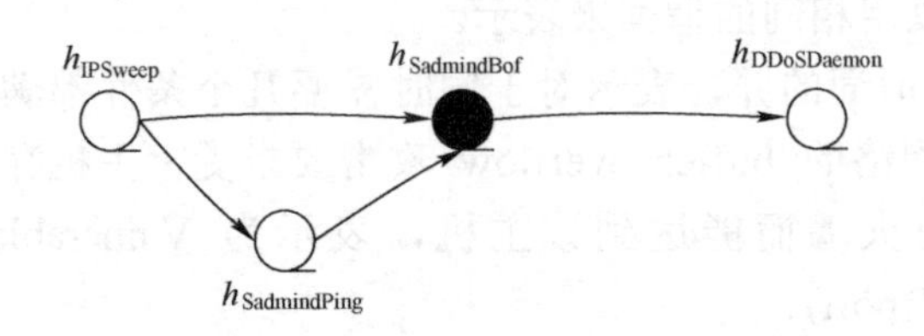

图 8-20 hyper-alert 关联图例

8.7.4 关联器结构框架

整个关联器框架有知识库（Knowledge Base）、报警预处理器（Alert Preprocessor）、关联引擎（Correlation Engine）、图形化用户接口（Graphical User Interface，GUI）等部分组成。其中，知识库包括超报警类型以及相关的前因、后果表、谓词表等必要的信息。关联器根据知识库所提供的信息，对 IDS 上报的报警进行实例化，生成超报警，然后通过关联引擎，对这些超报警进行关联融合分析，最后把得到的结果重新写到数据库。另外，GUI 根据数据库中的结果，生成直观图，使用户可以很方便地得到黑客的攻击轨迹。关联器的所有组件均与数据库管理系统进行交互，包括读取最终生成的关联报警。基于先决条件的离线融合推理器结构框架如图 8-21 所示。

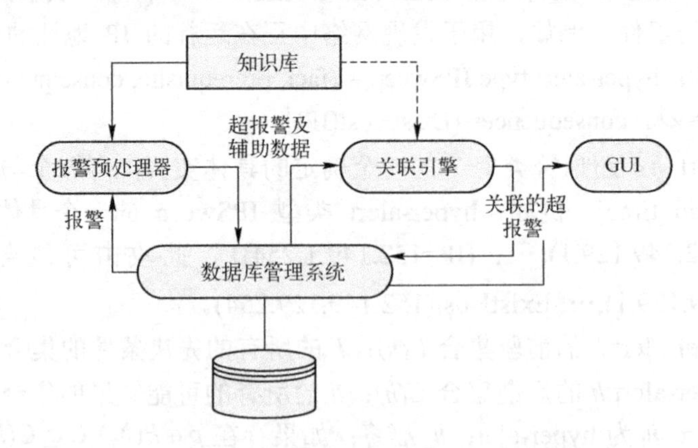

图 8-21 入侵报警关联器结构框架

（1）知识库

知识库以关系数据表的形式存储，主要包括谓词、谓词之间的隐含关系及超报警类型。主要的数据表及样例如图 8-22 所示。

谓词表（Table Predicate）由表示攻击前提和后果的谓词组成，属性 Predicate、

ArgNum 和 ArgType 分别表示谓词名称、参数位置和参数类型。例如，图 8-22a 中第一行表示谓词 ExistHost 有 1 个 varchar（15）类型的参数。

谓词隐含表（Table Implication）存储谓词之间的隐含关系，即 $p_1(x_1,\cdots,x_n)\rightarrow p_2(y_1,\cdots,y_m), \{y_1,\cdots,y_m\}\subseteq\{x_1\cdots,x_n\}$。例如，图 8-22c 中第一行表示 ExistService(IP, port) → Existhost(IP)，ExistHost 的第一个参数是 ExistService 的第一个参数。

超报警类型分别存储在事实表、前提表和结果表中如图 8-22 所示。

Predicate	ArgNum	ArgType
ExistHost	1	varchar(15)
ExistService	1	varchar(15)
ExistService	2	int
VulnerableSadmind	1	varchar(15)

a)

HyperAlertType	AttrName	AttrType
SadmindPing	SrcIP	varchar(15)
SadmindPing	SrcPort	int
SadmindPing	DestIP	varchar(15)
SadmindPing	DestPort	int

b)

Predicate	Implied	P_Arg	I_Arg
ExistService	ExistHost	1	1

c)

HyperAlertType	P_ID	Predicate	ArgPos	ArgName
SadmindPing	1	ExistHost	1	DestIP

d)

HyperAlertType	P_ID	Predicate	ArgPos	ArgName
SadmindPing	1	VulnerableSadmind	1	DestIP

e)

图 8-22　知识库中谓词及 Hyper alert 类型样本

a) 谓词表　b) 事实表　c) 谓词隐含表　d) 前提表　e) 结果表

（2）报警预处理

预处理器的主要功能是处理 IDS 报告的报警，产生超报警，存储在超报警表中。同时实例化每一个超报警的前提和结果，存储在两个字段相同的前因集合和后果集合表中。超报警表和前因集合表的结构见表 8-9 和表 8-10。

表 8-9　超报警表

字　段　名	说　　明
HyperAlertID	HyperAlertID 号，用于索引超报警名称
HyperAlertType	超报警类型
begin_time	超报警实例的开始时间
end_time	超报警实例的结束时间

表 8-10　前因集合表

字　段　名	说　　明
HyperAlertID	超报警 ID 号，用于索引超报警名称
EncodedPredicate	编码的实例化谓词，用字符串表示。比如某一谓词的前提集为 VulnerableSadmind (152.142.1.19) and VulnerableSadmind (152.142.1.52)，对应的编码谓词为 “VulnerableSadmind(152.142.1.19)” and “VulnerableSadmind(152.142.1.52)”
begin_time	超报警实例的开始时间
end_time	超报警实例的结束时间

对于谓词实例化，有以下两种方案。

1）关联引擎直接使用知识库中的信息对有关系的谓词进行推理，比如 GainRootAccess(IP) → GainAccess(IP)。该方案适合实时关联，但开发成本大，没有充分利用 RDBMS 的查询处理优势。

2）实例化结果集中规定的谓词以及这些谓词隐含的谓词，超报警的关联转化为实例化谓词的简单匹配。该方案需要的存储空间大，但适合报警的批处理，可利用 RDBMS 的查询处理能力。

离线报警关联工具采用方案 2)，因此报警预处理器的另一功能是对每一个超报警类型扩展结果集，即添加隐含的谓词到结果表。比如某一超报警类型的结果集中只有一个谓词 GainRootAccess(DestIP)，根据谓词隐含表 GainRootAccess(DestIP) 隐含 GainAccess (DestIP)，预处理器将添加 GainAccess(DestIP) 到超报警类型的结果集中。

（3）关联引擎

分析所有实例化的超报警，通过 SQL 语句：SELECT DISTINCT c.HyperAlertID, p.HyperAlertID FROM PrereqSet p, ConseqSet c WHERE p.EncodedPredicate = c.Encoded Predicate AND c.end time < p.begin time，查找具有 prepare-for 关系的报警，并存储在关联结果表中，见表 8-11。

表 8-11 关联结果表

字 段 名	说 明
PreparingHyperAlertID	超报警 ID 号，用于索引超报警名称，表示前一事件
PreparedHyperAlertID	超报警 ID 号，用于索引超报警名称，表示后一事件

该表存放关联结果，关联结果是二元组的集合，即保存具有 prepare for(准备)关系的两个超报警事件，前一事件 prepare for 后一事件。

8.7.5 算法测试

下面首先给出实验采用的数据和涉及的超报警类型，接着介绍程序流程，最后给出实验结果。

（1）实验数据

采用两组 DARPA 2000 入侵检测评估数据集进行测试，这两组数据集分别包含由新手和熟练的攻击者发起的攻击序列：探测（Probes）、闯入（Breaks-in）、安装 DDoS 攻击组件和发动 DDoS 攻击。使用 TcpReplay 对网络数据流进行重放，使用 RealSecure 检测 DARPA 数据并且发出报警，生成的报警存入数据库中，然后对其进行离线分析。

（2）涉及的超报警类型

实验中涉及的超报警类型共有 28 类，见表 8-12。

表 8-12　超报警类型列表

超报警类型	前提条件	结果
Admind		{GainAdminInfo(DestIP)}
Email_Almail_Overflow	VulnerablePOP3Client(DestIP)	{GainAccess(DestIP)}
Email_Debug	SendmailInDebugMode(DestIP)	{GainAccess(DestIP)}
Email_Ehlo	SMTPSupportEhlo(DestIP)	{GainSMTPInfo(DestIP)}
Email_Turn	SMTPSupportTurn(DestIP)	{MailLeakage(DestIP)}
FTP_Pass	ExistFTPService(DestIP)	
FTP_Put	ExistFTPService(DestIP) AND GainAccess(DestIP)	{SystemCompromised(DestIP)}
FTP_Syst	ExistFTPService(DestIP)	{GainOSInformation(DestIP)}
FTP_User	ExistFTPService(DestIP)	
HTTP_ActiveX	ExistActiveXControl(SrcIP)	{SystemCompromised(SrcIP)}
HTTP-Cisco-Catalyst-Exec	CiscoCatalyst3500XL(DestIP)	{GainAccess(DestIP)}
HTTP_Java	JavaEnabledBrowser(SrcIP)	{SystemCompromised(SrcIP)}
HTTP_shells	VulnerableCGIBin(DestIP)	{GainAccess(DestIP)}
Mstream_Zombie	SystemCompromised(SrcIP) AND SystemCompromised(DestIP)	{ReadyToLaunchDOSAttack}
Port_Scan		{GainServiceInfo(DestIP)}
Rsh	GainAccess(SrcIP) AND GainAccess(DestIP)	{SystemCompromised(DestIP)}
Sadmind_Amslverify_Overflow	VulnerableToBOF(DestIP)	{GainAccess(DestIP)}
Sadmind_Ping		VulnerableToBOF(DestIP)
SSH_Detected		{GainInformation(DestIP)}
Stream_DoS	ReadyToLaunchDoSAttack	{DoSAttackLaunched}
TCP_Urgent_Data		{SystemAttacked(DestIP)}
TelnetEnvAll		{SystemAttacked(DestIP)}
TelnetTerminalType		{GainTerminalType(DestIP)}
TelnetXdisplay		{SystemAttacked(DestIP)}
UDP_Port_Scan		{GainServiceInfo(DestIP)}

（3）程序流程

以知识库为根据，对日志库中的每一条攻击实例化，生成前因集合（PrereqSet）和后果集合（ConseqSet），然后进行关联，得到超报警二元组，最后进行黑客攻击轨迹分析。假设各种知识库已经建好，实现流程如图 8-23 所示。

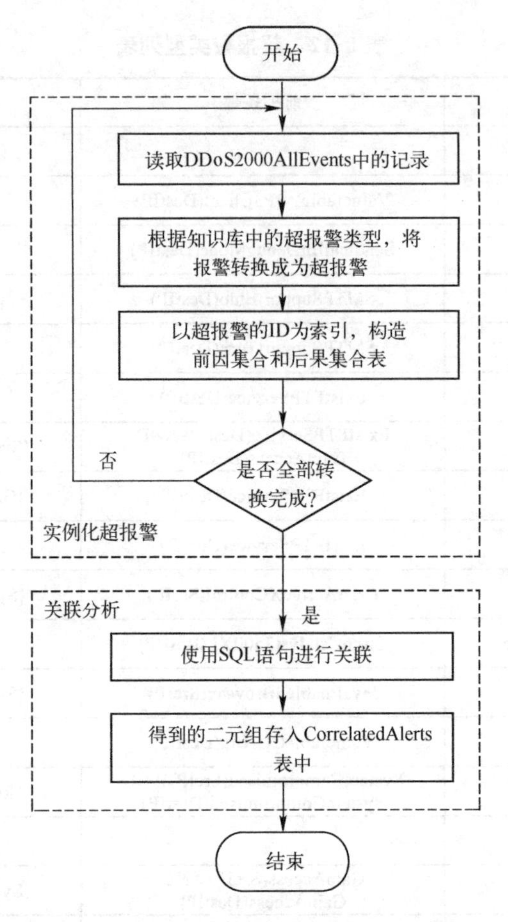

图 8-23　基于 prerequisite 关联融合的流程图

Step 1 读取 DDoS2000AllEvents 中的数据，对于其中的每一条报警，通过视图 ViewDDoS2000TestHAT（由 DDoS2000AllEventsTest、HATMap 以及 SecurityChecks 生成）获取相应的信息，插入到 HATInstance 表中。

Step 2 对于 HATInstance 中的每一条记录，通过视图 ViewPrereqSet（由 PredicateNameID、HATPrereq、DDoS2000AllEventsTest、HATMap 以及 SecurityChecks 生成），得到每一个 HATInstance 的前因，插入到 PrereqSet 中；同样，通过视图 ViewConseqSet，得到 ConseqSet 表。

Step 3 根据隐含关系表 Implication，扩充 ConseqSet 表。

Step 4 当 DDoS2000AllEvents 表中所有的记录都完成转换后，开始关联。

Step 5 执行 SQL 语句：

```
SELECT DISTINCT c.HyperAlertBH preparingBh,p.HyperAlertBH preparedBh FROM PrereqSet p,
ConseqSet c WHERE p.EncodedPredicate=c.EncodedPredicate AND c.end_time<
p.begin_time
```

得到所有的 prepare for 关系的二元组，这些就是可以关联的超报警事件。

Step 6 可视化显示，将所有的关联事件进行分析，找到攻击的策略。

（4）实验结果

利用 DDoS 2000 数据得到一个 DDoS 攻击的超报警关联图，实验结果如下。

图 8-24 中每一个节点代表一个超报警，节点中的数字是此报警的 ID 号码，它唯一标识每一个报警。图中共有 12 个超报警，被分成 5 个阶段。

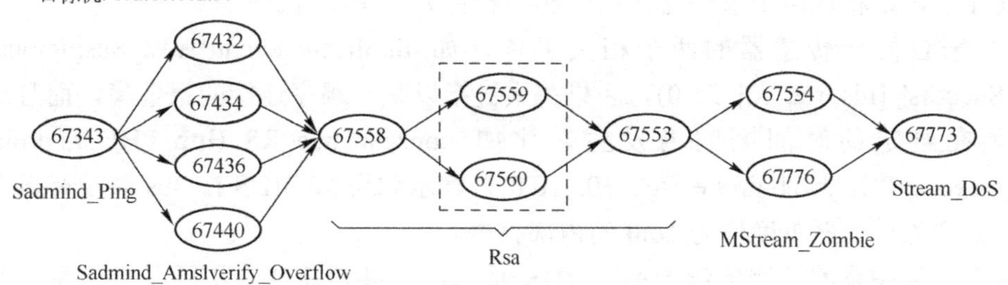

图 8-24 DDoS 2000 数据所生成的攻击图

1）攻击者发起 Sadmind_Ping 攻击，发现 172.16.112.50 主机运行脆弱的 Sadmind 服务。

2）对目标机发动 Sadmind_Amslverify_ Overflow 攻击，获取非法访问。

3）攻击者复制程序和.rhosts 文件，并在目标机上安装后门程序。

4）攻击者发起 Mstream_Zombie 攻击，这对应着 DDoS 后门程序和控制端之间的通信。

5）攻击者通过后门程序发起真正的 Stream_DoS 攻击。

8.7.6 算法评价

基于逻辑谓词的方法对每种攻击发生的前提条件和目的做出分析，定义每类报警对应的超报警类型，通过关联超报警之间的前因和后果，将前后之间关联的报警聚集到一起。这种方法需要手工对每种报警定义出代表前因和后果的超报警类型，而且需要将报警转化成超报警后再进行关联，所有过程完全依赖于人工的先验知识。而且，当前的工作仅限于关联 RealSecure，缺少一个对异类入侵检测系统关联的可扩展性框架。适于进行离线的分析，速度一般都相对较慢。因此，关联分析的处理效率不高，难以对攻击行为做出及时的响应。

8.8 基于规则的报警关联方法

IBM 苏黎世研究实验室的 Wespi 等人基于 IBM 丰富的网管知识，在 IBM Tivoli Enterprise Console 之上构建聚合与关联组件（Aggregation and Correlation Component，ACC），用于异构 IDS 报警的关联，参考论文：Aggregation and Correlation of Intrusion-Detection Alerts，其主要算法有以下两种。

（1）关联算法（Correlation）

包含重复（Duplicate）和因果（Consequence）两种关系，用于过滤报警。这种机制主要是用于处理报警洪水，比如重复的 Ping of Death 攻击或 Teardrop 攻击。其中，重复关系有以下两种情况。

1）不同传感器发现同一攻击，如 duplicate_event('NR_WWW_bat_File', 'RS_HTTP_IE_BAT', [source, dest, url, time], 4.0)。若两个事件的源地址、目的地址和 URL 相同，并且时间相近，则将这两个事件连接在一起，合并为一个事件。

2）来自同一传感器的两个相关事件，如 duplicate_event('WW_Suspicious_Cgi', 'WW_Success', [ids, req_id], 25.0)。因果关系链指以某一顺序连接的报警集，而且这一连接必须在给定的时间区间内发生，比如 consequence('RS_Http_PHF','rs.probe.org', 'WW_InsecCgiPHF','web.probe.org', 30, 10.0)，表示如果 WebIDS 在 30s 内没有报告 PHF 攻击，则产生一个严重度值为 10.0 的内部报警。

对于重复关系的检测依赖于不同 IDS 提供的公共信息或者不同种类信息之间的对应机制。例如，两个网络 IDS 产生的报警，其公共信息包括相似的 4 元组（源地址、源端口、目的地址、目的端口）和相近的时间，不同种类信息之间的对应机制意味着两种信息是等价的事实和规则，比如端口号 80 和服务名 WWW，主机 IDS 产生的报警有源主机名、目的主机名、服务字段，网络 IDS 产生的报警有源地址、源端口、目的地址、目的端口信息，主机 IDS 报警的主机名和网络 IDS 报警的地址相匹配，主机 IDS 报警的服务和网络 IDS 报警的目的端口相关。

比如网络中有两个 IDS：检测针对 Web 服务器攻击的网络探测器和分析 Web 服务器日志文件的主机探测器 Web IDS，当网络探测器识别出恶意 CGI 脚本请求时，因为仅分析对 Web 服务器的请求，而不分析来自服务器的应答，所以它并不知道请求是否成功。一方面，虽然与恶意 CGI 脚本相关的报警频繁发生，但是这种类型的报警具有较低的可信度和严重度。另一方面，因为 Web 服务器日志项可以显示 URL 和状态码，Web IDS 可以判断攻击是否成功。当接收到 Web IDS 报警时，该报警可用来更新基本事件，重新进行分析，如果请求失败，则降低严重度，如果请求成功则增加严重度。

下面给出提取的两个针对 Web 服务器的 PHF 攻击：获取/etc/group 文件和获取/etc/passwd 文件引起的日志信息来解释重复关系检测。

```
WebIDS: 934190025 pattern(cgi) phf 10.10.10.62 "GET /cgi-bin/phf?/etc/group HTTP/1.0" 200 442
WebIDS: 934190025 pattern(UrlSuccess) ^2 10.10.10.62 "GET /cgi-bin/phf?/etc/group HTTP/1.0" 200 442
WebIDS: 934190025 decision(followup) warnings 10.10.10.62 "GET /cgi-bin/phf?/etc/group HTTP/1.0" 200 442
WebIDS: 934190027 pattern(suspiciousCgi) passwd 10.10.10.62 "GET /cgi-bin/phf?/etc/passwd HTTP/1.0" 200 444
WebIDS: 934190027 pattern(cgi) phf 10.10.10.62 "GET /cgi-bin/phf?/etc/passwd
```

```
HTTP/1.0" 200 444
        WebIDS: 934190027 pattern(UrlSuccess) ^2 10.10.10.62  "GET /cgi-bin/phf?/etc/passwd
HTTP/1.0" 200 444
        WebIDS: 934190027 decision(followup) warnings 10.10.10.62  "GET /cgi-bin/phf?/etc/passwd
HTTP/1.0" 200 444
        RealSecure: 934190025 1 HTTP\_PHF 10.10.10.62:9285 10.10.10.61:80  URL="/cgi-bin/phf?/
etc/group"
        RealSecure: 934190027 1 HTTP\_PHF 10.10.10.62:9304 10.10.10.61:80  URL="/cgi-bin/phf?/
etc/passwd"
        RealSecure: 934190027 1 HTTP\_Unix\_Passwords 10.10.10.62:9304  10.10.10.61:80 URL="/
cgi-bin/phf?/etc/passwd"
```

从上面日志信息可看出 Web 服务器返回状态码 200，这两个 PHF 攻击均成功了，但没有办法知道是否成功得到了文件。Web IDS 快速报告了这两个攻击，因此 Web IDS 消息首先被捆绑在一起，接着 RealSecure 消息到达。前 3 个 Web IDS 消息显示 PHF 脚本已被请求、脚本已被发现，以及这两个行动产生的结果报警具有同源、同目的、同 URL 和同一时间戳，是具有重复关系的报警，可以合并为 1 条报警。第 1 个 RealSecure 消息与合并后的报警具有相同 URL 和同一端口，是具有重复关系的报警，进而合并为 1 条报警。对于与/etc/passwd PHF 请求对应的 4 条 Web IDS 消息和 2 条 RealSecure 消息的分析与前面的分析相似，均可以实现报警过滤。

（2）聚集算法（Aggregation）

用于建立具有共性的攻击情景，如同源、同目的的攻击等。

对于聚集关系，把或许不会造成大威胁的孤立报警聚集为所谓的情景，即具有共性的报警集。情景由 4 项组成：报警类别、源地址、目的地址、严重性级别，其中第 4 项是一个门限值，如果情景报警的严重度超过这个门限值就产生报警。原理上，每一个入侵检测事件包含的信息均可作为聚集轴，目前系统原型可以识别出 3 个聚集轴：源、目标、攻击种类，这 3 个轴的系统组合导致的 7 种情景见表 8-13。

表 8-13 7 种情景

情景	报警聚集
1	attack/source/dest
2-1	attack/source
2-2	attack/dest
2-3	source/dest
3-1	attack
3-2	source
3-3	dest

情景 1：具有同源、同目的、同类型的报警聚集，用于检测针对一个 Web 服务器发动一系列 Web 服务器攻击的攻击者。

情景 2-1：具有同源、同类型的报警聚集，可发现针对命名服务器集群发动的一系列命名服务器攻击的攻击者。

情景 2-2：具有同目的、同类型的报警聚集，可用来检测针对一个目标发动的分布式攻击。

情景 2-3：具有同源、同目的的报警聚集，如同一攻击者针对一个目标的各种服务发动的一系列攻击。

情景 3-1：指具有同一类型的报警集，如多人尝试发动黑客邮件列表发动的一个新攻击。

情景 3-2：指具有同源的报警集，可用来检测针对不同目标发动各种攻击的一个攻击者。

情景 3-3：指具有同目的的报警集，可用来检测分布式攻击。

这 7 种情景中，具体的情景报警具有较高的优先级，例如，假设所有情景的门限值设定为相同的值，并且情景 1 被激发，那么只为情景 1 产生报警，不为情景 2 和情景 3 产生报警。这种方法基于 IBM 丰富的网管经验并用基于规则的形式实现，但缺少一种对攻击知识自学习的机制。

8.9 典型的商用关联系统及体系结构

入侵检测系统的报警关联是安全事件信息管理的一个重要分支，目前已有许多基于报警关联的入侵检测研究正在进行，并且取得了一定的成果。

8.9.1 典型的商用关联系统

目前国外有一些公司从事关联性产品的开发，典型的系统有以下几种。

1）Intrusion Vision 公司的可视化数据管理工具，可以关联管理包括 NFR、RealSecure 在内的多种 IDS 上报的入侵事件。

2）Intellitactics 公司的 Security Manager，能够管理包括防火墙、入侵检测、日志系统等各种网络安全设备的日志，将各种日志集中并分级可视化显示。

3）SecurityFocus 公司利用其多年的安全经验开发出 ARIS（Attack Registry & Intelligence Service）系统，能够对从网上传送给该公司的各种 IDS 报警信息进行关联分析，给出安全事件分析结果。

另外，还有一些其他的公司也在从事这方面的开发，但目前的商用报警关联系统还都是处在起步和概念性阶段。

8.9.2 关联系统的体系结构

总结已有报警关联系统的体系结构，有 3 种类型：集中式结构、层次化结构、完全分布式结构，如图 8-25 所示。

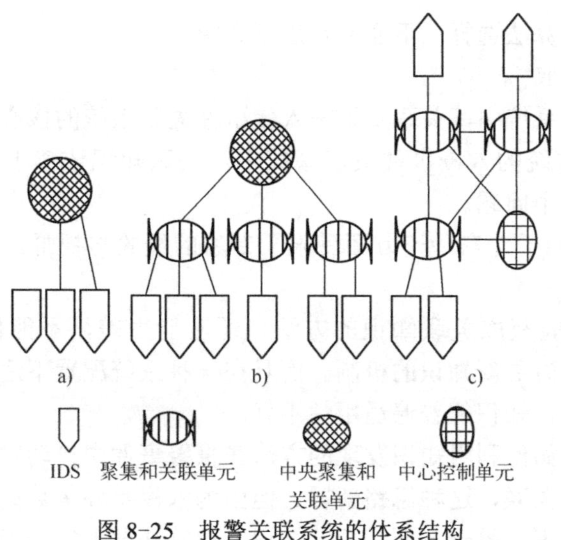

图 8-25 报警关联系统的体系结构

a) 集中式结构 b) 层次化结构 c) 完全分布式结构

（1）集中式结构

中心的报警关联单元要处理来自多个 IDS 的报警信息，这种结构可以减小算法的复杂性，从而缩短报警关联处理的时间。但这种结构在可伸缩和可配置方面存在缺陷，随着报警数量或 IDS 数量的增多，IDS 与关联单元之间的传送数据量就会剧增，导致网络性能降低，并且关联系统可能因来不及处理剧增的报警而被“淹没”。一旦中心关联单元失效，整个报警关联系统就会瘫痪。

（2）层次化结构

层次化结构是一个部分分布式结构，系统定义了若干不同等级的关联区域，每个关联单元负责一个区域，只处理其区域内的报警，然后将结果向上一级关联单元传送。这种结构减轻了中心关联单元的负担和网络负载，同时容错性也有了一定的改善。但由于仍存在中心点，整个系统在伸缩性和安全性等方面没有实质性的改进。

（3）完全分布式结构

在完全分布式结构中，除了一个中心控制单元用来维护整个系统外，其他关联单元不分等级，各自处理其范围内的报警，并根据情况将关联处理后的结果传送给其他相关的关联单元。由于关联知道哪一个事件同哪一个节点相关，这样就可以降低网络流量，其整体关联效果较好。由于没有中心关联单元，系统的安全性和伸缩性都得到了显著的提高。但这种方法复杂，维护成本高，对关联系统的硬件性能要求较高。

集中式结构适合于较小的网络环境，如一个子网。而层次化和完全分布式结构则适用于较大型的网络，如整个校园网。

8.10 报警关联系统的关键技术点

报警关联系统涉及的关键技术点有：关联知识获取、对异类入侵检测设备的支持、高效关联引擎和关联算法选择，下面分别进行介绍。

（1）关联知识获取

在入侵事件关联系统中，关联知识是入侵事件关联系统的核心部分，它直接影响到关联系统的效果。传统的入侵事件关联系统中，关联知识依赖于专家经验或者手工整理，这样存在以下两个问题。

1）经验知识来源于专家，一方面受限于专家的经验与视野，另一方面这样的知识源很难得到。

2）通过人工经验获取关联知识的方法自适应能力差，不能根据实际情况做出调整，不能提供一种定时更新知识的机制。而且在一种系统配置下适用的知识，可能不能适用于另外一种情况，知识的普遍适用性不好。

后来，人们研究如何利用知识发现的方法在报警事件中自动发现新的知识，并利用发现的知识进行事件关联，这种思路新颖。但因为入侵事件集数据的复杂性，一方面没有合适的算法发现知识，另一方面常规的知识发现算法发现的知识大多是无意义或者冗余的信息，没有人工参与的知识发现算法常常是失败的。因此，在这种复杂数据集上很难自动获取关联知识，有必要进行交互式的关联知识发现。

（2）对异类入侵检测设备的支持

作为分布式检测环境下的入侵事件关联和预处理模块，能够兼容的检测器不应该仅仅限定于某种检测器，而应该能够支持各种异类的入侵检测器。以前的入侵事件关联方法大多只能够处理某种检测器产生的入侵报警事件，如 SRI 的概率关联方法只能关联其自己的 EMERALD 系统，NCState 的 PengNing 提出的方法只兼容 RealSecure 系统等。对异类入侵检测器的支持是入侵事件关联系统开放性的一个重要标识，未来的入侵事件关联系统必须支持异类入侵检测器。

（3）高效关联引擎

入侵事件关联系统最终利用关联知识对入侵事件进行预处理，入侵事件是一种半结构化的复杂数据，设计一种开放、高效的事件关联引擎是事件关联系统的另一个难题。相关工作中的几类系统大多采用自己设计的基于规则的专家系统来实现，但这样的专家系统存在以下 3 个问题。

1）开放性差。能够关联的入侵检测器种类和数量有限，关联规则难于理解。

2）不是采用专门用于前向、后向推理的算法，推理效率低。

3）推理的过程不明了，不能实现推理过程的可视化显示。

（4）关联算法选择

报警聚合与关联算法可分为短期和长期两种聚合与关联策略。短期的报警聚合与关联实时性好，主要服务于入侵响应，发现入侵后系统能够及时地采取响应措施。长期的报警聚合与关联主要是为了进行入侵策略、过程和方法的研究，这些研究一般都是离线进行，其实时性差，但对先验知识的依赖较小，有利于发现新的入侵过程和策略，适合离线进行的各项报警处理操作，特别是多步攻击报警的关联操作。

关联算法各有利弊，不同的算法适应不同的情况。在算法实际应用中不能只着眼于算法本身的优劣，要根据具体情况选择合适的算法。在算法选择上，应遵循两个原则：一是聚合与关联算法的选择要有利于高层安全目的或更深层次的报警处理操作。在整个报警处理过程中，聚合与关联处于中间层次上，对于其下层它是一个目标，而对于其上层它只是一个手段。二是综合使用各种聚合与关联的算法。不同算法对不同情况下入侵报警的处理效果不一样，算法之间的互补性很强。要取得较好的聚合与关联效果，系统就要根据安全目的和策略最大限度地综合各种算法。例如，使用模糊综合评判的方法进行在线短期的聚合与关联操作，使用事件的前因和后果算法进行离线长期的多步攻击过程分析，引入基于被保护系统特点的聚合方法，建立报警验证单元，使得整个系统可以更好地滤除误报，既可防止误报所造成的错误响应，也可以避免误报对入侵策略分析的干扰。

8.11 本章小结

系统中布置的各种安全设备产生的报警信息具有大量、简单、重复的基本特征，使得管理员难以从含有噪音的海量数据中发现真正的威胁信息，不能真正理解黑客采取的攻击策略和步骤，也不能了解网络的安全状态。因此，走向多源安全事件的融合与关联是一个必然趋势，以实现安全事件的后期处理和分析，实现全网安全事件的集中管理。

报警管理的主要目的是消除或减少重复报警、降低误报率和漏报率、发现高层攻击策略和扩大 IDS 的检测范围，分为报警的预处理、单独 IDS 报警的聚合、多个异构 IDS 报警聚合和攻击步骤关联 4 个层次进行。主要的报警关联技术有：基于报警属性相似性的关联、基于被保护系统本身特点的关联、基于已知攻击场景的关联、基于事件前因和后果关系的关联以及基于统计因果分析的事件关联，其中前两种技术主要处理原始报警，是典型的报警聚合算法，根据报警间的结构关系，将多个含有相似特征的报警关联在一起，大幅降低报警数量，并揭示出一定的攻击模式，如 IP Sweep、Port Scan、DDoS 等。后面三种方法处理的都是经过聚合后的超报警，是典型的攻击步骤关联算法，将事件链所触发的多个报警关联在一起，帮助识别多步攻击，降低报警数量。

目前，典型的商用关联系统采用的体系结构主要有三种类型：集中式结构、层次化结构、完全分布式结构，其中集中式结构适用于较小的网络环境，层次化和完全分布式结构则适用于较大型的网络。报警关联系统的关键技术点在于：关联知识获取、对异类入侵检测设备的支持、高效关联引擎和关联算法选择。

入侵报警聚合和关联是安全事件信息管理与分析的重要发展方向，目前的报警聚合与关联技术仍处于发展阶段。现有关联系统的综合性评测实验结果表明，关联系统和单独 IDS 相比，其整体检测性能有了很大的提高，不同关联系统之间互补性强，对于攻击的多步关联能力也令人满意，一部分系统能够实现实时关联，并减少了报警数量。但仍面临许多问题和挑战，这些问题如下。

1）如何在关联中解决报警信息质量与报警数量的矛盾。针对具体情况，在报警信息的过滤、聚合与关联等后处理过程中，如何在降低误报率的同时，保持或提高其检测率是一个较难解决的问题。

2）跨异类 IDS 以及不同安全设备报警的聚合与关联算法的研究。由于各种 IDS 所采用的检测技术不同，对攻击的分类方法也不同，没有一个明显攻击特点可以涵盖所有的攻击，所以要实现真正意义上的跨异类安全设备报警关联，不仅要解决各种安全设备报警数据格式的统一问题，还要将各安全设备攻击分类进行统一的映射处理，实现在整个关联系统范围内对攻击的统一分类。

3）如何在聚合与关联基础上对报警信息进行更深入的处理。这些深入的处理包括不同关联系统之间进一步的关联、关联基础上的入侵意图识别、如何将关联结果融入系统安全状态评估中去，以及如何将报警关联系统和自动入侵响应系统结合起来等。

8.12 习题

1. 信息系统安全管理中入侵事件关联的必要性和意义是什么？
2. 在报警关联通用模型中，整个关联任务主要包括哪些步骤？各自的功能是什么？
3. 报警关联操作分为哪些层次？各层的主要用途是什么？
4. 常见的报警关联方法主要有几种？各自的核心思想及功能是什么？
5. 典型商用关联系统的体系结构有几种？各自的优缺点及应用场合是什么？
6. 报警关联的关键技术点是什么？

第 9 章　网络安全态势评估理论

孤立的安全事件报警可以体现系统遭受的攻击行为信息，但连续运行的安全设备产生的报警量大，不相关的报警多，安全管理员面对大量报警信息很难理解系统的安全威胁状况，以致不能及时采取合适的响应措施，更是难以发现系统的安全威胁规律。为此，本章主要介绍计算机网络安全态势评估的基本知识、基础理论、评估算法及相关工作。

9.1　概念起源

在信息融合研究领域，态势评估（Situation Assessment）被等同为态势感知（Situation Awareness）。态势感知这一专有词汇来源于航天飞行中的人因（Human Factor）研究，是对态势进行评估从而获得决策执行的过程。

态势感知的定义由 Endsley 于 1985 年提出，其认为态势感知是在特定的时间和空间下，对环境中各元素或对象的觉察、理解以及对未来状态的预测。态势感知是为了在环境对象和环境自身之间建立一个相互关系，它通常由一些传感器、位置信息、用户规则或是一些用于系统监视和维护的工具所提供。因此，态势感知可以认为是对对象所处的环境状态的一种理解领悟，包括相关的对象系统参数。在某种程度上，态势感知提供了对复杂系统决策和操作性能的基础。只有正确地感知环境状态，才能对对象的下一步操作提供正确的决策。

Endsley 提出了适用于自动化系统及人机接口系统的态势感知方法，将态势感知分为三个层次的信息处理，即 3 个步骤。

1）觉察（Perception）：检测和获取环境中的重要线索或元素，这是态势感知的基础。

2）理解（Comprehension）：整合觉察到的数据和信息，分析其相关性。

3）预测（Prediction）：基于对环境信息的感知和理解，预测未来的发展趋势，这是态势感知中最高层次的要求。

Dominguez 等把态势感知的基本定义扩展为以下 4 个方面。

1）从环境中提取信息。

2）把当前的信息和相关的内部信息进行整合，生成当前状态的视图。

3）利用当前的视图去指导更进一步的感知获取。

4）对未来的事件做预测。

根据 Endsley 和 Dominguez 等对态势技术的研究成果，态势评估往往又被认为是态势感知的一个层次。当前，态势评估技术是信息融合中最为活跃的研究领域之一。

网络安全态势评估概念起源于军事领域的战场态势评估，即针对海战场，利用基于时间和空间上信息融合系统的态势评估和威胁分析方法，首先进行时间和空间的确认与对准，确定海战场态势的基本要素，对态势进行抽象和评估，为指挥员提供海战场态势的综合势图，包括我方态势的红色视图、敌方态势的蓝色视图以及自然环境与海洋情况等海战场态势的白色视图，为指挥员做决策提供依据。随着信息技术的发展，原本在战场上由人和机械的对抗也延伸到网络环境及计算机空间中信息主导权的争夺上来。在现今的军事和非军事领域中，计算机空间的信息安全是无法回避的问题。将短期的传感器数据和长期的知识库进行匹配，进而为计算机空间内的决策制定和控制指挥提供支持，是对网络信息管理的功能需求。在网络空间中，为了防范恶意入侵所造成的信息资源的保密性、完整性和可用性的损失，多种异构、异质的网络安全设备被投入应用。多样的监测方式和事件报告机制提供了多源数据，也为多传感器数据融合技术的应用提供了数据环境。但计算机空间是一个复杂多维的环境，其本身存在的不确定因素以及检测对象的多变性，使得网络安全设备对网络的监管效率低下，对事件的误判和漏判等问题始终是该类设备发展中的瓶颈，更无法对事件进行融合处理，进而提供决策层的支持。这些问题无法解决，使得网络安全管理系统也起不到应有的作用。

正是在这种背景下，网络态势感知（Cyberspace Situational Awareness）的概念应运而生，当前该领域的研究均起源于 Tim Bass 的开创性研究。Tim Bass 认为入侵检测系统（IDS）的多个网络传感器构成了多源数据，从而可以用军事领域中已成功应用的数据融合来完成安全事件的融合处理，以形成一个现实的网络行为的高层抽象。Tim Bass 沿用了态势感知的概念，并将其抽象从而形成了网络空间内的安全态势感知。网络系统中的态势感知可以由传感器、定位系统、用户定制和一些用于网络系统监视和防护的工具所提供。网络的使用者和维护者希望实时地了解网络的运行状态，从而能够有效地感知网络的安全态势，并根据态势的变化做出相应的决策调整并制定应变策略。这种运行状态不应该仅仅是大量的底层数据和系统信息，而应该是海量安全事件经过归并融合后形成的一些具体的高层态势信息。

当前，网络安全保障或管理系统由多质异构的安全设备组成，它能够获取大量的安全数据，却缺乏有效的安全事件的模型来融合这些数据。下一代的网络管理和安全设备将在统一的模型下交互，把底层数据融合成信息和知识，这样网络管理员就能够对网络的系统健康和实时安全做出有根据的决策。而且，随着网络规模的扩大以及安全设备类别的增加，也为在网络空间中引入多传感器数据融合技术的应用奠定了基础。

9.2 基本概念

网络安全态势感知作为未来网络系统安全管理的发展方向，通过融合、归并和关联底层多检测设备提供的安全事件信息，进行评估分析，形成了对网络安全运行状况的宏观表述。

本节主要介绍信息融合和网络安全态势评估两个基本概念。

（1）信息融合

信息融合来源于早期军事领域的数据融合，是多传感器的数据融合，是对多源信息进行处理的关键技术。通过对空间分布的多源信息，对所关心的目标进行检测、关联（相关）、跟踪、估计和综合等多级、多功能处理，以更高精度、较高的概率或置信度得到人们所需要的目标状态和身份估计，以及完整、及时的态势和威胁评估，从而为指挥员提供有用的决策信息。与单传感器数据相比，综合多个数据源，除了具有统计优势之外，还能改进检测的准确度，而且各种传感器的互补特性为获得更多的信息提供了技术支撑。

按照融合的层次以及实质的不同，信息融合分为以下3种。

1）像素级融合：通常对原始传感器信息不进行处理或只进行很少的处理。在信息处理层次中像素级融合的层次较低，故也称其为低级融合。

2）特征级融合：在各个传感器提供的原始信息中，首先提取一组特征信息，形成特征矢量，并在对目标进行分类或其他处理前对各组信息进行融合，一般称为中级融合。

3）决策级融合：也称高级融合，利用来自各传感器的信息对目标属性等进行独立处理，然后对各传感器的处理结果进行融合，从而得到整个系统的决策。决策级融合包括三种形式，即决策融合、决策及其可信度融合、概率融合。

多传感器数据融合技术在军事领域内已得到了广泛的应用，如战区监视、战术态势感知等。20 世纪 80 年代以来，数据融合技术也逐渐在民用和商业领域内展开，如机器人、制造、医疗诊断和遥感等领域。数据融合在实际应用中需要如统计、人工智能、运筹、数字信号处理、模式识别、认知心理学、信息论和决策理论等领域的知识。

美国国防部实验室理事联席会（Joint Directors of Laboratories，JDL）从军事应用的角度，把来自许多传感器和信息源的数据与信息加以联合、相关和组合，以获得精确的位置和身份估计，从而获得对战场和威胁及其重要程度的完整评价，并构造了 JDL 的数据融合处理模型，如图 9-1 所示。

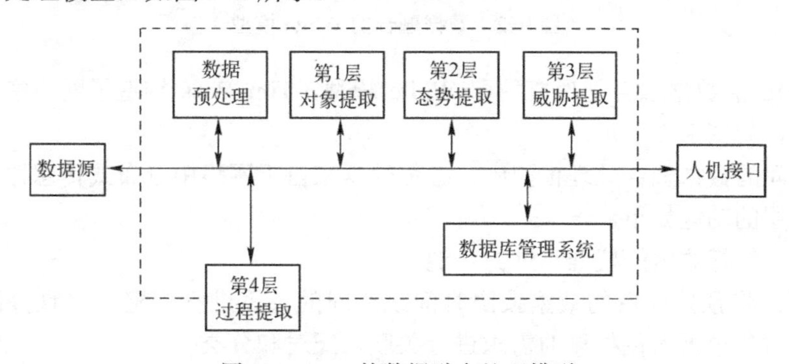

图 9-1　JDL 的数据融合处理模型

该模型是经典的数据融合概念模型，包括四个层次（级）上的数据融合处理，各层次的具体含义如下。

1）对象提取（Object Refinement）：将通过不同的观测设备采集的观测数据联合起来形成对象描述，从而生成对象的轨迹，并融合该评估对象的类型、状态和位置等属性。

2）态势提取（Situation Refinement）：将存在于态势评估过程中的目标联系在一起形成态势评估，或把目标评估相互关联。

3）威胁提取（Threat Refinement）：考虑态势评估可能出现的结果，形成威胁评估，或把它们与存在的威胁联系在一起。

4）过程提取（Process Refinement）：确定如何提高上述三个过程的评估能力，怎样控制传感器来获取最重要的数据，从而最大程度地提高评估能力。

这些层次并未按照简单的事件处理过程来划分，也并不意味着各个层次（级）之间存在某种时序特性。在实际应用中，这些子过程往往是并行处理的。

DFS 的主席 F. White 给出了一个著名的数据融合经典模型，对来自一个系统的具有相似或不同特征模式的多源检测信息进行互补集成，从而获得当前系统状态的准确判断，在此基础上预测系统的未来状态，为采取适当的系统策略提供保障。此模型第一级为融合的位置和标识评估，第二级为敌我军事态势评估，第三级为敌我兵力威胁评估，数据融合的 White 模型如图 9-2 所示。

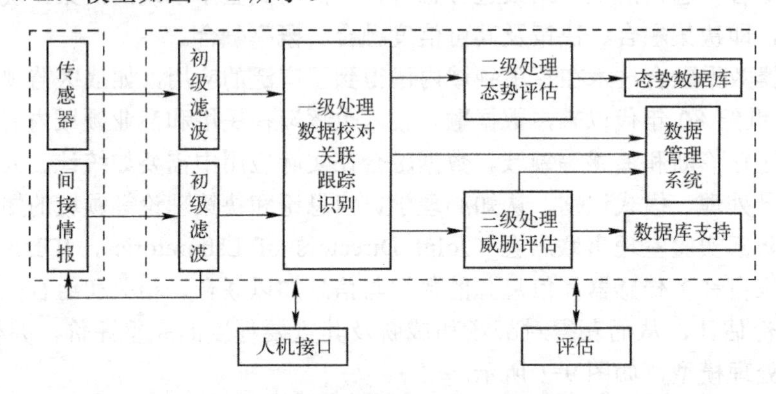

图 9-2　数据融合的 White 模型

参照 JDL 的数据融合处理模型和 White 模型，Tim Bass 构造了网络空间的数据融合处理模型，如图 9-3 所示。

网络空间的数据融合处理模型中，态势数据来自于网络中分布式传感器采集到的原始数据，各层的功能如下。

第 0 层：执行数据的校准和过滤功能。

第 1 层：将预处理后的数据按照时间或空间的关系进行规整，并且分配相应的权重，观测的对象根据入侵检测的需求进行关联、配对和分类。

第 2 层：在对象被规整、关联并按照环境存入对象库中后，态势提取提供态势知识以及环境状态的感知。态势感知是一个通过任务解释来推理网络行为会话的决策辅助过程，它将传感器观测的数据转化为某种决策。例如，当网络中出现一个攻击时，这个攻击并没有立刻显现出它对网络造成的危害，但是态势感知可以告诉用户这种攻击会带来何种危害，并如何及时地消除这种潜在的危险。

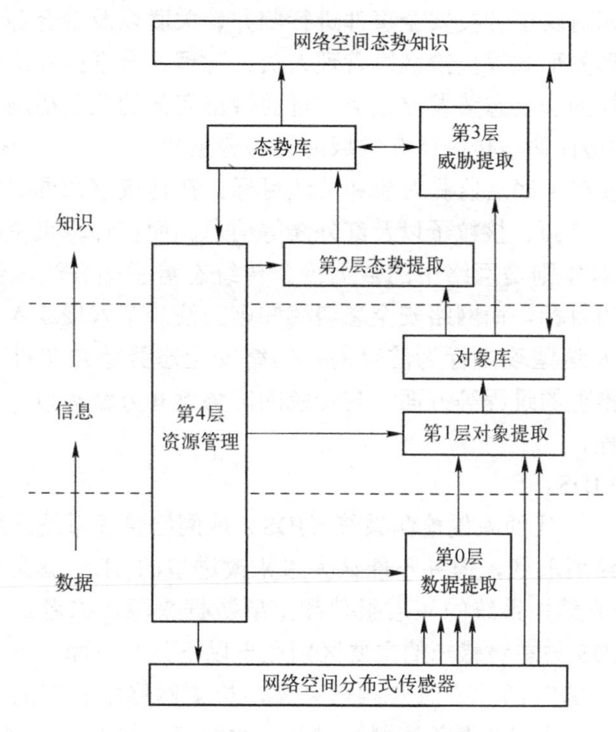

图 9-3　网络空间的数据融合处理模型

第 3 层：负责高层的抽象和知识处理——威胁提取。

第 4 层：资源管理模块进行资源调配，以保证融合处理过程的效率和性能。

应用多传感器数据融合技术，通过推理识别入侵者身份、速度、威胁性和入侵目标，进而评估网络空间的安全意识。基于 IDS 数据融合的态势评估分为低（low）、中（medium）、高（high）3 个层次的推理，包括对威胁源识别（Existence of Intrusion）、攻击速率（Rate of Intrusion）、入侵者身份（Identity of Intruder）、入侵行为（Behavior of Intruder）、态势评估（Situation Assessment）和威胁分析（Threat Analysis），如图 9-4 所示。

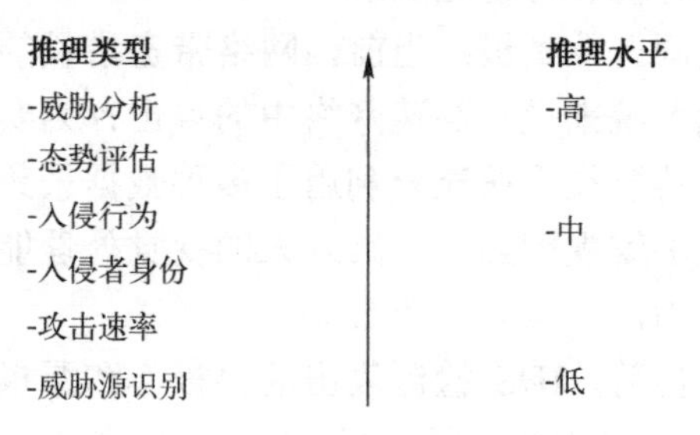

图 9-4　IDS 数据融合层次划分

（2）网络安全态势评估

目前，网络安全态势评估尚未有统一的定义。业内人士普遍认为其是网络安全态势感知能力的获取，即对底层各类安全事件进行归并、关联以及融合等处理，并将处理后的信息以可视化图形的形式提供给网络管理人员。管理人员根据视图提供的信息，判断网络当前及未来可能的安全态势发展趋势，进而做出有效的应对措施。

1）网络安全态势评估与传统研究领域内的态势感知。

二者的区别主要在于底层监测对象和关注目标。在传统感知框架中，传感器用来感应电磁辐射、声呐、热源、核粒子以及红外线等信息。而在计算机空间或网络空间中，传感器主要监视的对象则是网络中的数据流。传统态势感知关注入侵设备的来源、速率、威胁及其针对的目标，而网络安全态势感知则关注一个入侵或入侵者的身份、其攻击的频度、威胁以及这些攻击行为的目的。网络安全态势感知在对高层对象的身份辨识、定位以及态势推理的过程等方面，与传统的态势感知方法类似，都是一个“数据→信息→知识”的过程。

2）态势感知与 IDS。

Tim Bass 认为下一代的入侵检测系统（IDS）或网络管理系统（NMS）将会被网络空间的态势感知系统所取代，但并不能认为未来改进型的 IDS 就是网络空间态势感知系统。IDS 作为态势感知系统的底层组件和重要数据来源，二者之间既存在着联系，又有一定的区别。IDS 与态势感知的主要区别在于以下几个方面。

主要职能不同：IDS 通过实时监测信息流，检测网络中存在的攻击，进而保护特定主机和信息资源，它从细节上关注网络安全，对网络内的每次独立的攻击都进行记录和警告。而态势感知系统是给网络管理员提供当前的网络安全态势状况，并提交相关的统计分析数据及报表，为保障网络服务的正常运行提供决策依据，这个过程不仅包括对攻击行为的检测，也包括为提高网络性能而进行的维护，从一种更宏观的角度诠释网络安全。

分析数据源不同：IDS 通过安装在网络中不同节点处的代理或传感器获取网络数据，然后进行融合、关联分析，进而发现网络中的攻击行为，其数据来源较为单一，仍可视为同源数据。而态势感知系统的分析数据来源则是混合型的，入侵检测系统、病毒检测、防火墙等工具均可提供安全信息，态势感知系统可以融合来自这些设备的不同格式的数据信息，进行态势分析和可视化显示。

规模和信息处理不是同一数量级：当前，网络带宽增长的速度已经超过了计算机的处理速度。对于入侵检测系统来说，高速网络中的攻击行为实时检测已经成为一个难点问题。与之对应的是，态势感知系统充分利用了多种数据采集设备，通过融合提高了数据源的完备性，同时通过多维视图显示，融入人的视觉处理能力，简化了系统的计算复杂度，提高了计算处理能力。

检测效率大不相同：当前，IDS 检测攻击的误报率和漏报率极大地打击了网络用户对它的信任，而且基于特征的 IDS 无法检测出未知攻击和潜在的恶意网络行为。态势感知系统却能利用多源异构数据的融合处理，弥补了 IDS 处理不确定度的劣势，能够提供动态的网络态势状况显示，为管理员分析网络攻击行为、及时采取应对策略提供了支撑。

3）态势感知与安全评估。

态势感知并不等同于安全评估。从操作执行过程来看，网络安全态势感知是一个实时过程，作为网络管理系统的一个实时处理单元而存在，为网络管理人员提供及时的决策辅助，重在感知当前的安全态势及变化趋势。而网络安全评估是一个非实时过程，由评估人员周期性执行，在迭代的过程中针对前次评估中存在的可能导致网络风险的隐患进行调整，重在为降低风险而采取的改进措施。

9.3 网络安全态势评估体系

在下一代的网络安全管理系统中，网络安全态势感知作为一个职能实时存在，能够始终扫描网络的安全状态，预测网络下一阶段的趋势，进而协助管理员及时处理突发事件，解决安全威胁。作为一个安全事件交汇处理中心，安全态势感知不再是单一设备、单一类型报警事件的简单汇聚，而是一种高层次、综合若干类型信息的网络安全状况的总体判断。从下一代网络安全管理系统的功能要求来看，网络安全态势感知是建立网络安全态势分析和风险管理的基础，只有建立了有效的态势感知模型框架，才能在此基础上对网络安全采取有效的应对策略。一个没有统一风险管理的网络安全技术是危险和低效的，也无法达到“深度防御”的目的。

当前的态势感知研究由于缺乏统一规范的标准而略显混乱。但在信息化发展的今天，网络安全管理研究遭遇瓶颈时，网络安全态势感知研究的重要性得到业内专家的普遍认同，相关的研究也是必要的。目前，网络安全态势感知的研究还比较侧重于理论研究，具体的应用也处在初级阶段，需要进一步的深入和完善。由于缺乏一套完整的、规范的、可以遵循的模型或方法，使得网络安全态势感知领域的研究工作尚处于探索阶段。

融入安全态势评估的空间完备性和时间连续性，从“内、外”两个空间角度出发，沿“过去、现在、未来”的时间主线，借用多源信息融合技术，融合 IDS 报警、网络性能指标、漏洞检测数据等多源行为信息，综合评估网络安全状态及变化趋势，即利用网络安全属性的历史记录，为用户提供一个准确的网络安全状态评判和网络安全发展趋势，以便管理员了解当前安全威胁状况、历史安全威胁演化，进而预测未来的安全威胁，即在网络安全事件发生之前对网络攻击行为进行预测，使网络管理者能够有目标地进行决策和防护准备，做到防患于未然。网络安全态势评估体系较好地实现了“分析现在，了解过去，预测未来”的动态评估，如图 9-5 所示。

网络安全态势评估可为防护体系提供决策依据，为监控体系提供支持，为应急响应体系提供预测，其应用实现了网络安全体系中防护、监控和应急响应的有机结合。从时间上，可以掌握最近一个时段网络的活动状况，支持实时方面更准确的分析判断。从空间上，可以融合系统内部的脆弱信息和外部的威胁信息，提高评估结果的合理性。在日志分析方面，应用数据挖掘技术，从对日志的简单分析发展为战略性分析，为用户提供战略性的指导和战术性的解决办法，实现对网络安全现状做出正确判断的目标。

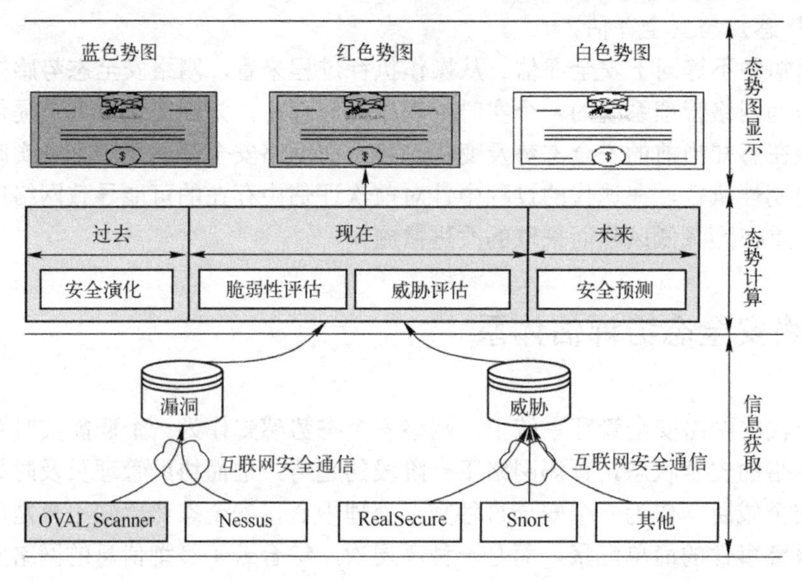

图 9-5　网络安全态势评估体系

9.4　网络安全态势评估分类

当前，网络安全态势感知的研究工作尚处于起步阶段。各大院校、科研单位均致力于安全态势的研究，CERT、林肯实验室、Johns Hopkins 大学的 APL 等均开展了该领域的研究，但目前尚未形成一套合理的、统一的评价体系。CERT 开发了一系列的开源应用，支持大规模网络战略态势感知的监视和分析技术，其目标是定量描述威胁和跟踪定位入侵者的行为，从而获得网络安全态势的感知。Johns Hopkins 大学的 APL 认为，网络安全态势感知是作为更高一级的网络管理而存在。美国国防部 2005 年的财政预算报告包括了对网络态势感知项目的资助，并提出分三个阶段予以实现。美国高级研究和发展机构（Advanced Research and Development Activity）在 2006 年的预研计划中，明确指出了网络安全态势感知的研究目标和关键技术。

Tim Bass 在其诸多文献中，将 IDS 作为支撑网络安全态势感知的主要信息提供者，将多传感器数据融合技术作为主要的数据处理手段，并提出了获得网络安全态势感知的基本框架。根据 Tim Bass 的观点，如果态势感知的结果是一个函数 $y=f(x)$ 的话，那么这个 x 代表着 IDS 获取的数据，采用的数据融合技术可以作为 f 的实现。数据融合作为一个技术体系，也存在多种实现方法，从而使得态势感知结果也存在多种多样的实现形式。而且，因为缺少统一的态势评价体系，造成了态势感知获取方法的多样性。网络安全态势感知的结果应该是考虑多个因素之后的一种折中，既要兼顾实时性要求，也要考虑态势感知的直观易懂。

根据态势评估结果的描述形式，可以分为定量描述和定性描述两个类别。

（1）定量描述

在定量描述中，态势感知的结果往往是一个有意义的标量值，如表示某种安全系数、安全度或风险指数等。Tim Bass 在其开创性的文献中，指出网络安全风险是系统资产、攻击对应的威胁度以及漏洞攻击后果严重程度的相关函数，安全态势感知则可以建立在对安全风险分析的基础之上。虽然 Tim Bass 并未详细说明感知安全态势的过程，但为定量分析网络安全态势提供了一个切入点。Xiuzhen Chen 根据 Tim Bass 的研究成果，对网络结构进行了分层处理，将一个完整的网络系统按照漏洞（威胁）层、服务层、主机层、网络层 4 个层次进行划分，按照服务、主机进行分类协议的风险评估，对安全风险进行量化，进而感知网络所处的状态。即根据服务、主机相互之间的重要性对比分配相应的权重系数，再根据服务所遭受的漏洞或攻击的威胁性以及频次，获取某一时刻的服务风险指数，进而根据由局部到整体的思路，层层累加获取网络总体风险指数。另外，还有基于贝叶斯网络的量化评估、基于攻击序列的量化评估、基于反向传播（Backward Propogation，BP）人工神经网络的量化评估，以及一些面向主机安全进而感知网络态势的量化评估方法等。

从上述研究来看，其感知网络安全态势的数据均来自 IDS 记录的报警数据或者实时的网络数据流，且定量评估的算法易于理解，实现简单，仍是今后网络安全态势感知的一个发展方向。

（2）定性描述

这种描述形式同前者不同，它并没有通过融合等处理手段来获得某种表征安全态势的数值，而是通过一些报警的关联、攻击的重现、流量视图以及构建所谓的“攻击场景 Scenario”图形来感知态势，是一种定性的判断。

目前，国内外关于定性描述态势的研究，一部分集中在对感知框架的研究，例如，Scyllarus 系统将多个 IDS 整合在一起，以提供全面的态势感知；Vinod Yegneswaran 等提出了使用集成的蜜罐（Honeypots）系统，以感知网络安全态势的框架。

另一部分定性描述则集中在可视态势，即如何利用可视化技术来更好地表述网络安全态势。就网络管理而言，视觉呈现是最为直观的描述形式。Anita D’Amico 在其关于可视化技术的综述中提到，使用可视化技术是提高信息保障态势感知能力的有效手段。而且，可视化技术的选用要符合态势感知的三个层次，即觉察、理解和预测。同时，要满足信息保障中可视化技术在监控、通信等方面的需求。可视化技术在网络安全态势感知领域中的研究多集中在对实时数据流的分析和统计，已经有了一些较为成熟的可视化工具，如 Lau 开发的 Spinning Cube of Potential Doom 工具，该工具在实时性方面具有非常好的表现，同时为了能在三维空间中表述更多的网络中实时存在的信息，采用“点”来描述连接的方式，在一定程度上消除了“视觉障碍”的影响。Gregory Conti 等人研究开发的可视化工具通过对网络流量的实时监控，能够提取网络攻击行为特征。Sven Krasser 等开发的 SecViz 系统用于构建三维视图，以离散、平行的点表示捕获到的数据，从而使一些网络攻击行为在视图中能够得以清晰地呈现。C. P. Lee 等人基于 MVC 模式提出 Visual Firewall 系统，采用 IDS 和防火墙数据作为数据源，提供多种视图表现，为网络整体的安全态势提供全面描述，克服了使用单一数据、单一视图不能很好地表示连接、更改较为频繁的大型民用、商用网络态势的缺陷。NCSA 的安全事件融合工具（Security Incident Fusion Tools，SIFT）工作组也在安全态势可视化领域做了大量工作，相继开发了 NVisionIP、VisFlowConnect 等工具。其中，NVisionIP 从路由器上得到 NetFlow（网络流量）数据，提供基于主机的视图来显示整体网络态势。而 VisFlowConnect 基于从 TCPDump 数据中得到的 Argus NetFlow，提供的是基于连接的视图。IET 公司研究的态势感知可视化软件，以管理安全信息，识别组合的攻击模型。目前，国内清华、北大、国防科大等单位也开展了可视化技术的研究工作。借助可视化显示，融入人的视觉识别以及分析推理能力，大大提高了对网络安全态势感知的准确性。

总之，在计算机安全领域，现有的安全态势可视化研究根据其采用的数据源，可以划分为两大流派：传统的基于安全设备，如 IDS 上报的安全事件，以及基于实时的数据流。这两类态势感知的可视化技术各有优劣。基于上报安全事件的态势感知，其结构简单，易于实现，通过数据汇聚或加权系数融合，便能够得到网络安全态势的评价指标，持续观测就可以形成较为直观的安全态势趋势图。但是由于安全设备事件上报机制和所采用检测技术的局限，这种方法获得的感知结果的实时性不足，无法满足高实时网络的要求。而基于数据流的可视化态势方法，虽然具有良好的实时性，但是其态势的可视化描述往往过于复杂，不易理解，易造成“视觉混乱”，使得网络管理人员无法感知网络安全态势。而且，该领域的研究过多地集中在了空间信息的可视化领域，而忽略了网络安全态势本身的研究。

另外，根据评估时间，网络安全态势评估分为 3 类：当前安全状况评估、历史安全演化分析和未来入侵行为预测。其中，当前安全状况评估主要分析信息系统中异构安全设备的报警，对系统遭受的安全威胁状况实时地给出合理准确的判断，为安全响应提供决策依据。历史安全演化分析基于系统数据库的海量事件日志，分析系统过去一段时间的安全演化趋势，为安全预警提供依据。未来入侵行为预测的核心思想是“分析过去，预测未来”，基于历史入侵行为模式，对当前观察的行为进行分析，预测未来可能发生的入侵行为及可能性。按照数据源，网络安全态势评估可以分为两大类：基于系统配置信息的安全隐患态势评估和基于系统运行信息的安全威胁态势评估，其中系统配置信息指系统的设计、配置状况，来自于安全检测系统的报告，包括服务设置、用户及系统文件的权限设定、主机间的信任关系、系统中存在的漏洞等。系统运行信息指系统所受攻击的状况，来自于网络安全监控设备的上报信息，目前主要依赖于入侵检测系统日志库或实时的网络数据流。

上述态势感知研究的分类描述并不是严格限定的，在实际的态势感知获取过程中，各项研究往往是交叉的。态势感知结果的描述可以是定性的、定量的或是定性和定量描述的混合，而且无论这种态势结果是定量的还是定性的，最终呈现在网络管理员面前的都是一些可视化图形。

9.5 态势评估要点

现实中的网络系统，其安全性涉及多方面的因素，且每个因素都从一个侧面反映了系统的安全性能，但任何一个指标都无法完全反映目标系统的整体安全性能。为了全面了解目标网络系统的安全性能状况，需要对各方面的指标进行测试。对于实际的计算机网络信息系统进行安全评估时，必须将全部评估指标的评估结果进行综合，才能得到关于目标网络信息系统安全性能的最终评价。对于同一层次上的评估指标，评估过程是一个从多维空间到一个线段中的点或评价论域中的等级的映射过程，表示为

$$f:(I_1,\cdots,I_n)\to A \quad 或 \quad f:(I_1,\cdots,I_n)\to L \tag{9-1}$$

其中，$I_k(k=1,2,\cdots,n)$表示评估项（评估指标）；A是综合结果的取值区间，一般为$[0,1]$，适合于定量表示的综合评估；$L=\{L_1,\cdots,L_m\}$表示等级论域，适合于定性评估结果的综合。

由此可以看出，综合评估的要点在于评估指标的选取、量化和归一化处理，以及综合评估方法的确定。

下面给出评估指标的处理和综合评估方法。

9.5.1 评估指标处理

为了完成网络系统安全状况的综合评估，必须从最低层入手，确定能够从一定侧面反映安全状况的每个评估指标，以定性或定量的形式给出对各个具体评估项的评价结果。对于既有定性评估项，又有定量评估项的情况，为实现定量的综合评估，需要进行以下处理。

（1）定量指标的归一化处理

目前，已有多种对定量指标进行归一化处理的方法，大致可分成三类：线段、折线和曲线，具体选用哪一种方法取决于评估项的特点。设定T是实测值，t是T的归一化表示，T_m是T的最大值，k是一个适当选择的大于0的常数，3类归一化方法的表达式通常为

1）线段

$$t=\frac{T}{T_m} \tag{9-2}$$

2）折线

$$t=\begin{cases}\dfrac{T_m-T}{T_m} & T<T_m\\ 0 & T\geqslant T_m\end{cases} \quad 或 \quad t=\begin{cases}\dfrac{T}{T_m} & T\leqslant T_m\\ 1 & T>T_m\end{cases} \tag{9-3}$$

3）曲线

$$t=1-\mathrm{e}^{-kT^2} \quad 或 \quad t=\mathrm{e}^{-kT^2} \tag{9-4}$$

（2）定性指标的量化和归一化处理

定性指标项的评估结果通常以等级的形式给出，有以下两种表达方式。

1）“是”或“否”，这是最简单的定性评估结果。

2）一个有序的名称集，如“很差、较差、一般、较好、很好”是最常见的定性指标结果表示方式。

对于最简单的第一类表示方式，通常用直截了当的方法，即用“1”表示“是”，用“0”表示“否”。对于常用的第二类描述方式，其量化方法通常是根据它们的次序，粗略地分别分配一个整数来实现结果的量化，如使用“1、2、3、4、5”与之对应，然后对这些量化后的结果“1、2、3、4、5”分别采用“0.1、0.3、0.5、0.7、0.9”作为它们的归一化值。

9.5.2 综合评估方法

合理的综合评估方法对于实现安全态势综合评估至关重要，而且综合评估方法的选取要具体问题具体分析。设定$I_i(i=1,\cdots,n)$为第i个评估指标项的归一化结果值，$W_i\geqslant 0$为其对应的权，表示第i个评估项的重要程度，且W_i越大，对应的评估项重要程度越高，Q表示综合评估结果。以下给出几种典型的定量综合评估方法。

（1）加权算术平均

加权算术平均比较适合处理定量评估项，是综合评价领域最常用的方法，也是最简单的方法，表示为

$$Q=\sum_{i=1}^{n}W_iI_i \tag{9-5}$$

其中，$\sum_{i=1}^{n}W_i=1$，可以看出，加权算术平均易受到个别极端评估项的影响。

（2）加权几何平均

加权几何平均同样适合处理定量评估项，与加权算术平均相比，加权几何平均能更进一步反映全体评估项的作用，其计算公式为

$$Q=\prod_{i=1}^{n}I_i^{W_i} \tag{9-6}$$

（3）混合平均

在面对实际的综合评估问题时，混合平均指对某些评估项使用加权算术平均以对其进行综合分析，而对另一些评估项使用加权几何平均的方法，然后对使用合适的不同平均方法后的各评估项，经过进一步综合得到最终的评估结果值。

9.6 安全隐患态势评估方法

法国 LAAS 计算机安全研究学者 R. Ortalo 和 Y. Deswarte 基于安全分析工具 COPS 的数据，采用权限图理论模型建模系统漏洞，并建立马尔科夫数学模型，计算攻击者击败系统安全目标可能付出的平均代价，以度量系统安全，监控运行环境、系统配置、应

用、用户行为等变化引起的系统安全的全局变化，给出系统安全隐患状况的演化，以便管理员了解系统安全的变化。

本节主要介绍安全隐患态势评估的细节内容，包括系统漏洞建模、漏洞利用难易度的确定、攻击者行为假设和评估算法。

9.6.1　系统漏洞建模

应用权限图建模系统漏洞，即在表示系统漏洞的权限图中，节点 X 表示一个用户或一组用户拥有的权限集合。其中，一些高度敏感的权限集（如超级用户）非常可能是黑客攻击的目标，称为目标节点。攻击者拥有的权限集，称为攻击者节点（如内部人员）。两个节点之间的弧表示漏洞，若拥有节点 X 权限的用户可以利用漏洞获取节点 Y 的权限，则在节点 X 到节点 Y 之间存在一条弧。若在攻击者节点和目标节点之间存在一条路径，表示攻击者能利用系统漏洞获得目标权限，安全隐患可能发生。在权限图中，有的漏洞比较容易利用，有的漏洞则需要黑客知识、能力和运气等，需要攻击者花费一定的代价，即攻击者到达目标节点具有一定的难易度。总结起来，权限图中存在以下三类漏洞。

1）与从保护方案直接继承的权限子集相对应的弧，例如 UNIX 操作系统中，从组成员权限集的节点到组权限集节点的弧。

2）与直接的安全缺陷相对应的弧，例如容易猜测的密码、可以种植木马的文件保护机制。

3）包含不与安全缺陷对应的漏洞，指系统安全机制带来的问题，例如 UNIX 操作系统中，.rhost 文件带来的权限传递机制漏洞。

图 9-6 是一个典型的权限图，其节点表示用户（A、B、F）或用户组（P_1、X_{admin}）的权限集，节点 insider 表示任意注册用户的最小权限，节点之间的弧表示相应的漏洞，X、Y 代表相对应的节点。

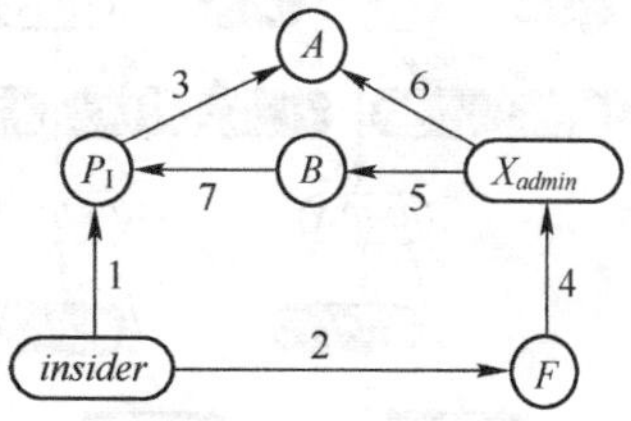

1）X 可以写 Y 的.rhosts 文件。

2）X 可以猜 Y 的密码。

3）X 可以修改 Y 的.tcshrc。

4）X 是 Y 的一个成员。

5）Y 使用 X 管理的某一程序。

6）X 能修改 Y 拥有的 setuid 程序。

7）X 在 Y 的.rhosts 文件中。

图 9-6　典型的权限图

9.6.2　漏洞利用难易度的确定

为了计算黑客从攻击者节点到达目标节点的难易度，权限图中每一条弧被分配一个权重，该值是一个综合参数，表示成功率，与攻击者执行权限转移需要的代价相对应，包含了攻击过程的几个方面，如攻击工具的可用性、执行攻击需要的时间、可用的计算资源等。漏洞的利用难易度被划分为四个级别，见表 9-1。

表 9-1　漏洞利用难易度级别

级　别	权　值	备　注
1	0.1	级别 1 对应最容易的攻击，级别 4 对应非常难的攻击。漏洞利用难易度取值越大，攻击难度越高
2	0.01	
3	0.001	
4	0.0001	

9.6.3　攻击者行为假设

为了实现基于权限图的系统安全定量评估，可以对黑客攻击行为做如下两种假设。

1）全记忆假设（Total Memory，TM）：在攻击的每一个阶段，考虑攻击的所有可能性，即来自权限图中最新访问的节点以及已经访问的节点的攻击。

2）无记忆假设（Memoryless，ML）：在每一个最新访问的节点，攻击者仅可以选择从那个节点可以发起的基本攻击。

两种黑客攻击行为假设的区别是当权限图中添加新的漏洞时，对于攻击者来说，意味着将有另外一条路径到达目标。若黑客按照 TM 攻击行为模式，新漏洞的添加将降低攻击难度。但是，若采用 ML 模式，因不具有后退尝试其他路径的能力，新的漏洞将会对攻击产生正面或负面的影响。尤其是这个新的漏洞利用难度低，但路径中紧随其后的利用难度非常大时，将会使黑客达到目标的难度增加。

在 TM 和 ML 两种假设条件下，与上述典型权限图对应的攻击状态图如图 9-7 所示。

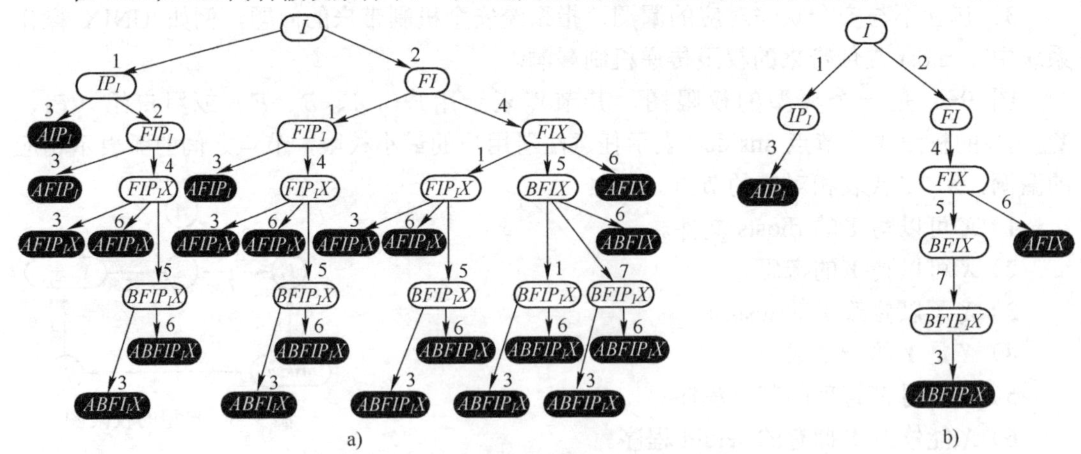

图 9-7　与典型权限图对应的攻击状态图

a) TM 假设　b) ML 假设

图 9-6 中，*insider*、*A* 分别是攻击者节点和目标节点，图 9-7 中 *X* 和 *I* 分别代表 X_{admin} 和 *insider*。分析图 9-7a、b，可以看出图 9-7b 的攻击场景是图 9-7a 的一个子集。

9.6.4　评估算法

经过大量的调查研究，可以使用与计算机安全演化特性相符的 Markov 数学模型计算攻击者到达目标的平均代价，以获取系统的安全状况。应用 Markov 模型度量安全状况基于以下假设。

在攻击者花费一定数量的代价 e 之前，某一基本攻击的成功概率服从指数分布，即

$$P(e)=1-\mathrm{e}^{-\lambda e} \tag{9-7}$$

其中，λ 是攻击的成功概率。由此可以得出，某一基本攻击成功的平均花费代价为

$$E(e)=\frac{1}{\lambda} \tag{9-8}$$

基于 Markov 模型假设，攻击状态图中每一个转移为漏洞的利用成功率。定义攻击者到达指定安全目标的平均代价（Mean Effort to Security Failure，METF）取值为在通向安全目标的每个状态花费代价的加权和，其加权值为访问这些状态的概率。*METF* 值越大，系统安全性越好。在状态 j 花费的平均代价 E_j 为状态 j 输出转移概率之和的倒数，计算公式为

$$E_j=\frac{1}{\sum\limits_{i\in out(j)}\lambda_{ji}} \tag{9-9}$$

其中，λ_{ji} 为从状态 j 到状态 i 的转移概率，$out(j)$ 为状态 j 一步转移可达的状态集。

用 $METF_k$ 表示 k 为初始状态时的平均花费代价，P_{ki} 表示从状态 k 到状态 i 的条件转移概率，则有：

$$METF_k=E_k+\sum_{i\in out(k)}P_{ki}\times METF_i \tag{9-10}$$

其中，$P_{ki}=\lambda_{ki}\times E_k$。

（1）单路径

若构建的权限图中，攻击者节点和目标节点之间只存在一条路径，如图 9-8 所示。

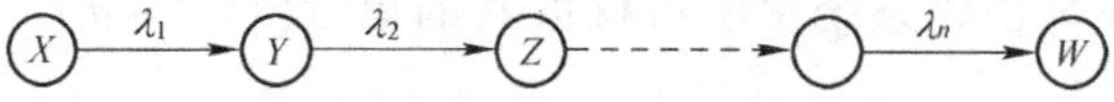

图 9-8　单路径的 Markov 模型

对于 TM 和 ML 的黑客行为假设，*METF* 的计算公式均为

$$METF=\sum_{j=1}^{k}\frac{1}{\lambda_j} \tag{9-11}$$

其中，k 为路径中的弧数，λ_j 表示基本攻击 j 的成功率。

（2）多路径

若构建的权限图中，攻击者节点和目标节点之间存在多条路径，如图 9-9 所示。

图 9-9a 中 A 为攻击者，D 是目标，权限图显示有两条通向目标的路径，与 ML 和 TM 攻击行为相应的 Markov 模型如图 9-9b、c 所示。根据公式（9-9）和（9-10）可以得到如下的公式。

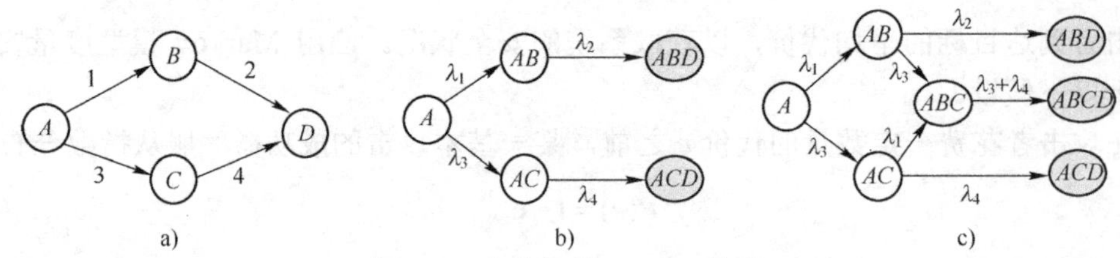

图 9-9　多路径的 Markov 模型

a) 权限图　b) ML 行为假设　c) TM 行为假设

$$METF_{\mathrm{ML}} = \frac{1}{\lambda_1+\lambda_3} + \frac{\lambda_1}{\lambda_1+\lambda_3} \times \frac{1}{\lambda_2} + \frac{\lambda_3}{\lambda_1+\lambda_3} \times \frac{1}{\lambda_4} \tag{9-12}$$

$$METF_{\mathrm{TM}} = \frac{1}{\lambda_1+\lambda_3} + \frac{\lambda_1}{\lambda_1+\lambda_3} \times \left(\frac{1}{\lambda_2+\lambda_3} + \frac{\lambda_3}{\lambda_2+\lambda_3} \times \frac{1}{\lambda_2+\lambda_4}\right) + \frac{\lambda_3}{\lambda_1+\lambda_3} \times \left(\frac{1}{\lambda_1+\lambda_4} + \frac{\lambda_1}{\lambda_1+\lambda_4} \times \frac{1}{\lambda_2+\lambda_4}\right) \tag{9-13}$$

9.7　安全服务风险评估模型

肖道举、杨素娟等人基于服务在系统中所占的比重和漏洞的威胁程度，给出一个基于服务重要性和漏洞威胁的综合风险分析评估模型，评估目标系统所提供服务的风险，定量分析目标系统的安全隐患状况。

（1）变量定义

对于目标平台（操作系统）O，定义以下变量。

S：该系统提供的 n 种服务 S_1、S_2、…、S_n 的集合。

A：第 i 种服务 S_i 在该系统中所占权重 β_i 的集合($1 \leqslant i \leqslant n$)，$\beta_i$ 用百分比表示，可由用户来控制。

H：H_{ij} 的集合，第 i 种服务 S_i 有 m 个漏洞，分别是 $H_{ij}(1 \leqslant j \leqslant m)$（对应漏洞库的漏洞 ID）。

V：H_{ij} 的风险程度 V_{ij} 的集合。

W：漏洞 H_{ij} 在系统中所占的权值 W_{ij} 的集合，W_{ij} 用百分比表示，可由用户来控制。

（2）风险评估函数

为实现对目标安全状况的定量分析，定义目标系统所提供服务的最后风险评估结果的函数为

$$F(O,S,A,H,V,W) = \sum_{i=1}^{n} \beta_i \left(\sum_{j=1}^{m} W_{ij} V_{ij} \right) \qquad (1 \leqslant i \leqslant n, 1 \leqslant j \leqslant m) \tag{9-14}$$

9.8 当前安全威胁评估方法

当前安全威胁评估实时分析网络系统的安全威胁状态，评估当前安全威胁对网络系统安全造成的影响，为系统的入侵响应提供支撑。本节主要介绍基于网络流量的实时定量评估方法、攻击足迹定性评估方法等。

9.8.1 基于网络流量的实时定量评估方法

参照论文“Vulnerability Analysis of Faults/Attacks in Network Centric Systems”，依次从系统原理与框架、计算方法和仿真测试 3 个方面进行介绍。

（1）系统原理与框架

基于 DoS 攻击的最终目标使某一网络组件（Server、Router 或 Link）运行在不可接受的方式，模拟通过温度、血压衡量生物健康状态的原理，提出基于网络性能度量指标的安全评估方法，根据脆弱性指数（Vulnerability Index，VI），把网络系统安全状态划分为正常（Normal）、不确定（Uncertain）或脆弱（Vulnerability）3 种状态，以量化攻击或冗错对网络性能及网络服务的影响。评估原理如图 9-10 所示。

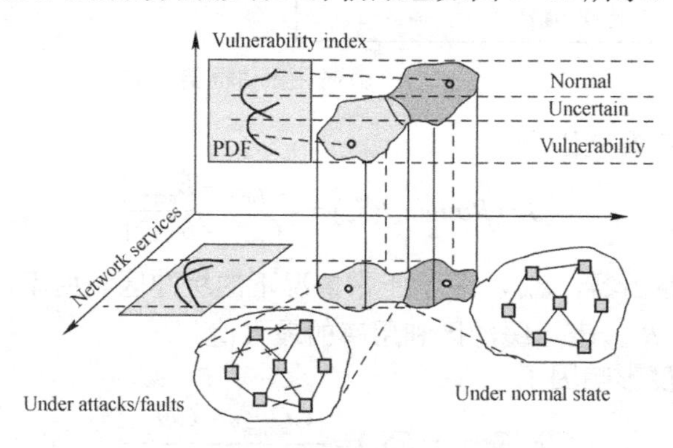

图 9-10 评估原理

基于代理的实时在线脆弱性评估系统在客户端、服务器、路由器配置采集代理，实时计算脆弱度量指标值。同时，代理之间可以通过数据和通信层进行交互。进一步，脆弱分析引擎计算组件或系统脆弱影响因子。脆弱性评估框架如图 9-11 所示。

（2）计算方法

对于攻击场景 FS_k，客户端、路由器和服务器对应的组件影响因子（Component Impact Factor，CIF）如下。

1）数据传输速率影响因子

$$CIF(Client,FS_k)=\frac{|TR_{norm}-TR_{fault}|}{|TR_{norm}-TR_{\min}|} \tag{9-15}$$

其中，CIF 表示组件影响因子，$Client$ 表示客户端，FS_k 表示攻击场景 k，TR_{norm} 表示正常情况下的传输速率，TR_{fault} 表示攻击情况下的传输速率，TR_{min} 表示传输速率的最小值。

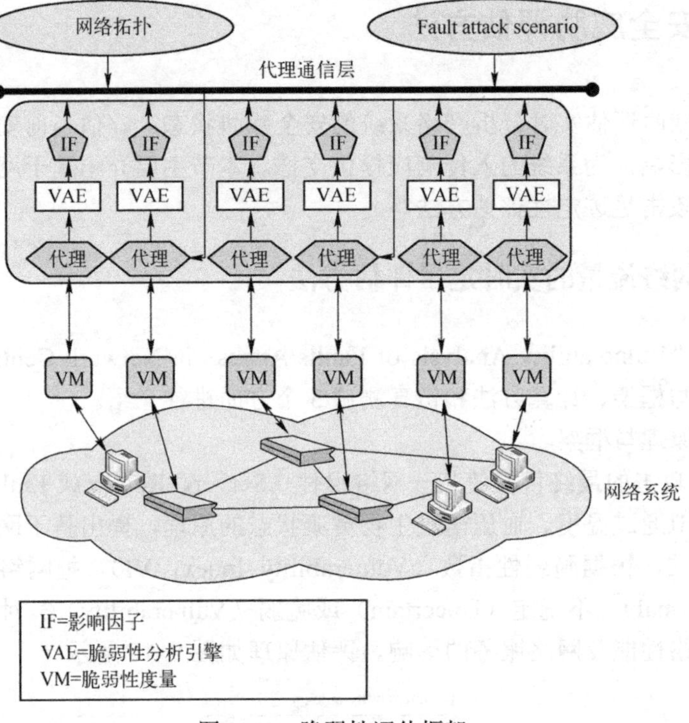

图 9-11　脆弱性评估框架

2）缓冲区利用率影响因子

$$CIF(Router, FS_k) = \frac{|B_{fault} - B_{norm}|}{|B_{\max} - B_{norm}|} \tag{9-16}$$

其中，Router 表示路由器，B_{norm} 表示正常情况下的缓冲区利用率，B_{fault} 表示攻击情况下的缓冲区利用率，$B_{\max}$ 表示缓冲区利用率的最大值。

3）连接队列长度影响因子

$$CIF(Server, FS_k) = \frac{|CQ_{fault} - CQ_{norm}|}{|CQ_{\max} - CQ_{norm}|} \tag{9-17}$$

其中，Server 表示服务器，CQ_{norm} 表示正常情况下的连接队列长度，CQ_{fault} 表示攻击情况下的连接队列长度，$CQ_{\max}$ 表示连接队列长度的最大值。

基于组件影响因子，对所有网络组件影响因子的加权可获得系统影响因子（System Impact Factor，SIF），即运行在不安全状态的组件数与网络组件总数之比。对于攻击场景 FS_k，客户端、路由器的系统影响因子（SIF）分别为

$$SIF_{Client}(FS_k) = \frac{\sum_{\forall j, CIF_j > d} COS_j}{total\_number\_clients} \tag{9-18}$$

$$SIF_{Routers}(FS_k) = \frac{\sum_{\forall j, CIF_j > d} COS_j}{total\_number\_routers} \tag{9-19}$$

其中，d 表示正常运行条件的上限，COS 为表示组件状态的二进制变量，取值为 1 或 0 分别表示组件运行在异常或正常状态，具体取值为

$$COS_j = \begin{cases} 1 & CIF_j > d \\ 0 & CIF_j < d \end{cases}$$

（3）仿真测试

使用 SSFNet（Scalable Simulation Framework Network）工具，搭建由 6 个客户端网络、5 个服务器组成的仿真网络，节点对之间的速率为 100Mbit/s，核心骨干网由 7 个路由器组成，并配有 TCP/IP 用于简单文件传输。测试网络拓扑如图 9-12 所示。

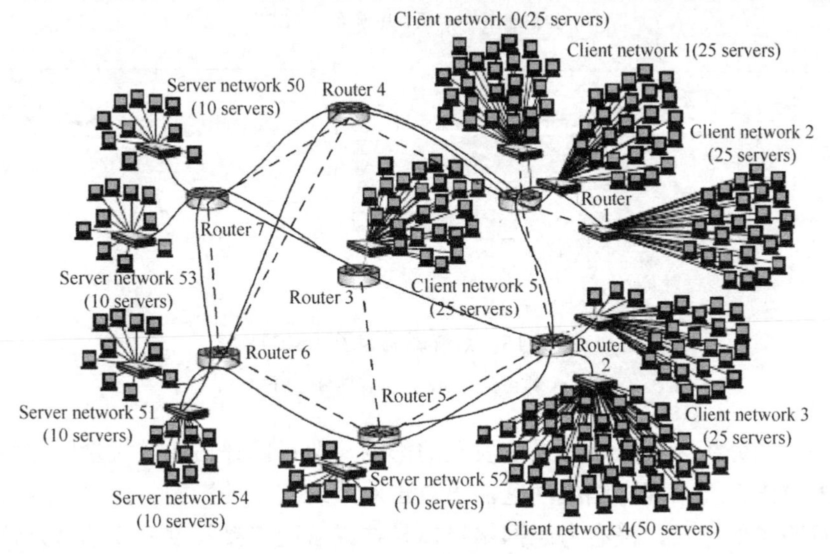

图 9-12　测试网络拓扑

具体参数设置为：$B_{\max} = 50000$字节，$TR_{\min} = 70\text{Kbit/s}$，$TR_{norm} = 100\text{Mbit/s}$，$d_{routre} = 0.35$，$d_{client} = 0.3$。在 300s 时，路由器 4 工作异常，路由器 3 接口 2 的缓冲区剧烈增加，到 400s 时达到 250000 字节，CIF 达到 35%。0 号网络客户端的传输速率下降到 70Kbit/s，每一客户端的 CIF 低于 30%。而且，一半以上的核心路由器运行在不可接受的缓冲区利用状态。测试结果如图 9-13、图 9-14、图 9-15 所示。

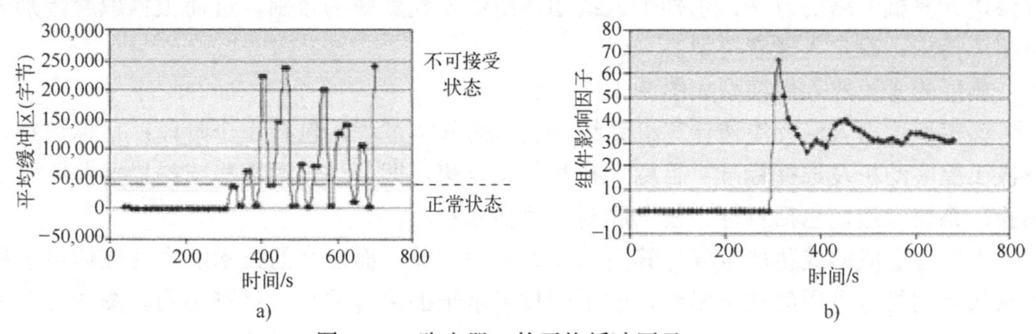

图 9-13　路由器 3 的平均缓冲区及 CIF

a) 平均缓冲区　b) 组件影响因子（CIF）

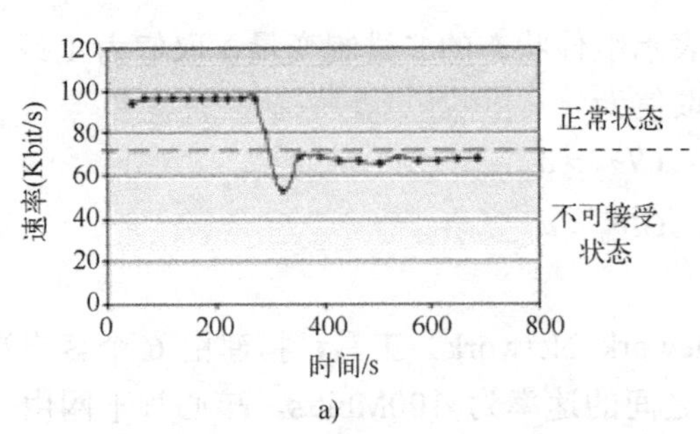

a)

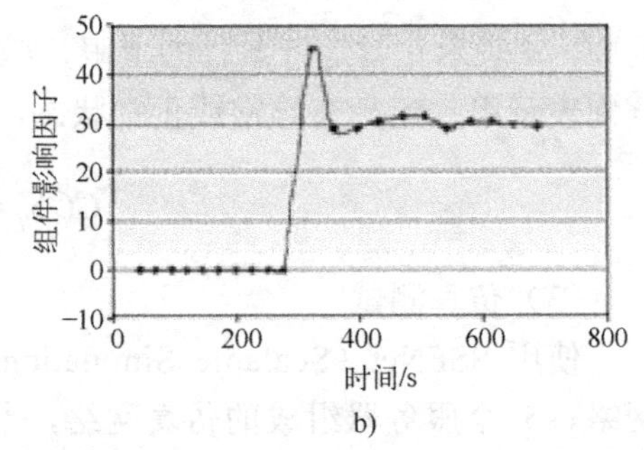

b)

图 9-14　0 号客户端的传输速率及 CIF

a) 传输速率　b) 组件影响因子（CIF）

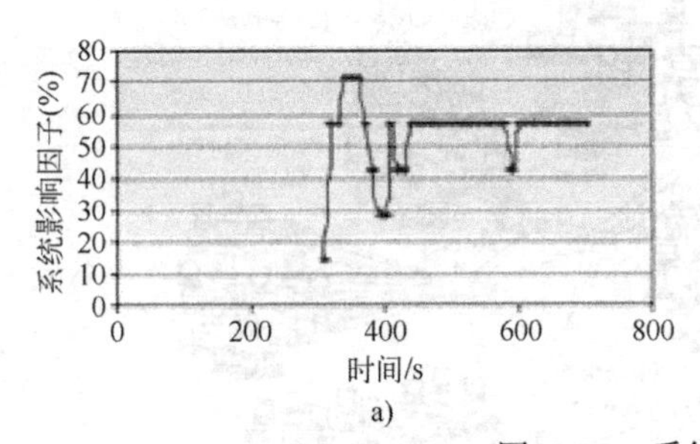

a)

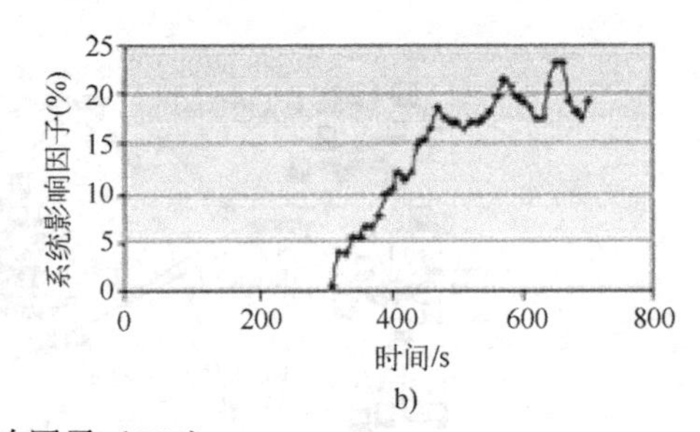

b)

图 9-15　系统影响因子（SIF）

a) 路由器的 SIF　b) 客户端的 SIF

此方法只能分析一类入侵对系统安全的影响，即只能评估通过大量网络数据包淹没目标主机的攻击，而不能评估缓冲区溢出攻击对系统安全的影响。而且，该方法的服务器组件影响因子的定义，没有考虑网络接口悬挂或队列连接长度为 0 的特殊情况。

9.8.2　攻击足迹定性评估法

参照论文“Footprinting for Intrusion Detection and Threat Assessment”，攻击足迹是一段时间内黑客采取的渐进行动集合，即动作序列，包括目标系统类型、初始攻击和最终攻击的执行方式及黑客获取目标系统访问后的活动。通过分析攻击足迹，可以了解黑客渗透计算机网络的方法，识别个人或团体组织发起威胁的级别，进而根据威胁级别采取相应措施，确定入侵者类型。

典型的 3 段式入侵模型如图 9-16 所示。

该模型给出入侵者渗透计算机系统时经历的基本过程，包括 3 个阶段：目标识别，取决于黑客动机及选择标准；目标选择与信息收集，即通过开源情报或扫描器获取网络拓扑；系统渗透，包括目标系统上脆弱点评估和利用。

入侵者造成的威胁严重度与其技术能力密切相关，而黑客的技术能力往往体现于黑客从起点到终点采用的攻击路线，即不同技术水平的黑客的攻击足迹不同。图 9-17 为发动同一攻击获取目标系统非法访问时，不同黑客采用的攻击足迹。

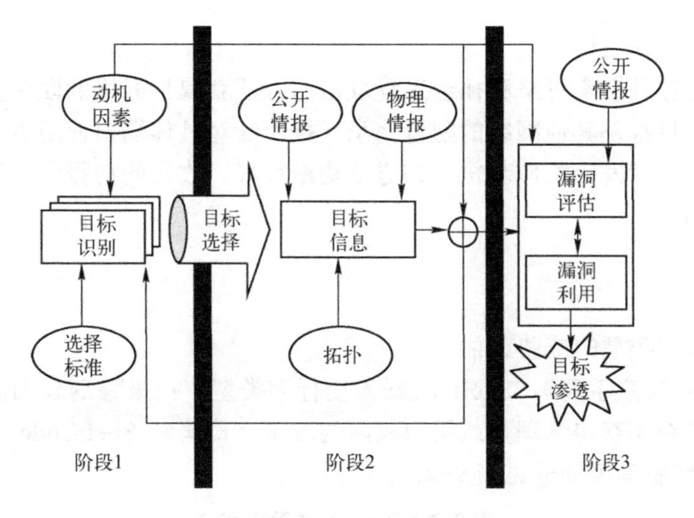

图 9-16 3 段式入侵模型

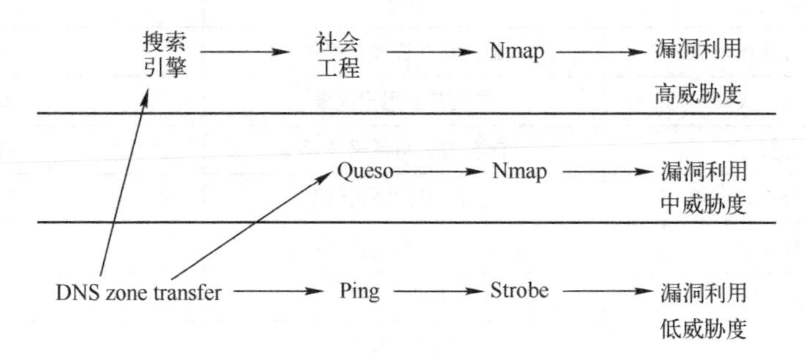

图 9-17 3 条攻击足迹样例

3 条不同威胁度的攻击足迹均以执行“DNS zone transfer”攻击开始，为入侵者提供目标网络运行的主机数及类型，供黑客选择目标，具体的分析如下。

（1）低威胁度的足迹

黑客针对目标系统采用 ICMP Ping 扫描，显示目标系统接收网络数据包。接着运行 TCP Strobe 程序确定端口号，结果显示运行 rcpbind，由此判定系统具有 statd 攻击的脆弱点。最后，运行攻击机的 statd 攻击脚本，获取目标主机的非法访问。该方法使用的 ping 探测很容易被检测到，TCP Strobe 扫描需要建立全连接，产生的流量大。而且使用脚本收集目标主机信息、发动攻击，这种依赖简单的脚本方法显示出入侵者对网络协议和操作系统的技术知识非常有限。因此，此攻击脚本的威胁级别判为低。

（2）中威胁度的足迹

入侵者首先使用 DNS 信息选择目标，接着使用 queso 操作系统指纹工具向目标主机的某一端口发送一系列数据包，以识别操作系统类型。进一步使用“nmap -sS -P0 -p”收集网络服务信息，获取目标机运行 Sun RPC 后台程序。最后，发动 statd 攻击。该方法使用的获取网络服务方法，采用半开扫描技术，不易被发现，网络流量大大减小，相应的威胁级别判为中。

（3）高威胁度的足迹

入侵者使用各种搜索引擎和社会工程攻击的方法获取目标机的硬件类型、操作系统类型及版本号、目标及其他网络的配置信息，接着针对具体端口使用 Nmap 扫描获取其后台程序状态，最后发动相应攻击。该方法隐蔽性好、收集的情报多、流量小，相应的威胁级别判为高。

9.8.3 其他方法

（1）基于入侵类型的威胁评估

参照《Snort 用户手册》，Snort 根据入侵行为类型，把报警划分为高、中、低三个优先级层次，将企图获得管理员或用户权限的攻击、检测到 ShellCode 攻击等划分为高优先级。Snort 威胁等级划分见表 9-2。

表 9-2 Snort 威胁等级划分

报警类型	描述	优先级
企图获取管理权限	尝试获取管理员权限	高
企图获取用户权限	尝试获取用户权限	高
策略违反	潜在的公司策略违反	高
ShellCode	检测到可执行代码	高
获取管理权限	成功获取管理员权限	高
获取用户权限	成功获取用户权限	高
木马活动	检测到木马	高
获取用户权限失败	用户权限获取失败	高
Web 应用攻击	Web 应用攻击	高
DoS 攻击尝试	尝试拒绝服务（DoS）	中
信息获取尝试	尝试获取信息	中
未知非正常流量	潜在的恶意流量	中
默认账户登陆尝试	企图使用默认用户名和口令登陆	中
拒绝服务	检测到拒绝服务攻击	中
非标准协议	检测到非标准协议或事件	中
远程过程调用（RPC）查询	RPC 查询解码	中
成功的 DoS	拒绝服务	中
成功的大规模信息获取	大规模信息泄露	中
成功的信息获取	信息泄露	中
可疑文件名	检测到可疑文件名	中
可疑登录	检测到使用可疑用户名的登录尝试	中
系统调用检测	检测到系统调用	中
异常的客户端口连接	客户端使用异常端口	中

（续）

报警类型	描述	优先级
Web 应用活动	访问脆弱的 Web 应用	中
ICMP 事件	通用 ICMP 事件	低
网络扫描	检测到网络扫描	低
协议命令	通用协议命令解码	低
可疑字符串	检测到可疑字符串	低
未知	未知流量	低
TCP 连接	检测到 TCP 连接	非常低

这种基于入侵类型的评价方法既没有考虑基本入侵之间的因果关系，也没有进行攻击成功与失败的判断。

（2）基于任务影响的威胁分析

Philip A. Porras 提出基于任务影响（Mission-Impact-Based）的威胁分析方法，基于系统相关性、用户兴趣度、任务影响、攻击结果等，对报警流中每个报警的威胁程度进行定量排列，以分离出具有高威胁度的报警，即优先级高、系统具有相关脆弱点并且攻击成功的报警。事件威胁等级计算模型如图 9-18 所示。

从事件威胁等级计算模型可以看出，事件的威胁等级取决于事件后果（Outcome）、事件相关性（Relevance）和事件优先级（Priority）3 个要素。其中，事件相关性指事件发生所依赖的系统服务、端口、应用程序、脆弱的操作系统和硬件是否存在，事件优先级取决于攻击代码的兴趣度及资产（用户、网络服务、主机、协议、文件）价值。

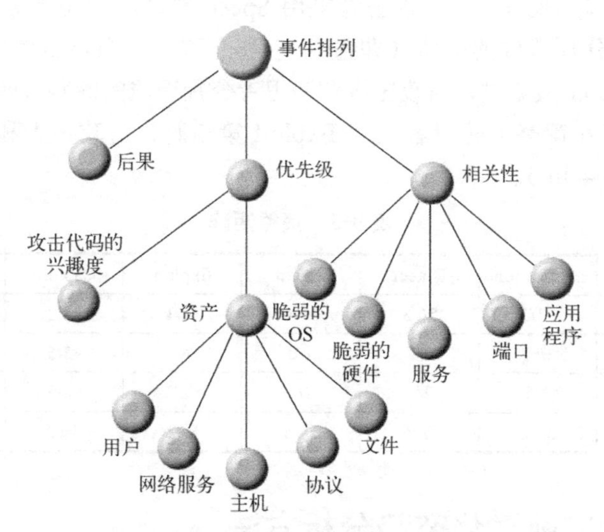

图 9-18　事件威胁等级计算模型

（3）基于博弈论的威胁评估

博弈论（Game Theory）又称为对策论，被应用到安全威胁评估领域，用来实现实时定量评估。参考 Fred Cohen 发表的题为“Managing Network Security：Attack and Defense Strategies”的论文，攻击者和防卫者作为博弈双方，依据策略矩阵计算双方的盈利得失。进一步根据盈利得失决定下一步的策略，即什么时间发动哪一种攻击。

攻击者常用的策略如下。

1）Speed：可用的最快速攻击。

2）Stealth：隐蔽攻击。

3）Overwhelming Force：压倒一切的力量，如物理攻击或耗尽资源。

4）Indirection：欺骗性攻击。

5）Random：随机。

6）Least Resistance：低阻力的攻击。

7）Easiest to Find：易使用的攻击，比如从网上下载软件对许多系统发动攻击。

防卫者常用的策略主要有：

1）Dissuasion：劝阻。

2）Deception：欺骗。

3）Prevention：防护。

4）Detection and Reaction：检测和响应。

5）Repair：修复。

6）Exploitation：攻击。

7）Capture and Punishment：捕捉和惩罚。

8）Cover Up：隐藏。

9）Constant Change：连续变化。

给定的策略矩阵见表 9-3，当攻击者采用 Speed 策略、防卫者采用 Detect 策略时，对攻击者和防卫者分别造成的威胁（即盈利）是 5 和−3；当攻击者采用 Stealth 策略、防卫者采用 Prevention 策略时，对攻击者和防卫者分别造成的威胁（即盈利）是 3 和−3；当攻击者采用 Stealth 策略、防卫者采用 Exploit 策略时，对攻击者和防卫者分别造成的威胁（即盈利）是−4 和 5。

表 9-3　策略矩阵

	Deception	Prevention	Detect	Repair	Exploit	Capture	Cover up	Change
Speed	−5/5	−1/5	5/−3	5/−6	−1/1	−8/2	8/1	5/−6
Stealth	3/−3	3/−3	3/2	1/0	−4/5	−3/5	7/−2	3/2
Force	2/4	1/5	2/3	2/5	−2/3	−8/5	8/−5	4/0
Indirect	1/3	3/−2	5/−5	5/−5	1/−1	2/−2	8/2	3/2

9.9　历史安全威胁演化态势分析方法

基于入侵检测系统的日志库和系统资源的使用，结合服务、主机自身的重要性，按照网络系统的组织结构，提出了一种层次化安全威胁态势定量评估模型及其相应的量化计算方法，对服务、主机和局域网系统三个层次进行安全威胁态势评估，以满足不同层次安全监管人员的需要，实现网络安全威胁态势的定量评估，给出历史安全威胁演化态势图。

本节首先介绍安全威胁态势的评估模型、态势指数的计算公式、评估模型中参数的确定思路，最后介绍实验测试分析。

9.9.1 层次化评估模型

一个实际的网络系统按规模和层次关系，可以分解为系统、主机和服务三层，而且绝大多数攻击都是针对系统中主机上某一个服务而言的。本节利用系统分解技术，借鉴通用评估准则（CC）中类、族、组件、元素的思想，根据网络系统的规模和层次关系，提出一个层次化网络系统安全威胁态势评估模型，如图 9-19 所示。

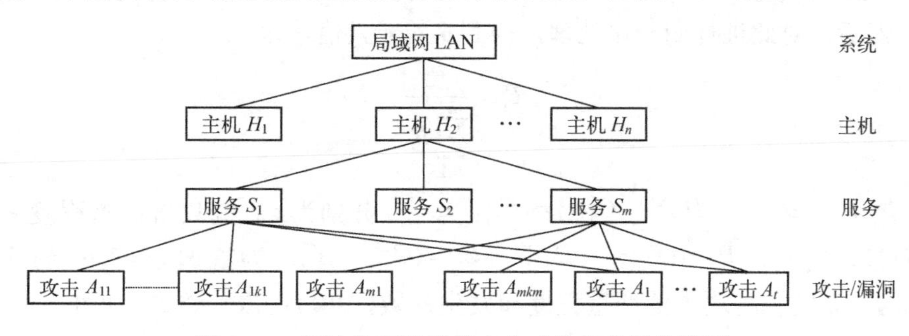

图 9-19　层次化网络系统安全威胁态势评估模型

图 9-19 中，最底层攻击/漏洞层中标识 DoS 攻击的（$A_1, A_2,\cdots, A_t$）威胁系统所有服务的安全，这主要是因为 DoS 攻击利用协议设计上的缺陷，向目标主机连续发送大量数据报，耗尽网络资源，造成服务不可用。该模型从上到下分为网络系统、主机、服务和攻击/漏洞四个层次，采取“自下而上、先局部后整体”的评估策略。以入侵检测传感器的攻击报警和漏洞信息为原始数据，结合网络资源的耗用，在攻击层统计分析攻击严重程度和攻击发生次数两个指标的相应值，以及网络带宽占用率，发现各个主机系统所提供服务存在的威胁情况，在此基础上综合评估网络系统中各主机的安全状况，最后根据网络系统结构，评估整个局域网系统 LAN 的安全威胁态势。

9.9.2 态势指数计算

本节从服务级、主机级和系统级 3 个层次介绍态势指数。

（1）服务级

攻击对服务的安全威胁不仅与威胁强度和攻击严重程度相关，还与服务的正常访问量有密切关系，而且不同时段内服务的正常访问量不同，即同一攻击事件在不同时间段内对服务造成不同的影响。给定统计分析时间长度 T 、分析时间单元窗口 Δt ，定义 t 时

刻服务 S_j 经过归一化处理的威胁指数 $R_{S_j}(t)$ 为

$$R_{S_j}(t)=1-\mathrm{e}^{-k\times R'_{S_j}(t)^2},\quad k>0 \tag{9-20}$$

$$\begin{aligned}R'_{S_j}(t)&=f(\boldsymbol{\theta},\boldsymbol{C}_j(t),\boldsymbol{D}_j(t),\boldsymbol{N}(t),\boldsymbol{D}_D)\\&=\boldsymbol{\theta}\cdot(\boldsymbol{C}_j(t)\cdot 10^{\boldsymbol{D}_j(t)}+100\boldsymbol{N}(t)\cdot 10^{\boldsymbol{D}_D})\end{aligned} \tag{9-21}$$

其中：

1）k 为一个大于 0 的归一化常数。

2）$\boldsymbol{\theta}=(\theta_1,\cdots,\theta_h)$ 为正常访问量向量，h 为把一天划分的时间段数，这里把一天分为三个时间段：$\Delta t_1=\text{Night}(0:00-8:00)$、$\Delta t_2=\text{OfficeHour}\ (8:00-18:00)$、$\Delta t_3=\text{Evening}\ (18:00-24:00)$，即 $h=3$、$\boldsymbol{\theta}=(\theta_1,\theta_2,\theta_3)$。$\boldsymbol{\theta}$ 的元素初值由系统管理员根据被保护网络系统不同时间段的正常平均访问量 $F_i\ (i=1,\cdots,h)$ 进行定量赋值，分别用“1”“2”“3”“4”“5”表示访问量“非常低”“低”“中”“高”“非常高”，其取值越大表示平均访问量越大。然后，对此进行归一化处理，得到 $\boldsymbol{\theta}$ 的元素值，即

$$\theta_i=\frac{F_i}{\sum_{t=1}^{h}F_t} \tag{9-22}$$

3）$\boldsymbol{D}_j(t)=(\boldsymbol{D}_{1j},\cdots,\boldsymbol{D}_{hj})$、$\boldsymbol{C}_j(t)=(\boldsymbol{C}_{1j},\cdots,\boldsymbol{C}_{hj})$ 分别为 t 时刻攻击严重程度和攻击发生次数向量，其元素 $\boldsymbol{D}_{ij}=(D_{ij1},\cdots,D_{iju})$、$\boldsymbol{C}_{ij}=(C_{ij1},\cdots,C_{iju})$ 为第 $\Delta t_i\ (i=1,\cdots,h)$ 个时间段内针对服务 S_j 的各种攻击的严重程度和发生次数，u 为攻击种类数，u 和 $\boldsymbol{C}_{ij}$ 的取值通过统计攻击事件日志数据库得到。

4）为了提高评估的合理度，对不同严重等级的入侵事件的威胁指数的等效性进行了调查，大多安全研究人员普遍认同：100 次严重度为 1 的事件威胁指数、10 次严重度为 2 的事件威胁指数与 1 次严重度为 3 的事件威胁指数是等效的。为此，把 $\boldsymbol{C}_{ij}\cdot\boldsymbol{D}_{ij}$ 修正为 $\boldsymbol{C}_{ij}\cdot 10^{\boldsymbol{D}_{ij}}$，$10^{\boldsymbol{D}_{ij}}$ 运算定义为 $10^{\boldsymbol{D}_{ij}}=(10^{D_{ij1}},\cdots,10^{D_{iju}})$，以突出评价指标值中较小者的作用，即突出攻击的严重程度在威胁指数计算中的比重，避免威胁指数计算结果在一些特殊情况下与实际情况存在偏差。例如，3 次严重程度为 1 的攻击事件对系统造成的实际危害比 1 次严重程度为 3 的攻击事件小，但是使用 $\boldsymbol{C}_{ij}\cdot\boldsymbol{D}_{ij}$ 的威胁指数计算方法有 $(3)\cdot(1)=3=(1)\cdot(3)=3$，这显然与实际情况不符，而采用 $\boldsymbol{C}_{ij}\cdot 10^{\boldsymbol{D}_{ij}}$ 有 $(3)\cdot 10^{(1)}=30<(1)\cdot 10^{(3)}=1000$，与实际情况相符。

5）$\boldsymbol{N}(t)=(N_1,\cdots,N_h)$、$\boldsymbol{D}_D=(D_{D_1},\cdots,D_{D_h})$ 分别为网络带宽占用率和 DoS 攻击的威胁等级向量，其中，元素 N_i、$D_{D_i}\ (i=1,\cdots,h)$ 分别为第 Δt_i 个时间段内网络带宽占用率和 DoS 攻击的威胁等级。$100\boldsymbol{N}(t)$ 的系数 100 是为了把网络带宽占用率转化为整数，进而评估 DoS 攻击的威胁。

6）R_{S_j} 值越大，表示威胁程度越高，应该引起管理员的高度重视。而且，计算 R_{S_j} 的意义在于计算出连续一段时期内的安全威胁值，将这些值进行比较，从而判断服务 S_j 的安全威胁趋势。

以局域网内 FTP 服务为例，介绍服务威胁指数的计算过程。给定 FTP 服务在 2000

年 11 月 4 日和 11 月 5 日遭受的攻击，攻击事件日志数据见表 9-4。

表 9-4　攻击事件日志数据

发生时间	攻击事件	严重程度
11-4 06:10:15	Wuftp260 venglin linux	高
11-4 14:25:59	SYN FIN Scan: 21	中
11-4 20:26:00	FTP - INFO – Anonymous FTP	低
11-4 20:26:25	FTP - INFO – Anonymous FTP	低
11-5 03:05:59	SYN FIN Scan: 21	中
11-5 03:10:15	FTP - INFO - Anonymous FTP	低
11-5 04:18:10	FTP - INFO - Anonymous FTP	低
11-5 16:25:59	FTP - INFO - Anonymous FTP	低
11-5 19:31:02	FTP - INFO - Anonymous FTP	低
11-5 23:15:02	FTP - INFO - Anonymous FTP	低

假定 $\boldsymbol{\theta}=(0.2,0.5,0.3)$，通过统计得到 2000 年 11 月 4 日：$\boldsymbol{C}_{FTP}=((1),(1),(2))$，$\boldsymbol{D}_{FTP}=((3),(2),(1))$，$\boldsymbol{N}=(0,0,0)$，$\boldsymbol{D}_D=(2,2,2)$，2000 年 11 月 5 日 $\boldsymbol{C}_{FTP}=((1,2),(1),(2))$，$\boldsymbol{D}_{FTP}=((2,1),(1),\ (1))$，$\boldsymbol{N}=(0,0,0)$，$\boldsymbol{D}_D=(2,2,2)$，这样 2000 年 11 月 4 日和 5 日 FTP 服务的安全威胁指数分别为

$$R'_{FTP}(11-4)=(0.2,0.5,0.3)\cdot(((1),(1),(2))\cdot 10^{((3),(2),(1))})$$
$$=(0.2,0.5,0.3)\cdot((1)\cdot 10^{(3)},(1)\cdot 10^{(2)},(2)\cdot 10^{(1)})=256$$
$$R'_{FTP}(11-5)=(0.2,0.5,0.3)\cdot(((1,2),(1),(2))\cdot 10^{((2,1),(1),(1))})$$
$$=(0.2,0.5,0.3)\cdot((1,2)\cdot 10^{(2,1)},(1)\cdot 10^{(1)},(2)\cdot 10^{(1)})=35$$

将这两个数值根据式（9-20）作归一化处理，并进行比较，可以得出 FTP 服务在 2000 年 11 月 4 日比在 11 月 5 日的威胁程度高的结论。

（2）主机级

在 t 时刻，主机 H_k 的威胁指数 $R_{H_k}(t)$ 为

$$R_{H_k}(t)=f(\boldsymbol{R}_S(t),\boldsymbol{V})=\boldsymbol{V}\cdot\boldsymbol{R}_S(t) \tag{9-23}$$

其中：

1）$\boldsymbol{R}_S(t)=(R_{S_1},\cdots,R_{S_m})$ 为 t 时刻主机 H_k 的服务安全威胁向量，元素 $R_{S_i}(i=1,\ \cdots,m)$ 为根据式（9-20）计算出的服务 S_i 的安全威胁指数，m 为主机 H_k 开通的服务数。

2）$\boldsymbol{V}=(v_1,\cdots,v_m)$ 为服务在主机开通的所有服务中所占权重向量，其元素取值根据主机 H_k 提供服务的重要性 $IM_i(i=1,\cdots,m)$ 确定，分别用“1”“2”“3”表示服务的重要程度“低”“中”“高”。然后，对重要性 IM_i 进行归一化处理，得到向量 $\boldsymbol{V}$ 的元素值，即

$$v_i=\frac{IM_i}{\sum_{t=1}^{m}IM_t} \tag{9-24}$$

3）威胁指数 R_{H_k} 取值越大，表示主机 H_k 的威胁程度越高，其意义还在于计算连

续一段时期内 R_{H_k} 的值，并进行比较，从而判断主机 H_k 在这一段时期内的安全威胁趋势。

（3）系统级

在 t 时刻，网络系统 LAN 的威胁指数 $R_L(t)$ 为

$$R_L(t) = f(\boldsymbol{R}_H(t), \boldsymbol{W}) = \boldsymbol{W} \cdot \boldsymbol{R}_H(t) \tag{9-25}$$

其中：

1）$\boldsymbol{R}_H(t) = (R_{H_1}, \cdots, R_{H_n})$ 为 t 时刻网络系统内主机的安全威胁向量，元素 $R_{H_l}(l=1, \cdots, n)$ 为根据式（9-23）计算出的主机 H_l 的威胁指数，n 为网络系统内的主机数。

2）$\boldsymbol{W} = (w_1, \cdots, w_n)$ 为主机在被评估局域网 LAN 中所占重要性的权重向量，其元素取值根据各主机在局域网中的地位 $ST_i(i=1, \cdots, n)$ 确定。

3）网络系统威胁指数 R_L 取值越大，表示危险程度越高，其含义也在于计算连续一段时期内 R_L 的值，并进行比较，进而判断这段时期网络系统的安全威胁趋势。

9.9.3 评估模型参数的确定

在服务、主机和网络系统三个层次的威胁指数计算中，需确定归一化常数、攻击的威胁严重程度、网络带宽占用率、服务重要性权重和主机重要性权重 5 个参数。下面分别加以详细介绍。

（1）归一化常数

在服务重要性归一化公式中，归一化常数 k 是一个大于 0 的常数，其取值依赖于设定的威胁阈值及对应的系统威胁情况，其确定过程为：根据经验，当系统发生了权限提升攻击时，说明系统受到严重威胁，应该引起管理员的高度重视，即将严重程度为 3 的事件发生时刻作为设定的警戒点。设定威胁阈值 $T_T = 0.7$，正常访问量取平均值，即 $\theta = \frac{1}{3}$，其对应的威胁指数 $R_{S_j}(t) = (1\times10^3)\times\frac{1}{3} = 333.33$，同时有 $0.7 = 1 - \mathrm{e}^{-k\times333.33^2}$，由此可确定归一化常数 $k = 1.08\times10^{-5}$。

（2）攻击的威胁严重程度

攻击的威胁严重程度既与攻击可能带来的后果有关，还与攻击的有效性相关。IDS 报警日志中包含一些不相关的无效攻击尝试，这些信息只表示黑客存在攻击企图。因此，需要提高评估结果的合理性，避免在发生大量无效的攻击尝试但成功攻击次数很少的情况下，安全威胁态势图存在一定误导的问题。在《Snort 用户手册》提供的攻击优先级划分基础上，关联漏洞评估数据和 IDS 报警信息，可以降低无效攻击的威胁度。该方法中，无效攻击对应的威胁指数是一个较小的值，这用来提示管理员存在威胁，但威胁性很小，其算法如下。

首先，根据《Snort 用户手册》攻击分类与优先级划分来确定每一个攻击的严重程度。Snort 根据攻击类别把严重程度划分为高、中、低三个等级，分别用 3、2、1 进行表示。从《Snort 用户手册》摘录的部分攻击类别及其对应的严重程度见表 9-5。

表 9-5　攻击类别与严重程度

攻击类别	攻击描述	严重程度	攻击类别	攻击描述	严重程度
Attempted-admin	企图获得管理员权限	高	Attempted-user	企图获得用户权限	高
Shellcode-detect	检测到可执行代码	高	Trojan-activity	检测到网络木马	高
Successful-admin	成功获取管理员权限	高	Successful-user	成功获取用户权限	高
Attempted-dos	企图引起拒绝服务	中	Misc-attack	混杂攻击	中
Attempted-recon	企图引起信息泄露	中	Suspicious-login	可疑用户登录	中
Network-scan	检测到网络扫描	低	Unknown	未知流量	低
String-detect	检测到可疑字符串	低	Icmp-event	一般的 ICMP 事件	低

其次，对无效尝试攻击的威胁度进行降级处理，即把攻击事件 A 依赖的特定条件 T 与目标系统漏洞信息集 I 不符的事件的威胁级别降为低，比如攻击事件为针对 Linux 系统的 WU-FTP 攻击，目标为 Windows 系统，由此看出该系统不存在攻击利用的脆弱性条件，则进行降级处理。表达为

$$[A,(A_{DIP}=IP_l\in K)\wedge(A_{DP}\in Z_l)\wedge(T\notin I)]\Rightarrow A_{\text{Priority}}=\text{low} \tag{9-26}$$

其中，$K=\{IP_1,\cdots,IP_d\}$ 为系统的合法地址集，d 为主机数，$Z_l=\{Port_1,\cdots,Port_b\}$ 为主机 IP_l 开放的端口集合，b 为主机 IP_l 开放的端口数，$I=\{V_1,\cdots,V_g\}$ 为系统漏洞信息，g 为系统漏洞数，A_{DIP}、A_{DP} 分别指报警 A 的目的 IP 地址和目的端口。

（3）网络带宽占用率

基于攻击次数的威胁分析，难以客观反映 DoS 攻击时的状态。结合常见 DoS 攻击的原理：消耗网络带宽致使拒绝服务，提出使用网络带宽占用率指标，度量 DoS 攻击发生时的威胁。网络带宽占用率定义为

$$N_{ij}=\begin{cases}\max\left(\dfrac{NB'(\delta_1)}{NB_{\max}},\cdots,\dfrac{NB'(\delta_v)}{NB_{\max}}\right) & \exists\dfrac{NB'(\delta_q)}{NB_{\max}}\geqslant N_t,\ q=1,\cdots,v\\ 0 & \forall\dfrac{NB'(\delta_q)}{NB_{\max}}<N_t,\ q=1,\cdots,v\end{cases} \tag{9-27}$$

其中，$v=\dfrac{\Delta t_h}{10}$，即每隔10s统计一次网络带宽耗用情况，NB'、$NB_{\max}$ 分别为当前网络带宽占用和最大可用网络带宽，δ 为划分的时间段 N_t 为网络带宽占用率阈值，即可接受运行模式下最大的网络带宽占用率，需结合实验统计分析和专家经验确定。这里，确定 N_t 为 0.7，当 $N_{ij}\geqslant 0.7$ 时，使用网络带宽占用率度量其威胁，不统计 DoS 攻击引发的报警。

（4）服务重要性权重

服务重要性的确定是一种动态、多变量、人为因素起主要作用的评估，服务的不确定因素多、逻辑关系复杂，而且这些因素是动态变化的，难以建立服务重要性评估模型。结合客观统计信息和主观经验知识：主流服务的用户数目越多，访问频率越高，服务的重要性越高，制定的服务重要性判断原则见表 9-6。服务重要性的判断取决于主流

服务、用户数目和访问频率三个因素，其中主流服务为布尔变量，取值为 1 表示为主流服务，反之为非主流服务；用户数目划分为三个区间：$[0,20)$ 、$[20,50)$ 和 $[50,\infty)$ ；访问频率以次/天为计数单位，划分为三个区间：$[0,50)$ 、$[50,100)$ 和 $[100,\infty)$ 。以表 9-6 中编号为 1 的原则为例进行解释，如果服务是主流服务、用户数目小于 20 且访问频率小于 50 次/天，根据此原则，确定该服务为中等重要程度的服务。

表 9-6 服务重要性判断原则

编号	主流服务	用户数目	访问频率(次/天)	服务重要性	编号	主流服务	用户数目	访问频率(次/天)	服务重要性
1	1	[0, 20)	[0, 50)	中	10	0	[0, 20)	[0, 50)	低
2	1	[20, 50)	[50, 100)	中	11	0	[20, 50)	[50, 100)	中
3	1	[50, ∞)	[100, ∞)	高	12	0	[50, ∞)	[100, ∞)	中
4	1	[0, 20)	[50, 100)	中	13	0	[0, 20)	[50, 100)	低
5	1	[0, 20)	[100, ∞)	中	14	0	[0, 20)	[100, ∞)	中
6	1	[20, 50)	[0, 50)	中	15	0	[20, 50)	[0, 50)	低
7	1	[20, 50)	[100, ∞)	高	16	0	[20, 50)	[100, ∞)	中
8	1	[50, ∞)	[0, 50)	中	17	0	[50, ∞)	[0, 50)	中
9	1	[50, ∞)	[50, 100)	高	18	0	[50, ∞)	[50, 100)	中

（5）主机重要性权重

主机重要性取决于服务器类型、服务器中数据的重要性等许多因素，是一个动态、多变量、人为因素起主要作用的评估，没有通用的用于评估主机重要性的准则。基于主机中各个服务的重要性信息——各个重要级别的服务数，并根据直观经验知识，即重要程度高的服务数目越多，主机在局域网中的地位越高，定义主机在局域网中的地位为

$$ST_i = k_h N_h + k_m N_m + k_l N_l \tag{9-28}$$

其中，N_h 、N_m 和 N_l 分别为主机 H_i 上高、中、低三个重要程度的服务数目，k_h 、k_m 和 k_l 分别为高、中、低三个重要程度对应的量化分值，其取值基于表 9-6 提供的重要性判断原则信息，规则如下。

1）定义服务 S_j 的主流性 ms 、用户数目 un 、访问频率 af 对应的量化值分别为

$$V_{ms} = \begin{cases} 0 & ms = 0 \\ 10 & ms = 1 \end{cases},\quad V_{un} = \begin{cases} 4 & un \in [0,20) \\ 8 & un \in [20,50) \\ 12 & un \in [50,\infty) \end{cases},\quad V_{af} = \begin{cases} 4 & af \in [0,50) \\ 8 & af \in [50,100) \\ 12 & af \in [100,\infty) \end{cases}$$

2）在服务重要性判断中，基于专家经验知识，服务的主流性所占比重最大，用户访问频率和用户数目占有同等的比重，定义服务重要性的量化值为

$$IV = \frac{1}{2}V_{ms} + \frac{1}{4}V_{un} + \frac{1}{4}V_{af} \tag{9-29}$$

3）根据表 9-6 中的规则，结合式（9-29），可确定高、中、低三个重要程度的服务对应的量化值区间 $[IV_{h_a}, IV_{h_b}]$、$[IV_{m_a}, IV_{m_b}]$、$[IV_{l_a}, IV_{l_b}]$，由此得到

$$k_h = \frac{IV_{h_a} + IV_{h_b}}{2} \tag{9-30}$$

$$k_m = \frac{IV_{m_a} + IV_{m_b}}{2} \tag{9-31}$$

$$k_l = \frac{IV_{l_a} + IV_{l_b}}{2} \tag{9-32}$$

然后，对主机重要性 ST_i 进行归一化处理，得到向量 $\boldsymbol{W}$ 的元素值，即主机重要性权重

$$w_i = \frac{ST_i}{\sum_{t=1}^{n} ST_t} \tag{9-33}$$

9.9.4 实验测试分析

面向服务、主机和网络系统三个层次的量化评估指标体系，是一种探索性的研究，其正确性或准确性很难在理论上得到证明，只能通过实验验证。在图 9-20 所示的拓扑实验环境，以 2004 年 11 月的数据（包含扫描、rpc.statd 和 FTP 缓冲区溢出攻击）为例进行安全威胁态势评估，分析这一个月内系统、主机及其上运行服务的安全威胁状态演化。验证提出的 192.168.4.0 局域网系统层次化安全威胁态势评估模型的有效性，以便实现“分析过去、预测未来”，发现黑客的行为模式特征，挖掘安全威胁趋势和规律。

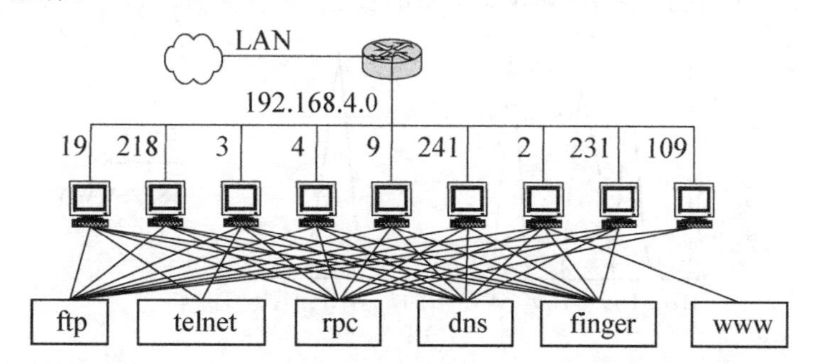

图 9-20　192.168.4.0 局域网系统层次化安全威胁态势评估模型

（1）误导抑制率概念

为衡量降级无效攻击的威胁度方法在提高安全威胁态势图指导意义方面的有效性，首先定义误导抑制率（Decreased Misleading Rate， DMR ）：

$$DMR = \frac{R_S{}^b - R_S{}^a}{Rs^b} \times 100\% \tag{9-34}$$

其中， $DMR \in [0,1)$, R_S^b、 R_S^a 分别为对无效攻击的威胁度降级前、后的服务威胁指数。误导抑制率 DMR 越大，对系统危害大的攻击便可以在态势图中得以明显体现，安全威

胁态势图的指导意义也越大。

（2）评估参数确定

设定分析时间长度T为 30 天，统计分析单元Δt为 1 天，对 Night、OfficeHour、Evening 三个时间段的F_i赋以 1、3、2 分别表示访问量非常低、中、低，归一化处理的时间权值向量$\boldsymbol{\theta}=(0.167, 0.5, 0.333)$。192.168.4.0 局域网内主机、服务及其重要性见表 9-7

表 9-7　192.168.4.0 局域网内主机、服务及其重要性

IP	运行服务	服务重要性	服务权重	主机重要性	主机权重
19	{FTP,Telnet,RPC,DNS,Finger}	{3,1,3,3,2}	(0.25,0.083,0.25,0.25,0.167)	40.5	0.122
218	{FTP,RPC,DNS,Finger}	{3,3,3,2}	(0.273,0.273,0.273,0.181)	38	0.114
3	{FTP,Telnet,RPC,DNS,Finger}	{3,1,3,3,2}	(0.25,0.083,0.25,0.25,0.167)	40.5	0.122
4	{FTP,RPC,DNS,Finger}	{3,3,3,2}	(0.273,0.273,0.273,0.181)	38	0.114
9	{FTP,RPC,DNS,Finger}	{3,3,3,2}	(0.273,0.273,0.273,0.181)	38	0.114
241	{FTP,RPC,DNS,Finger}	{3,3,3,2}	(0.273,0.273,0.273,0.181)	38	0.114
2	{FTP,RPC,DNS,Finger,WWW}	{3,3,3,2,1}	(0.25,0.25,0.25,0.167,0.083)	40.5	0.122
231	{FTP,RPC,DNS,Finger}	{3,3,3,2}	(0.273,0.273,0.273,0.181)	38	0.114
109	{FTP,RPC}	{3,3}	(0.5,0.5)	21	0.063

（3）实验结果

利用 9.9.2 节中介绍的网络系统安全威胁评估计算方法，对图 9-20 所示的层次化安全威胁态势评估模型进行分析，得到实验结果如下。

1）服务级安全威胁态势（以 IP2 主机 WWW、RPC、FTP 服务为例）。

图 9-21 为 IP2 主机的 RPC 和 WWW 服务的安全威胁态势图，给管理员提供以下信息。

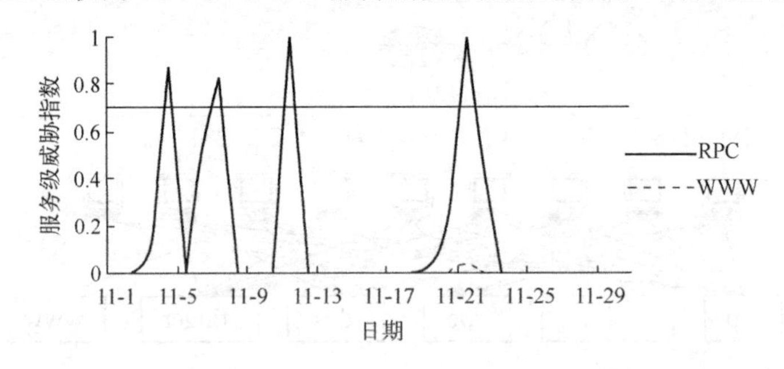

图 9-21　IP2 主机的 RPC 和 WWW 服务的安全威胁态势图

① 系统开通的 RPC 服务受到比较频繁的攻击，说明 RPC 服务可能存在较多或较易攻破的漏洞，值得管理员检查这个服务的设置情况。

② 2004 年 11 月 3 日～4 日、11 月 6 日～7 日、11 月 10 日～13 日和 11 月 19 日～22 日是攻击比较密集的时间段，这些时间段基本都是周末前后。这一方面说明周末相对于平时来说，更容易遭受黑客的攻击，需要更加小心防范；另一方面说明发动这些攻击的黑客可能不是全职黑客，在周末不上班时发动攻击，便于缩小黑客范围。

分析报警数据，发现数据中包含一些不相关的无效攻击尝试，这与黑客组织的技术水平有关。为了降低无效攻击对威胁态势图的误导，可以利用系统配置信息进行威胁度降级处理。下面以 FTP 服务的威胁态势评估为例，说明降级处理法在提高威胁态势图指导意义中的作用。

实验数据中，11 月 3 号将 47 次针对 FTP 服务的 serv-u directory traversal 攻击的威胁等级进行了降级处理，从原始的中等级别降为低，这主要是因为其针对 Windows 系统中的 Serv-U 软件开发实现方面的缓冲区溢出漏洞，而攻击目标主机为 Linux 系统。此时，降级前、后的威胁指数以及误导抑制率分别为

$$R'_{FTP(b)}=(0.167,0.5,0.333)\cdot(0,(4,50,0)\cdot 10^{(1,2,3)},0)=2520$$

$$R'_{FTP(a)}=(0.167,0.5,0.333)\cdot(0,(51,3,0)\cdot 10^{(1,2,3)},0)=405$$

$$R_{FTP(b)}=1-\mathrm{e}^{-0.0000108\times 2520^2}=1\text{，}\quad R_{FTP(a)}=1-\mathrm{e}^{-0.0000108\times 405^2}=0.8299$$

$$DMR=\frac{1-0.8299}{1}\times 100\%=17.01\%$$

在 11 月 12 号、11 月 20 号分别发起一次成功的 WU-FTP 缓冲区溢出攻击，统计引发的报警信息，得出威胁指数为

$$R'_{FTP(s)}=(0.167,0.5,0.333)\cdot(0,(0,77,1)\cdot 10^{(1,2,3)},0)=4350\text{，}$$

$$R_{FTP(s)}=1-\mathrm{e}^{-0.0000108\times 4350^2}=1$$

IP2 主机 FTP 服务降级前后的安全威胁态势图如图 9-22 所示。

比较 $R_{FTP(b)}$、$R_{FTP(a)}$ 和 $R_{FTP(s)}$，可以看出对系统危害大的攻击在态势图中得以明显体现，威胁态势图具有很强的指导意义。

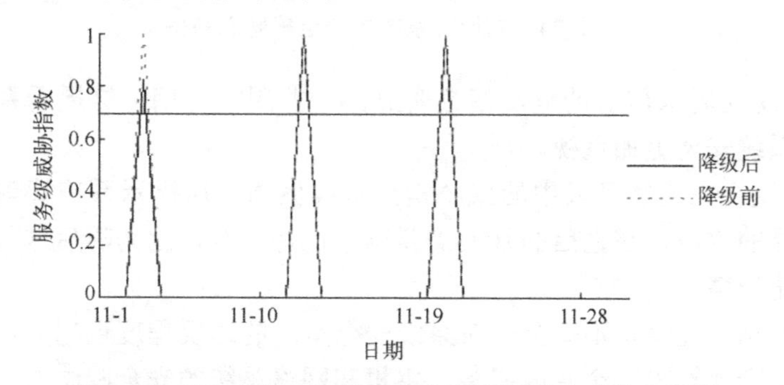

图 9-22　IP2 主机 FTP 服务降级前后的安全威胁态势图

2）主机级安全威胁态势（以主机 IP4、IP2 为例）。

分析如图 9-23 所示的 IP2、IP4 主机的安全威胁态势图，可以为管理员提供以下信息。

① 在周末前后主机容易受到攻击，因此周末前后时间段中，网络系统中主机的安全应该更加重视。

② 对于某一台主机而言，通常它在前后 2～3 天中持续危险程度比较高。因此，对于系统管理员而言，当某天发现某一台主机遭受了攻击，在随后几天内仍应该对该主机保持

高度重视，黑客可能还会对它进行攻击，或者利用它作为跳板来对其他主机进行攻击。

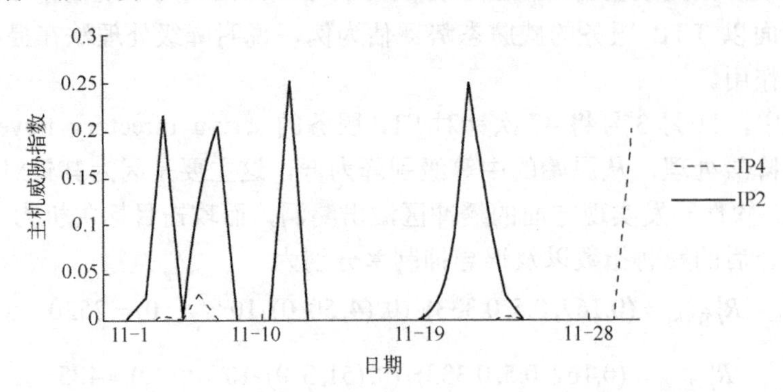

图 9-23　IP4、IP2 主机的安全威胁态势图

3）系统级安全威胁态势。

图 9-24 所示的局域网系统的安全威胁态势图，可以给管理员提供以下信息。

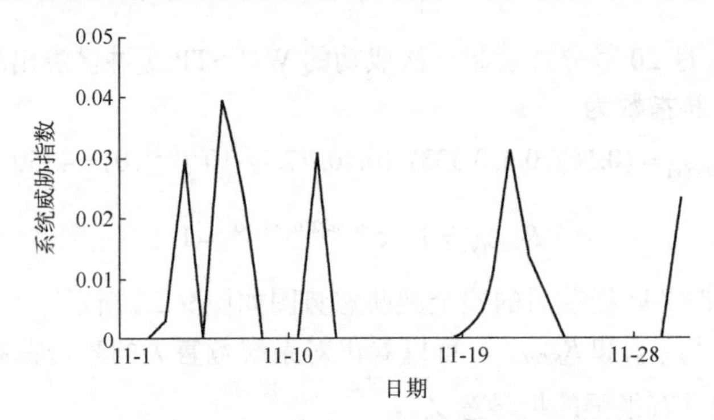

图 9-24　局域网系统的安全威胁态势图

① 网络系统在周末前后的危险指数明显高于非周末时期，这提示系统管理员必须对周末时期的系统安全更加重视。

② 通常系统会在连续几天中的威胁指数持续偏高。这提示系统管理员一旦发现系统受到比较明显的攻击，在之后的几天需要继续保持注意，因为随后这几天系统遭受攻击的可能性仍比较高。

威胁指数值越大说明越不安全，对系统安全策略的违反程度也越大，从安全威胁态势曲线中可以清晰地看出一个月内服务、主机和网络系统的安全威胁态势，以及系统的安全威胁演化规律。通过实验测试可以得到以下结论。

① 提出的层次化安全威胁态势评估模型具有合理性，各个级别的安全威胁指数与系统所受攻击的严重性、攻击强度和攻击目标的重要性紧密相关，是一个整体性的综合评价值。

② 数据分析表明，该系统可以提供宏观的安全威胁态势图，且从长时期的安全威胁态势曲线中可以发现安全威胁规律，确定黑客范围（全职黑客、业余黑客），以便更好地进行安全防范。

③ 关联漏洞评估数据对无效尝试攻击的威胁度进行降级处理的方法，提高了威胁态势图的指导意义。而且，无效攻击尝试的次数越多、威胁度越大，降级前后的威胁指数相差越大，安全威胁态势图的误导抑制率也越大。

9.10 安全态势预警理论与方法

本节主要介绍基于统计的入侵行为预警、基于规划识别的入侵目的预测、基于目标树的入侵意图预测、基于自适应灰色 Verhulst 模型的网络安全态势预测，以及其他预警方法。

9.10.1 基于统计的入侵行为预警

HoneyNet 组织采用统计过程控制法（Statistical Process Control，SPC），统计黑客过去的行为，预测将来时间段内可能发生的入侵行为，具体方法如下。

1）统计每一事件每天发生的次数 *count*。

2）计算每一事件的三天滑动平均值（Three Day Moving Average，3DMA），并把相应的 *count* 和 *3DMA* 值标注在控制图上。定义事件 i 的第 t 天的发生次数为 $count_i(t)$，其 *3DMA* 计算公式为

$$3DMA_i = \frac{count_i(t) + count_i(t+1) + count_i(t+2)}{3} \tag{9-35}$$

3）计算 *2_sigma* 控制限值，即每一事件每天发生次数平均值 *m_count* 的标准差乘 2。定义分析事件的天数为 n，则事件 i 的 *2_sigma* 控制限值的计算公式为

$$m\_count_i = \frac{count_i(1) + \cdots + count_i(n)}{n} \tag{9-36}$$

$$2\_sigma_i = 2 \times \sqrt{\frac{1}{n}[(count_i(1) - m\_count_i)^2 + \cdots + (count_i(n) - m\_count_i)^2]} \tag{9-37}$$

4）当某时刻 *3DMA* 值超出控制限时或者 *3DMA* 值连续 3 天以上增加时，发出预警通知。

HoneyNet 组织在 2000 年 4 月～2001 年 2 月布置了具有 8 个 IP 的蜜网，收集了 11 个月的报警，以测试早期的预警理论，图 9-25 为其数据统计分析结果。

图 9-25 中横轴表示天数，纵轴表示 *3DMA* 值。可以看出，从第 61 天到第 68 天 3DMA 超出控制限值，发出预警通告。事实上，在第 68 天产生使用 rpc.statd 的企图访问，在第 153 天、170 天观察到 111 端口的异常活动，在 177 天 rpc.statd 缓冲区溢出攻击成功发生。

其采用的方法是基于统计学原理进行网络事件预警，即使用一个长度为三天的滑动时间窗来获取事件的统计规律，并预测未来一天的安全事件的发生情况。但是这种方法只能够对单一类型的网络安全事件进行预测，无法预测网络的未来态势，并且预测信息

极为模糊，无法减轻网络管理者进行决策的数据压力。

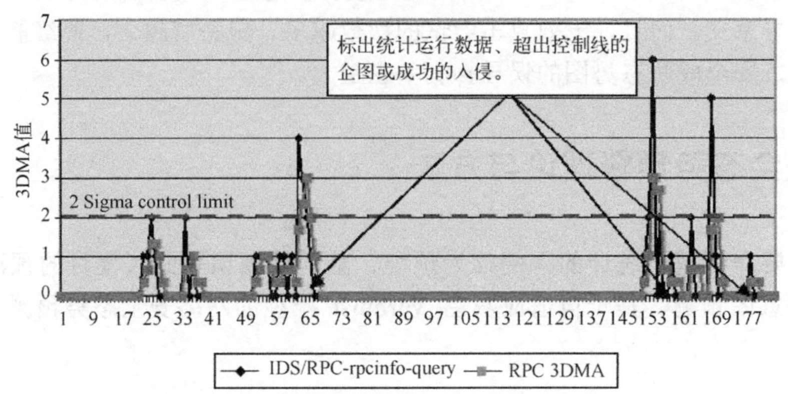

图 9-25　HoneyNet 组织 2000.4～2001.2 数据统计分析结果

9.10.2　基于规划识别的入侵目的预测

在网络安全领域，观察到的黑客行动相同，但由于入侵目的不同往往会采取不同的响应措施。由此可见，预测黑客入侵的目的对于预测黑客的下一步行动及实现适当的响应措施至关重要。例如，IDS 报告 SYN Flood 攻击，发动该攻击的黑客可能会有以下两种目的：拒绝访问目标机；IP Spoof 攻击的一部分，抑制目标机，获取对另一个机器的访问。

针对第 1 个目的，黑客会继续发动 SYN 数据报来淹没目标机，可采取修改防火墙策略的方法，拒绝来自攻击机的数据报或限制连接数。针对第 2 个目的，可以看到来自被淹没主机的数据报，可修改防火墙策略，阻止对所有信任的被淹没主机的外部连接。

1．规划识别理论

从提出规划识别到现在经过了 40 多年的发展历程，目前，规划识别已经成为人工智能中比较热门的研究方向之一。规划识别问题指从观察到的某一智能体的动作或动作效果出发，推导出该智能体目标（规划）的过程，是一种根据观察数据识别和推断被观察对象（智能体）目的或意图的理论，即根据观察到的片断、琐碎的现象推导出具有合理的因果联系、完整而全面的规划描述的过程。早期的规划识别基于规则推理，研究者试图与推理规则保持一致，以此来掌握规划识别的特性，而如今很多推理技术都在规划识别中有所应用。

1978 年，Schmidt、Sridharan 和 Goodson 第一次将规划识别作为一个研究问题而提出，他们把心理学实验与 Cohen 等人的提供人类行动证据的实验相结合，用于推理其他智能体的规划及目标。1985 年，Charniak 和 McDemott 提出进行规划识别的最好方式是溯因，他认为这样才能推导出最合理的目标解释。1986 年，Kautz 和 Allen 第一次形式化了规划识别理论，这是规划识别研究的一个里程碑。1990 年，Vilain 以 Kautz 的理论为基础，提出了一种基于语法分析的规划识别理论。同年，Carberry 将 Dempster-

Shafer 理论应用到规划识别中，通过多个证据来计算假设规划的联合支持度。1991 年，Charniak 和 Goldman 构建了规划识别的第一个概率模型，并将贝叶斯网络应用到规划识别中，这使得规划识别方法向更广泛的应用又迈进了一步。1999 年，Goldman 等人又提出了基于规划执行的规划识别方法，该方法从一个新的角度出发来解决规划识别的问题。之后的几年里，Goldman 等人不断地改进这种方法，并将其应用到了多个领域，特别是敌对环境下的规划识别。

根据智能体在规划识别中的作用，规划识别可以分为 3 类。

1）洞孔式规划识别（Keyhole Plan Recognition）：智能体不关心或者不知道识别器在观察它的动作，在识别器识别的过程中，智能体不会为识别器提供帮助，也不会刻意阻碍识别器对它进行识别。

2）协作式规划识别（Intended Plan Recognition）：智能体积极配合识别器的识别，智能体所做的动作有意让识别器理解。

3）对手式规划识别（Adversarial Plan Recognition）：智能体所做的动作对识别方造成了威胁，破坏了识别方的正常规划，而且智能体还会阻止或干扰识别器对它的识别。

其中，洞孔式规划识别有两个特点：一是被观察对象不知道自己的行为正在被观察和被推理；二是观察数据不完整。这 3 种规划识别都有其自身的特点，因此它们的应用领域也不尽相同。洞孔式规划识别较为常用，主要应用在生产监控、智能用户接口等领域；协作式规划识别，主要应用在机器人足球、故事理解等领域；对手式规划识别，则应用在入侵检测、军事指挥等敌对环境下。

就规划识别方法而言，规划识别可分为基于一致的规划识别和基于概率的规划识别。“一致”主要指与推理规则保持一致，而加入概率推理的即为基于概率的规划识别。较为流行的规划识别方法有：基于事件层的规划识别、基于限定理论的规划识别、基于规划知识图的规划识别、基于语法分析的规划识别、基于规划执行的规划识别、基于目标图分析的目标识别、基于动态贝叶斯网络的规划识别、基于决策理论方法的规划识别、基于动态概率关系模型的规划识别、基于变形空间的规划识别、基于回归图的规划识别、基于隐马尔可夫模型的规划识别、基于抽象策略的规划识别、基于因果网络的攻击规划识别、基于 Dempster-Shafer 证据理论的规划识别、基于溯因理论的规划识别、基于案例的规划识别、基于语料库及统计方法的规划识别等。

规划识别在很多领域中都有所应用。早期广泛应用在自然语言理解、智能用户接口及用户模型等方面，目前其应用已扩展到网络安全、入侵检测、战术规划识别及工业控制等领域。目前有许多著名的学者都专注于该领域，如美国华盛顿大学的 Kautz、霍尼韦尔科技中心（Honeywell Technology Center）的 Geib 和 Goldman、南加利福尼亚大学的 Pynadath、密歇根大学的 Wellman 等。另外，很多推理技术在规划识别中也都有所应用，如马尔可夫模型、动态贝叶斯网络、决策理论等。因此，随着研究的不断深入，规划识别方法解决问题的能力会越来越强，其自身也会越来越完善。

2．Honeywell 实验室入侵检测规划识别理论

在敌对式的网络安全领域，攻击者会试图消除或者干预对其入侵行动的识别，所以有一些未观察到的智能体行动需要根据系统状态变化来推断。而传统的规划识别技术通常应用在非敌对的情况下。2001 年，Honeywell 实验室的 Geib 和 Goldman 将规划识别应用到入侵检测领域，提出对手式规划识别，很好地处理了偏序规划（黑客的规划步骤顺序比较灵活，如 IP-Sweeping 和 Port Scan 可至少以两种顺序交织在一起：先收集大量的 IP 地址，接着对每个 IP 地址进行端口扫描；或者依次扫描每个 IP 地址的端口）、多个并存的目标、动作的多个影响、观察失败、实际世界状态对采用规划的影响和多个可能假设的考虑，从行动影响推断未观察到的行为，从被观察对象的行为序列推理被观察者的目的。该方法采用了 Geib 等人之前的基于规划执行的规划识别方法，没有设置太多的限制性假设，因此，能够处理较广泛的规划识别问题。该方法着重处理了与以往识别环境不同的敌对环境下的规划识别问题，包括从已观察到的动作或状态改变中推理出未观察到的动作，这些能力的增加也极大地扩展了规划识别的应用领域。该方法可以从同一观察数据流中区分出多个智能体的攻击目标及规划。

（1）基于规划执行的规划识别模型

基于规划执行的规划识别模型以规划执行为核心，并加入了概率推理，用概率的方法替代了最小动作集合的方法，使识别结果更合理，提高了规划识别的准确性。这一模型采用与或树作为规划库，相对于 Kautz 规划识别的事件层而言，更易于应用到计算机上。该模型可以处理规划识别中遇到的多方面的问题，如考虑世界状态的影响、利用否定证据、识别中采用干预理论、对偏序规划的识别、处理重载动作及由自身原因触发的动作，并能识别交错规划。Goldman 等人认为规划的执行是动态的，智能体可以选择执行任何已被激活的动作。因此，每一时刻智能体都会有一个装载着被激活动作的待定集，智能体可以从当前待定集中选取任一动作来执行。随着事件的进行，智能体会反复执行一个动作，即从当前待定集中选取动作执行，并生成新的待定集，再从新生成的待定集中选取动作执行，同时又生成新的待定集，如此反复，如图 9-26 所示。

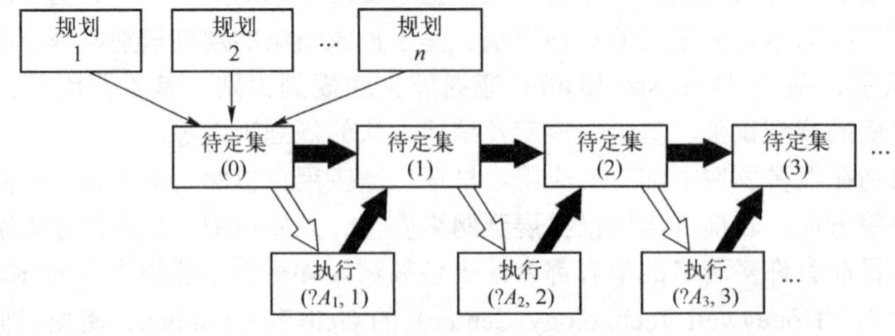

图 9-26　动作待定集的产生过程

不同的选取方式会产生不同的动作选择序列，一个解释对应一个待定集的动作选择序列，即一个解释记录了每一时刻从待定集中选择的动作及这些动作执行的先后顺序。由于待定集中待选动作的选取方式不唯一，在识别过程中会生成很多种解释，每种解释本质上是一种对智能体所执行规划的猜想。Goldman 等人在他们的模型中加入了概率推理，这使得每种解释都具有一定的概率。给出适当的阈值，即可得到满足条件的解释，由此可以判断智能体所执行的规划。这种方法从一个新的角度出发，构建了基于规划执行的规划识别，加入概率推理使其结果更合理、更准确。不仅如此，Goldman 等人还在该模型中加入了 Pearl 在 1994 年提出的干预理论，使得其智能辅助作用更强，效果更好。该模型可以很好地处理交错规划生成的动作序列、偏序规划，还可以利用背景进行推理。在解释生成过程中，不能排除空间按指数级增长的情况。Goldman 等人认为该模型不能与周围环境交互，并且没有考虑到世界状态的改变。Goldman 和 Geib 等人对该方法进行了更深入的研究，对敌对智能体和部分可观察规划进行了识别，并将该方法应用到入侵检测领域。

（2）层次规划库

规划库采用常见的层次化结构，其用有向弧表示攻击步骤的先后顺序，虚线表示行动的影响。图 9-27 为一个简化的计算机网络入侵层次规划库。

图 9-27 中，黑客目标为从计算机窃取信息（theft）的规划库，分成 5 个步骤：扫描系统以确定漏洞（recon）、利用系统弱点获得普通权限（break-in）、提升权限（gain-root）、导出所要的数据（steal）和擦除目标机的痕迹（clean），擦除行动的结果导致日志删除。

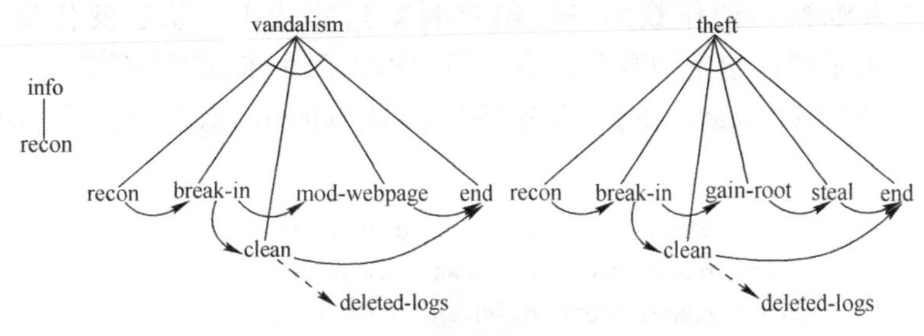

图 9-27 简化的计算机网络入侵层次规划库

（3）从观察到的行动或系统状态变化推断未观察到的行动

对抗式规划识别领域的智能体行为只有部分可观察，若需要在此条件下推断智能体的目的，必须能够从观察到的行动或系统状态变化推断未观察到的行动。例如，观察到行动（gain-root，mod-webpage），因为这两个行动分别是两个规划库的成员，可以断定黑客以非常高的概率从事盗取信息和篡改网页目的的活动，没有单一的根目标能够解释这两个行动。而且，规划库规定 recon 和 break-in 行动必须在 gain-root 或 mod-webpage 之前。因此，这两个未使能的行动（指观察到的行动，且规划库规定在其之前应该发生的行动没有观察到）提供了两个不同规划的证据：（recon，break-in，mod-webpage）和（recon，break-in，gain-root）。

在网络安全的实际情景中，可能阻止观察者发现智能体的动作，但不可能阻止观察动作的影响，如清除痕迹动作可能被隐藏，但可以发现日志文件被删除。状态变化报告为未观察到的动作提供证据，可以推断在状态变化报告之前发生了该动作。例如观察序列（recon，break-in，deleted-logs），删除事件日志的报告暗含未观察到的 clean 动作，而且规划库的顺序约束暗示该动作位于 break-in 和 deleted-logs 之间，即观察序列

(recon，break-in，clean，deleted-logs)。由此可看出，系统状态变化报告提供了更多与观察一致的执行迹信息。

（4）基于执行迹的目的预测

然而，在从观察到的动作推断未观察到的动作中，暗含假设智能体能执行未检测到的任意动作，其实事实并非如此，一些动作会比其他动作更难以隐藏。例如，黑客执行端口扫描且未被观察到的概率远远高于执行拒绝服务攻击。为此，使用观察序列作为智能体动作的执行迹，以产生动作待定集的概率分布。同时，因为对抗式智能体的执行迹面临观察流不完整的问题，即观察流不能表示完整的执行迹，这时可以采用对于每一个观察集，插入假设的未观察到的动作构造可能的执行迹集合的方法。同时，在构造可能的执行迹过程中，规划识别算法 PHA 对这些解释建立了概率分布和可能的目的。而且，为了实现方便，对未观察到的动作数目做了限制，即对执行迹的长度和数目做了限制。考虑长度为未观察到动作数与观察到动作数之和的所有执行迹，同时过滤掉未包含所有观察到的动作和不遵守规划库顺序约束的序列。总之，通过使用与观察到的动作、状态变化和规划图一致的假设的未观察到动作，以扩展观察到的动作序列，处理对抗式智能体，可以实现目的预测。

假如设定未观察到动作数为 3，给定观察到的动作和状态变化集（break-in，deleted-logs)，为了解释给定的观察信息，需要引入两个未观察到的动作：引起 break-in 的动作 recon 和引起 deleted-logs 状态变化的动作 clean，由此产生了下面 9 个可能的执行迹。

<1> （recon，break-in，clean，deleted-logs）
<2> （recon，recon，break-in，clean，deleted-logs）
<3> （recon，recon，break-in，clean，deleted-logs）
<4> （recon，break-in，recon，clean，deleted-logs）
<5> （recon，break-in，clean，deleted-logs，recon）
<6> （recon，break-in，gain-root，clean，deleted-logs）
<7> （recon，break-in，clean，deleted-logs，gain-root）
<8>（recon，break-in，mod-webpage，clean，deleted-logs）
<9>（recon，break-in，clean，deleted-logs，mod-webpage）

其中，第一个执行迹与高层目标 theft 或 vandalism 一致，符合仅执行能够证实观察到动作的未观察动作的智能体行为；第 2、3、4、5 个执行迹中第 2 个未观察到的 recon 动作在序列的不同位置执行，与两个高层目标 theft 或 vandalism 一致，且第 2 个和第 3 个执行迹看起来相同，但具有不同的目的，其目的分别为盗窃和故意破坏；第 6、7 个执行迹与目标 vandalism 一致；最后两个执行迹与目标 theft 一致。这里对 theft 和 vandalism 解释的数目相同，且不考虑环境因素，这些目标发生的概率相等，由此产生了 theft 或 vandalism 与 info 的联合规划，作为可能性比较小的第 3 个规划。

（5）算法评价

在算法实现中，对未观察到动作的数目规定了上限，并认为给定的观察正确无误且排序正确。对于这两个假设，严格来说不必要。未观察到动作数目的上限规定具有缺陷，智能体执行的未观察到动作的数目有时会大于规定的阈值，会造成目标推断的不一致，例如规定阈值为 2，观察到 1 个 break-in 动作，这个动作与已经执行了 steal 的智能体不一致，因为 steal 是 theft 目标规划图的第 4 步，智能体执行了 3 个未观察动作。规划库的顺序约束排除了很多可能性，如 3 个观察序列 recon、break-in 和 gain-root，其按先后顺序发生，因为观察序列不完整，不能断定在 break-in 和 gain-root 之间或者 gain-root 之后有没有发生 clean。在对抗式环境中，需要评估观察报告的有效性，再评估该报告对敌人目标评估的影响。

3. 用于意图预测的规划识别模型

华中科技大学李家春等人观察 AI 领域的规划求解过程，发现攻击过程（以攻击场景形式体现）与其有很多相似之处，可用规划求解过程对攻击过程建模。一个规划识别器推出的规划既能补充一些未观察到而又实际发生的现象，同时还可以预测未来，合理地推出智能体未来可能采取的动作，能够反映网络安全领域的应用情形。他们提出入侵检测的规划识别模型，用于丢失的关键告警的补充以及攻击意图的预测。

（1）方法依据

1）所观察到的攻击者行为均为其完成真正意图的动作，不是误导检测者的、企图掩盖真正行为和目的的“诱骗”动作。显然这样的假设可以简化问题解决过程，但在实际中还是具有一定的局限性。

2）所观察到的攻击行为的执行顺序是正确排列的，且截获时不是乱序的。

3）未观察到的攻击数为有限个，如设定为 2 个。该数目的确定存在一定的主观性，可能会影响实际的识别过程，但这样的限制是必要的，否则可能导致识别过程的无限进行。

用于规划识别的贝叶斯推理网示意图如图 9-28 所示。

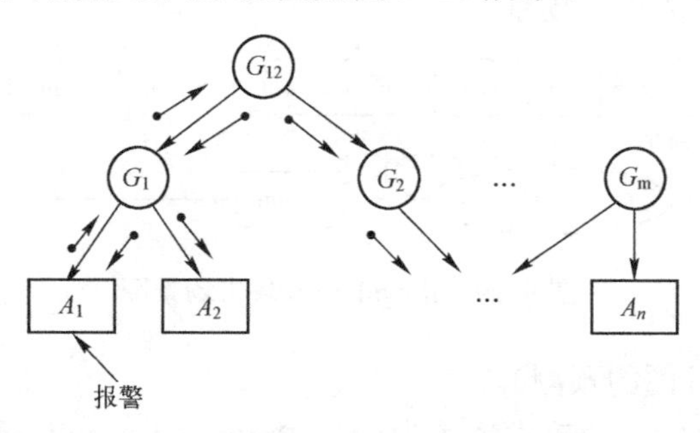

图 9-28　用于规划识别的贝叶斯推理网示意图

图 9-28 中，意图节点 G_1、G_2、…、G_m 用圆形表示，代表攻击者的一种特定攻击意图，即通过报警关联不能确定最终意图时提出的可能假设意图，它们彼此独立且逻辑上是完备的，一些可以合并为更大的语义单位，如 G_1 和 G_2 可以合并为一个更具体的意图 G_{12}。攻击行为节点 A_1、A_2、…、A_n 用方形表示，代表攻击行为集，它们中有的可能存在因果关联，可以用条件概率矩阵来描述，如行为 A_a 有 m 种独立状态，行为 A_b 有 n

种独立状态，则它们之间的条件概率矩阵为 $n×m$ 维的，元素为 $P_{ij}= P(A_{bj}|A_{ai})$（取值范围为[0,1]），表示在攻击行为状态 A_{ai} 出现的情况下 A_{bj} 出现的可能性，即 A_{ai} 对 A_{bj} 的支持程度。

对于因果报警关联失败、无法判断攻击意图的情况，则需要启动规划识别模型工作。

（2）具体流程

步骤 1：根据得到的报警数据给出合适的一个或多个假设（称为虚拟报警），使用当前参数（即 IP 地址或服务）实例化这些虚拟报警，观察它们和后续报警数据的关联性，若关联成功且意图已明确，则直接提供给人机界面显示，并触发相应的阻截行为动作，退出流程。若关联成功，但仍没有得到意图，则转步骤 4。

步骤 2：通过贝叶斯推理算法计算虚拟报警的发生概率，并以此作为先验概率。若虚拟报警的个数≤设定的限制数 N_{um}，则重复步骤 1。

步骤 3：清除所有的虚拟报警。

步骤 4：根据报警数据给出多个合适的假设意图，通过贝叶斯网络概率传播和更新算法，计算更新意图的置信度，如果意图的置信度达到一定的阈值，则认为攻击者的意图就是实现该目标。此时必须将结果提供给人机界面显示并触发相应的动作。

1）实例 1（丢失的关键报警的补充）。

在如图 9-29 所示的攻击场景中，使用 Snort 网络采集器不能检测出 rhost 文件发生改变事件，因而 rhost-modified 报警被丢失，mount 和 rlogin 不可能发生关联。由获得的报警 rlogin，分析报警关联表，可以给出多个可能发生在前面的虚拟报警，如各种缓冲区溢出获得访问权限或 rhost 文件的更改获得访问权限等。显然各种缓冲区溢出不可能与 mount 关联，而 rhost 文件更改是最合适的报警，如果 rhost-modified 和 mount 的 dst IP 参数值相同，则虚拟报警 rhost-modified 被保留，并将对应的报警数据序列关联起来，构建出一条完整的攻击场景。

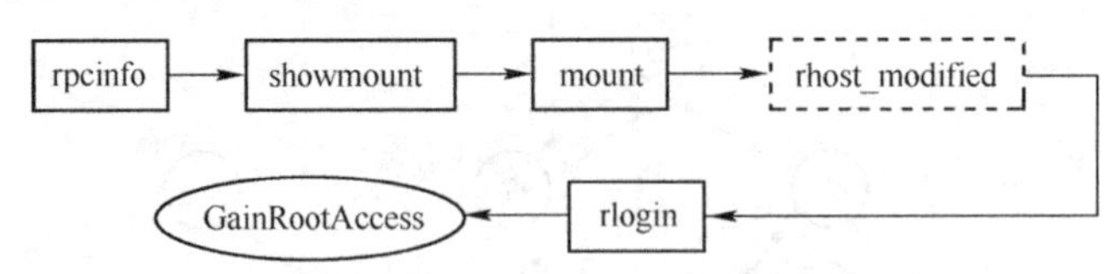

图 9-29 Illegal NFS 攻击场景图

2）实例 2（攻击意图的预测）。

假设已经重构出攻击者的攻击场景为 A_1：Probe→A_2：VulnerableToBOF，但最终意图不详。而根据实际经验及领域知识，它可能的目标有以下三个。

G_1：获得一般用户权限（GainUserAccess）；

G_2：获得 Root 权限（GainRootAccess）；

G_3：进行 DoS 攻击（DoSAttackLaunched）。

建立的贝叶斯网规划推理模型如图 9-30 所示，其中 A_1={Ipsweep，Portscan}，A_2={RootVulnerableToBOF，UserVulnerableToBOF，DoSVulnerableToBOF}。

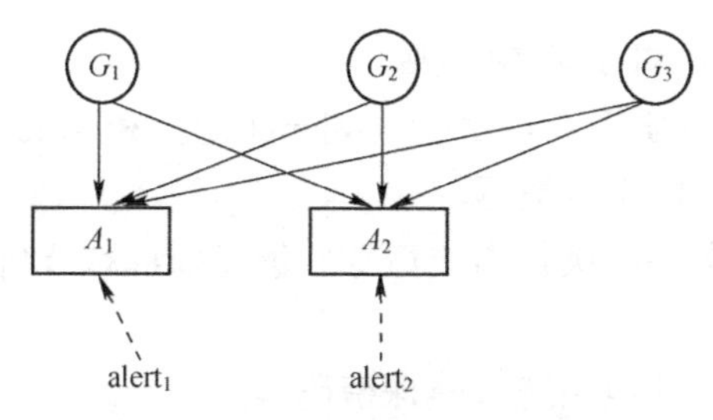

图 9-30　贝叶斯网规划推理模型

假设已给定先验知识（由实际经验统计得到），网络初始化时没有报警数据（证据），故 $\lambda(A_1)$=(1，1)、$\lambda(A_2)$=(1，1，1)。

若目前从分析器得到两个报警数据 $alert_1$ 和 $alert_2$（数据的检测时间在持续时间窗口内）：Portscan(192.168.1.8)和 UDPVulnerableToBOF(192.168.1.8，53)，且 $\lambda(A_1)=\lambda_{alert_1}(A_1)$=(0，1)，$\lambda(A_2)=\lambda_{alert_2}(A_2)$=(0.8，0.1，0.1)。节点 A_1 向 G_1、G_2 和 G_3 传播的消息分别为 $\lambda_{A_1}(G_1)$=(0.5，0.5)，$\lambda_{A_1}(G_2)$=(0.5，0.5)，$\lambda_{A_1}(G_3)$=(0.5，0.5)。节点 A_2 向 G_1、G_2 和 G_3 传播的消息分别为 $\lambda_{A_2}(G_1)$=(0.17，0.1)，$\lambda_{A_2}(G_2)$=(0.8，0.1)，$\lambda_{A_2}(G_3)$=(0.1，0.45)，则 $\lambda(G_1)$=(0.085，0.05)，$\lambda(G_2)$=(0.4，0.05)，$\lambda(G_3)$= (0.05,0.225)。节点 G_1、G_2 和 G_3 的置信度更新为：Bel(G_1)=0.40，Bel(G_2)=0.97，Bel(G_3)=0.0055。

由此可见，报警数据 $alert_1$ 和 $alert_2$ 的到来，使得 G_2 的置信度提高到 0.97。如果设置信度阈值为 0.5，则可以判断攻击目标是获得 Root 权限。这与实际情况是相符合的，因为端口 udp/53 引起的缓冲区溢出攻击一般指的是 DNS BIND 8.2-8.2.2 远程溢出攻击获得 remote shell。因此，得到的攻击场景将为 A_1：Probe→A_2：VulnerableToBOF→G：GainRootAccess。

9.10.3　基于目标树的入侵意图预测

具有一定企图的黑客入侵活动序列不是随机的，其攻击步骤按照一定的顺序出现。同时，攻击工具的选择及应用还取决于网络环境和来自于目标的响应。

图 9-31 为一个典型的 IP spoofing 攻击。

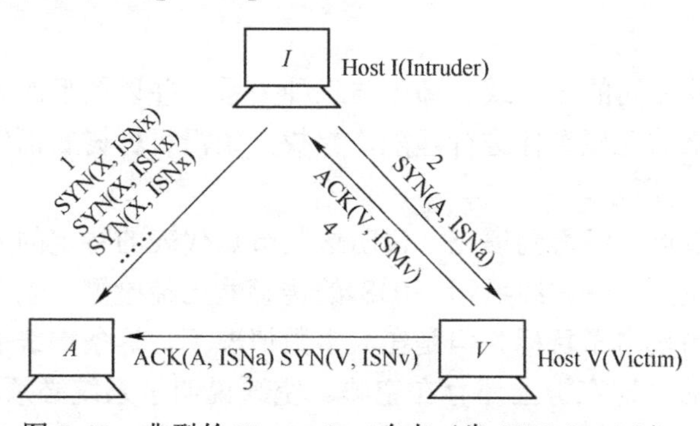

图 9-31　典型的 IP spoofing 攻击（先 SYN flood A）

下面为一个逻辑攻击序列的例子，且每一个序列都可使用不同的工具实现。

1）执行 SYN 洪水攻击以实现 IP 欺骗。

2）执行 IP 欺骗攻击以实现会话劫持、telenet 劫持和 Web 欺骗。

3）执行会话劫持以获取系统数据。

4）获取加密的口令文件，执行离线口令破解（Crack，L0phCrack）。

5）访问系统后隐藏。

6）访问系统后扩展到其他系统（嗅探密码）。

7）安装木马（ifconfig）来隐藏 PROMISC 标记（因为嗅探会打开 PROMISC 标记）。

8）修改文件日期或校验和来隐藏木马。

9）访问系统后安装后门（RootKit）。

基于此事实，Ming-Yuh Huang 发表的题为“A large-scale distributed intrusion detection framework based on attack strategy”论文中，利用目标树（Goal Tree）推理预测入侵意图，使用树的形式来描述入侵者的攻击策略。

（1）入侵目的的表示方法

目标树的根节点代表入侵的最终目的，低层叶子节点代表入侵的子目标或者是检测到的特征事件所表示的状态。目标树主要有三种基本的结构：或（OR）、与（AND）、顺序与（Ordered AND），如图 9-32 所示。

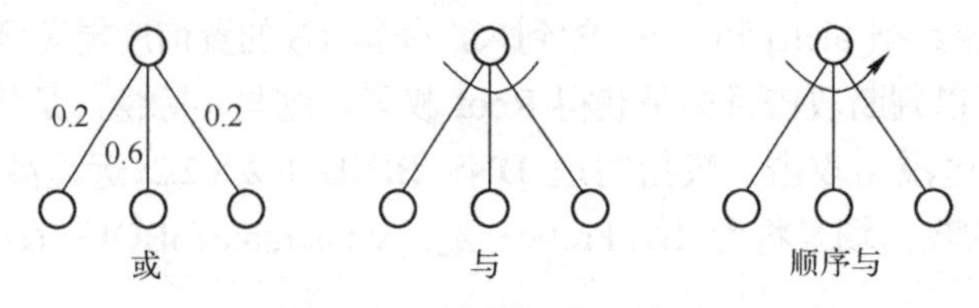

图 9-32　目标树基本结构

1）“或”结构：只要任何一个子目标达到，那么上层目标节点便可以达到。

2）“与”结构：只有所有的子目标达到后，上层目标节点才可能达到。

3）“顺序与”结构：所有的子目标按照一定的次序先后或者并行完成，才能够转移到上层目标节点。

（2）推理过程

首先，定义事件之间的与、或、顺序与三种关系，并以图形的方式定义某种攻击的目标树，然后对到来的入侵事件进行匹配，寻找一条沿目标树底部的完整曲线。目标树的推理过程如图 9-33 所示。

在树中，某些节点已经得到填充，说明这些节点代表的特定的入侵子目标已经被确认并实现，换句话说，沿着虚线所示，IDS 的传感器已经检测到安全事件，并判断出入侵者已经到达特定的攻击子目标。但是在大多数情况下，这条虚线所串起的目标树节点是未完全得到填充的，即在链上还存在空缺。空缺说明了系统必须等待 IDS 的数据，或者重新检查 IDS 代理，以求得可以填充这些空缺的目标节点的数据，这样才能确认目标树的根节点是可达的，即入侵状态才能最终得到确认。如果不能证明这些空缺的目标节点是可填充的，那么进一步的判断也不能得到确认。

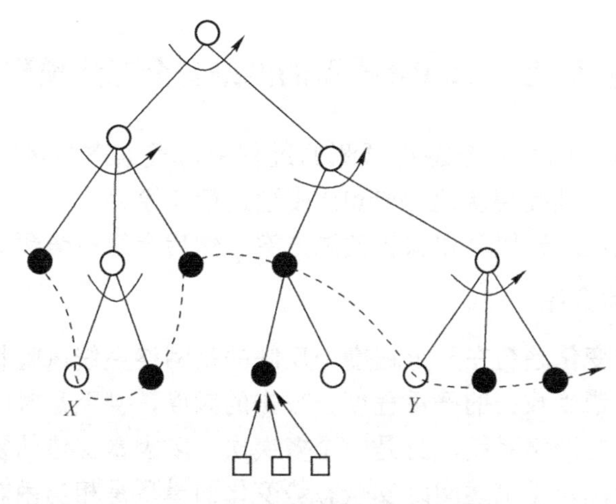

图 9-33　目标树的推理过程

对于目标树判断的方法来说，它是基于知识的判断方法，即根据所有已知的攻击和入侵方法来进行检测。尤其是对于一些定义比较明确，能够分析出具体的入侵或攻击步骤的方式有很好的效果，但是对于未知的方式或者是已知攻击方式的变种来说，就有着先天上的缺陷。图 9-34 为一次目标树推理示例。

分析图 9-34 可以看出，当先后发生了 SYN-flood 攻击和 IP 地址伪造（IP-spoof）后，可以确认为上级目标 Spoof 攻击已经到达，而此时，若 Session Highjack、Telnet Highjack 或 Web Spoofing 这三种攻击有任何一种被检测到，那么将认为发生了 Highjack 攻击，这样，因为先后检测到 Spoof 攻击和 Highjack 攻击，那么更高一级的攻击目标“Penetrate”将被认为也是可达的。如果既检测到了 Hide Presence，又发现了 Sniff，那么高一级的目标 Spread 将得到确认，这样一级级地逐渐向上匹配，就能够分析出攻击者（入侵者）的目的，并能够及时地提出预报。

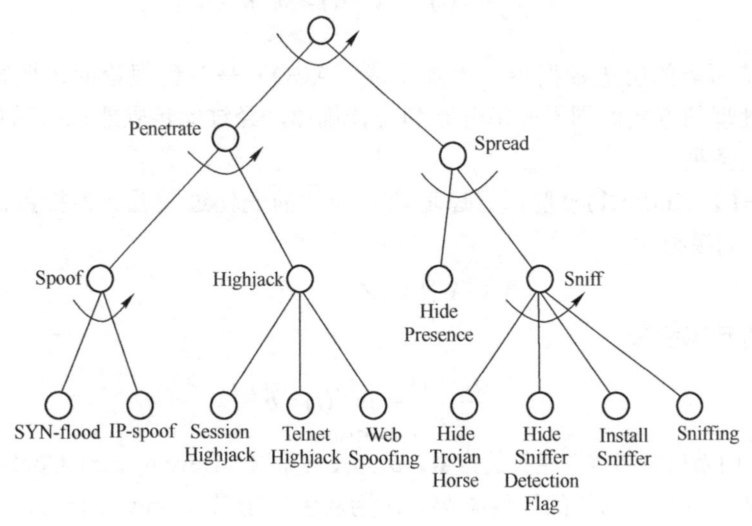

图 9-34　目标树推理示例

9.10.4 基于自适应灰色 Verhulst 模型的网络安全态势预测

将灰色理论引入到网络安全态势预测的过程中，根据态势风险值的累加曲线呈现“S”型摆动的特点，对其使用灰色 Verhulst 模型进行建模。

本节首先介绍灰色理论概念和态势预测方案，然后介绍态势预测方案评测及分析。

1．灰色理论概念介绍

网络安全态势的变化趋势在一定程度上反映的是网络系统风险状况的变化，其与系统本身的资产价值、遭受攻击的严重程度、攻击的频度，甚至是时间、空间等因素都有着密切的联系。再加之网络系统本身是一个多层次、多因素交错的复杂系统。因此，在其上建立一个能够准确定量描述网络安全态势变化的模型是相当困难的。安全态势的趋势变化既有已知信息，也有未知和不确定信息，这种特点决定了安全态势风险值的变化作为一个“灰色系统”而存在。

灰色系统理论由我国著名学者邓聚龙先生创立，以“部分信息已知，部分信息未知”的“小样本、贫信息”不确定性系统作为研究对象，并在此基础上提取有用信息。灰色系统利用累加生成（Accumulated Generation Operation，AGO）或逆累加生成（Inverse Accumulated Generation Operation，IAGO）的新数据进行建模，在一定程度上弱化了原始数据的随机性，有利于找出数据的变化规律，具有建模所需样本少、短期预测精度高等特点。

（1）GM(1, 1)模型

假设存在原始数列 $X^{(0)}$：$X^{(0)}=\{x^{(0)}(1), x^{(0)}(2),\cdots, x^{(0)}(n)\}$，将原始数据数列进行一阶累加生成（1-AGO）的递增数列 $X^{(1)}$：$X^{(1)}=\{x^{(1)}(1),x^{(1)}(2),\cdots,x^{(1)}(n)\}$。其中，

$$x^{(1)}(k)=\sum_{i=1}^{k}x^{(0)}(i) \qquad x^{(0)}(i)\geqslant 0,\ k=1,2,\cdots,n \tag{9-38}$$

灰色理论所需的历史数据少，累加生成（AGO）是灰色理论的重要特点之一，这种对于数据处理的方式区别于概率分布和统计规律，经过此步骤能求得弱化随机性、强化规律性的新数列。

【定义 9-1】 GM(1,1)模型：若递增数列 $X^{(1)}$的变化过程近似为指数曲线，则可以建立的 GM(1,1)模型为

$$X^{(0)}+aZ^{(1)}=b \tag{9-39}$$

其白化微分方程形式为

$$\frac{dx^{(1)}(t)}{dt}+ax^{(1)}(t)=b \tag{9-40}$$

其中，a 和 b 均为与数列 $X^{(0)}$相关的常数，a 为发展系数（Development Coefficient），其大小及符号反映了 $X^{(0)}$或 $X^{(1)}$的发展态势。b 为灰色作用量（Grey Input），其内涵是系统的作用量，但是不能直接被观测到。

【定义 9-2】 以差分函数替代微分函数后，微分方程可以转化为

$$\frac{\Delta x^{(1)}(k)}{\Delta k}+ax^{(1)}(k)=b \tag{9-41}$$

对上面方程式求解，可得 $X^{(1)}$的时间响应式为

$$x^{(1)}(k+1)=\left[x^{(0)}(1)-\frac{b}{a}\right]\cdot \mathrm{e}^{-ak}+\frac{b}{a} \tag{9-42}$$

根据上式可以求出 $X^{(1)}$数列，再进行递减运算即可得到 $\hat{X}^{(0)}$ 数列，这个 $\hat{X}^{(0)}$ 即为原始数列的模拟值，如下所示：

$$\begin{aligned}\hat{x}^{(0)}(k)&=x^{(1)}(k)-x^{(1)}(k-1)\\&=(1-\mathrm{e}^{a})\cdot\left[x^{(0)}(1)-\frac{b}{a}\right]\cdot \mathrm{e}^{-a(k-1)}\end{aligned} \tag{9-43}$$

当 k 的取值大于原始数列的维数时，得出的数值便是根据原始数列获得的预测值。据此，可以对未来的数列值进行预测。

（2）GM(1,1)模型参数求解

灰色 GM(1,1)模型参数 a、b 的求解，可以使用最小二乘法或者中间参数法。目前，较为常用的是最小二乘法。在求解前，首先需要了解均值生成数列的定义。

【定义 9-3】 假设 $X^{(1)}$为 $X^{(0)}$的 1-AGO 数列，如果有：$Z^{(1)}=\left\{z^{(1)}(2),z^{(1)}(3),\cdots,z^{(1)}(n)\right\}$，其中，对每一个整数 k 来讲，都有：$z^{(1)}(k)=\frac{1}{2}\left[x^{(1)}(k)+x^{(1)}(k-1)\right],k=2,\cdots,n$，则称 $Z^{(1)}$ 为 $X^{(1)}$的均值生成数列。

1）最小二乘法。使用最小二乘法进行求解时，a、b 构成的参数向量 $\boldsymbol{A}$ 等于

$$\boldsymbol{A}=\begin{bmatrix}a\\b\end{bmatrix}=\left(\boldsymbol{B}^{\mathrm{T}}\boldsymbol{B}\right)^{-1}\boldsymbol{B}^{\mathrm{T}}y_n \tag{9-44}$$

其中，

$$y_n=\left[x^{(0)}(2),x^{(0)}(3),\cdots,x^{(0)}(n)\right] \tag{9-45a}$$

$$\boldsymbol{B}=\begin{bmatrix}-z^{(1)}(2) & 1\\-z^{(1)}(3) & 1\\\vdots & \vdots\\-z^{(1)}(n) & 1\end{bmatrix} \tag{9-45b}$$

2）中间参数法。当使用中间参数法求解时，首先根据一阶累加数列求得均值生成数列 $Z^{(1)}$，再求解中间参数 C、D、E 及 F，见式（9-46）。

$$C=\sum_{k=2}^{n}z^{(1)}(k) \tag{9-46a}$$

$$D=\sum_{k=2}^{n}x^{(0)}(k) \tag{9-46b}$$

$$E=\sum_{k=2}^{n}z^{(1)}(k)\cdot x^{(0)}(k) \tag{9-46c}$$

$$F = \sum_{k=2}^{n} \left(z^{(1)}(k) \right)^2 \tag{9-46d}$$

然后根据求得的各中间参数，通过式（9–47）和式（9–48）分别求得 a 和 b 的值。

$$a = \frac{CD - (n-1)E}{(n-1)F - C^2} \tag{9-47}$$

$$b = \frac{DF - CE}{(n-1)F - C^2} \tag{9-48}$$

在求解参数 a、b 的过程中，构造的均值生成数列 $Z^{(1)}$实质上是一个近似过程。

（3）灰色 Verhulst 模型

【定义 9–4】 Verhulst 模型：1837 年，德国生物学家 Verhulst 根据生物繁殖以及人口变化特征，对马尔萨斯模型进行修正，加入一个限制发展项，得到的 Verhulst 模型见式（9–49）。

$$\frac{\mathrm{d}p(t)}{\mathrm{d}t} = ap(t) - b\left(p(t)\right)^2 \tag{9-49}$$

这是一个非线性的微分方程，其解为

$$p(t) = \frac{a}{b} \cdot \left[1 + \left(\frac{a}{b \cdot p(t_0)} - 1 \right) \cdot \mathrm{e}^{-a(t-t_0)} \right]^{-1} \tag{9-50}$$

其中，t_0 为起始时刻；$p(t_0)$为在 t_0 时刻的值，即数列初始值。

基于此定义，邓聚龙提出使用灰色 Verhulst 模型来预测呈“S”型曲线发展的数列，灰色 Verhulst 模型的定义如下。

【定义 9–5】 灰色 Verhulst 模型：根据原始数据数列 $X^{(0)}$，进行 1-AGO 得到一阶累加数列 $X^{(1)}$及均值生成数列 $Z^{(1)}$，则灰色 Verhulst 模型表示为

$$X^{(0)} + aZ^{(1)} = b(Z^{(1)})^2 \tag{9-51}$$

其白化微分方程为

$$\frac{\mathrm{d}x^{(1)}(t)}{\mathrm{d}t} + ax^{(1)}(t) = b\left(x^{(1)}(t)\right)^2 \tag{9-52}$$

其中，a、b 分别为发展系数和灰色输入。

最后解得灰色 Verhulst 模型的时间响应式为

$$\hat{x}^{(1)}(k+1) = \frac{ax^{(0)}(1)}{bx^{(0)}(1) + \left(a - bx^{(0)}(1)\right) \cdot \mathrm{e}^{ak}} \tag{9-53}$$

对上式做一阶累减还原，就可以得到原始数据数列 $X^{(0)}$的灰色 Verhulst 预测模型为

$$\hat{x}^{(0)}(k+1) = \hat{x}^{(1)}(k+1) - \hat{x}^{(1)}(k) \tag{9-54}$$

（4）灰色 Verhulst 模型参数求解

灰色 Verhulst 模型参数 a、b 的求解过程与 GM(1,1)模型的参数求解过程类似，但也存在区别，主要在于构造矩阵 $\boldsymbol{B}$ 的元素不同。如使用最小二乘法求解时，设灰色

Verhulst 模型如定义 9-5 所示，若参数矢量为 $\boldsymbol{A}=(a,b)^{\mathrm{T}}$，且

$$\boldsymbol{B}=\begin{bmatrix} -z^{(1)}(2) & [z^{(1)}(2)]^2 \\ -z^{(1)}(3) & [z^{(1)}(3)]^2 \\ \vdots & \vdots \\ -z^{(1)}(n) & [z^{(1)}(n)]^2 \end{bmatrix}，\quad y_n=\left[x^{(0)}(2),x^{(0)}(3),\cdots,x^{(0)}(n)\right]^{\mathrm{T}}，$$

则可以根据最小二乘法求解 GM(1,1)模型参数的公式，对灰色 Verhulst 模型的参数 a、b 进行求解。

2. 态势预测方案

网络安全管理对态势感知提出的要求是能够实时地评估当前的网络安全态势，并对未来的安全态势发展趋势有所了解。因此，对安全态势进行预测的基础是获取一种指标体系，以准确地描述历史及当前网络安全态势。

（1）当前及历史安全态势的获取

要准确地预测未来的安全态势趋势，首先需要明确当前安全态势的定量评价体系，并通过对当前安全态势值的积累和分析，从中发掘出规律性知识，用于未来安全态势的预测，其具体过程如下。

【假设 9-2】 存在一个网络系统，包括 m 个主机，开放 n 个服务。用 S_i 表示 n 个服务（$1\leqslant i\leqslant n$）。服务 S_i 所遭受的漏洞攻击 A_j 的严重程度为 T_j，攻击发生的时间 t 的重要度为 w_t，攻击 A_j 在这段时间 t 中统计次数为 N_j。用 $Count$ 表示发生在时间 t 内的攻击种类数，攻击 A_j 中的 j 满足 $1\leqslant j\leqslant Count$。$TCount$ 表示评估区间划分的时间段的数量。

根据上面假设中的内容，以服务的风险指数（Risk Index，RI）为基本的态势表述形式，可得

$$RI_{S_i}=\sum_{t=1}^{TCount} w_t\cdot\sum_{j=1}^{Count}10^{T_j}\cdot N_j \tag{9-55}$$

并使用“态势元”SB_i 和“态势权”SW_i 来描述整个评估时段的安全态势，见式（9-56）。

$$NSS=\sum_{ICount} SM_i=\sum_{ICount} SW_i\cdot SB_i \tag{9-56}$$

其中，SW_i 对应服务 S_i 在整个层次化模型中的总体权重；$ICount$ 对应服务的数量。由此，可以获得当前态势的评估计算公式，见式（9-57）。

$$\begin{aligned} NSS&=\sum_{i=1}^{n} SW_i\cdot SB_i \\ &=\sum_{i=1}^{n} SW_i\cdot RI_{S_i} \\ &=\sum_{i=1}^{n} SW_i\cdot\left(\sum_{t=1}^{TCount} w_t\cdot\sum_{j=1}^{Count}10^{T_j}\cdot N_j\right) \end{aligned} \tag{9-57}$$

由此可以获得当前网络安全态势的定量化描述，其中，态势权 SW_i 的获取涉及整个 AHP 的过程分析。*NSS* 的结果是一个定量的值，这个值越大，说明当前网络系统面临的威胁风险越大，反之亦然。

（2）未来安全态势的预测

由于网络安全态势自身具有“灰色系统”的特点，可以利用灰色模型对其未来态势进行预测。但是通常研究使用较多的灰色 GM(1,1)模型比较适合用于具有较强指数规律的预测，只能描述较为单调的变化过程。而据以往的研究表明，网络安全态势是由网络系统本身所面临的风险状态所决定的，具有一定的随机波动性，呈非单调性摆动。安全风险指数的时序变化呈现的形式如下。

最初，网络系统遭受大量的探测性攻击，此时攻击虽然数量较多，但攻击的严重程度不高，其对网络安全造成的威胁并不大，网络安全态势风险值在低位徘徊。因此在初始阶段，风险指数的累积形式是一种缓慢上升状态。过了此阶段之后，攻击者对目标网络的漏洞情况及安全等级等情况都有所了解，此时就易出现高危攻击。这会造成网络风险指数的迅速增长，在态势的累加曲线上就表现为曲线变化幅度增大，坡度开始陡峭。对于一个带宽有限的网络来讲，其面临的态势风险存在一个理论上的极限值。这使得态势风险累加曲线在接下来的阶段趋于极限状态，此时的网络处于一种饱和风险状态，态势值累加曲线变化的坡度重新放缓。

这种变化形式使得安全态势的累加风险-时间曲线在发展趋势上更加趋近于“S”型曲线，而不同于简单的指数曲线，如图 9-35 所示，其中，指数型曲线一直上升，而 S 型曲线最终趋于稳定。

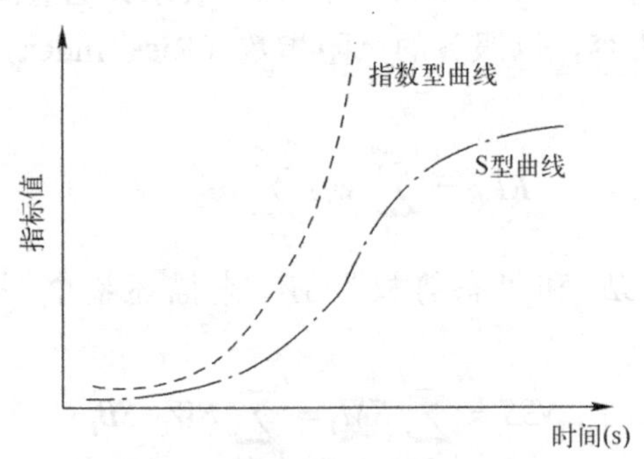

图 9-35　各类型发展趋势比较

因此在态势的预测方案中，选择灰色 Verhulst 模型对安全态势发展趋势进行建模分析，并采用“自适应灰色参数”和“等维灰数递补”方案来对常规的 Verhulst 模型进行改进。通过十个步骤达到最终对态势风险值的预测的目的，网络安全态势预测模型如图 9-36 所示。

（3）自适应灰色参数方案

灰色 Verhulst 模型中的参数 a、b 的值是影响模型适应性和精确度的关键因素，而 a、b 的获取又是通过生成数列 $Z^{(1)}$，进行最小二乘法或中间参数法计算所得到的。通常情况下，生成数列 $Z^{(1)}$的值取为

$$z^{(1)}(k+1)=\alpha\cdot\left(x^{(1)}(k+1)+x^{(1)}(k)\right)\qquad\alpha=0.5\tag{9-58}$$

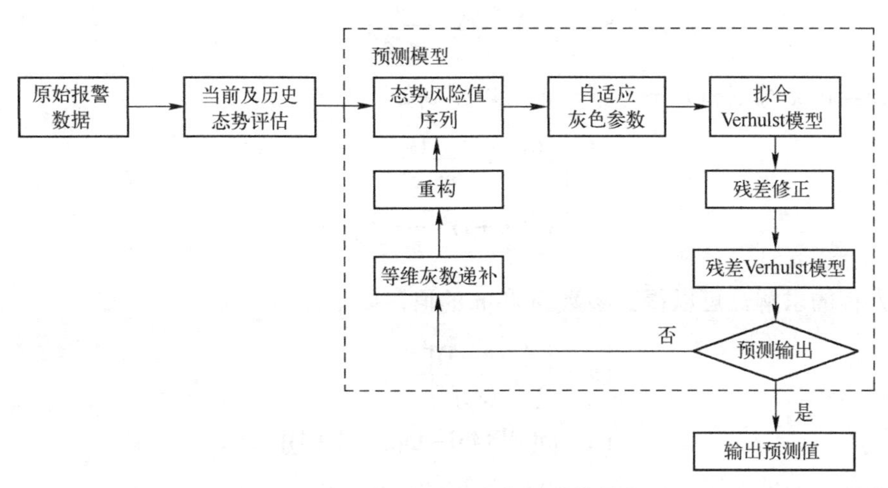

图 9-36 网络安全态势预测模型

当时间间隔较小且累加曲线变化的幅度比较平缓时，这样构造的均值生成数列 $Z^{(1)}$是合适的。此时，预测模型的误差偏小，可以保证精度。但是当累加曲线急剧变化或时间间隔较大时，这样构造均值生成数列 $Z^{(1)}$的值往往会使预测结果产生较大的超前或滞后误差，使得构造的预测模型偏差较大，在一定程度上影响了灰色 Verhulst 模型的应用。图 9-37 说明了数列 $Z^{(1)}$的产生过程及误差的产生原因。

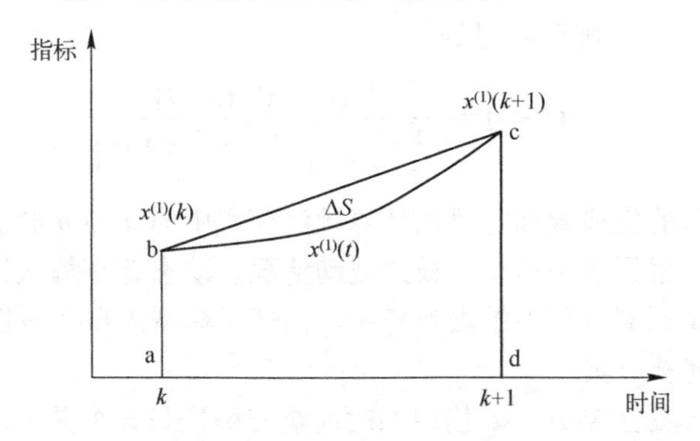

图 9-37 均值生成数列的过程

$z^{(1)}(k+1)$由 $x^{(1)}(k)$和 $x^{(1)}(k+1)$的均值生成，可以看作是图中梯形 abcd 的面积。但实际上，灰色 Verhulst 模型的拟合曲线 $X^{(1)}(t)$，其在区间$[k, k+1]$上对应的面积总是小于或者大于梯形 abcd 的面积，二者之间的面积差表示为ΔS。当数列数据变化较大或时间间隔较长时，ΔS 就越大。这就使最终获得的发展系数和灰色作用量的值误差较大，使得预测结果偏离实际值较多。

为了保证实际预测的精度，预测方案采取了动态自适应调整灰色参数的方法，其具体实现过程可以参照如下的过程分析。

根据“S”型曲线的函数形式以及网络安全态势风险存在一个大极限值的前提下，

可以设曲线的函数形式为

$$X^{(1)}(t)=\frac{1}{m\cdot \mathrm{e}^{nt}} \tag{9-59}$$

由于曲线经过 k 时刻和 k+1 时刻，则可以得到如下的方程：

$$\begin{cases} x^{(1)}(k)=\dfrac{1}{m\cdot \mathrm{e}^{nk}} \\ x^{(1)}(k+1)=\dfrac{1}{m\cdot \mathrm{e}^{n(k+1)}} \end{cases} \tag{9-60}$$

通过对方程的求解，可以得到参数 m 和 n 的值，如下：

$$\begin{cases} m=\dfrac{[x^{(1)}(k+1)]^{k}}{[x^{(1)}(k)]^{k-1}} \\ n=\ln[x^{(1)}(k)]-\ln[x^{(1)}(k+1)] \end{cases} \tag{9-61}$$

此时生成数列 $Z^{(1)}$可以使用函数 $X^{(1)}$在区间[k, k+1]上的积分来获得，如下：

$$\begin{aligned} z^{(1)}(k+1) &= \int_{k}^{k+1}\frac{1}{m\cdot \mathrm{e}^{nt}}\mathrm{d}t \\ &= \frac{1}{m}\int_{k}^{k+1}\mathrm{e}^{-nt}\mathrm{d}t \\ &= -\frac{1}{mn}\cdot\left[\mathrm{e}^{-n(k+1)}-\mathrm{e}^{-nk}\right] \end{aligned} \tag{9-62}$$

将 m 和 n 的值代入上式，则可以得到

$$z^{(1)}(k+1)=\frac{x^{(1)}(k)-x^{(1)}(k+1)}{\ln\left[x^{(1)}(k)\right]-\ln\left[x^{(1)}(k+1)\right]} \tag{9-63}$$

利用式（9-63）获得的生成数列，可以计算预测模型中的 a 和 b 的值，使得态势预测模型能够在预测过程中根据态势累积曲线的波动情况，动态调整每次计算过程中的灰色参数，能够有效地减少预测过程中的误差问题，保证了模型的自适应性。

（4）等维灰数递补方案

从理论上来讲，灰色 Verhulst 模型的时间响应函数是一个关于时间 t 的连续函数，可以从初始时刻一直延续到未来任意时刻。但是随着时间的推移，未来的一些扰动因素都将对模型预测的准确性产生影响。

为了消除时间推移对模型预测精度的影响，可以采用等维灰数递补（Equal-Dimension Grey Filling Method）数据处理技术，建立等维灰数递补 Verhulst 模型来对 Verhulst 模型进行改进，进而达到准确预测网络安全态势的目的。每当模型预测出一个新的数值后，便把这个新的数值加入到初始样本数列的最后，同时去除初始样本数列中最早的数据。从而达到在保证样本数列维数不变的情况下，样本数据中始终包含着最新的数据信息的目的，然后根据新的样本数据数列重新建立 Verhulst 模型。一直重复这样的过程，直至最终实现预测目标。等维灰数递补方案流程图如图 9-38 所示。

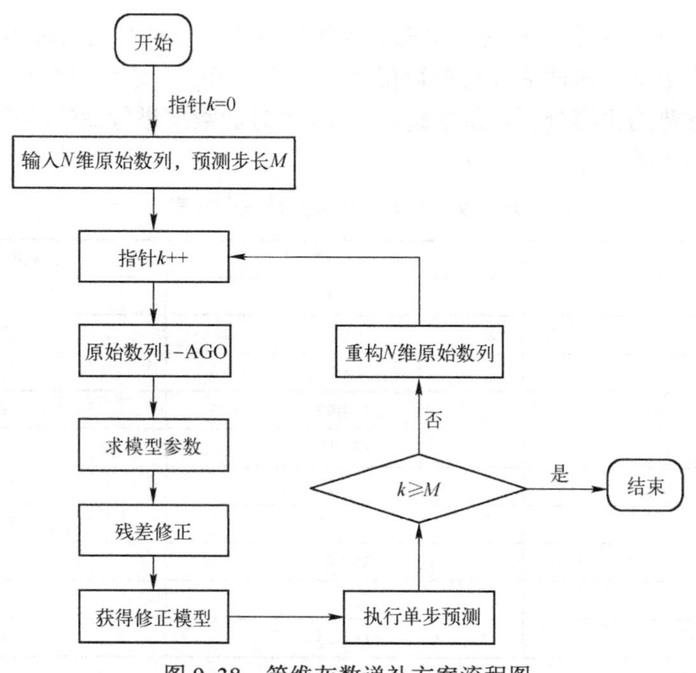

图 9-38　等维灰数递补方案流程图

（5）精度检验及残差修正

获取的模型对未来的安全态势趋势变化预测是否准确和合理，需要通过一定的验证。采用后验差检验法进行检验，即模型的精度由后验差比值 C 和小误差概率 P 共同描述，模型精度检验标准见表 9-8。

表 9-8　模型精度检验标准

预 测 精 度	好	合　格	勉　强	不 合 格
P	>0.95	0.95～0.80	0.80～0.70	<0.70
C	<0.35	0.35～0.50	0.50～0.65	>0.65

当模型的精度不符合要求时，需要利用实际值数列与模拟值数列之间的残差（Residual Series）对所得模型进行修正，具体方法如下。

假设存在 1-AGO 残差数列 $\varepsilon^{(0)}(k)$，其中 $\varepsilon^{(0)}(k)=x^{(1)}(k)-\hat{x}^{(1)}(k)$。

如果存在 m，有 $\varepsilon^{(0)}(m)<0$，且对于任何一个 k 来说，均有 $\varepsilon^{(0)}(m)<\varepsilon^{(0)}(k)$；此时，如果取整数 $K>0$，使其满足 $K>\varepsilon^{(0)}(m)$，原残差数列可以变形为 $\varepsilon^{(0)}(k)+K, (k=1, 2, 3,\cdots\cdots, n)$。对变形后的残差数列进行 1-AGO，并使用 GM(1,1)建模，求得残差的模拟值数列 $\varepsilon^{\wedge(1)}(k)$。进行 1-IAGO（一阶累减运算），获得原残差数列的模拟值 $\varepsilon^{\wedge(0)}(k)$。最后，将 $\varepsilon^{\wedge(0)}(k)-K$ 回代入 1-AGO 模拟数列中，进行原始拟合数列的修正模拟值求解。

3．态势预测方案评测及分析

（1）数据选择及预处理

在校园网部署 Snort 来检测攻击，产生的报警数据使用 MySQL 进行存储。参照

HoneyNet 日志数据的分析过程对采集的数据进行分析，以评估仿真环境的安全态势。

按照当前安全态势的评估方案对数据进行分析，获取了连续 14 个小时的量化安全态势值，用于态势的预测分析。从中选取前 10 小时的数据进行曲线的拟合，这 10 小时的安全态势值的数据分布见表 9-9。

表 9-9　安全态势值的数据分布表

时　　序	原始态势数列	1-AGO 态势数列
1	3.219	3.219
2	4.564	7.783
3	4.452	12.235
4	14.046	26.281
5	15.419	41.7
6	21.327	63.027
7	26.542	89.569
8	28.171	117.74
9	27.673	145.413
10	18.985	164.398

（2）Verhulst 模型的拟合

根据表 9-9 提供的安全态势量化数据数列，对该序列进行灰色 Verhulst 建模，并根据自适应灰色参数方案中的方法求得模型的系数，得到 $a=-0.5839$，$b=-0.0029$，则此刻时间响应式为

$$\hat{x}^{(1)}(k+1)=\frac{1}{0.0050+0.3057\cdot \mathrm{e}^{-0.5839k}} \qquad k=0,1,2,\cdots,n \tag{9-64}$$

检验模拟值数列精度，列出误差检验表，见表 9-10。

表 9-10　模拟误差检验表

时　　序	原 始 数 列	1-AGO	1-AGO 模拟值	1-AGO 残差
2	4.564	7.783	5.698	2.085
3	4.452	12.235	9.9883	2.2467
4	14.046	26.281	17.2197	9.0613
5	15.419	41.7	28.8819	12.8181
6	21.327	63.027	46.4141	16.6129
7	26.542	89.569	70.1718	19.3972
8	28.171	117.74	98.2093	19.5307
9	27.673	145.413	126.3707	19.0423
10	18.985	164.398	150.429	13.969

通过对 1-AGO 模拟残差数据的比对分析，发现从第 3 时序开始的残差较大，预测的相对精度较差。因此，需要采用残差修正对原模型进行修正。从原 1-AGO 残差数据

序列中第 3 时序开始，截取残差尾段得：

$$\varepsilon^{(0)}(k)=\{2.2467,9.0613,12.8181,16.6129,19.3972,19.5307,19.0423,13.969\}$$

根据获得的残差数列，进行残差数据处理，求得 1-AGO 残差数列为

$$\varepsilon^{(1)}(k)=\{2.2467,11.3080,24.1261,40.7390,60.1362,79.6669,98.7092,112.6782\}$$

再建立灰色 GM(1,1)模型，并求取一阶累积模拟残差数列 $\hat{\varepsilon}^{(1)}$ 的时间响应式为

$$\hat{\varepsilon}^{(1)}(k+1)=221.0708\cdot \mathrm{e}^{0.0580k}-218.8241$$

进行一阶累减运算（1-IAGO），得到模拟残差数列 $\hat{\varepsilon}^{(0)}$ 的时间响应式为

$$\hat{\varepsilon}^{(0)}(k+1)=12.4574\cdot \mathrm{e}^{0.0580k} \qquad k=1,2,3,\cdots,n$$

综合时间响应式和模拟残差数列 $\hat{\varepsilon}^{(0)}$ 的时间响应式，最终可以得到态势预测模型的一阶累加残差修正模型为

$$\hat{x}^{(1)}(k+1)=\begin{cases}\dfrac{1}{0.0050+0.3057\cdot \mathrm{e}^{-0.5839k}} & k<2\\ \dfrac{1}{0.0050+0.3057\cdot \mathrm{e}^{-0.5839k}}+12.4574\cdot \mathrm{e}^{0.0580\cdot(k-2)} & k\geqslant 2\end{cases}$$

利用上式的模型执行单步预测，获得第 11 小时的风险值后，再将获得的预测值替换原始数列中第 1 小时的数据，结合等维灰数递补方法，重复迭代对接下来 3 小时的网络安全态势风险值进行预测。

（3）各方案预测精度比较

为了对比所提出的方案较传统态势预测方法的改进，通过以下几个方案的预测结果的比较来说明本方案的优越之处。

方案 1：常规灰色 GM(1,1)模型。

方案 2：常规灰色 Verhulst 模型。

方案 3：即为本方案。

表 9-11 中的内容对比了第 11、12、13 和 14 小时实际风险值和各方案预测值的差别。从表中可以看出，方案 1 选用了常规 GM(1,1)模型来预测，预测值保持继续上升的趋势，与实际情况差别很大。而方案 2 使用常规 Verhulst 模型来预测，预测值同实际风险值一样呈下降趋势，但其预测精度显然没有本方案（方案 3）的精度高。

表 9-11 各方案预测结果比较

小　时	实　际　值	方案 1	方案 2	方案 3
11	10.263	31.8139	19.7613	18.9870
12	8.617	36.8031	13.9070	9.3729
13	6.646	42.1662	9.3768	6.3849
14	4.328	48.0635	6.3452	3.2150

图 9-39 为使用常规 GM(1,1)模型的 1-AGO 曲线预测结果，经过残差修正后，模拟值累加序列曲线已经与原始一阶累加数列曲线拟合较好。但是在第 11 小时预测开始

后，预测曲线还是偏离了实际值的累加曲线。这是由于 GM(1,1)适合于呈强指数单调分布的累加曲线，其与网络安全态势累加曲线的实际分布不符。因此，方案 1 的预测效果是不尽人意的。

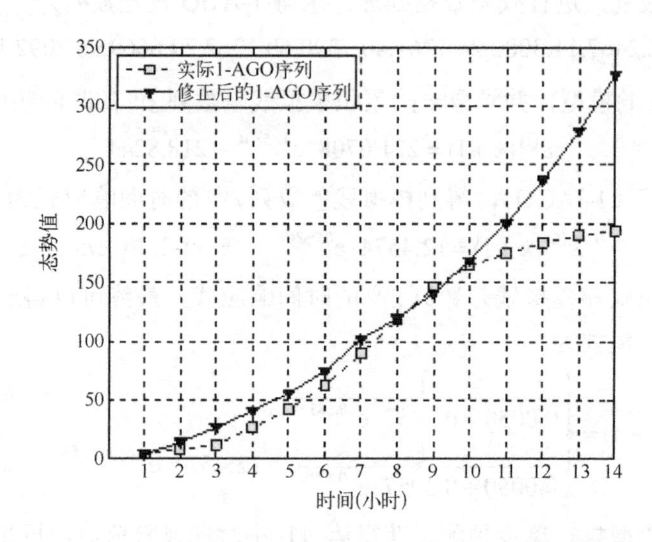

图 9-39　使用常规 GM(1,1)模型的 1-AGO 曲线预测结果

图 9-40 是方案 2 的仿真曲线，从中可以看出 Verhulst 模型适合用于预测一个“S”型发展曲线。在方案 2 中使用常规 Verhulst 模型预测时，该方案预测出了未来安全态势的变化趋势。但是由于模拟的模型未能根据预测点的细微波动而及时调整，使得预测值与实际值偏差较大。但是其准确地预测出了安全态势的变化趋势，说明灰色 Verhulst 模型还是适用的。

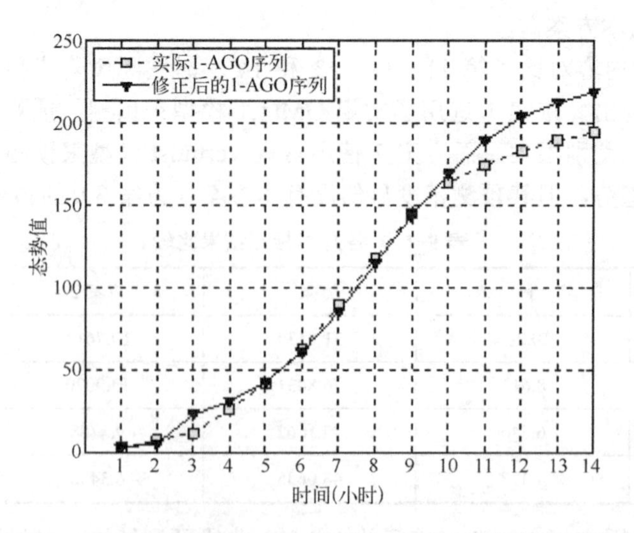

图 9-40　使用常规 Verhulst 模型的 1-AGO 曲线预测结果

图 9-41 是本方案的仿真曲线，从中可以看出其拟合效果较上述两个方案要好。其在预测过程中会根据曲线波动来确定灰色系数，并且及时地将最靠近预测点的信息进行更新，充分考虑了曲线的波动趋势，因此取得了较为理想的预测结果。

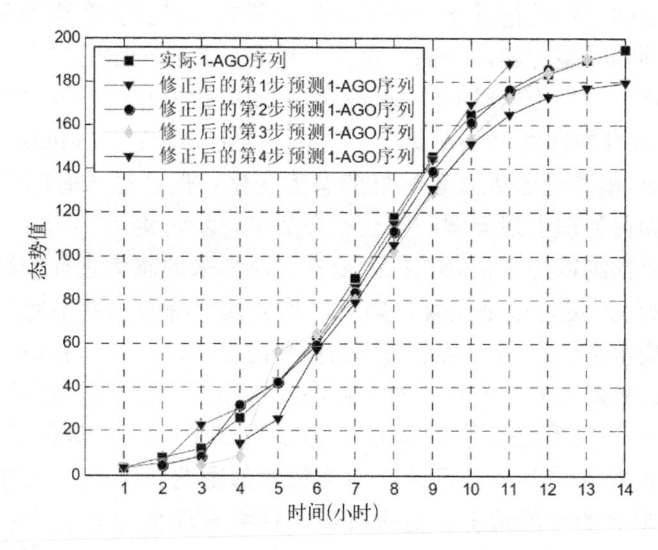

图 9-41　改进 Verhulst 模型 1-AGO 分步预测

图 9-42 为各方案对未来时序的预测结果的比较，可以看到本方案的优越性。

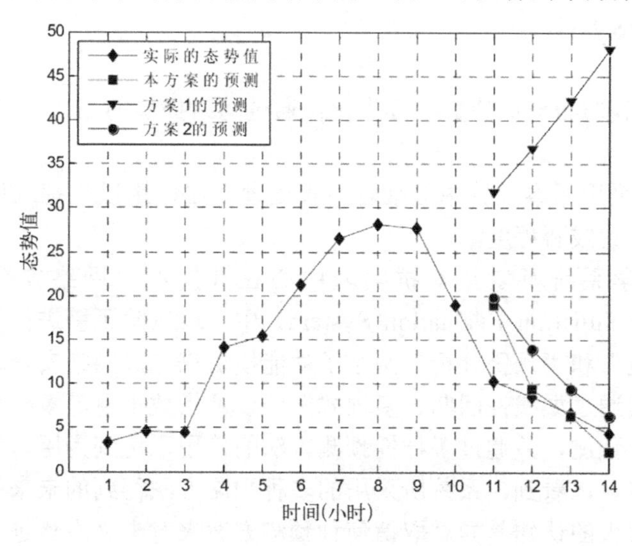

图 9-42　不同方案的预测结果比较

（4）讨论

通过采用自适应调整灰色参数的方法，突破了常规使用均值数列构造生成矩阵来确定参数 a 和 b 的不足，提高了预测模型的精度。并且在保证原始数列维数不变的情况下，使用单步预测得到的预测值替换原始数列中最初的数据，有利于所构造的模型及时地识别安全态势的波动，进而准确地估计出下一时刻安全态势的发展趋势，做出更为准确的预测。

从实验的结果来看，该模型能够在信息量较少，对影响网络安全态势发展的各因素认知模糊、存在不确定性的情况下，获得较为合理的网络安全态势预测结果。该方案相对于以往的态势预测模型方案，提高了预测的精度，具有一定的实用价值。但是在进行评估的时候也注意到，当连续时间内安全态势波动比较大时，预测的精度很差。此时，安全态势风险值的累加曲线并不是近“S”型，不适用灰色 Verhulst 模型来建模。另外，灰色 Verhulst 模型适合处理单峰值的态势变化。但往往长时间的态势变化是一种多峰值的情况。如何处理上述问题，需要在今后进一步讨论。

网络安全态势预测以历史报警数据为依托，对未来的态势进行预测。因此，一些未由 IDS 记录下来的入侵，或是误警、虚警，均会使训练数据并不完全值得信赖。这同样会使得当前的安全态势评估及未来态势的预测出现问题。如何获得一个更加精确的态势评估系统来提供精确的安全态势，对今后的态势预测研究工作至为关键。

网络环境是一个突发性极强的环境，当攻击产生时，态势值的变化是比较剧烈的。这种不确定性对未来的态势预测会造成很大的影响。因此，态势预测给出的是下一阶段网络安全态势的可能情况。更多时候，网络管理员想要了解的是网络的下一次高风险状态的时间。因此，如何提高态势预测的可依赖性，将是下一步工作的重点所在。

9.10.5 其他预警方法

DeepSight 关联遍布全球的数据合作伙伴通过网络提供的 IDS 传感器数据，预报未来的入侵事件。

J. Yuill 提出采用军事理论中的战场情报处理方法，用以识别入侵发生时网络中可能受威胁的设备及其威胁程度。

北京理工大学系统及安全对抗实验中心在开发的“网络安全态势评估系统”（Network Security Situation Evaluation System）中，对风险预警进行了专门的研究，通过提供“态势曲线”和“预警分析”两个子功能模块来完成网络安全趋势的显示以及网络威胁的预测。其通过如线性回归、多项式回归以及指数平滑等多种预测方法对未来网络的威胁趋势进行预测，并通过多样性预测方法的使用，达到为用户提供多种决策依据的目的。但同时也可以看到，系统所采用的多种预测方法得到的未来的态势发展预测结果之间依然存在较大的认知差异。取信何种预测方案来对未来态势进行判断，依然给网络管理者带来了困惑。

上海交通大学任伟认为网络安全态势值具有非线性时间序列的特点，借助神经网络处理混沌、非线性数据的优势，提出一种基于 RBF 神经网络进行态势预测的方法。该方法通过训练 RBF 神经网络，找出态势值的前 N 个数据以及随后 M 个数据之间的非线性映射关系，进而利用该映射关系进行态势值预测。但是，在其所提出的方案中，其用来训练神经网络的原始数据采用的是报警统计量，而不是通过综合评估所得到的风险值序列。报警统计量的预测是否能够准确地反映网络系统未来的安全趋势变化，还有待进一步的论证和研究。

哈尔滨工程大学的赖积宝、王慧强等人对网络安全态势的研究也取得了一定成果。针对安全态势的评估和预测，他们提出了利用简单加权评估当前的安全态势，进而利用灰色理论 GM(1,1)模型来预测未来安全态势的方案，并通过实例分析证明了方案的可行性和精确度。但是，GM(1,1)模型在态势曲线变化较为平缓，累加曲线符合单调指数增长时，预测精度尚可接受。但是在态势变化较为剧烈时，使用 GM(1,1)模型却是不合适的。

针对网络安全态势值累积曲线并不符合单调指数曲线形式，而是更加类似于“S”型变化的问题，哈尔滨师范大学网络中心的赵国生提出，使用不等时距灰色 Verhulst 模型或其反函数模型来对安全态势进行建模预测，并通过残差修正来校正模型的预测精度，达到减小预测误差的目的。但同时，作者在其结论中也提到，模型对大量离散而不光滑的样本点的适用问题。而且模型的适应性问题，也需要在今后的研究中进一步地探讨。

9.11 本章小结

态势评估等同于态势感知，起源于军事领域的战场态势评估。

Tim Bass 把入侵检测系统（IDS）的多个网络传感器作为多源数据，用军事领域中已成功应用的数据融合技术来完成安全事件的融合处理，开创性地研究了网络态势感知概念，形成了一个现实的网络行为的高层抽象，即网络空间内的安全态势感知，以使网络的使用者和维护者实时地了解网络的运行状态，有效地感知网络的安全态势，判断网络当前及未来可能的安全态势发展趋势，并根据态势的变化做出相应的决策调整以及制定应变策略。

网络安全态势感知作为网络系统安全管理的发展方向，通过融合、归并和关联底层多检测设备提供的安全事件信息，进行评估分析，形成了对网络安全运行状况的宏观表述，以预测网络下一阶段的趋势。

融入网络安全的空间完备性和时间连续性的态势评估体系，借用多源信息融合技术，综合评估网络安全状态及变化趋势，即利用网络安全属性的历史记录，为用户提供一个准确的网络安全状态评判和网络安全发展趋势，以便管理员了解当前安全威胁状况、历史安全威胁演化，进而预测未来的安全威胁，即在网络安全事件发生之前对网络攻击行为进行预测，使网络管理者能够有目标地进行决策和防护准备，做到防患于未然，较好地实现了“分析过去，了解现在，预测未来”的动态评估。

网络安全态势评估根据结果的描述形式，分为定性和定量两大类。根据评估时间，分为 3 类：当前安全状况评估、历史安全演化分析和未来入侵行为预测。

综合评估的要点在于评估指标的选取、量化和归一化处理，以及综合评估方法的确定。其中，评估指标的量化包括定量指标的归一化处理、定性指标的量化和归一化处理，综合评估方法包括加权算术平均、加权几何平均和混合平均。

实时安全威胁态势评估的方法有基于网络流量的实时定量评估、攻击足迹法、基于入侵类型的评估等，实时安全隐患态势分析采用权限图理论模型建模系统漏洞，并建立马尔科夫数学模型，计算攻击者击败系统安全目标可能付出的平均代价，定量度量系统安全隐患状况。

层次化网络安全威胁态势评估模型按照网络系统的组织结构，利用系统分解技术，从服务、主机和网络系统三个层次进行安全威胁态势评估，满足不同层次安全监管人员的需要，实现网络安全威胁态势的定量评估，给出历史安全威胁演化态势图。

安全态势预警根据历史的安全威胁状况及黑客入侵行为模型，预测未来的入侵行为、目的及态势，采用的方法主要有统计、规划识别、目标树和灰色理论等。

9.12 习题

1．态势感知的基本概念及作用是什么？

2．简述网络安全态势评估与传统研究领域内的态势感知的关系。

3．简述态势感知与 IDS 的相同与不同之处。

4．态势感知与安全评估的关系是什么？

5．简述融入时空观的网络安全态势评估体系的层次划分及功能。

6．简述网络安全态势感知的分类。

7．网络安全态势评估的要点有哪些？

8．实时安全威胁评估的方法有哪些？各有什么特色？

9．简述层次化历史安全威胁态势的核心思想及功能。

10．未来安全态势预警的方法有哪些？各有什么特色？

第 10 章　网络空间安全态势感知与监测预警

近年来，随着信息技术、网络技术的不断发展与深入应用，面向关键信息基础设施网络的高级持续性威胁（Advanced Persistent Threat, APT）事件层出不穷，严重危害了国家安全与社会稳定。遵循“全天候全方位感知网络安全态势”的战略要求，依据《网络安全法》中关于重要信息系统安全监测预警与应急处置的有关规定，当前，各行业都在以“体系规划、分层实施、数据驱动、精确管控、科学演进”为指导，推动网络安全大数据融合分析、多元态势融合、去中心化网络安全管理、网络空间安全免疫防御等先进技术和安全理念的创新突破，并在网络空间安全治理、重要信息系统保护等方面，实现网络空间安全态势感知与监测预警应用示范，如图 10-1 所示。

图 10-1　网络空间安全态势感知与监测预警应用示范

在网络空间安全保障与信息安全综合防护的统一使命愿景的共同驱动下，网络空间安全态势感知与监测预警应用示范重点开展已知威胁静态检测、网络流量动态检测、大数据威胁建模分析，以及网络安全态势感知等方面的关键技术攻关，同时进一步建设多源异构的网络威胁情报基础数据库，主动防御网络新型安全威胁，应急响应网络空间安全事件，从而达到保护国家及区域关键信息基础设施安全的终极目标。网络空间安全态势感知与监测预警应用示范，在增强我国应对网络空间安全主动防御能力，提升我国网络空间安全防护与保障功能能级的同时，还有望全面服务于“互联网+”“智慧城市”及“中国制造 2025”等系列重大国家战略。

本章首先介绍网络空间安全态势感知技术的专有名词及其基础模型，进而顺序展开面向已知威胁的网络威胁情报应用与共享、面向未知威胁的网络流量数据分析检测、基于大数据的网络高级持续性威胁关联分析、关键信息基础设施网络安全态势感知等方面的内容阐述。

10.1　网络空间安全态势感知基础理论

为了更好地展开网络空间安全态势感知关键技术讲解，本节首先介绍网络空间安全态势感知技术系列的专有名词定义，并进一步分析介绍其基础理论模型。

10.1.1 网络空间安全态势感知技术专有名词定义

1．网络流量（Network Traffic）

网络流量是指联网设备在网络上产生的数据包集合。

2．日志（Log）

日志是服务器等计算机设备或软件系统的运行记录，记录的内容是未经判断的客观事实。日志通常从网络流量中提取元数据信息而生成，分为系统日志和网络日志两大类。

（1）系统日志（System Log）

系统日志是由操作系统、应用程序自身生成的，可以记录系统运行的情况。

（2）网络日志（Network Log）

网络日志是网络上发生的行为的记录。通常是根据分析的需要，从网络流量中提取元数据信息生成的。

3．安全报警/威胁日志（Security Alert / Threat Log）

安全报警/威胁日志是安全设备针对网络流量、日志等数据分析生成的，描述异常网络情况、异常系统访问或系统脆弱性的信息，在本书中，安全报警与威胁日志属于相同概念的不同表达。

4．恶意样本（Malicious Sample）

恶意样本是从网络上采集到的有害程序或包含有害程序的数据文件。恶意样本采集方式通常包括：网络蜜罐捕获、基于深度包分析技术的文件还原、从被入侵的主机设备上提取等。

5．安全漏洞（Security Vulnerability）

安全漏洞是计算机信息系统在需求、设计、实现、配置、运行等过程中，有意或无意产生的缺陷。这些缺陷以不同形式存在于计算机信息系统的各个层次和环节之中，一旦被恶意主体利用，就会对计算机信息系统的安全造成损害，从而影响计算机信息系统的正常运行。

6．网络威胁情报（Network Threat Intelligence）

网络威胁情报是一种基于证据的知识，包含上下文、机制、指示标记、启示和可行的建议。威胁情报可以描述现存的，或者是即将出现的针对网络资产的威胁或危险，并可以用于通知主体针对相关威胁或危险采取某种响应。

7．网络安全事件（Network Security Incident）

网络安全事件是由于人为以及软硬件本身缺陷或故障的原因，对城域网重点保护单位的信息系统构成潜在危害、甚至影响信息系统正常提供服务的情况。网络安全事件是由平台基于安全报警（威胁日志）、威胁情报等数据分析生成的，通常会对社会造成负面影响，且是经过确认需要做出一定处置措施的事实。

8. 网络空间安全态势感知（Security Situation Awareness）

网络空间安全态势感知是指在大规模信息系统环境中，基于网络安全事件大数据，获取、理解、分析、呈现能够引起网络空间安全态势变化的要素，预测网络空间安全态势的发展趋势。

10.1.2 网络安全事件的分级与分类

参照国家标准《信息安全事件分类分级指南》（GB/Z 20986—2007），关于信息安全事件的分级指南，根据网络安全事件所属信息系统的重要程度、事件导致的系统损失和社会影响程度，可将网络安全事件划分为特别重大事件、重大事件、较大事件和一般事件四个级别。

当前，参考信息安全风险模型中的威胁性因素和脆弱性因素，多把网络安全事件分为网络攻击、系统入侵、信息破坏、安全隐患和其他网络安全事件五大类。其中，网络攻击、系统入侵、信息破坏属于信息安全风险模型中的威胁性因素，安全隐患属于脆弱性因素，见表 10-1。

表 10-1 网络安全事件分类

网络安全事件大类	网络安全事件子类
网络攻击	拒绝服务攻击事件
	DNS 污染事件
	WiFi 劫持
	路由劫持攻击
	广播欺诈
	其他
系统入侵	扫描探测
	隐患利用
	有害程序
	高级威胁
	其他
信息破坏	信息篡改
	信息假冒
	信息泄露
	信息窃取
	信息丢失
	其他

（续）

网络安全事件大类	网络安全事件子类
安全隐患	安全漏洞
	配置错误
	合规缺陷
	其他
其他网络安全事件	其他

10.1.3 网络空间安全态势感知基础模型

当前，针对关键信息基础设施网络的高级持续性威胁早已不再呈现单一目标、单时间点及单一手段的攻击形态，往往历经扫描探测、隐患利用、有害程序植入、内网渗透扩展、控制通道建立，以及数据隐蔽回传等长时间潜伏与持续攻击的全过程，网络高级持续性威胁智能化分析核心流程与技术支撑如图 10-2 所示。

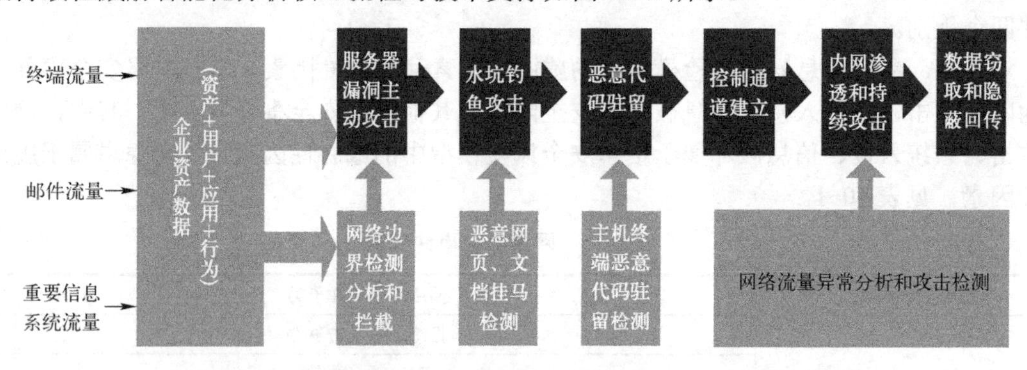

图 10-2 网络高级持续性威胁智能化分析核心流程与技术支撑

传统仅仅依靠部署于网络边界或汇聚节点的防火墙、防病毒、入侵检测系统（IDS）、入侵防御系统（IPS）和网络安全审计等，以及基于已知威胁特征静态检测的网络安全设备进行的被动式防御，已不再适用于基于未知威胁和 0day 漏洞攻击的高级持续性威胁识别与防护。所以，急需转变网络安全防护应用的基本思路，针对传统的网络安全防御方式进行优化和改进，着眼于网络流量大数据、威胁日志（安全报警）大数据，引入人工智能技术以实现已知网络威胁识别、未知网络威胁检测，以及以高级持续性威胁为代表的网络安全事件关联挖掘、过程分析与追踪溯源，从而形成能够应对多样化和持续化网络威胁的安全保障体系。

鉴于此，当前的网络空间安全态势感知与监测预警应用示范工作，需要重点攻关面向已知威胁的网络威胁情报应用与共享技术、面向未知威胁的网络流量分析检测技术、基于网络安全大数据的高级持续性威胁关联分析技术以及国家/区域关键信息基础设施网络空间安全态势感知技术，构建网络空间安全态势感知基础模型，如图 10-3 所示。

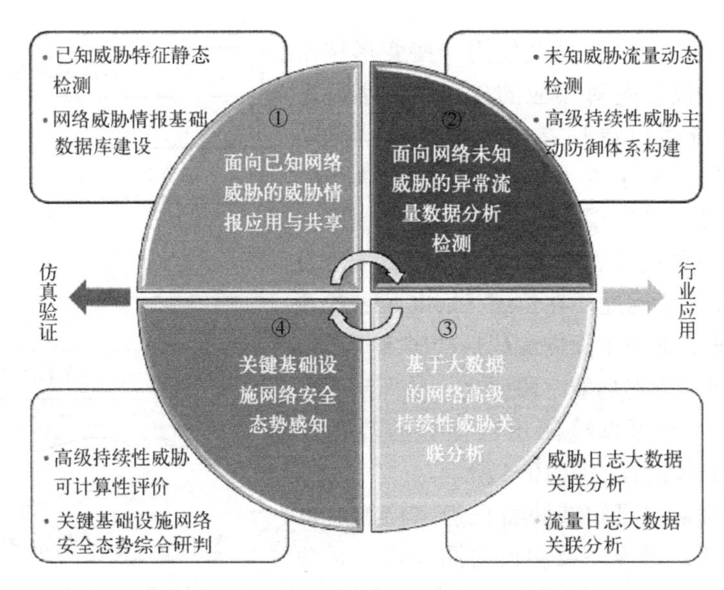

图 10-3　网络空间安全态势感知基础模型

10.2　面向已知威胁的网络威胁情报应用与共享

面向已知威胁的网络威胁情报应用主要是指面向网络边界及重要网络节点的网络流量，实现已知威胁特征的静态检测；以及面向联网的重要信息系统（含网站），通过远程监测技术实现已知隐患漏洞的扫描监测。网络威胁情报共享首先完成网络威胁情报基础数据库建设，进而采用云共享方式，在特定行业应用许可范畴内，实现高信誉度的关键信息基础设施网络安全威胁全球共享。

10.2.1　面向网络流量的已知威胁特征静态检测

面向网络流量的已知威胁特征静态、检测，重点针对 HTTP、SMTP、POP3、IMAP、FTP、CIFS 等多种互联网应用协议，Modbus、OPC、S7 等主流工业控制系统网络交互协议，以及移动互联网交互协议，基于百万数量级别的计算机病毒特征启发式文件扫描，实现多线程并发的木马、蠕虫、宏病毒、脚本病毒，以及深层次病毒压缩文件的有效控制和查杀技术。

以僵木蠕病毒为代表的恶意代码攻击，实现其具体的攻击功能的是一段攻击者精心构造的可执行代码 ShellCode，攻击过程通常是开启 Shell、下载并执行攻击程序、添加系统账户等。由于攻击程序中一定会包含 ShellCode，所以可以将是否存在 ShellCode 作为静态检测代码的依据。这种检测技术不依赖于特定的漏洞利用方式，可以实现已知威胁特征的有效检测。

需要注意的是，由于传统的 ShellCode 检测已经被业界一些厂商使用，因此攻击者在构造 ShellCode 时，往往会使用一些变形技术来规避。主要手段就是对相应的攻击功能字段进行编码，在攻击客户端时首先运行字段解码功能，对编码后的功能字段进行解码，进而执行解码后的功能字段，以实现客户端攻击。在这样的应用场景下，简单的攻击功能字段匹配就无法发现网络攻击威胁了。因此，在传统 ShellCode 检测基础上，当前研究增加了面向编码后的脚本片段解析功能，还原出了攻击功能字段明文，从而确保在新应用场景下依然可以检测出已知威胁攻击，ShellCode 检测具体流程如图 10-4 所示。

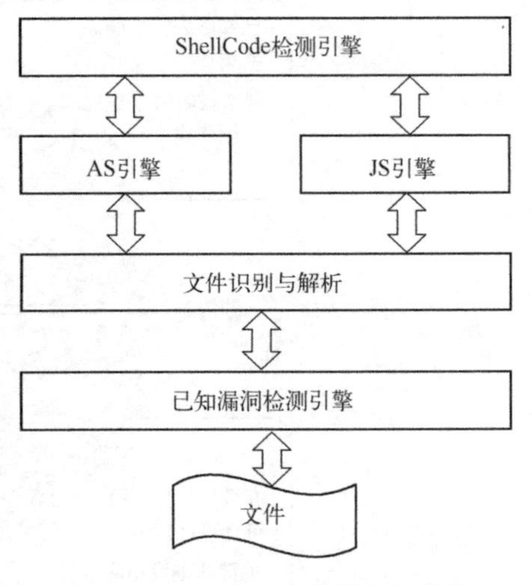

图 10-4　ShellCode 检测具体流程

面向网络流量的已知威胁特征静态检测，可进一步集成恶意代码静态反编译检测技术、恶意代码静态模拟执行技术，以及指令级的恶意代码静态检测技术，从而提高当前基于恶意代码已知特征的变种代码查全率与查准率。其中，恶意代码静态反编译检测技术是在检测过程中对恶意代码进行反编译，然后对反编译之后的指令进行判断。同传统的恶意代码签名匹配技术对比，基于静态反编译检测技术可以应对更多变形的情况，因为针对代码反编译之后的检测是基于汇编指令的语义进行判断的，而传统的签名匹配技术则是基于特征串判断。恶意代码反编译检测技术的关键点在于可疑指令搜索，针对反编译之后的代码汇编语句，应用预设语义规则匹配，实现恶意代码检出报警。

10.2.2　面向联网系统的已知隐患漏洞远程监测

研究信息安全漏洞静态检测模块，同时关注基于攻击特征的检测技术，以及攻击威胁造成溢出等漏洞利用的特征。在基于已知漏洞信息实现高精度检测的同时，研究归一化的漏洞静态检测规则，对利用同一漏洞的不同恶意软件做到完整的覆盖。

1．漏洞扫描器及漏洞检测脚本

远程漏洞扫描主要依赖于漏洞扫描框架以及漏洞检测脚本，漏洞扫描框架有 Nmap、Nessus、OpenVAS 等；漏洞检测脚本有 OpenVAS 的 nvt 库、Nessus 的 nasl 库等针对已披露的漏洞或弱点（如 CVE、NVD）。同时还可以通过编写的 POC 脚本，针对其他漏洞，如弱口令、高危服务、跨站脚本等。编写的 POC 脚本需要保证安全、有效和无害，尽可能避免扫描过程对目标主机产生不可恢复的影响。编写 POC 脚本的常规步骤如图 10-5 所示。

2．知识库及威胁情报匹配

在扫描的过程中，通常会探测目标的 IP、端口、Web 容器、脚本语言、框架、CMS、插件、服务等指纹信息，这些指纹信息可以与已掌握的威胁情报和漏洞知识库进行碰撞与匹配，进一步发现目标系统的安全隐患和安全事件。将威胁情报中的失陷主机信息和联网系统的 IP 地址进行匹配，从而发现监测对象是否存在被攻陷的主机。

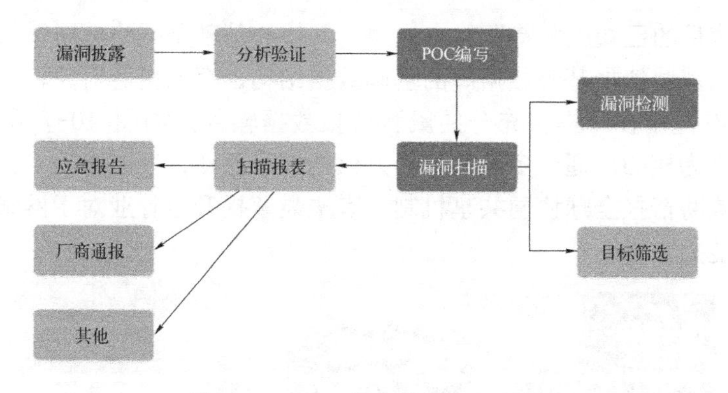

图 10-5　POC 脚本编写常规步骤

同时网站类的联网目标，可以基于爬虫获取网站的网页源代码，匹配已知特征，检测发现挂马方式的网页木马，如 Iframe、CSS、JS、SWF、ActiveX 等；也可以根据抓取的内容，匹配恶意样本库，发现网页篡改、暗链、敏感内容等异常网页。

3．构建分布式的远程监测平台

由于区域级的联网系统远程监测通常面对少则千计、多则至十万计的监测目标，单节点的扫描器和爬虫无法满足需要。所以有必要构建分布式的远程监测平台，远程监测平台通常需要具备以下的功能，支持资源的弹性伸缩以支撑扫描引擎的快速部署；支持集群服务高可用，保证周期性的远程监测服务稳定可靠；具备监测任务的智能分发，保证扫描集群高效运作；支持 POC 脚本的在线更新，保证漏洞的及时验证；支持数据质量和任务状态监控，保证监测任务的输出质量。分布式扫描集群功能架构如图 10-6 所示。

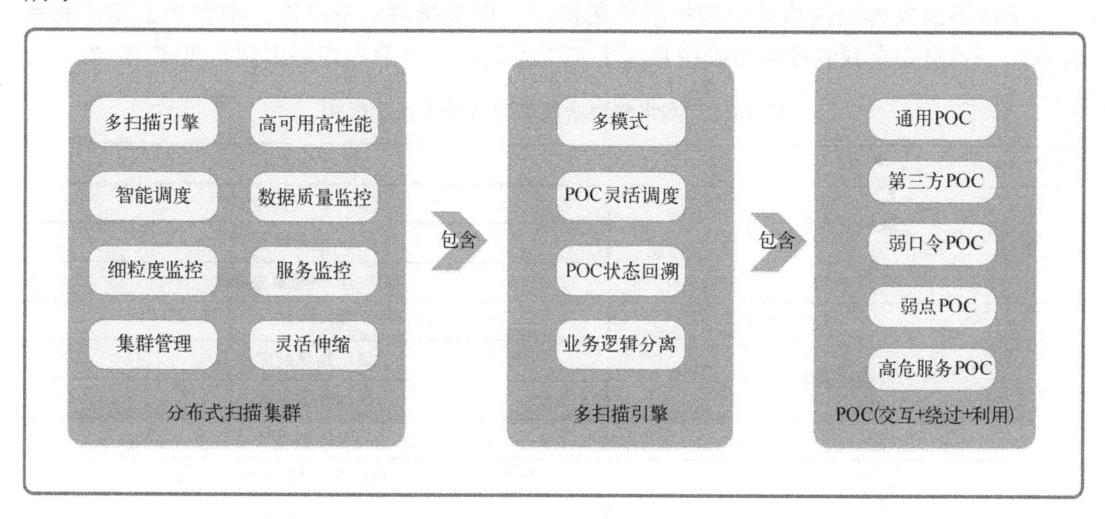

图 10-6　分布式扫描集群功能架构

10.2.3 网络威胁情报基础数据库建设

面向网络流量的已知威胁特征静态检测，其核心基础是网络威胁情报基础数据库的建设，确定网络威胁情报基础数据库的基础数据结构、存储内容对象，从而面向已知网络威胁特征静态检测技术提供充分的威胁情报数据输入，如图 10-7 所示。在此基础上，以威胁情报为核心，通过多维度、全方位的情报感知，同时建立“协同合作、和平利用”的网络威胁情报全球协同共享机制，有望显著提升全行业对于网络高级持续性威胁的主动防御能力。

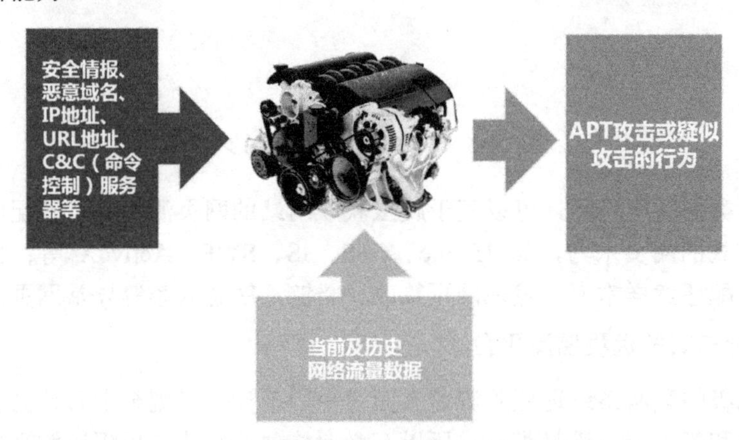

图 10-7　基于威胁情报的网络高级持续性威胁分析

现阶段建设的网络威胁情报基础数据库，数据来源于全球信息安全厂商威胁情报通报、网络安全社区威胁情报发布，以及以 CVE、NVD、CNVD 和 CNNVD 为代表的全球网络安全漏洞属性特征发布网站，以 ExploitDB 和 PacketStorm 为代表的漏洞利用代码、工具或信息发布网站，以及以 FreeBuf、91Ri.org 和 SecList 为代表的漏洞分析文章发布网站。

正在不断完善的网络威胁情报基础数据库主要包括联网资产库、信誉知识库、恶意样本库、信息安全漏洞库和基础信息库等若干方面，基础数据库基本架构见表 10-2。

表 10-2　网络威胁情报基础数据库基本架构

联网资产库	资产 IP 库
	资产 IP 指纹库
	资产 IP 地理映射库
	资产 IP 安全隐患库
信誉知识库	黑 IP 库
	黑网站地址库
	黑邮件地址库
	黑 DNS 库
恶意样本库	恶意样本 MD5 库
	恶意样本哈希库

（续）

信息安全漏洞库	漏洞属性特征库
	漏洞利用信息库
	漏洞分析文章库
基础信息库	社工库
	法律法规库
	安全事件信息库
	黑客组织信息库
⋮	⋮

当前，网络威胁情报基础数据库多通过云共享技术，在特定行业应用许可范畴内，将网络威胁情报基础数据库中的核心内容快速共享到全球同类设备中，从而增强对本地高级持续性威胁的分析能力，同时增强关键信息基础设施行业对于已知威胁的主动防御能力，具体如图 10-8 所示。

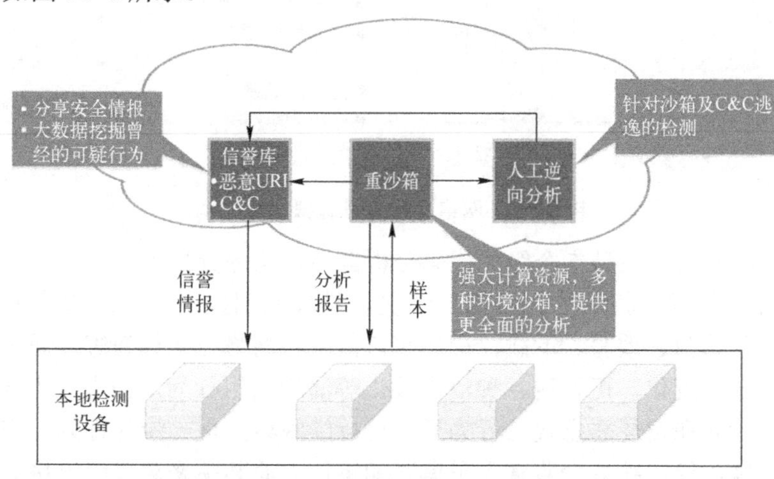

图 10-8　云端网络威胁情报共享机制

10.3　面向未知威胁的网络流量数据分析检测

以 0day 漏洞为代表的网络未知威胁，缺乏可直接用于静态检测的威胁特征，因此需要针对识别到的网络异常流量，重点研究异常流量虚拟执行监测技术。在此基础上，面向关键信息基础设施网络，分别研究两个层面的防御模型、从而构建网络高级持续性威胁主动防御框架。

10.3.1　针对网络异常流量的动态检测

基于二进制指令动态翻译实现的网络异常流量数据虚拟执行（动态）检测技术，重点研究在权限受限的虚拟环境中对异常流量虚拟执行后，形如进程注入、关键注册表项修改、恶意软件下载、外连可疑服务器、执行可疑指令、非法篡改设备程序、非法篡改系统数据等恶意行为的识别技术。在具备传统沙箱 API 级别行为监控的基础上，进一步攻关汇编指令级的系统行为监控技术，确保更早、更准确地检测到形如沙箱逃逸行为检测等恶意行为，从而达到更为全面的恶意行为检测效果。

面向网络未知威胁的异常流量虚拟执行检测，即动态检测技术，通过虚拟机技术建立多个不同的应用环境，观察可疑程序在虚拟计算环境中的行为，从而判断它是否存在攻击。虚拟执行检测技术可以检测已知和未知的威胁，并且因为分析的是实际应用环境下的真实行为，因此有望实现极低的误报率和较高的检出率，具体如图 10-9 所示。

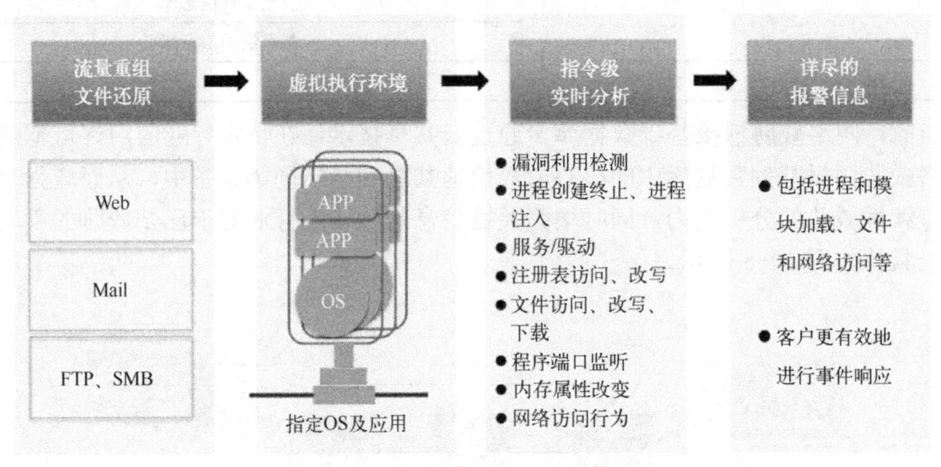

图 10-9　网络异常流量虚拟执行检测

虚拟执行检测重点突破指令级的代码分析能力，跟踪分析指令特征及其行为特征。具体指令特征包括堆、栈中的代码执行情况，进程的创建中止，进程注入，注册表访问、改写，文件访问、改写、下载，程序端口监听和网络访问行为等，通过指令运行中的内存空间的异常变化，可发现各种溢出攻击等漏洞利用行为，并进一步发现 0day 漏洞。虚拟执行检测在发现恶意代码行为后，可持续观察其进一步的行为，作为报警内容的重要组成，输出给网络安全监管人员追查和审计。而其中恶意代码连接命令与控制服务器的网络特征，也可以进一步被用来发现、跟踪僵尸网络（Botnet）。

虚拟执行检测工作，多在一台高性能服务器上运行多个虚拟机，同时利用并行的虚拟机加快执行检测任务，以实现在一个可扩展的平台处理现实世界的高速网络流量的目的，从而及时且有效地实现网络未知威胁监测。在每个虚拟机的操作系统环境中，并行执行潜在相似的恶意软件，有效地识别恶意软件的关键行为特征，构成多核虚拟化网络异常流量动态检测平台，具体如图 10-10 所示。

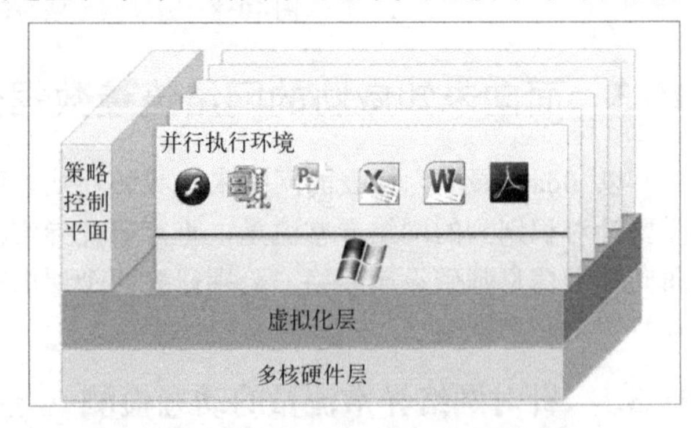

图 10-10　多核虚拟化网络异常流量动态检测平台

10.3.2 网络空间安全主动防御技术验证环境构建

单纯依赖网络异常流量动态检测，无法全面实现网络未知威胁的检测发现，所以需要进一步攻关网络空间安全主动防御技术验证环境构建技术。相关研究工作首先需要基于攻击者和被攻击者的互动体系框架，从网络空间安全主体的自身状态和环境因素出发，逐步创建网络空间安全主动防御体系基础理论模型，如图 10-11 所示。

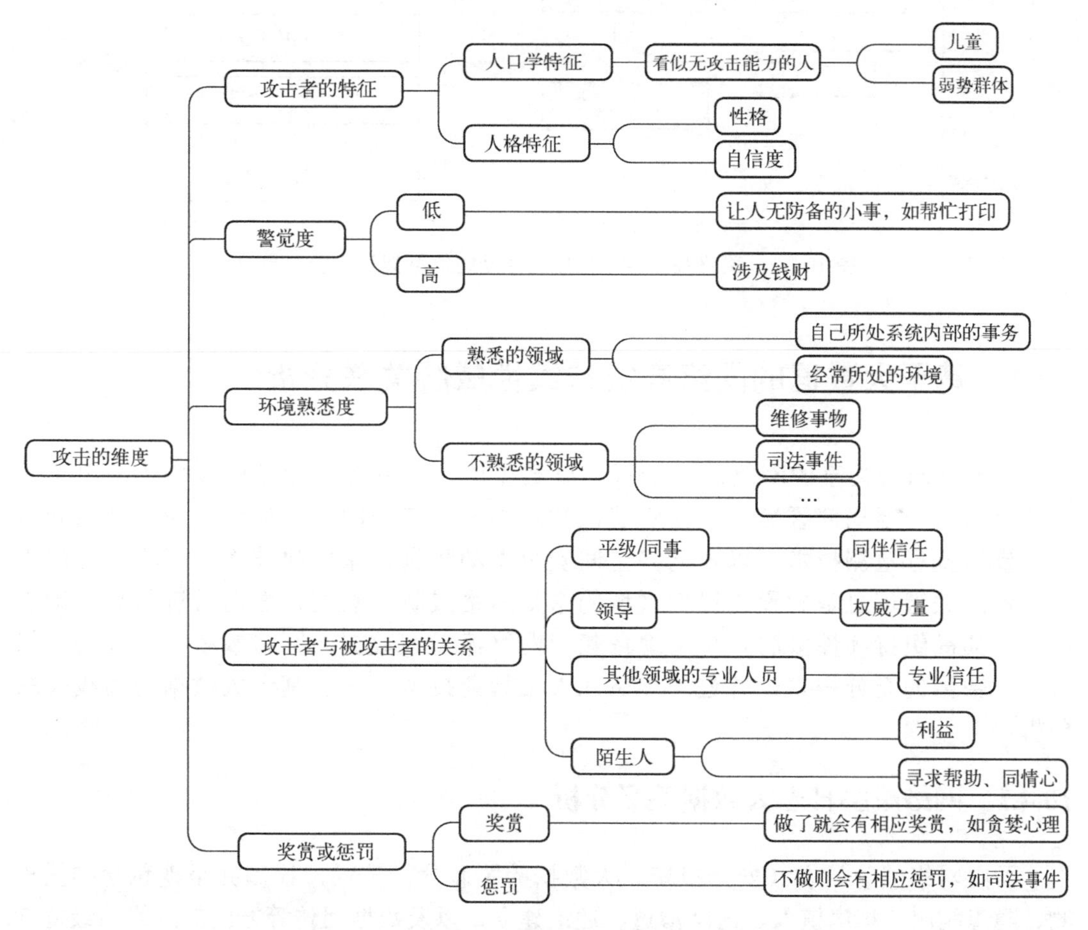

图 10-11　网络攻击者和被攻击者的互动体系框架

在此基础上，当前研究还进一步选取了具有典型意义的基于社会工程学（社工）网络攻击手段、方法及真实攻击事件，对常见的社工攻击类型进行网络建模和还原。利用攻击要素、攻击过程和属性特征，进行典型的网络攻击过程虚拟仿真，从而实现网络空间安全主动防御技术验证环境的构建，全面支撑网络未知威胁的检测发现，具体如图 10-12 所示。

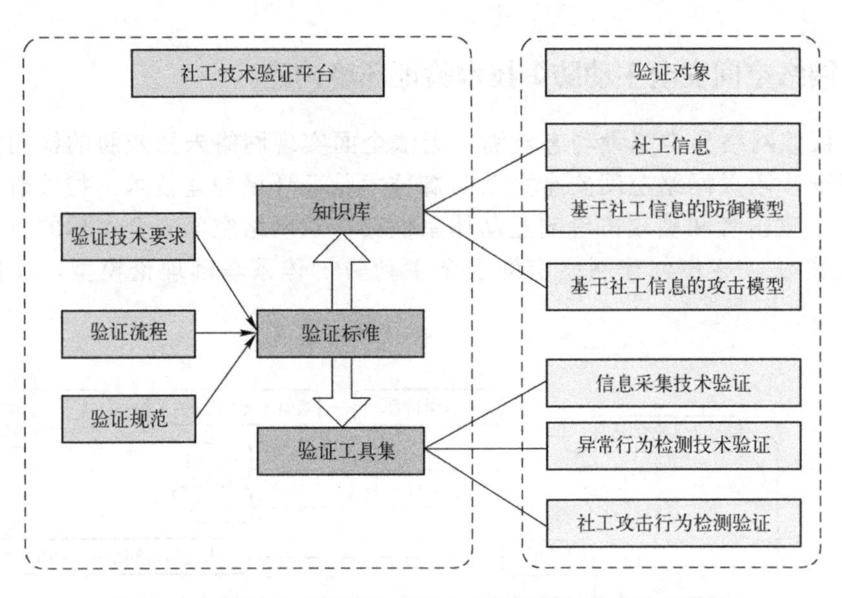

图 10-12　网络高级持续性威胁主动防御框架技术验证环境

10.4　基于大数据的网络高级持续性威胁关联分析

基于全球云共享的网络威胁情报基础数据库，可针对关键基础设施中的单个重要信息系统乃至局部区域，全面实现已知网络威胁特征的静态检测。应用网络异常流量虚拟执行检测技术，以及网络空间安全主动防御体系构建技术，同样也可深入防御针对关键信息基础设施局部区域的未知网络威胁。然而，面向关键信息基础设施网络的高级持续性威胁，更多地依赖于网络流量大数据、网络威胁日志（安全报警）大数据的充分积累，并进一步引入人工智能技术，实现基于大数据的离线关联分析。

10.4.1　网络威胁日志大数据关联分析

面向网络威胁日志（安全报警）大数据的关联分析技术，检测并呈现包含扫描探测、隐患利用、程序植入、内网渗透、通道建立，以及数据回传等方面的网络高级持续性威胁攻击路径全过程，并进一步形成面向网络高级持续性威胁的攻击前防疫、攻击中防御和攻击后降损理论。

网络威胁日志大数据关联分析技术，主要通过对关键信息基础设施网络环境中的威胁日志（安全报警）进行大数据动态挖掘学习，梳理网上非授权访问（黑名单）行为轨迹（攻击路径），实现业务逻辑和行为态势的统计分析，建立跨区域的网络访问行为特征（Profile）灰名单，支撑基于访问行为特征灰名单的非常态访问行为识别。同时，通过灰名单的自动关联分析进一步生成内网的黑、白名单规则，网络威胁日志大数据关联分析技术可以有效地识别异常行为和攻击，形成基于黑、白、灰名单的闭环匹配处理，其逻辑流程具体如图 10-13 所示。

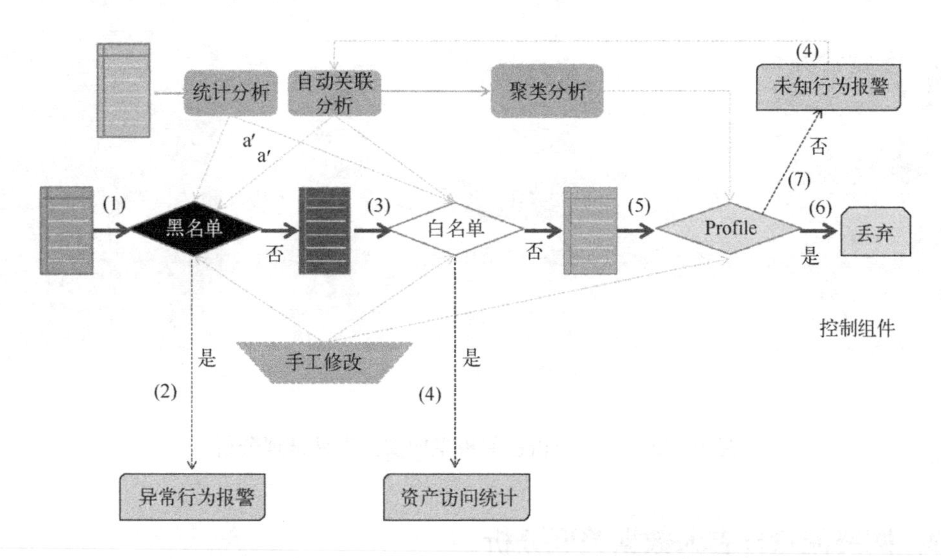

图 10-13　基于黑、白、灰、名单的异常行为建模匹配算法

研究基于攻击链的事件推理模型，入侵攻击链（Intrusion Kill Chain），也叫网络杀伤链（Cyber Kill Chain），是洛克希德 • 马丁（Lockheed Martin）公司的安全专家在 2011 年提出的用来保护计算机及网络安全的框架。他们提到，网络攻击是分阶段发生的，并可以通过在每个阶段建立有效的防御机制中断攻击行为。根据侦察、工具制作、投送、攻击渗透、安装工具、控制、恶意活动七个步骤，将报警分阶段标签，进一步基于攻击模型库中攻击事件的演变路径构建攻击链的分析模型。具体如图 10-14 所示。

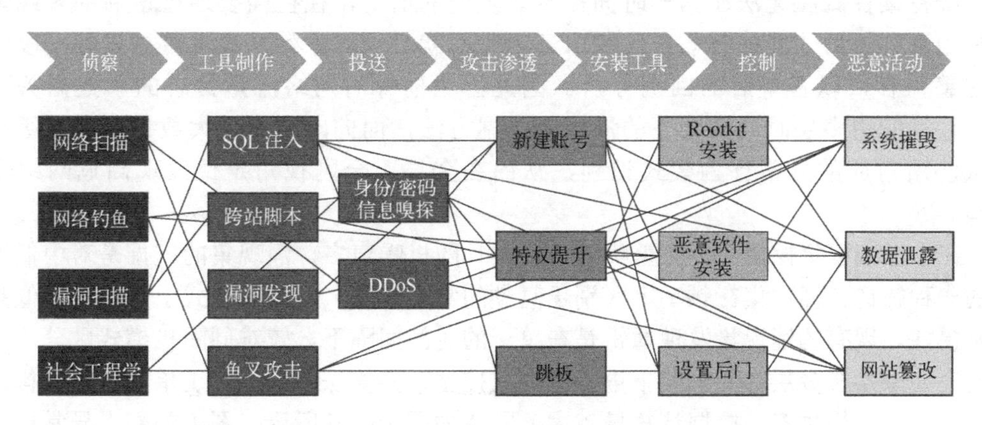

图 10-14　基于攻击链的事件推理模型

基于已构建的攻击链事件推理模型，对网络威胁日志进行预处理，参照包括同源、

同目的、同路径、事件分类等规则进行归一化，再根据攻击链模型推理出目标 IP 的被攻陷过程，基于攻击链的模型的安全事件推理分析如图 10-15 所示。

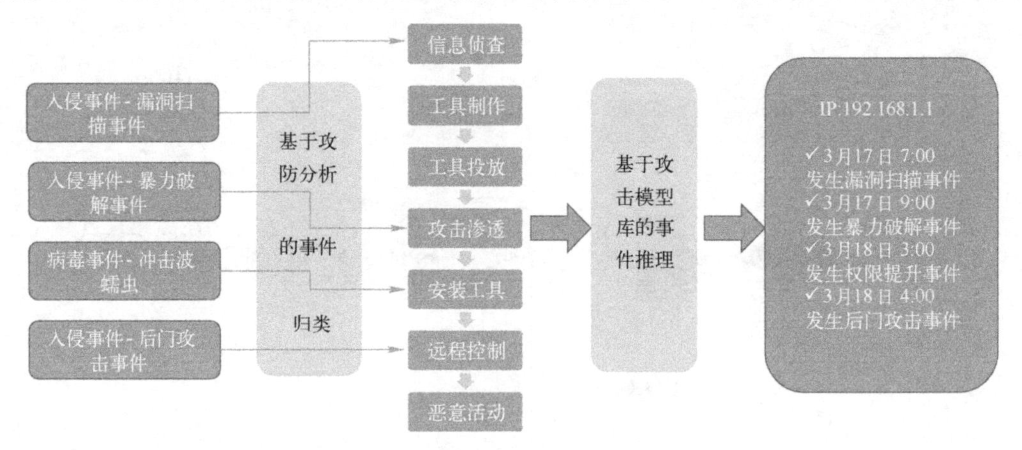

图 10-15　基于攻击链的模型的安全事件推理分析

10.4.2　网络流量日志大数据关联分析

面向网络原始流量日志大数据的关联分析技术，主要用于识别发现关键信息基础设施网络与重要信息系统的非常态化访问，以及多点信息对外传输总量过高等情形。解决高级持续性威胁在单点视角看来，往往呈现为正常网络访问行为，而在全局全网视角看来，存在重大网络安全风险且难以发现的现实需求。

网络高级持续性威胁和网络窃密行为越来越隐蔽，同时高级持续性威胁痕迹在大规模网络流量中只会占到非常小的比例，宝贵的攻击线索和窃密证据流量转瞬即逝，如果没有及时、完整地保存下来也就丧失了分析取证和研判的机会与可能。因此，针对高级持续性威胁无法在第一时间被及时发现的情况，往往需要通过事后的多线索关联和回溯分析后才能被有效定性和取证，进而就必须对原始全流量数据进行一段时间的完整保存，以备事后的回溯分析。因此，当前针对网络流量日志的大数据关联分析，往往应用多层时间框架下的涌现集挖掘方法，面向网络流量大数据实现高级持续性威胁所对应的异常行为模式识别，从而在全局、全网视角定位发现高危网络安全风险。

在中低频繁集挖掘中，频繁集的数量大且随机噪声多，涌现集的挖掘是对中低频繁集的一种筛选。涌现集在频率上区别于高频的常见模式，在涌现方式上区别于中低频的随机模式。现有的涌现集发现通常是在单一的时间间隔下，较难同随机模式区分。当前的研究成果是在多层时间框架下进行涌现集挖掘，其算法准确度高于单一时间结构，难点在于时间结构越多，挖掘计算量越大，具体如图 10-16 所示。图中的网上异常行为模式挖掘算法，同时针对近期时间中的单位时间模式与既往数据分类展开，基于大数据处理的并行方式进行，从而确保其具备高效的挖掘能力和良好的可扩展能力。

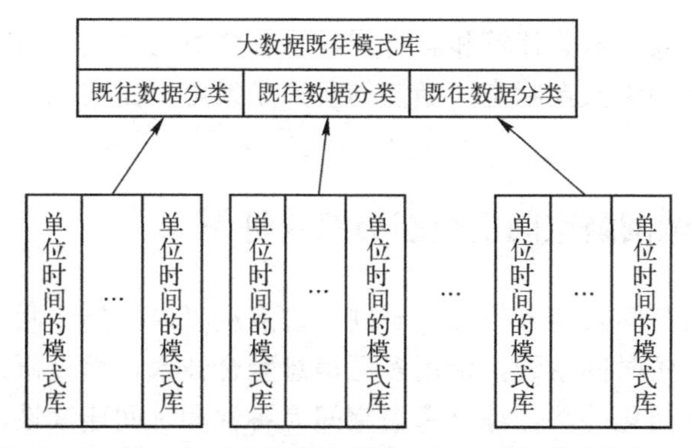

图 10-16　基于多层时间结构的网上异常行为模式挖掘算法

10.5　关键信息基础设施网络安全态势感知

本节立足于已知威胁特征静态检测结果、未知威胁流量动态检测结果，以及基于大数据的网络高级持续性威胁关联分析结果，研究单个重要信息系统乃至全网范围内的，关键信息基础设施网络高级持续性威胁可计算评价技术、网络安全态势综合研判技术，从而真正实现网络空间安全态势感知与监测预警的完整技术闭环。

10.5.1　单点及全网高级持续性威胁可计算性评价方法

单点及全网高级持续性威胁可计算性评价，重点在于突破单个重要信息系统乃至全网范围内的关键信息基础设施，网络安全态势指数量化计算与表达呈现关键技术。为此，当前研究一般是在多源网络安全事件归并关联处理后，依据网络高级持续性威胁攻击基础理论，进行网络安全指标映射和态势数据生成，并从多种视角可视化展现关键基础设施网络总体安全状态，具体如图 10-17 所示。

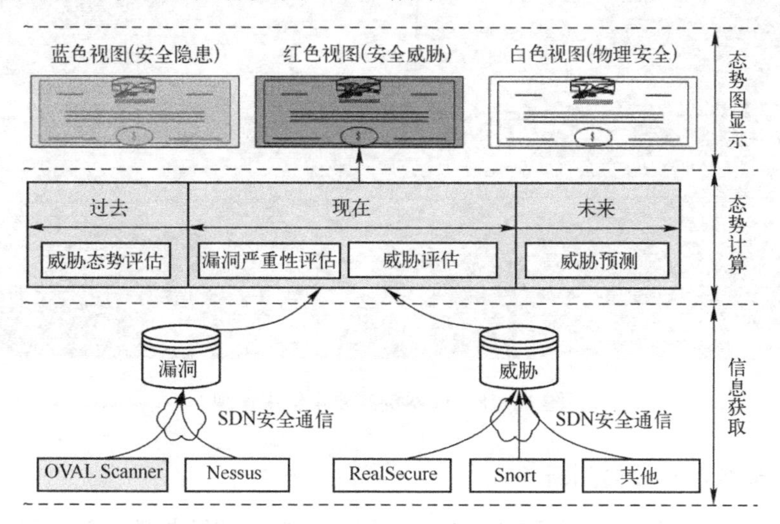

图 10-17　多层次、多角度网络安全态势指数量化计算与表达呈现

通过构建信息获取、态势计算和态势图显示三个不同层次，同时兼顾不同时段、不同方位、不同粒度的网络安全状态，当前的研究成果可全面实现网络安全态势指数量化计算与表达呈现。

10.5.2 单点及全网网络空间安全态势综合研判

单点及全网网络空间安全态势综合研判，重点从“内、外”两个空间角度，沿“过去、现在、未来”一条时间主线，借用多源信息融合技术，综合研判当前关键基础设施网络的安全状态及其演化趋势。综合考虑空间完备性和时间连续性，确保关键基础设施安全防护工作，具备明确的保障目标进行预案和决策。单点及全网网络空间安全态势综合研判，具体包含网络安全态势要素确定、网络安全态势评估判断，以及网络安全态势趋势预测等方面的关键技术突破。

1．网络安全态势要素确定

综合考虑网络、主机以及应用系统等多个层面的安全性，兼顾时间和空间要素，建立能实时准确反映网络安全态势的指标要素，具体包括病毒疫情、攻击威胁、资产风险、网络主机健康度等宏观指标，以及网络节点连通度、安全设备可用率、攻击强度与密度、病毒传播与危害级别、服务访问量、服务的用户数目等系列微观指标。其中，联网资产要素集中呈现如图 10-18 所示（详见本书配套资源）。

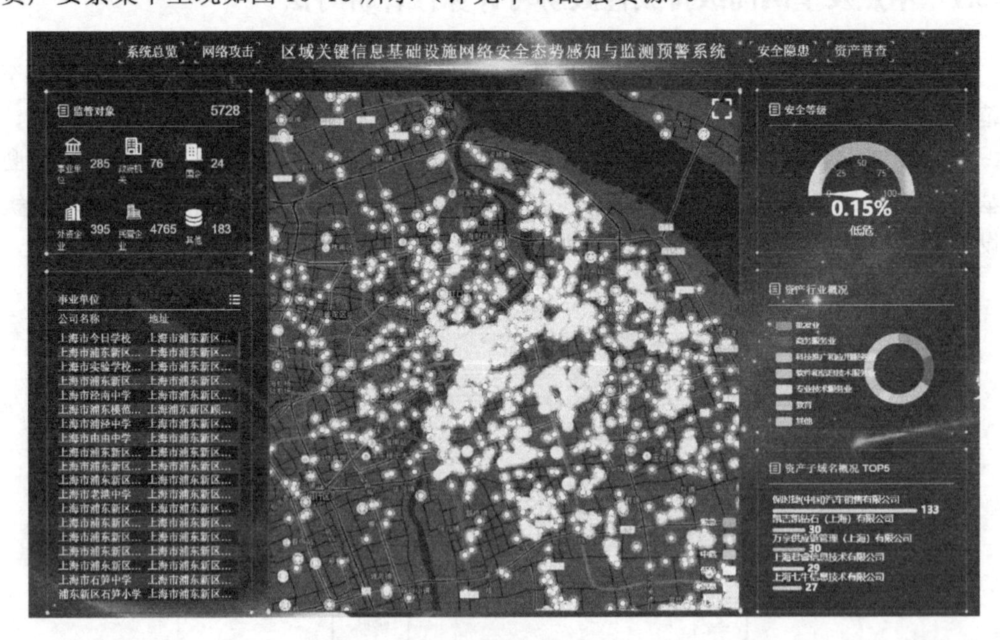

图 10-18　联网资产要素集中呈现

2．网络安全态势评估判断

计算机网络系统的安全体现在系统脆弱程度（自身的防护能力）、面临的威胁强度

（外部的攻击能力）、所处物理环境的安全三个方面。若系统没有面临任何外部威胁且物理环境良好，虽然自身十分脆弱，系统的安全目标也不会遭到威胁，仍然比较安全；若系统自身防护很好且物理安全程度高，面临的威胁强度很大，系统的安全目标仍有较大可能遭到威胁。因此，网络安全态势评估判断可细分为网络脆弱性分析、安全威胁程度测算和物理环境安全评估，主要包括单个脆弱点的检测、危及安全保护目标的组合漏洞的发现，当前威胁对系统安全的影响评估、物理环境的安全评估建模等，具体如图 10-19 和图 10-20 所示。

图 10-19　联网资产脆弱性集中呈现

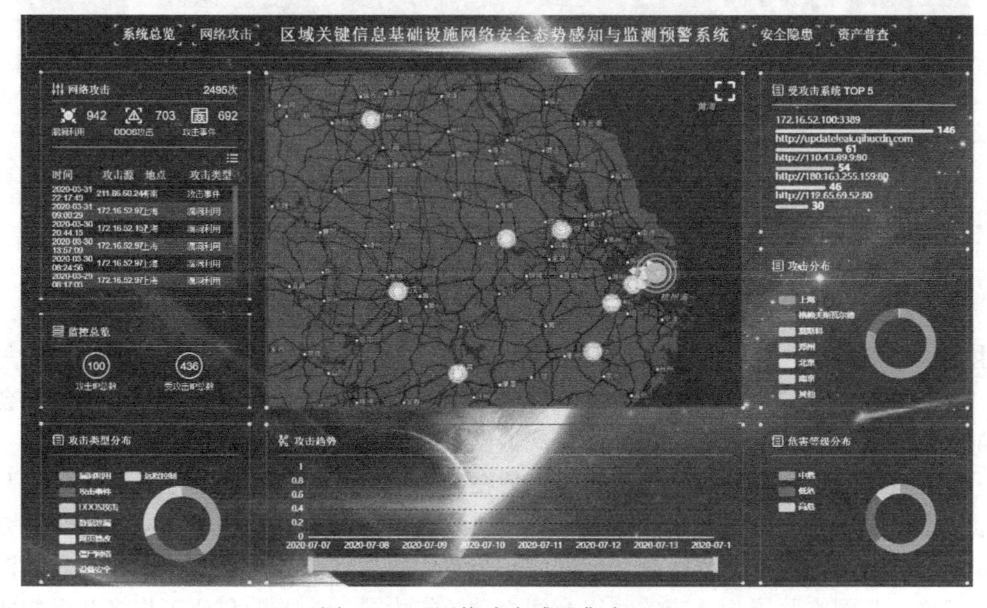

图 10-20　网络攻击威胁集中呈现

3. 网络安全态势趋势预测

态势预警是实现网络安全主动防御的关键环节，其重点研究如何利用海量的报警数据，发现黑客入侵规律，根据入侵前奏实现入侵行为的早期预测，预测系统未来可能遭受的入侵行为、黑客入侵的目的及可能遭受威胁的设备，即实现“分析过去，预测未来”的目的。基于历史的安全威胁评估结果，应用数据挖掘方法发现安全威胁的演化规律，重点实现网络安全态势趋势发展的宏观预测，从而指导当前系统安全策略的配置与调整。

同时，作为当前研究的热点与难点，关键信息基础设施安全性动态变化的可表达预测模型，旨在分别建立网络空间安全行为、运行和影响三种相互关联的模型。在此基础上，利用基于非稳态时间序列的预测方法，预测关键信息基础设施网络安全态势，并进一步绘制网络安全态势发展趋势曲线，如图 10-21 所示。

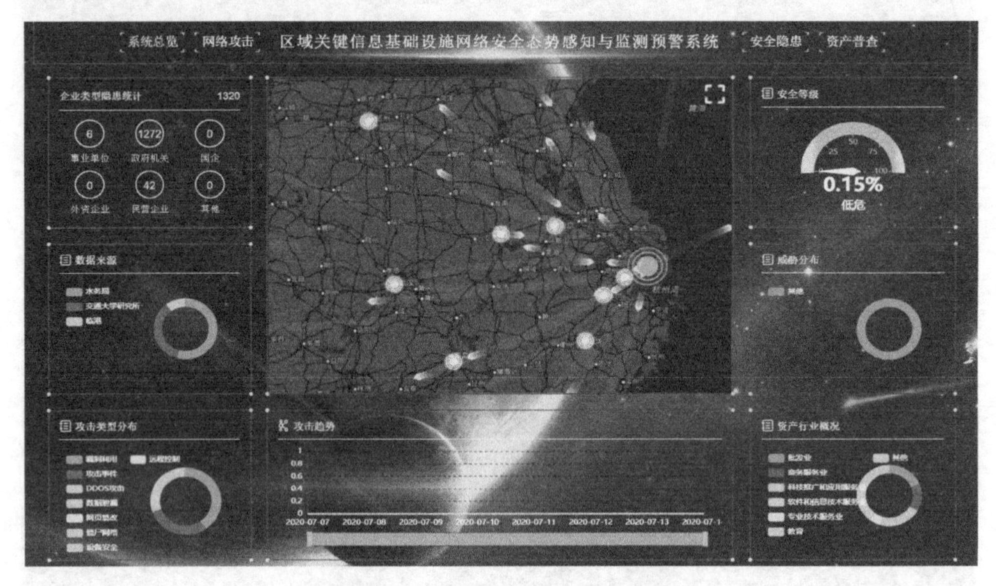

图 10-21　网络空间安全总体态势

10.6　本章小结

信息技术的广泛应用和网络空间的兴起发展，极大促进了经济社会的繁荣进步，同时也带来了新的安全风险和挑战。网络空间安全事关人类共同利益，事关世界和平与发展，事关各国国家安全。同时，维护我国网络空间安全是协调推进全面建成小康社会、全面深化改革、全面依法治国、全面从严治党战略布局的重要举措。

网络空间安全态势感知与监测预警，旨在建立统一高效的网络安全风险报告机制、情报共享机制、研判处置机制，准确把握网络安全风险发生的规律、动向和趋势。完善国家或区域网络空间安全监测预警和网络安全重大事件应急处置机制，建设与我国国际地位相称、与网络强国相适应的网络空间主动防御力量。当前的科研工作多从已知威胁静态检测、网络流量动态检测、大数据威胁建模分析、网络安全态势感知，以及多源异构的网络威胁情报基础数据库构建等方面展开。伴随着管理应用的不断深入，网络空间安全态势感知和监测预警基础理论与应用科研的难点问题还在持续涌现，需要学术界与工业界共同研究解决。

10.7 习题

1. 简述网络空间安全态势感知的定义。
2. 简述网络安全事件的定义及其分级与分类。
3. 简述网络威胁情报基础数据库主要数据来源及其内容组成。
4. 简述网络异常流量数据虚拟执行（动态）检测的基本过程。
5. 列举三个常用的漏洞扫描框架或工具。
6. 简述分布式扫描集群应具备的功能。
7. 列举三个常用的公开漏洞发布网站。
8. 简述洛克希德·马丁公司提出的攻击链的七个步骤。
9. 简述网络流量日志大数据关联分析的重要性。
10. 简述单点及全网网络空间安全态势综合研判的具体要素。

第 11 章　安全管理系统的应用及发展趋势

安全管理系统指通过一个中央管理平台，收集整合来自各种安全产品的大量数据，从海量数据中提取用户关心的数据，并对各种信息进行关联分析，准确判断发生了什么事件，以帮助用户对这些数据进行关联性分析和优先级分析，实时评估网络系统的安全态势与监测预警，为用户提供一个统一的安全信息终端，以查看网络安全设备的各种事件信息，了解网络系统的安全状况及运行趋势，实现安全监控与管理，将首席安全官从每天要查看上百万条来自防火墙、IDS 和防毒产品的事件信息的体力劳动中解放出来。

本章首先分析安全管理系统的需求，然后给出一些典型的应用案例，最后描述安全管理系统的现状及未来的发展趋势。

11.1　系统需求分析

随着信息通信技术、物联网、云计算等技术的快速发展，“互联网+”已经渗透到各个领域，“万物互联时代”已经悄然走进人们的身边。摄像机、路由器、汽车、智能医疗设备等全面网络互联，传统的安全设备、本地设备或者终端防护的手段已经无法有效发现未知威胁，无法有效解决“万物互联”时代带来的新的信息安全问题。本节从新时代的网络安全需求、网络安全防护状况和等级保护 2.0 的时代要求三方面入手，介绍安全管理系统的需求背景。

11.1.1　万物互联时代的安全需求

传统的网络攻击有黑客、病毒、恶意代码、DDoS 等，网络钓鱼、APT 攻击是新出现的网络攻击。网络钓鱼利用虚假信息引诱人们点击恶意网址，虽然现今人们对于网络钓鱼的防范意识有所提高，但仍需要安全管理和控制来确保企业网络的安全。APT 攻击即高级持续性威胁，这是一种利用先进攻击手段对特定目标进行长期持续性攻击的攻击形式，它的攻击原理相对于其他攻击形式更为高级和先进，其高级性主要体现在发动攻击之前利用社会工程手段对攻击对象的业务流程和目标系统进行精确的收集。对于新出现的网络攻击形式，系统化的网络安全管理体系必不可少，按照安全管理规范要求提高人员安全意识、规范安全行为、提高安全技能，是确保企业网络安全的关键环节。

更为重要的是，在如今万物互联的网络时代，人、机、物实现互联互通，物联网技术将各类原本独立的设备连接到网络中，如智能汽车、智能家居设备、智能便携设备等。与传统网络相比，物联网设备的感知节点大部分部署在无人监控的场景中，具有能力脆弱、资源受限等特点，传统计算机网络的安全算法和协议很难应用于物联网，导致物联网设备安全问题突出。物联网将网络连接和计算能力延伸到了计算机以外的传感器与日常物品，使得这些设备可以在较少人类干预的情况下生成、交换和消耗数据。如今物联网设备无处不在、始终联网，可能导致个人的隐私安全受到严重侵害，使得个人可以被更容易地识别、追踪和画像等。甚至可能导致企业机密信息的泄露，对个人安全和企业安全造成危害。因此，需要网络安全管理系统来对隐私数据和敏感数据进行管控与保护。近年来，物联网设备规模飞速扩大，到 2025 年，活跃的物联网设备数量将达 220 亿台，大量脆弱的物联网设备如果不能有效地管理、组织，也将会对企业安全造成严重危害。

在万物互联时代，大规模设备每时每刻都在产生数据，包括科学仪器、移动智能终端设备、传感网络，形成机器智能化、物质信息化、环境数字化、网络互联，人-机-物互联互通，互联网-物联网-CPS（信息物理融合系统）共生、共容的特点，工业 4.0 时代特点如图 11-1 所示。物联网与云计算、大数据、移动互联网等新技术的融合，使得安全问题比传统的 IT 网络更加多元、复杂，不仅会导致信息泄露、经济损失等问题，还会威胁到人身安全。不同于 PC 时代和移动互联网时代，在万物互联时代，大量的联网设备都具备一定的自动控制功能，而且物联网设备安全防护相对薄弱且数量巨大，出现了专门针对物联网的恶意软件僵尸网络、DDoS 攻击，一旦设备大面积失控，会导致大规模的隐私泄露、 经济损失，甚至给用户带来人身伤害。

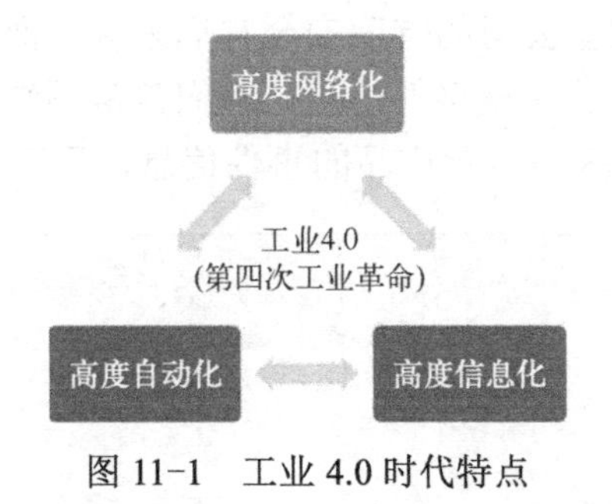

图 11-1　工业 4.0 时代特点

要解决“万物互联”时代带来的新的安全问题，必须从数据到人员、到技术全面应用大数据，需要一套行之有效的网络安全管理系统，支撑设备管理、策略管理、补丁管理、日志分析、事件管理，实现实时的安全态势感知。将大数据的方法与现代网络安全技术相结合，通过对各类网络行为数据的记录、存储和分析，从更高的视角、更广的维度上去发现异常、捕获威胁，实现对威胁与入侵的快速监测、发现和响应的数据驱动安全是未来解决万物互联时代安全问题的基本办法。

11.1.2　网络安全防护体系现状

目前，企业、政府等领域的安全防护体系现状呈现出以下两个特点。

（1）各自为政的网络安全产品使得安全管理系统呼之欲出

在信息社会中，面对层出不穷的网络安全问题，很多机构和部门都购置了各种各样的网络安全产品，诸如防火墙、入侵检测系统（IDS）、路由器以及启用系统审计日志等设备，分别在不同的方面保护网络系统的安全，记录、监控内部人员的滥用和外部的非法入侵活动，以确保网络信息系统的安全。但这些网络安全产品分别运行在不同的操作系统或硬件平台上，如何有效地对它们进行统一的管理和配置以及如何使它们进行互操作便成为使用者面临的一个主要问题。网络安全技术的不断发展，使得各种网络安全设备的配置和管理日趋复杂，缺少专业知识的一般系统管理人员很难胜任安全管理任务，而在安全设备配置上所犯的任何错误都可能使整个安全体系完全垮掉。因此，安全管理在某种程度上对网络安全起着决定性的作用。

（2）夹有噪音的海量安全事件急需后期的管理与分析

安全产品部署的过程中，最为严重和突出的现象是会出现大量的安全事件，一个标准的网络入侵检测系统采用默认的策略，在一个百兆的链接上每天可能产生超过千万数量的事件，海量的数据常常让安全产品变得没有任何意义，即使经过调整和优化的策略，也充斥着无意义的数据和误报。也正是因为这些原因，入侵检测等安全产品被人诟病。有些无效数据是由安全产品的机制自身导致的，它本身无法彻底解决该问题。Cisco 公司曾进行的调查表明，网络网关每个月所收集的安全事件的数量有成千上万条。这些数据中近 90%都是与安全关系不大而且与企业风险也毫无关系的、未经过滤的背景“噪音”和杂音，充斥着无意义的数据和误报（见图 11-2）。MITRE 组织报告安全设备每周平均产生 6 000 000 条报警，其中有 125 000 条优先级为 1 的报警，仅有 300 个入侵事件。对于中大型公司的首席安全官们来说，面对公司内几十、几百甚至上千台各种各样安全产品记录的海量事件信息，他们常常不知所措。大多数管理者每天要看上百万条来自防火墙、IDS 和防毒产品的事件信息，手工筛选这些信息是不现实的。

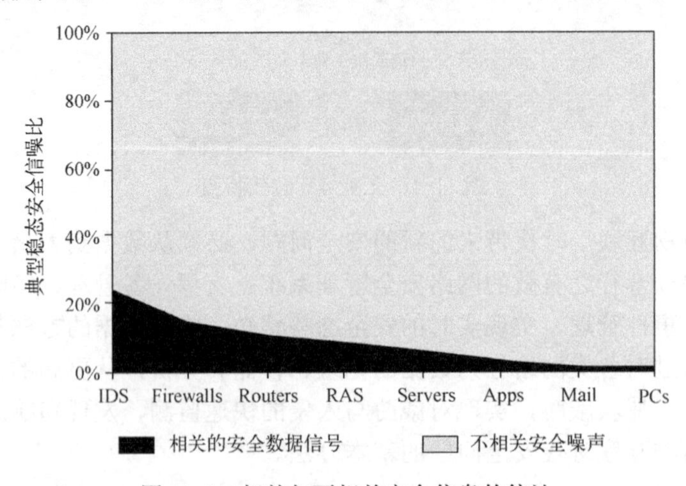

图 11-2　相关与不相关安全信息的统计

安全审计信息的日趋泛滥，对“网络”设备的影响非常严重。面对这些海量而且夹杂大量噪音的安全事件信息，传统的手工筛选分析耗时费力，管理员无法提取其关心的数据，不能区分表示真正安全威胁的消息，几乎不可能从背景“噪音”中识别出企业风险，不能进行关联性和优先级分析，不能确定对系统造成威胁的真实信息，更无法判断系统的安全威胁状况以及预测系统未来的安全趋势。很多企业的 IT 机构人员短缺、工具不足，缺少可用于自动收集和分析安全事件、提供系统安全态势的工具，不能轻松地发现和整合目前所部署的多种不同信息系统所产生的大量数据，缺乏可将数据转变为有意义和可行性信息的、以企业为核心的风险管理应用。

企业部署的大量安全产品带来了巨大的管理问题，资源匮乏、工具短缺及安全信息过多，推动了安全管理系统的出现，以帮助管理员分析、决策系统的安全风险状况以及预测未来的安全趋势，充分识别系统的安全风险，有针对性地采取有效安全防范措施。

11.1.3　网络安全等级保护 2.0 的时代要求

2017 年 6 月 1 日颁布实施的我国第一部网络安全领域的法律《网络安全法》规定了网络运营者需要承担的责任和义务，并制定了惩罚规定。《网络安全法》规定国家实行网络安全等级保护制度，网络运营者应当按照网络安全等级保护制度的要求，履行安全保护义务，保障网络免受干扰、破坏或者未经授权的访问，防止网络数据被泄露或者被窃取、篡改。

等级保护制度是《网络安全法》确立的我国网络安全的基本制度，保护对象涉及传统信息系统、大数据、物联网、云计算、移动应用、工业控制等领域。按照等级保护制度的要求建设、运维信息系统，满足《网络安全法》是信息系统单位应尽的责任和义务。在 GB/T 22239—2019《信息安全技术 网络安全等级保护基本要求》中，明确提出安全管理中心的要求，要求其具备系统管理、审计管理、安全管理和集中管控功能，其中系统管理要求对系统管理员进行身份鉴别，只允许其通过特定的命令或操作界面进行系统管理操作，并对这些操作进行审计，要求通过系统管理员对系统的资源和运行进行配置、控制与管理，包括用户身份和系统资源配置、系统加载和启动、系统运行的异常处理、数据和设备的备份与恢复等；审计管理要求对审计管理员进行身份鉴别，只允许他通过特定的命令或操作界面进行安全审计操作，并对这些操作进行审计，要求通过审计管理员对审计记录进行分析，并根据分析结果进行处理，包括根据安全审计策略对审计记录进行存储、管理和查询等；安全管理要求对安全管理员进行身份鉴别，只允许其通过特定的命令或操作界面进行安全管理操作，并对这些操作进行审计，要求通过安全管理员对系统中的安全策略进行配置，包括安全参数的设置、主客体的统一安全标记、主体授权及配置可信验证策略等；集中管控要求划分出特定的管理区域、建立一条安全的信息传输路径，对分布在网络中的安全设备或安全组件进行管控，要求对网络链路、安全设备、网络设备和服务器等的运行状况进行集中监测，对分散在各个设备上的审计数据进行收集汇总和集中分析，并保证审计记录的留存时间符合法律法规要求，要对安全策略、恶意代码、补丁升级等相关安全事项进行集中管理，对网络中发生的各类安全事件进行识别、报警和分析。

安全管理中心要实现三元管理（系统、安全、审计）和集中管控，在当前的网络安全等级保护测评实践中，被测系统往往将堡垒机、综合日志审计系统等多个安全产品组合起来，以实现网络安全等级保护 2.0 中的安全管理中心要求。在未来，统一的集中管理平台将成为企业安全防护的刚需，安全综合管理系统也是网络安全等级保护 2.0 的时代要求。

11.2 系统功能及特色

11.2.1 系统功能

安全管理系统产品实现了 3 个统一，即统一监控、统一管理、协同处理，可分成管理层面的职能和技术层面的职能，它的存在将企业的策略管理、安全组织管理、安全运作管理和安全技术框架有效地结合在一起，形成具备系统管理、审计管理和安全管理功能的安全管理中心。主要职能包括：风险评估与管理、资产管理、脆弱性管理、安全事件管理、安全任务单管理、安全预警管理、安全设备管理、报表管理、安全知识管理、态势管理等，如图 11-3 所示。

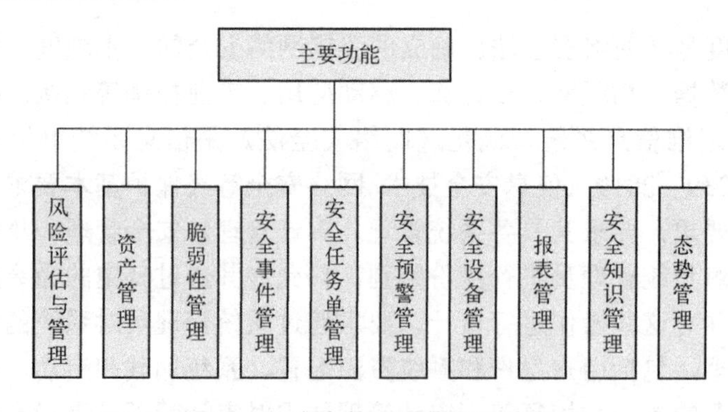

图 11-3　安全管理系统主要功能

（1）风险评估与管理

风险评估与管理是企业安全的关键，在进行安全监控和管理时，不应该割裂地看待企业的安全威胁、弱点和资产，而是应该把它们综合在一起，将风险作为唯一的指标来检查和管理企业安全。以资产为核心，综合不断更新的资产漏洞、不断产生的威胁事件，进行持续性风险计算，并将最后的量化风险归结到 5 个级别上，即持续性评估解决方案。系统除了持续性地计算每个资产的风险外，还持续性地按照业务系统和地域来综合计算业务系统和地域风险级别。

（2）资产管理

资产管理以资产为基础，每个管理员可以单独管理一棵资产树中的某个子树，其他的资产对他而言不可见。用户可以方便地查看每个资产的具体信息，并且可以查看每个资产的风险、漏洞和事件等信息。

（3）脆弱性管理

脆弱性管理除了支持以 IP 为核心的漏洞发现工具（传统的漏洞扫描系统）外，还支持基于风险和资产的漏洞管理概念，将风险管理系统和漏洞扫描工具无缝集成在一起，保证扫描的结果可以映射到资产，这些扫描的信息可以方便地被智能关联引擎使用，从而产生更加有效的作用，例如，扫描产生的端口和漏洞信息，可以用来判断被攻击的设备是否可能被影响，通过不同系统的信息关联和响应，还可以实现被动扫描，即当收到一定的报警信息后，立即发动对被攻击服务器的相应端口的扫描，以确认最新情况。建立基于 CVE 的漏洞映射索引，将多种扫描器的扫描结果进行集中管理，以支持用户可能使用多种扫描器的情况。

（4）安全事件管理

安全事件管理通过对事件的集中收集、管理和分析实现，主要功能包括事件收集、事件集中处理和实时关联分析。

事件收集能收集各种常见的安全设备或其他 IT 信息设备产生的各种与信息安全有关的日志、事件报警等信息，能够支持的事件源有：①在企业中广泛使用的不同型号、不同厂家的防火墙、入侵检测系统等安全设备；②操作系统记录的重要安全相关的日志和事件报警，支持各种版本的 Windows 和 UNIX 系统；③各种类型的数据库日志，如 Oracle、MS SQL Server；④防病毒系统、访问控制系统、用户集中管理和认证系统；⑤基于 SNMP Trap 和 Syslog 事件。收集事件源发送的安全事件方式有：①文件方式，可以通过读取事件源的日志文件，来获取其中与安全相关的信息；②SNMP Trap，接收来自设备的 SNMP Trap 的事件；③Syslog 方式，以 Syslog 方式接收安全事件；④ODBC，可以通过 ODBC 数据库接口获取事件源存放在各种数据库中的安全相关信息；⑤网络 Socket 接口，可以通过 TCP/IP 网络，以 Socket 通信的方式获得安全事件；⑥OPSEC 接口，可以接收来自本类型的安全事件服务器发送来的事件；⑦第三方代理或者应用程序，可以通过以上六种方式或者标准输出直接将安全事件转发给安全事件采集系统。

事件集中处理和实时关联分析主要负责对事件进行标准化、集中存储、合并、关联分析和统计，关联分析的主要方式如下。

1）Watchlist，允许指定一个文本值，关联引擎会在接收到的所有事项的所有 Meta-tag 中进行检查。

2）Advanced Watchlist，和 Watchlist 类似，但可以允许用户使用 Filter 进行检查。

3）Basic Correlation，可以对一段时间内、满足定义的条件的事件进行计数。

4）Advanced Correlation，不仅具有简单 Correlation 规则的所有特性，还可以就一段时间内满足条件的事件的某些 Meta-tag 进行再次比较。

5）Free Rule Language，允许使用关联语言来直接定义各种 Correlation 规则，这种方式支持最大程度的自由和多重数据嵌套处理。

（5）安全任务单管理

建立内嵌的工作流系统，针对安全事件的处理，定制具体的安全响应流程，任务单内容见表 11-1。

表 11-1　安全任务单

数 据 项	说　明
任务单编号	唯一标识任务单的编号。编制规则为：发出日期（格式为：YYYYMMDD）＋发送当天的流水号，如 20031117001
紧急程度	紧急或一般
现象描述	安全事件现象的简要描述
原因分析	对引起待处理的安全事件的原因的简要分析
处理意见	对如何处理该安全事件的建议
处理结果	任务单的处理结果
派单人	发出任务单的人
责任人	负责处理该事件的责任人
最长受理时间	责任人必须在规定的时间范围内受理该任务单。如果超过时间没有受理，系统通过 Email 和手机短信向责任人催办，同时通知派单人
最长处理时间	责任人必须在规定的时间范围内处理完该任务单，并上报处理结果。如果超过时间没有处理完，系统通过 Email 和手机短信向责任人催办，同时通知派单人

（6）安全预警管理

安全预警和资产、风险、威胁等功能紧密地联系在一起。预警信息包括预警 ID、预警类型、预警级别、预警内容、可能影响范围、可能后果、解决方案、生成时间、发布时间、发布人。其中预警信息的类型包括安全事件、异常统计、新的安全漏洞，预警的级别分为紧急、警告和一般。主要功能包括以醒目的方式显示当前安全预警信息、查看安全预警的详细信息、依据预备安全预警产生正式安全预警、手工生成正式安全预警信息等。

（7）安全设备管理

对防火墙、VPN、IDS、网闸、UTM 等各类安全设备和路由器、交换机等网络设备的运行状态进行集中监控和报警管理，并可以对设备的安全策略进行集中配置、分发和管理，协助用户实时掌握设备的工作状态和安全状况，确保用户网络的安全运行和管理的一致性。

（8）报表管理

以业界领先的 Crystal enterprise 平台为基础的基于 Web 的报表中心，用户可以方便地根据自身需求定制和导入报表，报表主要分为以下三个级别。

1）决策层报表：适合高级领导，对整个系统的业务进行概括性的统计分析。

2）执行层报表：适合部门经理，可以按照业务系统、地域和人员的组合分析其管理范围内的各种安全风险状况和安全维护情况。

3）安全管理员报表：适合安全管理员，列出各种统计和相关细节。

报表的种类分为资产统计报表、风险统计报表、安全事件统计报表、安全漏洞统计报表、安全评价统计报表、安全任务单报表、安全预警统计报表。

（9）安全知识管理

强大的安全知识管理机制实现了包括版本管理、搜索、社区协作及自动更新等功能，安全知识库的数据和来源如下。

1）安全漏洞：包括技术类漏洞和管理类漏洞，每一个漏洞都包含名称、描述、风险级别、演变过程、受影响系统、危害、详细的解决办法和操作步骤等内容。

2）安全通告：以最快的速度向用户提供最新的安全问题和病毒信息，这些通告也可导入知识库。

3）案例：所有工单和处理结果导入知识库。

4）方案和合同：安全及系统相关的方案、合同、实施手册、用户手册的电子文档可以导入知识库待查。

5）安全知识：安全园地、最新动态等安全相关信息可以导入知识库。

6）产品资料：产品相关的Datasheet、白皮书、用户手册等可以导入知识库。

7）BBS：通过讨论组来实现安全管理人员、安全技术人员的互动。

（10）态势管理

从内部安全隐患和外部威胁两个角度，可视化显示“过去、现在、未来”3 个时间段的安全态势图，分析安全威胁态势的演化规律。同时，分析过去、预测未来，预知网络系统下一时间段的网络安全状况，并在此基础上对网络安全采取有效的应对策略。

11.2.2 系统特色

安全综合管理系统具有以下特色。

1）开放性：能够管理各种网络安全产品，包括硬件设备（网络设备、安全设备、服务器等）、软件系统（操作系统、应用系统）。

2）跨平台：能够管理运行在各种操作系统上的安全产品。

3）互操作：管理的各个部件之间能够互相影响，一个部件的执行结果会影响另一个部件的策略，使之进行相应的调整。

4）分组管理：把被管理组件按类型、厂商、功能、位置等进行分组，对每组可采用统一的安全策略。以分组为基础，还可以提供分级管理，以适应大型网络的管理。

5）分布式管理：允许多个用户在不同的地方同时管理安全产品。

6）独立性：平台的使用不影响被管理部件的原有管理方式。

7）安全性：平台的通信协议采用加密、认证机制，保证平台及被管理部件的安全性。

8）综合分析：能够对收集的各种类型的数据进行综合分析，评估当前的网络安全状况，并给出应该采取的安全措施的建议。

11.3 系统应用及市场前景

网络安全综合管理系统很好地实现了安全服务和安全管理的有机结合，实现了统一监控、统一管理和协同处理，在实际的网络信息系统中得到了广泛应用，服务于信息系统的安全运维和安全事件的深层分析。下面给出两个典型的应用，包括企业面临的问题、解决方案和实施效果。

11.3.1 企业级网络安全管理系统应用

大东网络企业级网络安全管理平台 DD2000-C（以下称 DD2000-C）是专门针对企业级专线网络用户推出的一款安全、高效、使用简捷、易于管理和扩展的网络安全管理产品。该平台摆脱了过去纯粹依靠软件管理系统或者硬件防火墙的传统部署，依靠目前先进和成熟的架构，可实现防火墙、行为管理、数据库审计、主机审计等多项综合指标的安全管理职能。

参考计世网于 2007 年 4 月 23 日发表的大东网络的网络安全管理平台应用案例，大东网络企业级网络安全管理平台某公司应用案例中涉及的具体问题及解决方案如下。

（1）某公司面临的安全问题

该公司是专业从事家用家具设计开发的公司，该公司成立于 2002 年，拥有 40 名员工，办公网络为 35 台计算机，一名兼职网络管理人员负责办公网络的维护。2005 年开始，这家公司通过投入大量资金，开发出了多个系列的新款家具，深受市场欢迎，公司业务蒸蒸日上。然而随着业务发展，其业务活动日益频繁，同时也给其设计资料等的安全造成强烈的冲击，联网计算机多次遭受外来攻击，设计资料被窃取、病毒入侵、不规范上网和使用移动存储导致木马被植入等，让网络管理员整天疲于应付；另外，员工的大量时间用于 QQ/MSN 聊天，甚至网络游戏，使得公司因为办公网络管理工作的不健全蒙受巨大的经济损失，反映在网络信息安全方面其困扰主要表现在以下方面。

1）网络资源被 BT（一款免费的 BT/HTTP/FTP 下载软件）等占据，工作邮件传递困难，严重时一些网页不能正常打开。

2）员工工作效率低下。

3）由于公司办公网域内商业机密管理不严，知识产权处于严重缺乏保护的状态。

4）虽然公司内部建立了局域网，但是由于资金和专业维护人员的缺乏，导致公司内部网络事故频发，企业的正常工作受到影响。

5）企业管理机构对如何通过改善办公计算机网络环境，提高员工工作效率缺乏数据性分析资料。

（2）DD2000-C 解决方案

根据企业安全管理的基本架构，企业网络的核心安全模块包括防火墙、行为管理、数据库审计、主机审计、入侵检测、漏洞扫描等。一方面，对于这样的中小企业，由于其自身资源的制约，加上没有配置专业的技术管理人员，很难完成对防火墙、防病毒软件、入侵检测和防范系统进行昼夜管理的任务；另一方面，由于入侵检测及漏洞扫描设备价格过于昂贵，且实际意义不大，不适合中小企业使用。在充分了解了该公司的现实状况后，大东网络为其提供了兼备安全防范和管理控制双重职能的网络信息安全管理新产品：DD2000-C，其拓扑图如图 11-4 所示。

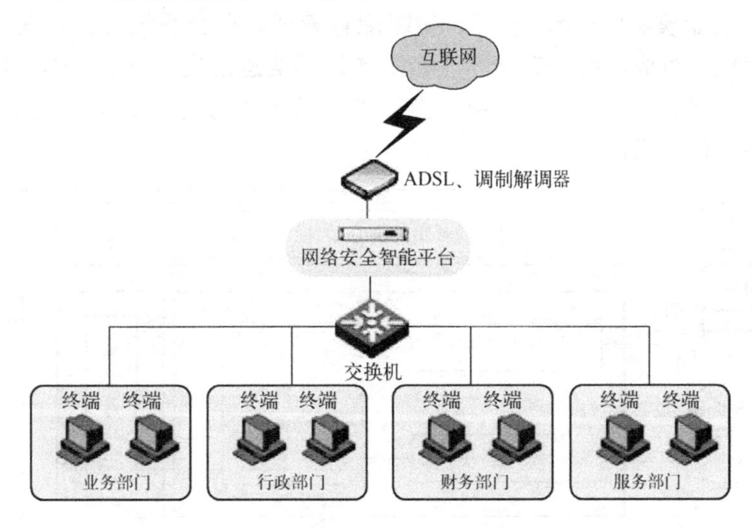

图 11-4　中小企业网络安全管理平台拓扑图

企业级网络安全管理平台 DD2000-C 以信息平台和网关级联动的模式对企业员工的上网行为进行了有效管理，并实现了网络流量控制与防火墙功能；为网络管理员提供管理分析数据和报告，防止企业机密资料外泄。选择使公司在提高工作效率的基础上，维护了商业核心机密，同时还解决了企业在信息安全方面的困扰。

（3）实施效果

在系统运行过程中，DD2000-C 根据该公司的具体需求为其提供了网络管理报告，实现了以下功能。

1）通过数据流监测，随时掌握网络状况。

2）抵御外来网络入侵。

3）对网络流量进行有效的控制，并通过 QoS 优化了网络资源且控制了网络带宽。

4）实现主机审计出具报告，对重要文档进行审计。

5）对员工上网行为进行管理，提高员工工作效率。

6）对防火墙实现联动，达到阻断攻击的目的。

7）通过网络安全管理平台，对整个系统的日志进行统一设置和管理。

11.3.2　安全综合管理系统在安全运维中的应用

启明星辰泰合信息安全运营中心（Taihe Security Operation Center，TSOC）是国内自主研发的一套综合安全管理系统。它将不同位置、不同资产（主机、网络设备和安全设备等）中分散且海量的安全信息进行规范化、汇总、过滤和关联分析，形成基于资产/域的统一等级的威胁与风险管理，并依托安全知识库和工作流程驱动对威胁与风险进行响应和处理，提供了网络架构的安全统一视点。

TSOC 采用成熟的浏览器、服务器和数据库架构，由“五个中心”（漏洞评估中心、网络管理中心、事件/流量监控中心、安全预警与风险管理中心以及响应管理中心）和“五个功能模块”（资产管理、策略配置管理、自身系统维护管理、用户管理以及安全知识管理）组成，综合在一个平台上实现了信息采集、分析处理、风险评估、综合展示、响应管理、流程规范等网络安全管理需具备的功能。图 11-5 为泰合信息安全运营中心体系结构示意图。

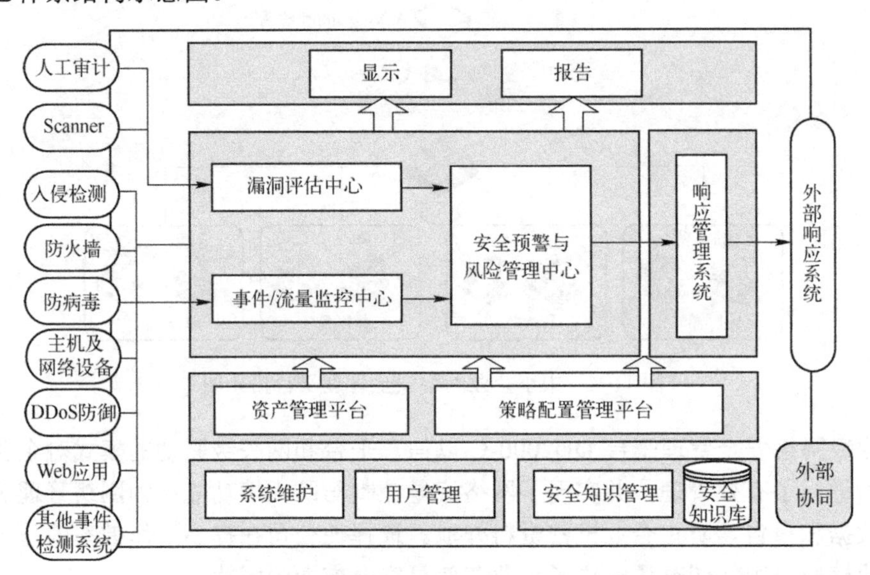

图 11-5 泰合信息安全运营中心体系结构

某商品交易所随着自身业务的不断提升，网络的建设也变得更加重要和复杂，为迎合日益扩大的系统及网络需求，准备将酝酿已久的整体网络和安全系统上线。由于该单位自身业务较为庞杂，设备多、管理烦琐，容易出现内部安全事故。因此，希望能够通过安全集成工作来实现权限的严格划分、设备信息的集中监控。参考至顶网（ZDNet）安全频道于 2008 年 11 月 11 日发表启明星辰助力该交易所搭建安全管理平台的信息显示，通过这个平台解决了以下问题。

1）集中汇总监控了六期系统的所有主机及网络设备、安全设备的事件及日志信息，确保了实时上报六期网络和主机系统中存在的动作。

2）解决了病毒、入侵信息及补丁管理系统产生的事件的实时上报和集中反馈，使系统存在的威胁通过安全管理平台统一反映。

3）实现了不同身份用户监控不同设备的统一界面登录功能，使得系统的管理和应急工作责权明确。

实施泰合信息安全运维中心之后，其强大的功能完全达到了用户的预期目标，对用户的日常安全工作起到了相当大的协助作用。

11.3.3 市场前景

物理隔离网闸、抗攻击网关、下一代防火墙、防病毒网关、身份认证、加密、入侵检测、防网页篡改、漏洞扫描和集中网管，已经成为目前安全市场的主流产品。网络安全越完善，体系架构就越复杂，管理的设备与日志就越多，就越离不开网络安全综合监控与管理系统。国家网络安全规划是一个中心、三重防护，即安全管理中心、安全通信网络、安全区域边界、安全计算环境，其中安全管理中心包含系统管理、审计管理、安全管理和集中管控四个控制点，且集中管控是重中之重。集中管控控制点偏向日常安全运维，主要包括集中管理区域、策略管理、漏洞管理、日志管理、安全事件管理，满足这个控制点的要求就需要安全综合管理系统的支撑。重要的是，等级保护对象已经从传统信息系统扩展到云平台、大数据、物联网、移动应用以及工控系统，涉及的领域非常广泛。信息系统运营企业必须要遵守《网络安全法》的相关条款，根据等级保护制度的要求开展安全规划、安全建设和安全运行。安全综合管理系统的需求将会逐年递增，市场前景良好。

11.4 系统发展趋势

目前，安全管理系统有的建立在安全产品和事件的基础上，有的以资产为核心建立全面的安全管理体系。由于安全管理系统的优势，对于那些由大量安全产品保护的网络公司来说是非常有吸引力的。

由于异种设备事件信息采集研究开展的时间较长，技术较为成熟，现在大多数厂商都支持几种流行的信息格式，所以安全综合管理系统在采集事件信息这一方面表现得较为优秀。但对于安全事件信息关联和优先级划分，由于发展的时间较短，现在还不是很成熟，体现在以下两方面。

1）对于安全综合管理系统来说，要给用户提供各种视图和各种工具，定义关联性和优先级，目前该产品提供的视图和工具还不够丰富。

2）对于用户来说，要对各种网络安全设备的相互关系有深刻的理解，并具有丰富的安全知识，能利用各种视图和工具确定事件的关联关系，而且能洞察网络各部分的重要性级别，设定合理的安全优先级，目前有些用户对各种网络安全设备的协同关系的理解还不够深入。

未来的安全管理系统将向以下几个方向发展。

1）与网络管理系统融合。在不久的将来，人们操作网络上的一个系统的主要原因很可能与安全有关。安全方面的管理任务在网络管理的比重将越来越大，而且人们希望能有一个统一的终端来查看网络的状况，包括安全信息和各种应用的流量。所以许多专家认为，安全综合管理系统和 NMS（网络管理系统）走向融合将是大势所趋。

虽然安全综合管理系统能处理各种安全工具的信息，但它们不能分辨其他的网络流量，而 NMS 可以提供其他流量的信息，两者的融合给企业提供了一个完整的平台，可以对网络状况进行更加全面的观察和分析，有利于用户判断哪些信息是对自己有意义的，确定哪些信息是优先级比较高的，从而减轻用户的负担，提高用户判断的准确性。此外，安全综合管理系统无法对发现的危险采取响应措施，而很多公司的管理者希望发现问题后能及时响应，安全综合管理系统与 NMS 的融合很好地解决了这个问题，安全综合管理系统可以通过 NMS 进行迅速响应，如对攻击进行阻断、关闭端口、修改网络设备策略或升级网络设备系统软件等。

2）深层次挖掘数据含义。来自 Aberdeen Group 的 Jim Hurley 认为，未来的安全综合管理系统应提供工具来挖掘数据的含义，他给下一阶段的安全综合管理系统定位为"管理与应用技术系统有关的商业风险"，能提供评价 IT 系统服务水平的信息。对审计的数据进行系统的挖掘，还具有非常特殊的意义，例如，可以了解内部人员使用网络的情况，或对外部用户感兴趣的公司产品和内容进行总结，了解用户的兴趣和需求等，实现审计并不完全是检查安全问题。

安全综合管理系统可能实现的一些新特性包括：能连续重建"正常形态"的综合性"学习模式"，与用于修复和补救的任何系统相集成。

随着针对"开放式"审计事件记录数据的新标准的出台，IT 用户将能更容易地找到选择余地更大、以企业为核心的先进安全综合管理解决方案。

3）面向新型网络系统的安全管理。云计算、大数据中心、物联网、移动互联及工业控制系统是近年来出现的新技术和新应用，这些新型网络系统给传统网络安全管理系统带来了挑战，如数据采集、众多节点管理与展示、实时态势感知等。未来的安全综合管理系统需要拓展到新型网络系统的安全管理，需要引入大数据分析框架、分布式数据库、图数据库等技术，提高安全管理系统的分析性能。

11.5 本章小结

各自为政的网络安全产品和夹有噪音的海量安全事件急需后期的管理与分析，网络信息系统的安全管理系统应运而生。

安全综合管理系统具有风险管理、设备管理、资产管理、安全事件管理、态势评估与管理等功能，实现了统一监控、统一管理和协同处理，它的存在将企业的策略管理、安全组织管理、安全运作管理和安全技术框架有效地结合在一起。安全综合管理系统具有开放性、跨平台、互操作、独立性、安全性和综合分析的特点，应用市场前景良好。

物理隔离网闸、抗攻击网关、防火墙、防病毒网关、身份认证、加密、入侵检测和安全综合管理系统，已经成为安全市场的 8 大趋势。

企业级网络安全管理平台的应用案例和 TSOC 在某交易所安全管理的典型应用，证明了安全综合管理系统成功地实现了网络系统的管理和监控。

目前，安全综合管理系统在采集事件信息方面实现得较好，但安全事件信息关联和优先级划分还不是很成熟，提供的视图和工具还不够丰富。未来的安全综合管理系统将与网络管理系统、修复和补救的任何系统融合，以便对发现的危险采取响应措施。同时，可以融入数据挖掘工具，分析数据的含义，对网络系统进行更高层次的分析。

11.6 习题

1．网络安全综合管理系统的实用性如何？
2．简述网络系统安全管理的发展现状。
3．网络安全管理系统未来会向哪些方向发展？

附录　常用缩略语

A

ACC	聚合与关联组件	Aggregation and Correlation Component
AGO	累加生成操作	Accumulated Generation Operation
AI	人工智能	Artificial Intelligence
AIS	人工免疫系统	Artificial Immune System
ALE	年度损失期望	Annualized Loss Expectancy
AOI	面向属性的归纳	Attribute-Oriented Induction
API	应用编程接口	Application Programming Interface
APPS	应用软件	Application Software
ARO	年度发生率	Annualized Rate of Occurrence
ARP	地址解析协议	Address Resolution Protocol
ARPA	高级研究计划署	Advanced Research Project Agency
ARPANET	高级研究计划署网络	Advanced Research Project Agency Network
APT	高级持续性威胁	Advanced Persistent Threat
AS/NZS 4360	《澳大利亚/新西兰风险管理标准》	Australian/New Zealand Standard 4360
ASSET	自动化安全自评估工具	Automated Security Self-Evaluation Tool
AVS	反病毒系统	Anti-Virus System

B

BP	基本实践	Basic Practice
BS7799	英国标准 7799	British Standard 7799
BSI	英国标准协会	British Standard Institute

C

CA	安全通信代理	Communication Agent
CC	通用评估准则	Common Criteria
CCTA	中央计算机与电信局	Central Computer and Telecommunications Agency

CERT/CC	应急技术处理协调中心	Computer Emergency Response Team/Coordination Center
CGI	公共网关接口	Common Gateway Interface
CIA	中央情报局	Central Intelligence Agency
CIDF	公共入侵检测框架	Common Intrusion Detection Framework
CIF	组件影响因子	Component Impact Factor
CLA	安全日志分析器	CyberSafe Log Analyst
CNCERT/CC	国家计算机网络应急技术处理协调中心	National Computer Network Emergency Response Technical Team/Coordination Center of China
CNNIC	中国互联网络信息中心	China Internet Network Information Center
CNNVD	国家信息安全漏洞库	China National Vulnerability Database of Information Security
CNVD	国家信息安全漏洞共享平台	China National Vulnerability Database
COMPUSEC	计算机安全阶段	Computer Security
COMSEC	通信安全	Communication Security
CORA	成本风险分析	Cost-of-Risk Analysis
CORBA	公共对象请求代理体系结构	Common Object Request Broker Architecture
CPS	信息物理融合系统	Cyber-Physical Systems
CPT	条件概率表	Conditional Probability Table
CPU	中央处理单元	Central Process Unit
CRAMM	CCTA 风险分析与管理方法	CCTA Risk Analysis and Management Method
CSI	犯罪现场调查小组	Crime Scene Investigation
CSPM	集中化的安全策略管理	Centralized Security Policy Management
CTCPEC	加拿大可信计算机产品评估准则	Canadian Trusted Computer Product Evaluation Criteria
CVE	通用漏洞批露	Common Vulnerability and Exposure

D

DAO	去中心化的自治组织	Decentralized Autonomous Organization
DARPA	美国国防高级研究计划署	Defense Advanced Research Projects Agency
DBMS	数据库管理系统	Database Management System
DDoS	分布式拒绝服务攻击	Distributed Denial of Service

DMR	误导抑制率	Decreased Misleading Rate
DNS	域名系统	Domain Name System
DoS	拒绝服务攻击	Denial of Service
DR	文件审核	Document Review

E

EAC	年度损失期望	Estimated Annual Cost
ECA	事件关联与分析	Event Correlation and Analysis
EF	暴露因子	Exposure Factor
eMBB	增强型移动宽带	Enhanced Mobile Broadband

F

FBI	联邦调查局	Federal Bureau of Investigation
FIPS	联邦信息处理标准	Federal Information Process Standard
FISMA	联邦信息安全管理法案	Federal Information Security Management Act
FTP	文件传输协议	File Transfer Protocol
FW	防火墙	Firewall

G

GCI	格兰杰因果指数	Granger Causality Index
GCT	格兰杰因果检验	Granger Causality Test
GM	灰色模型	Grey Model
GMITS	IT 安全管理指南	Guidelines for the Management of IT Security
GUI	图形用户界面	Graphical User Interface

H

HIDS	基于主机的入侵检测系统	Host-based Intrusion Detection System
HTTP	超文本传输协议	Hyper Text Transfer Protocol

I

IA	信息保障	Information Assurance
IBM	国际商业机器	International Business Machine
ICMP	互联网控制报文协议	Internet Control Message Protocol
IDE	集成设备电路	Integrated Device Electronics

IDES	入侵检测专家系统	Intrusion Detection Expert System
IDMEF	入侵检测消息交换格式	Intrusion Detection Message Exchange Format
IDS	入侵检测系统	Intrusion Detection System
IDWG	入侵检测工作组	Intrusion Detection Work Group
IDXP	入侵检测交换协议	Intrusion Detection Exchange Protocol
IEC	国际电工委员会	International Electrotechnical Commission
IETF	互联网工程任务组	Internet Engineering Task Force
IKE	互联网密钥交换	Internet Key Exchange
IP	互联网协议	Internet Protocol
IPS	入侵防御系统	Intrusion Prevention System
IPSec	IP 安全	IP Security
ISMS	信息安全管理体系	Information Security Management Systems
ISO	国际标准化组织	International Standard Organization
ISP	互联网服务供应商	Internet Service Provider
IT	信息技术	Information Technology
ITIL	IT 基础架构库	Information Technology Infrastructure Library
ITSEC	信息技术安全评估准则	Information Technology Security Evaluation Criteria
ITU	国际电信联盟	International Telecommunication Union

J

JDL	实验室理事联席会	Joint Directors of Laboratories

K

KDD	知识发现	Knowledge Discovery
KPMG	毕马威	Klynveld, Peat, Marwick, Goerdeler

L

LAN	局域网	Local Area Network

M

MAC	介质访问控制	Media Access Control
MAN	城域网	Metropolitan Area Network
MD5	消息摘要算法	Message-Digest Algorithm
METF	安全目标失败的平均代价	Mean Effort to Security Failure

MIB	管理信息库	Management Information Base
MICTS	信息和通信技术安全管理	Management of Information and Communications Technology Security
ML	无记忆	Memoryless
mMTC	大规模机器通信	Massive Machine Type Communication
MS	管理体系	Management System
MSAT	微软安全分析工具	Microsoft Security Analysis Tool
MSS	安全服务托管	Managed Security Services
MSSP	安全服务托管提供商	Managed Security Services Provider

N

NIDES	网络入侵检测专家系统	Network Intrusion Detection Expert System
NIDS	基于网络的入侵检测系统	Network-based Intrusion Detection System
NIST	美国国家标准与技术研究院	National Institute of Standard and Technology
NIST SP	NIST 特殊出版物	NIST Special Publication
NMS	网络管理系统	Network Management System
NOC	网络操作中心	Network Operations Center
NSA	国家安全局	National Security Agency

O

OCTAVE	可操作的关键威胁、资产和薄弱点评估	Operationally Critical Threat, Asset, and Vulnerability Evaluation
ODBC	开放数据库互连	Open Database Connectivity
OPC	用于过程控制的 OLE	OLE for Process Control
OS	操作系统	Operation System
OSIRM	开放系统互连参考模型	Open System Interconnection–Reference Model

P

P2DR	策略、保护、检测和响应	Policy, Protection, Detection 和 Response
PA	过程区	Process Area

PDCA	计划-执行-检查-处理	Plan-Do-Check-Action
PDU	协议数据单元	Protocol Data Unit
PLC	可编程逻辑控制器	Programmable Logic Controller
PPP	点对点协议	Point-to-Point Protocol

Q

QoS	服务质量	Quality of Service

R

RDBMS	关系数据库管理系统	Relational Database Management System
RFC	请求评议	Request for Comments
RTSA	实时安全监视	Real-Time Security Awareness

S

SAN	存储区域网	Storage Area Network
SCADA	数据采集与监视控制系统	Supervisory Control and Data Acquisition
SCSI	小型计算机系统接口	Small Computer System Interface
SDLC	系统开发生命周期	System Development Life Cycle
SEM	安全事件管理	Security Event Management
SIF	系统影响因子	System Impact Factor
SIFT	安全事件融合工具	Security Incident Fusion Tools
SIM	安全信息管理	Security Information Management
SIMS	安全信息管理方案	Security Information Management Solution
SLE	单一损失期望	Single Loss Expectancy
SM	安全管理	Security Management
SMC	安全管理中心	Security Management Center
SMI	管理信息结构	Structure of Management Information
SMTP	简单邮件传输协议	Simple Mail Transfer Protocol
SNMP	简单网络管理协议	Simple Network Management Protocol
SOC	安全运维中心	Security Operation Center
SP	特别出版物	Special Publication
SPC	统计过程控制法	Statistical Process Control
SQL	结构化查询语言	Structure Query Language
SSE-CMM	系统安全工程能力成熟度模型	Systems Security Engineering Capability Maturity Model

SSFNet	可扩展仿真架构网络	Scalable Simulation Framework Network
SSL	安全套接层	Secure Sockets Layer

T

TCP	传输控制协议	Transport Control Protocol
TCSEC	可信计算机安全评估准则	Trusted Computer Security Evaluation Criteria
TM	全记忆	Total Memory
TR	技术报告	Technical Report

U

UDP	用户数据报协议	User Datagram Protocol
UML	统一建模语言	Unified Modeling Language
UPS	不间断电源	Uninterruptable Power System
uRLLC	高可靠低时延	Ultra Reliable & Low Latency Communication
UTM	统一威胁管理	Unified Threat Management

V

VI	脆弱性指数	Vulnerability Index
VPN	虚拟专用网	Virtual Private Network

W

WAN	广域网	Wide Area Network

X

XML	可扩展标记语言	Extensible Markup Language

参考文献

[1] PALOQUE-BERGÈS C, SCHAFER V. Arpanet (1969–2019)[J]. Internet Histories, 2019，3(1)：1-14.

[2] 2019 年互联网趋势报告解读：中国互联网模式引领全球[J]. 电子技术与软件工程，2019(13)：13-14.

[3] CHETTRI L, BERA R. A comprehensive survey on Internet of Things (IoT) toward 5G wireless systems[J]. IEEE Internet of Things Journal, 2019，7(1)：16-32.

[4] 马杰. 网络安全威胁态势评估与分析方法研究[D]. 武汉：华中科技大学，2010.

[5] 国家互联网应急中心（CNCERT）. 2019 年中国互联网网络安全报告[EB/OL].（2020-08-11）. http://www. cac. gov. cn/2020-08/11/c_1598702053181221. htm.

[6] UBALE T, ANKIT K J. Survey on DDoS attack techniques and solutions in software-defined network[C]//Handbook of Computer Networks and Cyber Security. Springer, Cham, 2020：389-419.

[7] AKBANOV M, VASSILAKIS V G, LOGOTHETIS M D. WannaCry ransomware: Analysis of infection, persistence, recovery prevention and propagation mechanisms[J]. Journal of Telecommunications and Information Technology, 2019，1(1)：113-124.

[8] BALL M, BROADHURST R. Data capture and analysis of darknet markets[J]. Available at Social Science Electronic Publishing 3344936, 2021.

[9] TIAN J, TAN R, GUAN X, et al. Moving target defense approach to detecting stuxnet-like attacks[J]. IEEE transactions on smart grid, 2020，11(1)：291-300.

[10] GEIGER M, BAUER J, MASUCH M, et al. An Analysis of Black Energy 3, Crashoverride, and Trisis, Three Malware Approaches Targeting Operational Technology Systems[C]//2020 25th IEEE International Conference on Emerging Technologies and Factory Automation (ETFA). IEEE, 2020，1: 1537-1543.

[11] GURR J J. Deceptive Machine Learning for Offense and Defense Targeting Financial Institutions[D]. Utica: Utica College, 2018.

[12] JEONG D. Artificial Intelligence Security Threat, Crime, and Forensics: Taxonomy and Open Issues[J]. IEEE Access, 2020，8: 184560-184574.

[13] 曹蓉蓉，韩全惜. 物联网安全威胁及关键技术研究[J]. 网络空间安全，2020，11(11)：70-75.

[14] GERARD D. Attack of the 50 foot blockchain: Bitcoin, blockchain, Ethereum & smart contracts[M]. [S. l.], [s. n.], 2017.

[15] ROSS R, GRAUBART R, BODEAU D, et al. Systems Security Engineering: Cyber Resiliency Considerations for the Engineering of Trustworthy Secure Systems[R]. National Institute of Standards and Technology, 2018.

[16] 张红旗，杨英杰，唐慧林，等. 信息安全管理[M]. 2 版. 北京：人民邮电出版社, 2017.

[17] 赵刚. 信息安全管理与风险评估[M] . 2 版. 北京：清华大学出版社，2020.

[18] 胡勇，吴少华. 信息安全管理概论[M]. 北京：清华大学出版社， 2015.

[19] 薛丽敏，韩松，林晨希，等. 信息安全管理[M]. 北京：国防工业出版社，2019.

[20] 毕方明. 信息安全管理与风险评估[M]. 西安：西安电子科技大学出版社，2018.

[21] ELOFF J H P, ELOFF M. Information security management: a new paradigm[C]//Proceedings of the 2003 annual research conference of the South African institute of computer scientists and information technologists on Enablement through technology. 2003: 130-136.

[22] SOKOVIC M, PAVLETIC D, PIPAN K K. Quality improvement methodologies–PDCA cycle, RADAR matrix, DMAIC and DFSS[J]. Journal of achievements in materials and manufacturing engineering, 2010，43(1)：476-483.

[23] HUMPHREYS E. Implementing the ISO/IEC 27001: 2013 ISMS Standard[M]. [S. l.], Artech House, 2016.

[24] STANDARD A. ISO/IEC 27002: 2013 Information technology——security techniques——code of practice for information security controls[M]. [S. l.], [s. n.], 2015.

[25] ENDSLEY M R. Design and evaluation for situation awareness enhancement[C]//Proceedings of the Human Factors Society annual meeting. Los Angeles, Sage Publications, 1988，32(2)：97-101.

[26] BASS T. Multisensor data fusion for next generation distributed intrusion detection systems[C]// Proceedings of the IRIS National Symposium on Sensor and Data Fusion. COAST Laboratory, Purdue University, 1999，24(28)：24-27.

[27] 龚俭，臧小东，苏琪，等. 网络安全态势感知综述[J]. 软件学报，2017，28(04)：1010-1026.

[28] STREILEIN W W, TRUELOVE J, MEINERS C R, et al. Cyber situational awareness through operational streaming analysis[C]//2011-MILCOM 2011 Military Communications Conference. IEEE, 2011: 1152-1157.

[29] MATHEWS M L, HALVORSEN P, JOSHI A, et al. A collaborative approach to situational awareness for cybersecurity[C]//8th International Conference on Collaborative Computing: Networking, Applications and Worksharing (CollaborateCom). IEEE, 2012: 216-222.

[30] D'ANIELLO G, LOIA V, ORCIUOLI F. A multi-agent fuzzy consensus model in a situation awareness framework[J]. Applied Soft Computing, 2015，30：430-440.

[31] GIURA P, WANG W. Using large scale distributed computing to unveil advanced persistent threats[J]. Science Journal, 2012，1(3)：93-105.

[32] TANG C, WANG X, ZhANG R, et al. Modeling and analysis of network security situation prediction based on covariance likelihood neural[C]//International Conference on Intelligent Computing. Springer, Berlin, 2011: 71-78.

[33] ZhAO W T, YIN J P, LONG J. A cognition model of attack prediction in security situation awareness systems[J]. Computer engineering and science, 2007，29(11)：17-19.

[34] SZWED P, SKRZYŃSKI P. A new lightweight method for security risk assessment based on fuzzy cognitive maps[J]. International Journal of Applied Mathematics and Computer Science, 2014，24(1)：213-225.

[35] 李腾飞，李强，余祥，等. 基于拓扑漏洞分析的网络安全态势感知模型[J]. 计算机应用,2018，38(S2)：157-163+169.

[36] Cisco. OpenSOC: Big data security analytics framework [EB/OL]. http://opensoc. github. io/.

[37] Cloud Security Alliance. Big data analytics for security intelligence[EB/OL]. https://downloads. cloudsecurityalliance. org/initiatives/bdwg/Big_Data_Analytics_for_Security_Intelligence. pdf.

[38] 陈兴蜀，曾雪梅，王文贤，等. 基于大数据的网络安全与情报分析[J]. 工程科学与技术，2017，49(03)：1-12.

[39] 包利军. 基于大数据的网络安全态势感知平台在专网领域的应用[J]. 信息安全研究，2019，5(02)：168-175.

[40] 陈秀真，郑庆华，管晓宏，等. 层次化网络安全威胁态势量化评估方法[J]. 软件学报，2006(04)：885-897.

[41] CHEN X Z, ZHENG Q H, GUAN X H, et al. Multiple behavior information fusion based quantitative threat evaluation[J]. Computers & Security, 2005，24(3)：218-231.

[42] CUPPENS F, MIEGE A. Alert correlation in a cooperative intrusion detection framework[C]// Proceedings 2002 IEEE symposium on security and privacy. IEEE, 2002: 202-215.

[43] DEBAR H, WESPI A. Aggregation and correlation of intrusion-detection alerts[C]//International Workshop on Recent Advances in Intrusion Detection. Springer, Berlin, Heidelberg, 2001: 85-103.

[44] NING P, CUI Y. An Intrusion Alert Correlator Based on Prerequisites of Intrusions[J]. Department of Computer Science, North Carolina State University, Tech. Rep: TR-2002-01, 2002.

[45] 王婷，高洋，万物互联时代信息安全问题浅析[J]. 中国信息安全，2016(10)：63-67.

[46] 张艳格，李想. 万物互联时代的大数据信息安全问题研究[J]. 全国商情，2015(18)：43-44.

[47] 李辉. 多层次入侵事件检测和关联方法研究[D]. 西安：西安交通大学，2003.

[48] VALEUR F, VIGNA G, KRUEGEL C, et al. Comprehensive approach to intrusion detection alert correlation[J]. IEEE Transactions on dependable and secure computing, 2004，1(3)：146-169.

[49] 穆成坡，黄厚宽，田盛丰，入侵检测系统报警信息聚合与关联技术研究综述[J]. 计算机研究与发展，2006(1)：1-8.

[50] 穆成坡，黄厚宽，田盛丰，等. 基于模糊综合评判的入侵检测报警信息处理[J]. 计算机研究与发展，2005(10)：36-42.

[51] VALDES A, SKINNER K. Probabilistic alert correlation[C]//International Workshop on Recent Advances in Intrusion Detection. Springer, Berlin, Heidelberg, 2001: 54-68.

[52] CUPPENS F. Managing alerts in a multi-intrusion detection environment[C]//Seventeenth Annual Computer Security Applications Conference. IEEE, 2001: 22-31.

[53] 丁才华. 基于多源异构安全数据融合的入侵报警关联技术研究[D]. 武汉：华中科技大学，2015.

[54] JULISCH K. Clustering intrusion detection alarms to support root cause analysis[J]. ACM transactions on information and system security (TISSEC), 2003，6(4)：443-471.

[55] 董晓梅，于戈，孙晶茹，等. 基于频繁模式挖掘的报警关联与分析算法[J]. 电子学报，2005(08)：1356-1359.

[56] NING P, CUI Y, REEVES D S. Constructing attack scenarios through correlation of intrusion alerts[C]//Proceedings of the 9th ACM Conference on Computer and Communications Security. 2002: 245-254.

[57] DEBAR H, WESPI A. Aggregation and correlation of intrusion-detection alerts[C]//International Workshop on Recent Advances in Intrusion Detection. Springer, Berlin, Heidelberg, 2001: 85-103.